Adriano Oprandi
Angewandte Differentialgleichungen
De Gruyter Studium

Weitere empfehlenswerte Titel

Angewandte Differentialgleichungen
Adriano Oprandi, 2021

Band 1: Kinetik, Biomathematische Modelle
ISBN 978-3-11-068379-0, e-ISBN (PDF) 978-3-11-068380-6,
e-ISBN (EPUB) 978-3-11-068406-3

Band 2: Elastostatik, Schwingungen
ISBN 978-3-11-068381-3, e-ISBN (PDF) 978-3-11-068382-0,
e-ISBN (EPUB) 978-3-11-068407-0

Band 3: Baudynamik
ISBN 978-3-11-068413-1, e-ISBN (PDF) 978-3-11-068414-8,
e-ISBN (EPUB) 978-3-11-068423-0

Band 4: Wärmetransporte
ISBN 978-3-11-068445-2, e-ISBN (PDF) 978-3-11-068446-9,
e-ISBN (EPUB) 978-3-11-068474-2

Band 5: Fluiddynamik 1
ISBN 978-3-11-068451-3, e-ISBN (PDF) 978-3-11-068452-0,
e-ISBN (EPUB) 978-3-11-068475-9

Differentialgleichungen und mathematische Modellbildung
Eine praxisnahe Einführung unter Berücksichtigung
der Symmetrie-Analyse
Nail H. Ibragimov, 2017
ISBN 978-3-11-049532-4, e-ISBN (PDF) 978-3-11-049552-2,
e-ISBN (EPUB) 978-3-11-049284-2

Numerik gewöhnlicher Differentialgleichungen
Band 1: Anfangswertprobleme und lineare Randwertprobleme
Martin Hermann, 2017
ISBN 978-3-11-050036-3, e-ISBN (PDF) 978-3-11-049888-2,
e-ISBN (EPUB) 978-3-11-049773-1

Numerik gewöhnlicher Differentialgleichungen
Band 2: Nichtlineare Randwertprobleme
Martin Hermann, 2018
ISBN 978-3-11-051488-9, e-ISBN (PDF) 978-3-11-051558-9,
e-ISBN (EPUB) 978-3-11-051496-4
Band 1 und 2 als Set erhältlich (Set-ISBN: 978-3-11-055582-0)

Adriano Oprandi

Angewandte Differential- gleichungen

———

Band 6: Fluiddynamik 2

DE GRUYTER

Mathematics Subject Classification 2010
65L10

Author
Adriano Oprandi
Bartenheimerstr. 10
4055 Basel
Schweiz
spideradri@bluewin.ch

ISBN 978-3-11-068453-7
e-ISBN (PDF) 978-3-11-068454-4
e-ISBN (EPUB) 978-3-11-068471-1

Library of Congress Control Number: 2020944934

Bibliografische Information der Deutschen Nationalbibliothek
Die Deutsche Nationalbibliothek verzeichnet diese Publikation in der Deutschen
Nationalbibliografie; detaillierte bibliografische Daten sind im Internet über
http://dnb.dnb.de abrufbar.

© 2020 Walter de Gruyter GmbH, Berlin/Boston
Umschlaggestaltung: dianaarturovna / iStock / Getty Images Plus
Satz: le-tex publishing services GmbH, Leipzig
Druck und Bindung: CPI books GmbH, Leck

www.degruyter.com

Inhalt

1 Einleitung

Sämtliche im 5. Band behandelten Strömungen waren, bis auf die turbulente Gerinne-strömung einschließlich ihrer Fließformeln, laminar. Die Art der Strömung wurde anfangs lediglich hinsichtlich der viskosen Reibung unterschieden. Zuerst behandelten wir ideale Flüssigkeiten, bei denen das Fluid reibungsfrei entlang einer Begrenzung oder um ein Hindernis herum strömt. Diese Fluide waren allesamt nicht viskos. Die Theorie der Potentialströmungen ging beispielsweise von einem idealen Fluid aus: Bei einer stationären Strömung bleiben die Teilchen auf ihren Stromlinien. Ein auftretendes Hindernis würde das Teilchen also nur senkrecht zu seiner Bewegungsrichtung abgelenkt, aber nicht so, dass es hinter ein anderes Teilchen fällt.

Allen Strömungen, die mit Hilfe des Stützkraftsatzes behandelt wurden, lag ebenfalls das Konzept einer reibungsfreien Strömung zugrunde. Die dabei auftauchende Mantelkraft bezeichnete keine Reibungskraft, sondern eine Antwortkraft des Rohrs auf die Druckkraft des Fluids.

Erst mit Berücksichtigung der Viskosität konnten wir reale laminare Rohrströmungen beschreiben. Das Schichtenmodell von Newton veranschaulichte die Wirkung der Reibung eines Fluids an einer Begrenzungsfläche auf die Fluidteilchen untereinander. Die (innere) Reibung wurde entweder über die dynamische Viskosität, die Rohrreibungszahl oder den De-Chézy- bzw. Stricklerbeiwert wie bei den Gerinne-strömungen erfasst.

Das Gesetz von Hagen-Poiseuille lieferte uns die Möglichkeit, das Geschwindig-keitsprofil einer laminaren Rohrströmung herzuleiten und für die turbulente Rohr-strömung eine Näherung des Profils, vorerst ohne genauere Begründung, anzugeben. Für eine laminare Gerinneströmung gelang es uns ebenfalls, eine Geschwindigkeits-verteilung aus der Theorie abzuleiten. Bei einer turbulenten Gerinneströmung ist das zugehörige Geschwindigkeitsprofil noch ausstehend (siehe Kapitel 6.7).

Die stationäre Form der Euler-Gleichungen, das Fundament zur Beschreibung aller bisherigen reibungsfreien Strömungen, führte zur Bernoulli-Gleichung. Diese musste mit einem Korrekturterm versehen werden, um den Einfluss der Reibung zu erfassen.

Weitreichender wäre es, die instationäre Euler-Gleichung selber um einen die Viskosität beschreibenden Term zu erweitern. Damit könnte man nicht nur die bereits erwähnten Rohr- und Gerinneströmungen, sondern alle möglichen viskosen Strömungen beschreiben.

Die Gleichungen, die das leisten, heißen Navier-Stokes-Gleichungen und beinhalten den verlangten Reibungsterm. Zudem sollen die zugehörigen gemittelten Navier-Stokes-Gleichungen zur Beschreibung turbulenter Strömungen hergeleitet werden.

https://doi.org/10.1515/9783110684544-001

2 Die Navier-Stokes-Gleichung

Für die Erweiterung der Euler-Gleichung um den Viskositätsterm betrachten wir die Kräfte aufgrund der viskosen Reibung an einem Volumenelement mit den Abmessungen dx, dy und dz im Strömungsfeld (Abb. 2.1).

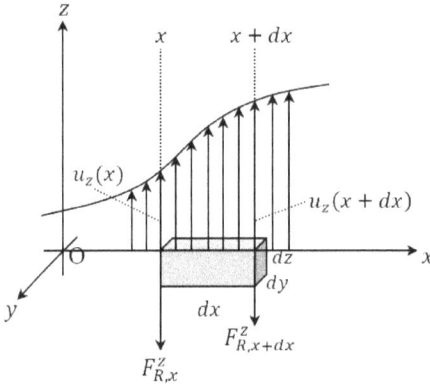

Abb. 2.1: Skizze zur Navier-Stokes-Gleichung

Mit $u_z(x)$ bezeichnen wir die Geschwindigkeit in z-Richtung an der Stelle x. O. B. d. A. sei das Strömungsfeld auf der gesamten Länge dx konvex, d. h. $u_z(x + dx) > u_z(x)$. An der Stelle $x + dx$ erfährt das Volumenelement damit gegenüber der Stelle x eine kleinere Kraft, weil die Strömungsgeschwindigkeit größer ist.

Für ein Newton'sches Fluid gilt der Ansatz $F_R^z = \eta \cdot A \cdot \frac{du_z}{dx}$. Damit haben wir

$$F_R^z = F_{R,x+dx}^z - F_{R,x}^z = \eta \cdot dy\, dz \cdot \left(\left. \frac{du_z}{dx}\right|_{x+dx} - \left. \frac{du_z}{dx}\right|_x \right)$$

$$= \eta \cdot dx\, dy\, dz \cdot \frac{\left.\frac{du_z}{dx}\right|_{x+dx} - \left.\frac{du_z}{dx}\right|_x}{dx} = \eta \cdot dV \cdot \frac{d^2 u_z}{dx^2} \ .$$

Das Ergebnis stellt aber erst den Anteil in z-Richtung dar, der sich bei Änderung in x-Richtung ergibt. Berücksichtigt man die Veränderungen in y- und z-Richtung ebenfalls, dann erhält man

$$F_{R,\text{total}}^z = \eta \cdot dV \cdot \left(\frac{\partial^2 u_z}{\partial x^2} + \frac{\partial^2 u_z}{\partial y^2} + \frac{\partial^2 u_z}{\partial z^2} \right) \ .$$

Analog ergibt sich

$$F_{R,\text{total}}^x = \eta \cdot dV \cdot \left(\frac{\partial^2 u_x}{\partial x^2} + \frac{\partial^2 u_x}{\partial y^2} + \frac{\partial^2 u_x}{\partial z^2} \right) \ ,$$

$$F_{R,\text{total}}^y = \eta \cdot dV \cdot \left(\frac{\partial^2 u_y}{\partial x^2} + \frac{\partial^2 u_y}{\partial y^2} + \frac{\partial^2 u_y}{\partial z^2} \right)$$

https://doi.org/10.1515/9783110684544-002

und schließlich für die gesamte Reibung

$$\vec{F}_R = \eta \cdot dV \cdot \Delta\vec{u} \quad \text{mit} \quad \vec{u} = \begin{pmatrix} u_x \\ u_y \\ u_z \end{pmatrix} \quad \text{und} \quad \Delta = \frac{\partial^2}{\partial x^2} + \frac{\partial^2}{\partial y^2} + \frac{\partial^2}{\partial z^2} \; .$$

Die Euler-Gleichung aus dem 5. Band besaß, als Kraftbilanz an einem Massenelement dm formuliert, die Gestalt

$$dm \cdot \left(\frac{d\vec{u}}{dt} + (\vec{u} \cdot \vec{\nabla})\vec{u} \right) + dm \cdot \frac{\operatorname{grad} p}{\rho} - dm \cdot \vec{g} = 0 \; .$$

Berücksichtigt man nun zusätzlich die Viskosität, so entsteht aus

$$dm \cdot \left(\frac{d\vec{u}}{dt} + (\vec{u} \cdot \vec{\nabla})\vec{u} \right) + dm \cdot \frac{\operatorname{grad} p}{\rho} - dm \cdot \vec{g} - \eta \cdot \frac{dm}{\rho} \cdot \Delta\vec{u} = 0$$

die Navier-Stokes-Gleichung

$$\rho \cdot \left(\frac{d\vec{u}}{dt} + (\vec{u} \cdot \vec{\nabla})\vec{u} \right) + \operatorname{grad} p - \rho\vec{g} - \eta \cdot \Delta\vec{u} = 0 \; . \tag{2.1}$$

Die fünf Terme bezeichnen in dieser Reihenfolge die lokale Geschwindigkeitsänderung, die Konvektion, die Druckänderung, die Volumenkraft und die Viskosität oder Diffusion.

Lokale und konvektive Beschleunigung fasst man zur sogenannten substantiellen Beschleunigung zusammen.

Gleichung (2.1) ist eine Impulserhaltungsgleichung. Die Abhängigkeit der fünf genannten Größen fasst folgender Satz zusammen:

Ein Teilchen ändert seine Geschwindigkeit [$\frac{d\vec{u}}{dt}$], wenn es in ein Gebiet mit anderer Geschwindigkeitsverteilung [$(\vec{u} \cdot \vec{\nabla})\vec{u}$] gelangt, in ein Gebiet anderer Druckverteilung kommt [$\operatorname{grad} p$], von gravitationeller, magnetischer oder auch elektrischer Kraft beschleunigt [$\vec{g}$], oder von anderen Teilchen mitgerissen wird [$\Delta\vec{u}$]. Benutzt man die kinematische Viskosität $\nu = \frac{\eta}{\rho}$, so lauten die Navier-Stokes-Gleichung in Vektorform

$$\rho \begin{pmatrix} \frac{\partial u_x}{\partial t} + u_x \frac{\partial u_x}{\partial x} + u_y \frac{\partial u_x}{\partial y} + u_z \frac{\partial u_x}{\partial z} \\ \frac{\partial u_y}{\partial t} + u_x \frac{\partial u_y}{\partial x} + u_y \frac{\partial u_y}{\partial y} + u_z \frac{\partial u_y}{\partial z} \\ \frac{\partial u_z}{\partial t} + u_x \frac{\partial u_z}{\partial x} + u_y \frac{\partial u_z}{\partial y} + u_z \frac{\partial u_z}{\partial z} \end{pmatrix} + \begin{pmatrix} \frac{\partial p}{\partial x} \\ \frac{\partial p}{\partial y} \\ \frac{\partial p}{\partial z} \end{pmatrix} - \rho \begin{pmatrix} g_x \\ g_y \\ g_z \end{pmatrix}$$

$$- \eta \begin{pmatrix} \frac{\partial^2 u_x}{\partial x^2} + \frac{\partial^2 u_x}{\partial y^2} + \frac{\partial^2 u_x}{\partial z^2} \\ \frac{\partial^2 u_y}{\partial x^2} + \frac{\partial^2 u_y}{\partial y^2} + \frac{\partial^2 u_y}{\partial z^2} \\ \frac{\partial^2 u_z}{\partial x^2} + \frac{\partial^2 u_z}{\partial y^2} + \frac{\partial^2 u_z}{\partial z^2} \end{pmatrix} = 0 \; . \tag{2.2}$$

Dazu gesellt sich die schon im 5. Band hergeleitete Kontinuitätsgleichung

$$\frac{\partial u_x}{\partial x} + \frac{\partial u_y}{\partial y} + \frac{\partial u_z}{\partial z} = 0 \,. \tag{2.3}$$

Viele Anwendungen beinhalten drehsymmetrische Strömungen. Deswegen ist es notwendig, dass die Kontinuitätsgleichung und die Navier-Stokes-Gleichung in Zylinderkoordinaten vorliegen. Die vollständige Herleitung verlegen wir in den Anhang. Das Ergebnis lautet

$$\rho \begin{pmatrix} \frac{\partial u_r}{\partial t} + u_r \cdot \frac{\partial u_r}{\partial r} + \frac{u_\theta}{r} \cdot \frac{\partial u_r}{\partial \theta} - \frac{u_\theta^2}{r} + u_z \cdot \frac{\partial u_r}{\partial z} \\ \frac{\partial u_\theta}{\partial t} + u_r \cdot \frac{\partial u_\theta}{\partial r} + \frac{u_\theta}{r} \cdot \frac{\partial u_\theta}{\partial \theta} + \frac{u_r u_\theta}{r} + u_z \cdot \frac{\partial u_\theta}{\partial z} \\ \frac{\partial z}{\partial t} + u_r \cdot \frac{\partial u_z}{\partial r} + \frac{u_\theta}{r} \cdot \frac{\partial u_z}{\partial \theta} + u_z \cdot \frac{\partial u_z}{\partial z} \end{pmatrix} + \begin{pmatrix} \frac{\partial p}{\partial r} \\ \frac{1}{r} \cdot \frac{\partial p}{\partial \theta} \\ \frac{\partial p}{\partial z} \end{pmatrix}$$

$$- \rho \begin{pmatrix} g_r \\ g_\theta \\ g_z \end{pmatrix} - \eta \begin{pmatrix} \frac{1}{r} \cdot \frac{\partial}{\partial r}\left(r \cdot \frac{\partial u_r}{\partial r}\right) + \frac{1}{r^2} \cdot \frac{\partial^2 u_r}{\partial \theta^2} - \frac{u_r}{r^2} - \frac{2}{r^2} \cdot \frac{\partial u_\theta}{\partial \theta} + \frac{\partial^2 u_r}{\partial z^2} \\ \frac{1}{r} \cdot \frac{\partial}{\partial r}\left(r \cdot \frac{\partial u_\theta}{\partial r}\right) + \frac{1}{r^2} \cdot \frac{\partial^2 u_\theta}{\partial \theta^2} - \frac{u_\theta}{r^2} + \frac{2}{r^2} \cdot \frac{\partial u_r}{\partial \theta} + \frac{\partial^2 u_\theta}{\partial z^2} \\ \frac{1}{r} \cdot \frac{\partial}{\partial r}\left(r \cdot \frac{\partial u_z}{\partial r}\right) + \frac{1}{r^2} \cdot \frac{\partial^2 u_z}{\partial \theta^2} + \frac{\partial^2 u_z}{\partial z^2} \end{pmatrix} = 0 \tag{2.4}$$

Für die Kontinuitätsgleichung zeigen wir ebenfalls im Anhang

$$\frac{1}{r} \cdot \frac{\partial(r u_r)}{\partial r} + \frac{1}{r} \cdot \frac{\partial u_\theta}{\partial \theta} + \frac{\partial u_z}{\partial z} = 0 \,.$$

Die Existenz und Eindeutigkeit globaler Lösungen von (2.1) oder (2.2) ist eines der ungelösten Millenniums-Probleme.

Es folgen viele Beispiele, die eine analytische Lösung gestatten.

2.1 Analytische Lösungen der Navier-Stokes-Gleichung

Beispiel 1. Eine viskose Flüssigkeit der Dicke $2h$ befindet sich zwischen zwei ruhenden parallelen Platten. Die Strömung wird durch einen Druckgradienten $\frac{\partial p}{\partial x}$ parallel zur x-Achse aufrecht erhalten (Abb. 2.2). Die x-Achse selber legen wir auf halber Höhe. Gesucht ist das stationäre Geschwindigkeitsprofil innerhalb der Platten. Als Erstes ist $\frac{d\vec{u}}{dt} = 0$ und $\frac{\partial p}{\partial y} = 0$. Weiter folgt $u_y = u_z = 0$ und damit $u_x = u_x(z)$. Der Konvektionsterm $(\vec{u} \cdot \vec{\nabla})\vec{u}$ reduziert sich zu $u_x \cdot \frac{\partial u_x}{\partial x}$. Die Unkenntnis über das Geschwindigkeitsfeld erlaubt es uns nicht direkt auf $\frac{\partial u_x}{\partial x} = 0$ zu schließen. Hingegen führt die Kontinuitätsgleichung (2.3) für ein inkompressibles Fluid auf $\frac{\partial u_x}{\partial x} = 0$. Der Gravitationsvektor schließlich beträgt $\vec{g} = (0, 0, -g)$. Damit reduziert sich Gleichung (2.2) zum System

$$\frac{\partial p}{\partial x} - \eta \cdot \frac{\partial^2 u_x(z)}{\partial z^2} = 0 \,. \tag{2.5}$$

$$\frac{dp}{dz} + \rho g = 0 \tag{2.6}$$

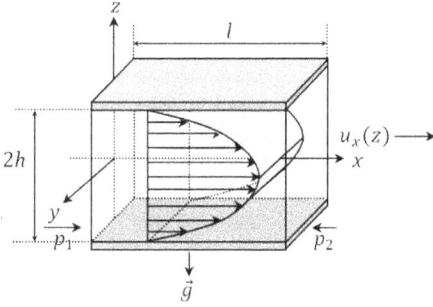

Abb. 2.2: Skizze zu Beispiel 1

Zuerst bestimmen wir das Geschwindigkeitsprofil aus (2.5). Man erhält

$$u_x(z) = \frac{z^2}{2\eta} \cdot \frac{\partial p}{\partial x} + C_1 z + C_2 \,.$$

Die vom Fluid erzeugte Scherspannung beträgt $\tau_{zx}(z) = \eta \frac{\partial u_x(z)}{\partial z} = \frac{\partial p}{\partial x} \cdot \frac{z}{\eta} + C_1$ und ist somit linear. In der Mitte der Strömung, für $z = 0$, ist sie wirkungslos, was $C_1 = 0$ ergibt.

Die Randbedingung $u_x(h) = 0$ führt zu $0 = \frac{h^2}{2\eta} \cdot \frac{\partial p}{\partial x} + C_2$ und dem parabelförmigen Profil

$$u_x(z) = -\frac{h^2}{2\eta} \cdot \frac{\partial p}{\partial x} \left[1 - \left(\frac{z}{h} \right)^2 \right] \,. \tag{2.7}$$

Die Integration von (2.6) ergibt $p(z) = -\rho g z + f_1(x)$.

Für einen entlang der Strecke l konstanten Druckgradienten kann man $\frac{\partial p}{\partial x} = \frac{\Delta p}{l}$ schreiben, der Druck $\frac{\partial p}{\partial x}$ lässt sich damit integrieren und es gilt $p(x) = \frac{p_2 - p_1}{l} x + p_1 + f_2(z)$. Da der Druck eine skalare Größe ist, kann man (wie bei den Potentialströmungen im 5. Band) beide Druckfunktionen zu einer einzigen zusammensetzen und erhält

$$p(x, z) = \frac{\Delta p}{l} x + p_1 - \rho g z + C \,.$$

Für die Konstante C wertet man den Druck in einem beliebigen Punkt der Strömungsröhre, beispielsweise für $x = 0$ und $z = h$, aus. In dieser Höhe besteht der Druck einzig aus dem treibenden p_1. Aus $p_1 = p_1 - \rho g h + C$ erhält man $C = \rho g h$ und damit die Druckverteilung

$$p(x, z) = \frac{\Delta p}{l} x + p_1 + \rho g (h - z) \,.$$

Schließlich kann man noch den Volumenstrom oder Durchfluss $Q = \dot{V} = \frac{dV}{dt}$ angeben. Es gilt $dQ = \frac{dz}{dt} dA = u_x(z) \, dA$ und damit $Q = \int_A u_x(z) \, dA$. In unserem Fall ist $dA = b \cdot dz$ mit einer Breite b. Man erhält

$$Q = 2b \int_0^h u_x(z) \, dz = -\frac{\partial p}{\partial x} \cdot \frac{bh^2}{\eta} \int_0^h \left[1 - \left(\frac{z}{h} \right)^2 \right] dz$$

$$-\frac{\partial p}{\partial x} \cdot \frac{bh^2}{\eta} \left(h - \frac{h}{3} \right) = -\frac{2}{3\eta} \cdot \frac{\partial p}{\partial x} \cdot bh^3 \,.$$

Man kann auch zuerst die mittlere Geschwindigkeit $\bar{u}$ (auf der gesamten Breite konstant) bestimmen und diese mit b multiplizieren, um Q zu erhalten:

$$\bar{u} = -\frac{\partial p}{\partial x} \cdot \frac{h^2}{2\eta} \cdot \frac{1}{2h} \int_{-h}^{h} \left[1 - \left(\frac{z}{h}\right)^2\right] dz = -\frac{2}{3\eta} \cdot \frac{\partial p}{\partial x} \cdot h^2 \quad \text{und} \quad Q = bh\bar{u}.$$

Beispiel 2. Das Fluid soll durch ein horizontales, kreisrundes Rohr der Länge l mit dem Radius R hindurchfließen. Wir wählen zylindrische Koordinaten und legen nun die Strömungsrichtung in Richtung der z-Achse (Abb. 2.3 links). Dann ist $\frac{\partial p}{\partial z} \neq 0$ der treibende Druck für die Strömung. Wieder suchen wir das stationäre Geschwindigkeitsprofil innerhalb der Röhre. Es ist $\frac{d\bar{u}}{dt} = 0$ und $u_r = u_\theta = 0$, $u_z = u_z(r)$. Weiter erhalten wir für $(\vec{u} \cdot \vec{\nabla})\vec{u}$ lediglich $u_z \cdot \frac{\partial u_z}{\partial z}$ und finden über Gleichung (2.3) $\frac{\partial u_z}{\partial z} = 0$.

Der Gravitationsvektor beträgt jetzt $\vec{g} = (0, -g, 0)$ in kartesischen oder $\vec{g} = (g_r, g_\theta, 0) = (-g \cdot \sin\theta, -g \cdot \cos\theta, 0)$ in Zylinderkoordinaten. Gleichung (2.4) besteht dann aus

$$\frac{\partial p}{\partial r} + \rho g \cdot \sin\theta = 0 \tag{2.8}$$

$$\frac{1}{r} \cdot \frac{\partial p}{\partial \theta} + \rho g \cdot \cos\theta = 0 \tag{2.9}$$

$$\frac{\partial p}{\partial z} - \frac{\eta}{r} \cdot \frac{\partial}{\partial r}\left(r\frac{\partial u_z(r)}{\partial r}\right) = 0. \tag{2.10}$$

Für das Geschwindigkeitsprofil aus (2.10) erhält man nacheinander

$$\frac{r}{\eta} \cdot \frac{\partial p}{\partial z} = \frac{\partial}{\partial r}\left(r\frac{\partial u_z}{\partial r}\right),$$

$$\frac{r^2}{2\eta} \cdot \frac{\partial p}{\partial z} + C_1 = r\frac{\partial u_z}{\partial r},$$

$$\frac{r}{2\eta} \cdot \frac{\partial p}{\partial z} + \frac{C_1}{r} = \frac{\partial u_z}{\partial r} \quad \text{und} \quad u_z(r) = \frac{r^2}{4\eta} \cdot \frac{\partial p}{\partial z} + C_1 \ln r + C_2.$$

Da $u_z(0)$ endlich sein muss, folgt $C_1 = 0$. Die Randbedingung $u_z(R) = 0$ führt zu $C_2 = -\frac{R^2}{4\eta} \cdot \frac{\partial p}{\partial z}$ und damit zum Geschwindigkeitsprofil von Hagen-Poiseuille (vgl. 5. Band)

$$u_z(r) = -\frac{R^2}{4\eta} \cdot \frac{\partial p}{\partial z} \cdot \left[1 - \left(\frac{r}{R}\right)^2\right]. \tag{2.11}$$

Auch in diesem Fall ist die Scherspannung linear:

$$\tau_{rz}(r) = \eta\frac{\partial u_z(r)}{\partial r} = \frac{\partial p}{\partial z} \cdot \frac{r}{2}$$

Nun wenden wir uns der Druckverteilung zu. Da keine seitlichen Geschwindigkeiten existieren, beschreiben (2.8) und (2.9) reine hydrostatische Druckverläufe in r- und θ-Richtung. Beide Gleichungen kann man sich auch nochmals plausibel machen: Bei einer Änderung des Radius um dr wächst die Höhe um $dr \cdot \sin\theta$ und der hydrostatische Druck fällt um $dp = -\rho g \cdot dr \cdot \sin\theta$, was (2.8) ergibt. Dreht man einen Punkt $T(r\cos\theta, r\sin\theta)$ um den Winkel $d\theta$ im Uhrzeigersinn, so vermindert sich die x-Koordinate um $r\,d\theta \cdot \sin\theta$ und die y-Koordinate wächst um $r\,d\theta \cdot \cos\theta$. Damit fällt der hydrostatische Druck um $dp = -\rho g \cdot r\,d\theta \cdot \cos\theta$, was zu (2.9) führt.

Die Integration von (2.8) und (2.9) ergibt $p(r) = -\rho g r \cdot \sin\theta + f_1(\theta)$ bzw. $p(\theta) = -\rho g r \cdot \sin\theta + f_2(r)$. Wieder setzen wir die Druckfunktionen zusammen zu

$$p(r,\theta) = -\rho g r \cdot \sin\theta + f(r,\theta)\,. \tag{2.12}$$

Dieses Ergebnis hätte man freilich auch einfacher erhalten können. Ein Wechsel ins kartesische System liefert $\frac{\partial p}{\partial x} = 0$, aber $\frac{\partial p}{\partial y} + \rho g = 0$. Die Integration ergibt $p(y) = -\rho g y + f(x)$ und in Zylinderkoordinaten (2.12).

Nehmen wir einen entlang der Strecke l konstanten Druckgradienten $\frac{\partial p}{\partial z} = \frac{\Delta p}{l}$ an, dann kann man $p(z) = \frac{p_2-p_1}{l}z + p_1 + h(r,\theta)$ schreiben.

Gesamthaft erhält man $p(r,\theta,z) = \frac{\Delta p}{l}z + p_1 - \rho g r \cdot \sin\theta + f(r,\theta)$. Wir werten die Funktion in einem beliebigen Punkt T der Strömungsröhre, beispielsweise für $z = 0$, aus: $T(r\cos\theta, r\sin\theta, 0)$.

In T herrscht zuerst einmal der Druck p_1. Zudem befindet sich über dem Punkt T eine Wassersäule der Höhe $h = \sqrt{R^2 - r^2\cos^2\theta} - r\sin\theta$. Damit erhält man

$$p_1 + \rho g\left(\sqrt{R^2 - r^2\cos^2\theta} - r\sin\theta\right) = p_1 - \rho g r \cdot \sin\theta + f(r,\theta)$$

und daraus

$$f(r,\theta) = \rho g\sqrt{R^2 - r^2\cos^2\theta}\,.$$

Schließlich lautet die Druckfunktion

$$p(r,\theta,z) = \frac{\Delta p}{l}z + p_1 + \rho g\left(\sqrt{R^2 - r^2\cos^2\theta} - r\cdot\sin\theta\right)\,.$$

Für den Durchfluss gilt $dA = 2\pi r \cdot dr$ (Kreisring) und man erhält

$$Q = \int_A u_z(r)\,dA = -\frac{\pi R^2}{2\eta}\cdot\frac{\partial p}{\partial z}\int_0^R\left[1-\left(\frac{r}{R}\right)^2\right]r\,dr = -\frac{\pi}{8\eta}\cdot\frac{\partial p}{\partial z}\cdot R^4\,. \tag{2.13}$$

Die mittlere Geschwindigkeit $\bar{u}$ folgt dann aus $\bar{u} = \frac{Q}{\pi R^2} = -\frac{R^2}{8\eta}\cdot\frac{\partial p}{\partial z}$.

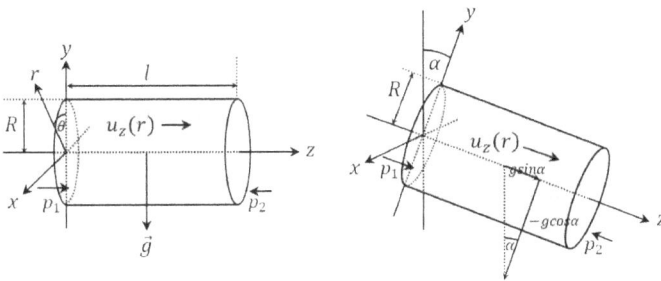

Abb. 2.3: Skizzen zu den Beispielen 2 und 3

Beispiel 3. Als Variante zum 2. Beispiel neigen wir das Rohr um den Winkel α gegenüber der Vertikalen. Das Koordinatensystem drehen wir ebenfalls um denselben Winkel (Abb. 2.3 rechts). Im Unterschied zu oben lautet der Gravitationsvektor nun kartesisch $\vec{g} = (0, -g \cdot \cos\alpha, g \cdot \sin\alpha)$ und zylindrisch $\vec{g} = (-g \cdot \sin\theta \cdot \cos\alpha, -g \cdot \cos\theta \cdot \cos\alpha, g \cdot \sin\alpha)$. Dies führt zum System

$$\frac{\partial p}{\partial r} + \rho g \cdot \sin\theta \cdot \cos\alpha = 0 \tag{2.14}$$

$$\frac{1}{r} \cdot \frac{\partial p}{\partial \theta} + \rho g \cdot \cos\theta \cdot \cos\alpha = 0 \tag{2.15}$$

$$\frac{\partial p}{\partial z} - \rho g \cdot \sin\alpha - \frac{\eta}{r} \cdot \frac{d}{dr}\left(r \frac{\partial u_z(r)}{\partial r}\right) = 0 \,. \tag{2.16}$$

Führt man dieselben Integrationsschritte wie im 2. Beispiel durch, so erhält man aus (2.16)

$$u_z(r) = -\frac{R^2}{4\eta} \cdot \left(\frac{\partial p}{\partial z} - \rho g \cdot \sin\alpha\right) \cdot \left[1 - \left(\frac{r}{R}\right)^2\right] \,.$$

Zur Druckberechnung mittels (2.14) und (2.15) findet man

$$p(r, \theta, z) = \left(\frac{dp}{l} - \rho g \cdot \sin\alpha\right) z + p_1 - r\rho g \cdot \sin\theta \cdot \cos\alpha + f(r, \theta) = 0 \,.$$

Ein beliebiger Punkt innerhalb der Stromröhre für $z = 0$ besitzt aufgrund der Neigung die Koordinaten $T(r\cos\theta \cdot \cos\alpha, r\sin\theta \cdot \cos\alpha, 0)$. Wertet man den Druck in diesem Punkt aus, so entsteht

$$p_1 + \rho g\left(\sqrt{R^2 - r^2 \cos^2\theta \cos^2\alpha} - r\sin\theta \cdot \cos\alpha\right) = p_1 - r\rho g \cdot \sin\theta \cdot \cos\alpha + f(r, \theta) = 0$$

und daraus

$$p(r, \theta, z) = \left(\frac{\Delta p}{l} - g\sin\alpha\right) z + p_1 + \rho g\left(\sqrt{R^2 - r^2 \cos^2\theta \cos^2\alpha} - r\sin\theta \cos\alpha\right) \,.$$

Beispiel 4. Eine viskose Flüssigkeit fließt aufgrund der Gravitation allein, stationär eine rechteckige Rinne mit gleichbleibender Höhe h hinab (Abb. 2.4). Dies entspricht einem Normalabfluss, wie wir es im 5. Band bei den Gerinneströmungen formuliert haben. Die Umgebungsluft soll sich in Ruhe befinden und die Scherwirkung der Luft mit dem Fluid wird vernachlässigt. Wie im 3. Beispiel soll die Rinne um den Winkel α geneigt sein. Die Breite des Gerinnes wählen wir so groß, dass wir die Änderung der Geschwindigkeit u_x in y-Richtung hin zum Rand vernachlässigen können: $\frac{\partial u_x}{\partial y} \approx 0$. Folglich ist $u_x = u_x(z)$. Anders als bei der Rohrströmung existiert in keiner Richtung ein treibender Druck: $\frac{\partial p}{\partial x} = \frac{\partial p}{\partial y} = 0$. Der Gravitationsvektor ist in diesem Fall $\vec{g} = (0,$

$-g \cdot \cos\alpha,\, g \cdot \sin\alpha)$ und Gleichung (2.2) führt zum System

$$-\rho g \cdot \sin\alpha - \eta \cdot \frac{\partial^2 u_x}{\partial z^2} = 0 \tag{2.17}$$

$$\frac{\partial p}{\partial z} + \rho g \cdot \cos\alpha = 0 \,. \tag{2.18}$$

Zwei Integrationen von (2.17) führen zu

$$\frac{\partial u_x(z)}{\partial z} = -\rho g \frac{z}{\eta} \cdot \sin\alpha + C_1 \quad \text{und} \quad u_x(z) = -\rho g \frac{z^2}{2\eta} \cdot \sin\alpha + C_1 z + C_2 \,.$$

Eine erste Randbedingung erwächst aus der Tatsache, dass die Geschwindigkeit am Boden Null ist, $u_x(0) = 0$, was $C_2 = 0$ nach sich zieht. Weiter beachten wir, dass auf der Höhe $z = h$ die Scherspannung verschwindet:

$$\eta \cdot \frac{\partial u_x(z)}{\partial z}\bigg|_{z=h} = 0 \,.$$

Daraus gewinnt man $C_1 = \frac{\rho g}{\eta} h \cdot \sin\alpha$ und schließlich das parabolische Profil

$$u_x(z) = \frac{\rho g}{2\eta} \cdot \sin\alpha \cdot z(2h - z) \,. \tag{2.19}$$

Integriert man (2.18), so folgt $p(z) = -\rho g z \cdot \cos\alpha + C$. In diesem Fall ist der Luftdruck am Gesamtdruck beteiligt. Als Randbedingung können wir auf der Höhe $z = h$ den Luftdruck p_0 ansetzen, was zu $C = p_0 + \rho g h \cdot \cos\alpha$ und $p(z) = p_0 + \rho g \cdot \cos\alpha(h - z)$ führt. Die Druckverteilung ist damit rein hydrostatisch.

Der Durchfluss auf einer Breite b berechnet sich in diesem Fall zu

$$Q = \int_A u_x(z)\,dA = \frac{\rho g b}{2\eta} \cdot \sin\alpha \int_0^h z(2h - z)\,dz = \frac{\rho g}{3\eta} \cdot \sin\alpha \cdot bh^3$$

bei einer mittleren Geschwindigkeit von $\bar{u} = \frac{\rho g}{3\eta} \cdot \sin\alpha \cdot h^2$. Speziell für eine senkrechte Platte beträgt der Fluss $Q = \frac{\rho g}{3\eta} \cdot bh^3$ und die mittlere Geschwindigkeit

$$\bar{u} = \frac{\rho g}{3\eta} \cdot h^2 \tag{2.20}$$

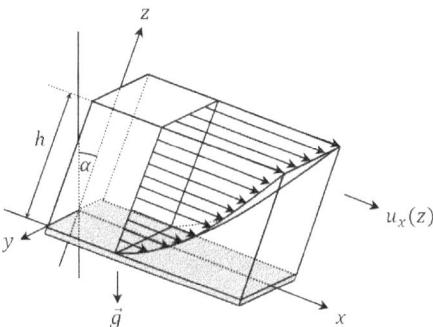

Abb. 2.4: Skizze zu Beispiel 4

Beispiel 5. Eine Variante zum 4. Beispiel besteht darin, dass man die Platte durch einen langen Zylinder ersetzt, entlang dessen Mantelfläche die viskose Flüssigkeit hinab fließen soll. Für einen überall gleichmäßigen Abfluss stellen wir den Zylinder in eine vertikale Position (Abb. 2.5 links). Uns interessiert nur das stationäre Geschwindigkeitsprofil. Man erhält

$$\rho g - \frac{\eta}{r} \cdot \frac{d}{dr}\left(r\frac{\partial u_z(r)}{\partial r}\right) = 0 \,.$$

Die zweimalige Integration führt zu $u_z(r) = \frac{\rho g}{4\eta} \cdot r^2 + C_1 \ln r + C_2$.
   Die Randbedingungen sind

$$\text{I.} \quad \tau_{rz}(R+h) = \eta\frac{\partial u_z(r)}{\partial r}\bigg|_{r=R+h} = 0 \quad \text{und} \quad \text{II.} \quad u_z(R) = 0 \,.$$

I. führt zu $\frac{\rho g}{2\eta} \cdot (R+h) + \frac{C_1}{R+h} = 0$ und somit

$$C_1 = -\frac{\rho g}{2\eta} \cdot (R+h)^2 \,.$$

Aus II. erhält man

$$C_2 = -\frac{\rho g}{4\eta} \cdot R^2 - C_1 \ln R = \frac{\rho g}{4\eta}[2(R+h)^2 \ln R - R^2] \,.$$

Insgesamt lautet das Profil

$$u_z(r) = \frac{\rho g}{4\eta} \cdot \left[R^2 - r^2 + 2(R+h)^2 \ln\left(\frac{r}{R}\right)\right]$$

Im Gegensatz zur Platte enthält $u_z(r)$ neben dem quadratischen Term noch einen logarithmischen Korrekturterm. Es soll der Fluss berechnet werden und daraus die mittlere Geschwindigkeit.

$$Q = \int_R^{R+h} u_z(r)2\pi r \, dr = \frac{\pi\rho g}{2\eta} \int_R^{R+h} \left[R^2 r - r^3 + 2(R+h)^2 \cdot r \cdot \ln\left(\frac{r}{R}\right)\right] dr$$

$$= \frac{\pi\rho g}{2\eta}R^3 \int_R^{R+h} \left[\frac{r}{R} - \left(\frac{r}{R}\right)^3 + 2\left(1+\frac{h}{R}\right)^2 \frac{r}{R} \ln\left(\frac{r}{R}\right)\right] dr \,.$$

Mit $\rho = \frac{r}{R}$ und $\gamma = \frac{h}{R}$ folgt

$$Q = \frac{\pi\rho g}{2\eta}R^4 \int_1^{1+\gamma} [\rho - \rho^3 + 2(1+\gamma)^2\rho \cdot \ln\rho] \, d\rho$$

$$= \frac{\pi\rho g}{8\eta}R^4 \left[4(1+\gamma)^4 \cdot \ln(1+\gamma) - (4\gamma + 14\gamma^2 + 12\gamma^3 + 3\gamma^4)\right] \,.$$

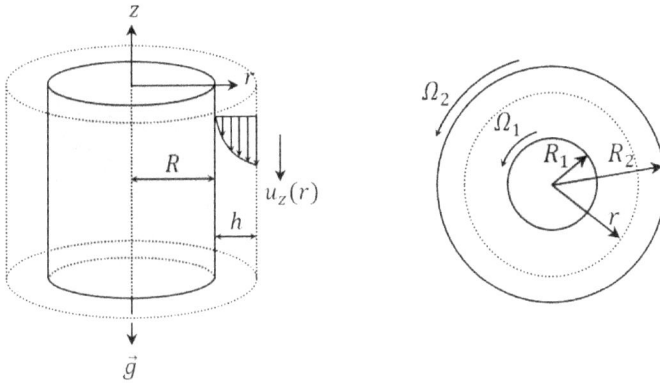

Abb. 2.5: Skizzen zu den Beispielen 5 und 6

Das wäre der genaue Wert für den Durchfluss. Diesen wollen wir für sehr dünne Schichten $y \ll 1$ abschätzen und entwickeln dazu den Logarithmus in eine Taylor-Reihe, konsequenterweise bis zur 4. Potenz von y.

Es gilt $\ln(1 + y) = y - \frac{y^2}{2} + \frac{y^3}{3} - \frac{y^4}{4} \pm \ldots$ und damit

$$Q = \frac{\pi \rho g}{8\eta} R^4 \left[4(1 + y)^4 \cdot \left(y - \frac{y^2}{2} + \frac{y^3}{3} - \frac{y^4}{4} \pm \ldots \right) - (4y + 14y^2 + 12y^3 + 3y^4) \right]$$

$$= \frac{\pi \rho g}{8\eta} R^4 \left[4(1 + y)^4 \cdot \left(y - \frac{y^2}{2} + \frac{y^3}{3} - \frac{y^4}{4} \pm \ldots \right) - (4y + 14y^2 + 12y^3 + 3y^4) \right]$$

$$= \frac{\pi \rho g}{8\eta} R^4 \left[4y + 14y^2 + \frac{52}{3}y^3 + \frac{25}{3}y^4 \pm \cdots - (4y + 14y^2 + 12y^3 + 3y^4) \right]$$

$$= \frac{\pi \rho g}{8\eta} R^4 \left[\frac{16}{3}y^3 + \frac{16}{3}y^4 \pm \ldots \right].$$

Vernachlässigt man zusätzlich die 4. Potenz, so verbleibt die Näherung

$$Q \approx \frac{\pi \rho g}{8\eta} R^4 \cdot \frac{16}{3}y^3 = \frac{\rho g}{3\eta}(2\pi R)h^3 \quad \text{und} \quad \bar{u} \approx \frac{Q}{2\pi Rh} = \frac{\rho g}{3\eta}h^2$$

in Analogie zu (2.20).

Für dünne Schichten kann man die Strömung wie eine ebene Strömung behandeln und folglich auch das Geschwindigkeitsprofil durch (2.20), $u_z(r) \approx \frac{\rho g}{2\eta} \cdot r(2h - r)$, ersetzen.

Beispiel 6. Als Nächstes untersuchen wir stationäre drehsymmetrische Strömungen, die durch Rotation einer kreisringförmigen zylindrischen viskosen Flüssigkeitssäule der Länge l erzeugt werden. Die Strömung bewege sich zwischen einem inneren Zylinder mit Radius R_1 und einem äußeren mit Radius R_2 (Abb. 2.5 rechts). Dies nennt man die zylindrische Couette-Strömung. Die ebene Couette-Strömung zwischen zwei parallelen ebenen Platten folgt später.

Die zugehörigen Stromlinien beschreiben somit konzentrische Kreise senkrecht zur Drehachse, die mit der z-Achse zusammenfallen soll.

Bei einer ausgebildeten Strömung ist damit $u_r = u_z = 0$ und $u_\theta \neq 0$. Soll die Strömung stationär sein, dann ändert sich die Kreisbahngeschwindigkeit nicht: $\frac{\partial u_\theta}{\partial \theta} = 0$. Die Kontinuitätsgleichung ist offensichtlich erfüllt. Von (2.4) verbleibt dann

$$-\rho \frac{u_\theta^2}{r} + \frac{\partial p}{\partial r} = 0 \tag{2.21}$$

$$\frac{1}{r} \cdot \frac{\partial}{\partial r}\left(r \cdot \frac{\partial u_\theta}{\partial r}\right) - \frac{u_\theta}{r^2} = 0 \tag{2.22}$$

$$\frac{\partial p}{\partial z} + \rho g = 0 \tag{2.23}$$

Gleichung (2.23) beschreibt die hydrostatische Druckänderung in vertikaler Richtung. Aus (2.20) erkennt man, dass der Druck auf ein Fluidteilchen in radialer Richtung von der Zentrifugalkraft herrührt. Mit (2.23) erhält man $p(r, z) = -\rho g z + f(r)$. Dann folgt aber, dass $\frac{\partial p}{\partial r}$ von z unabhängig ist und dass mit (2.21) u_θ eine Funktion von r alleine ist. Damit kann man u_θ direkt über (2.22) bestimmen, weil man die partiellen Ableitungen durch normale ersetzen kann. (2.22) lässt sich auch als $\frac{d}{dr}(\frac{1}{r} \cdot \frac{d}{dr}(r u_\theta)) = 0$ schreiben. Dann folgt nacheinander

$$\frac{d}{dr}(r u_\theta) = Cr\,, \quad r u_\theta = C\frac{r^2}{2} + C_2 \quad \text{und} \quad u_\theta(r) = C_1 r + \frac{C_2}{r}\,.$$

Die Funktion $f(r)$ und damit die gesamte Druckfunktion bestimmt sich mit Hilfe von (2.21) zu

$$\begin{aligned} p(r, z) &= \rho \int \frac{1}{r}\left(C_1 r + \frac{C_2}{r}\right)^2 dr - \rho g z + C \\ &= \rho \int \left(C_1^2 r + \frac{2 C_1 C_2}{r} + \frac{C_2^2}{r^3}\right) dr - \rho g z + C \\ &= \rho \left(C_1^2 \frac{r^2}{2} + 2 C_1 C_2 \ln r - \frac{C_2^2}{2 r^2}\right) - \rho g z + C\,. \end{aligned}$$

Weiter berechnet sich der Kreisfluss zu

$$Q = l \int_{R_1}^{R_2} u_\theta(r)\, dr = l \left[\frac{C_1}{2}\left(R_2^2 - R_1^2\right) + C_2 \ln \frac{R_2}{R_1}\right]\,.$$

Schließlich soll noch die Scherspannung $\tau_{r\theta}$ zwischen zwei Zylinderschichten im Abstand Δr bestimmt werden. Auf der Kreisbahn mit Radius r betrage die Winkelgeschwindigkeit Ω und damit die Bahngeschwindigkeit $u_\theta = \Omega r$. Aufgrund der vorhandenen Viskosität wird sich die Winkelgeschwindigkeit auf einer Bahn mit Radius $r + \Delta r$ um $\Delta \Omega$ und die Bahngeschwindigkeit um $\Delta u_\theta = \Delta \Omega (r + \Delta r)$ ändern. Damit erhält man im Grenzfall mit dem Newton'schen Ansatz

$$\tau_{r\theta} = \lim_{\Delta r \to 0} \eta \frac{\Delta u_\theta}{\Delta r} = \eta \cdot \lim_{\Delta r \to 0} \frac{\Delta\Omega(r + \Delta r)}{\Delta r} = \eta \cdot \left(\lim_{\Delta r \to 0} \frac{\Delta\Omega}{\Delta r} \cdot r + \lim_{\Delta r \to 0} \Delta\Omega \right)$$

$$= \eta \cdot \left(r \cdot \frac{d\Omega}{dr} + 0 \right) = \eta \cdot \left(r \cdot \frac{d\Omega}{dr} \right) = \eta \cdot \left(r \cdot \frac{d}{dr} \left(\frac{u_\theta}{r} \right) \right) .$$

Angewandt auf unser Profil folgt

$$\tau_{r\theta} = \eta \cdot \left(r \cdot \frac{d}{dr} \left(C_1 + \frac{C_2}{r^2} \right) \right) = \eta \cdot \left(r \cdot \left(-\frac{2C_2}{r^3} \right) \right) = -2\eta \frac{C_2}{r^2} .$$

Die beiden Zylinder mit Radius R_1 und R_2 sollen mit den konstanten Winkelgeschwindigkeiten Ω_1 und Ω_2 respekive rotieren. Die beiden Randbedingungen I. $u_\theta(R_1) = \Omega_1 R_1$ und II. $u_\theta(R_2) = \Omega_2 R_2$ führen zum Gleichungssystem

$$\Omega_1 R_1 = C_1 R_1 + \frac{C_2}{R_1} \quad \text{und} \quad \Omega_2 R_2 = C_1 R_2 + \frac{C_2}{R_2}$$

mit den Konstanten

$$C_1 = \frac{R_2^2 \Omega_2 - R_1^2 \Omega_1}{R_2^2 - R_1^2} \quad \text{und} \quad C_2 = -\frac{R_1^2 R_2^2}{R_2^2 - R_1^2}(\Omega_2 - \Omega_1) .$$

Damit liegen alle wesentlichen Größen vor:

$$u_\theta(r) = \frac{1}{R_2^2 - R_1^2} \left[\left(R_2^2 \Omega_2 - R_1^2 \Omega_1 \right) r - R_1^2 R_2^2 (\Omega_2 - \Omega_1) \frac{1}{r} \right] ,$$

$$p(r, z) = \frac{\rho}{\left(R_2^2 - R_1^2 \right)^2} \left[\frac{1}{2} \left(R_2^2 \Omega_2 - R_1^2 \Omega_1 \right)^2 r^2 - 2R_1^2 R_2^2 \left(R_2^2 \Omega_2 - R_1^2 \Omega_1 \right) (\Omega_2 - \Omega_1) \ln r \right.$$

$$\left. - \frac{1}{2} \cdot R_1^4 R_2^4 (\Omega_2 - \Omega_1)^2 \cdot \frac{1}{r^2} \right] - \rho g z + C$$

$$\tau_{r\theta} = 2\eta \frac{R_1^2 R_2^2}{R_2^2 - R_1^2}(\Omega_2 - \Omega_1)\frac{1}{r^2} \quad \text{und}$$

$$Q = l \left[\frac{1}{2} \cdot \left(R_2^2 \Omega_2 - R_1^2 \Omega_1 \right) - \frac{R_1^2 R_2^2}{R_2^2 - R_1^2}(\Omega_2 - \Omega_1) \ln \frac{R_2}{R_1} \right] .$$

Wir betrachten einige Spezialfälle:

I. $\Omega_1 = \Omega_2 = \Omega$. Es gilt $u_\theta(r) = \Omega r$, $\tau_{r\theta} = 0$ und $p(r, z) = \frac{1}{2}\rho\Omega^2 r^2 - \rho g z + C$. Um die Konstante C zu bestimmen, überlegen wir uns, dass die freie Oberfläche der Flüssigkeit aufgrund der wirkenden Gravitation nicht eben bleiben wird. Auf irgendeiner Höhe z_0 erreicht die Flüssigkeit für $r = R_1$ ihren tiefsten Stand. Angenommen, entlang der Oberfläche sei der Druck konstant, beispielsweise gleich dem Luftdruck p_0, dann können wir $p(R_1, z_0)$ auswerten und erhalten $p_0 = \frac{1}{2}\rho\Omega^2 R_1^2 - \rho g z_0 + C$, $C = p_0 - \frac{1}{2}\rho\Omega^2 R_1^2 - \rho g z_0$ und damit

$$p(r, z) = \frac{1}{2}\rho\Omega^2 \left(r^2 - R_1^2 \right) - \rho g(z - z_0) + p_0 .$$

Entlang der freien Oberfläche ist aber $p(r, z)$ für jedes Paar (r, z) gleich dem Luftdruck, was zu $p_0 = \frac{1}{2}\rho\Omega^2(r^2 - R_1^2) - \rho g(z - z_0) + p_0$ und schließlich zu einem parabolischen Profil führt:

$$z(r) = \frac{\Omega^2}{2g}\left(r^2 - R_1^2\right) + z_0 . \tag{2.24}$$

Fehlt der innere Zylinder ganz, dann folgt

$$z(r) = \frac{\Omega^2}{2g}r^2 + z_0 .$$

II. Der innere Zylinder ist in Ruhe, $\Omega_1 = 0$. Man erhält

$$u_\theta(r) = \frac{\Omega_2 R_2^2}{R_2^2 - R_1^2}\left[r - \frac{R_1^2}{r}\right] ,$$

$$p(r, z) = \frac{\rho\Omega_2^2 R_2^4}{\left(R_2^2 - R_1^2\right)^2}\left[\frac{1}{2}r^2 - 2R_1^2 \ln r - \frac{R_1^4}{2r^2}\right] - \rho g z + C$$

$$\text{und} \quad \tau_{r\theta} = 2\eta\frac{R_1^2 R_2^2}{R_2^2 - R_1^2}\cdot\frac{\Omega_2}{r^2} .$$

Speziell greift am inneren Zylinder die Spannung

$$\tau_{W1} = \tau_{r\theta}|_{r=R_1} = 2\eta\frac{R_2^2\Omega_2}{R_2^2 - R_1^2}$$

an. Die Schubspannung an der inneren Zylinderwand des äußeren Zylinders hingegen beträgt

$$\tau_{W2} = -2\eta\frac{R_1^2\Omega_2}{R_2^2 - R_1^2} .$$

Das Minuszeichen rührt daher, dass die Spannung entgegen der Drehrichtung wirkt.

Mit Hilfe dieser Formel lässt sich die Viskosität über ein Rotationsviskosimeter experimentell bestimmen. Gemessen wird dabei das Drehmoment D entlang einer beliebigen Kreislinie der Zylindermantelfläche. Also misst man ein Drehmoment M pro Zylinderlänge l. Es gilt somit

$$D = \frac{M}{l} = \frac{F\cdot R}{l} = \frac{A\cdot|\tau|\cdot R_2}{l} = \frac{2\pi R_2 l\cdot|\tau|\cdot R_2}{l} = 2\pi R_2^2\cdot|\tau| = 4\pi\eta\frac{R_1^2 R_2^2\Omega_2}{R_2^2 - R_1^2} .$$

Für die freie Oberfläche folgt analog zu I. aus $p(R_1, z_0) = p_0$ die Konstante

$$C = -\frac{\rho\Omega_2^2 R_2^4}{\left(R_2^2 - R_1^2\right)^2}\left[\frac{1}{2}R_1^2 - 2R_1^2 \ln R_1 - \frac{R_1^4}{2r^2}\right] + \rho g z_0 + p_0$$

und daraus die Druckfunktion

$$p(r, z) = \frac{\rho\Omega_2^2 R_2^4}{\left(R_2^2 - R_1^2\right)^2}\left[\frac{1}{2}\left(r^2 - R_1^2\right) - 2R_1^2 \ln\frac{r}{R_1} - \frac{R_1^4}{2}\left(\frac{1}{r^2} - \frac{1}{R_1^2}\right)\right] - \rho g(z - z_0) + p_0 .$$

Die freie Oberfläche ist

$$z(r) = \frac{\Omega_2^2 R_2^4}{g\left(R_2^2 - R_1^2\right)^2}\left[\frac{1}{2}\left(r^2 - R_1^2\right) - 2R_1^2 \ln\frac{r}{R_1} - \frac{R_1^4}{2}\left(\frac{1}{r^2} - \frac{1}{R_1^2}\right)\right] + z_0 \,. \qquad (2.25)$$

Man kann noch die Geschwindigkeit

$$u_\theta(r) = \frac{\Omega_2 R_2^2}{R_2^2 - R_1^2}\left[r - \frac{R_1^2}{r}\right]$$

für eine dünne Spaltströmung untersuchen. Es sei also $\Delta R = R_2 - R_1 \ll R_1$. Dann hat man $\frac{\Delta R}{R_1} \ll 1$ und folglich erst recht $\frac{\Delta r}{R_1} \ll 1$ für $R_1 \leq r \leq R_2$. Den ersten Faktor von $\frac{R_2^2}{R_2^2 - R_1^2} = \frac{R_2}{R_2 + R_1} \cdot \frac{R_2}{R_2 - R_1}$ kann man schreiben als

$$\frac{R_2}{R_2 + R_1} = \frac{1}{\frac{R_2 + R_2 - \Delta R}{R_2}} = \frac{1}{2 - \frac{\Delta R}{R_2}} \approx \frac{1}{2} \,.$$

Der Term $r - \frac{R_1^2}{r}$ wird zu

$$\frac{r^2 - R_1^2}{r} = \frac{(R_1 + \Delta r)^2 - R_1^2}{R_1 + \Delta r} = \frac{2R_1\Delta r + (\Delta r)^2}{R_1 + \Delta r}$$

$$= \frac{2R_1 + \Delta r}{R_1 + \Delta r}\Delta r = \frac{2 + \frac{\Delta r}{R_1}}{1 + \frac{\Delta r}{R_1}}\Delta r \approx 2\Delta r \,.$$

Zusammen entsteht daraus

$$u_\theta(r) \approx \frac{1}{2}\frac{\Omega_2 R_2}{R_2 - R_1}2\Delta r = \frac{\Omega_2 R_2}{\Delta R}\Delta r \,.$$

Dies entspricht einer ebenen Couette-Strömung mit der Geschwindigkeit $\Omega_2 R_2$ zwischen zwei parallelen Platten im Abstand ΔR.

III. Der äußere Zylinder ist in Ruhe, $\Omega_2 = 0$. In diesem Fall gilt

$$u_\theta(r) = \frac{\Omega_1 R_1^2}{R_2^2 - R_1^2}\left[-r + \frac{R_2^2}{r}\right] \,,$$

$$p(r, z) = \frac{\rho \Omega_1^2 R_1^4}{\left(R_2^2 - R_1^2\right)^2}\left[\frac{1}{2}r^2 - 2R_2^2 \ln r - \frac{R_2^4}{2r^2}\right] - \rho g z + C \quad \text{und}$$

$$\tau_{r\theta} = -2\eta\frac{R_1^2 R_2^2}{R_2^2 - R_1^2}\cdot\frac{\Omega_1}{r^2} \,.$$

Die Spannung auf die Innenseite des ruhenden äußeren Zylinders berechnet sich mittels

$$\tau_{W2} = \tau_{r\theta}|_{r=R_2} = 2\eta\frac{R_1^2 \Omega_1}{R_2^2 - R_1^2}$$

und diejenige auf den inneren Zylinder

$$\tau_{W1} = -\tau_{r\theta}|_{r=R_1} = -2\eta\frac{R_2^2 \Omega_1}{R_2^2 - R_1^2} \,.$$

Die freie Oberfläche bestimmt sich nach bekanntem Muster. Es gilt $p(R_1, z_0) = p_0$. Daraus folgt

$$C = -\frac{\rho \Omega_1^2 R_1^4}{\left(R_2^2 - R_1^2\right)^2} \left[\frac{1}{2} R_1^2 - 2R_2^2 \ln R_1 - \frac{R_2^4}{2R_1^2}\right] + \rho g z_0 + p_0 \,,$$

$$p(r, z) = \frac{\rho \Omega_1^2 R_1^4}{\left(R_2^2 - R_1^2\right)^2} \left[\frac{1}{2}\left(r^2 - R_1^2\right) - 2R_2^2 \ln \frac{r}{R_1} - \frac{R_2^4}{2}\left(\frac{1}{r^2} - \frac{1}{R_1^2}\right)\right] - \rho g(z - z_0) + p_0$$

$$\text{und}\quad z(r) = \frac{\Omega_1^2 R_1^4}{g\left(R_2^2 - R_1^2\right)^2} \left[\frac{1}{2}\left(r^2 - R_1^2\right) - 2R_2^2 \ln \frac{r}{R_1} - \frac{R_2^4}{2}\left(\frac{1}{r^2} - \frac{1}{R_1^2}\right)\right] + z_0 \,. \quad (2.26)$$

Auch in diesem Fall entspricht das Geschwindigkeitsprofil für eine dünne Spaltströmung etwa einer ebenen Couette-Strömung. Aus

$$u_\theta(r) = \frac{\Omega_1 R_1^2}{R_2^2 - R_1^2}\left[-r + \frac{R_2^2}{r}\right]$$

schreibt sich der erste Faktor von $\frac{R_1^2}{R_2^2 - R_1^2} = \frac{R_1}{R_2 + R_1} \cdot \frac{R_1}{R_2 - R_1}$ als

$$\frac{R_1}{R_2 + R_1} = \frac{1}{\frac{R_1 + R_1 + \Delta R}{R_1}} = \frac{1}{2 + \frac{\Delta R}{R_1}} \approx \frac{1}{2} \,.$$

Der Term $-r + \frac{R_2^2}{r}$ wird zu

$$-\frac{r^2 - R_2^2}{r} = \frac{(R_2 - \Delta r)^2 - R_2^2}{R_2 - \Delta r} = \frac{-2R_2\Delta r + (\Delta r)^2}{R_2 - \Delta r} = \frac{-2R_2 + \Delta r}{R_2 - \Delta r}\Delta r = \frac{-2 + \frac{\Delta r}{R_2}}{1 - \frac{\Delta r}{R_2}}\Delta r \approx -2\Delta r$$

umgeformt. Zusammen entsteht

$$u_\theta(r) \approx \frac{1}{2}\frac{\Omega_1 R_1}{R_2 - R_1}2\Delta r = \frac{\Omega_1 R_1}{\Delta R}\Delta r \,.$$

Fehlt der äußere Zylinder, und stellt man sich die Flüssigkeitssäule beliebig breit vor, so muss man zur weiteren Berechnung wieder zurück zum Profil $u_\theta(r) = C_1 r + \frac{C_2}{r}$. Da $u_\theta \to 0$ für $r \to \infty$ sein muss, folgt $C_1 = 0$. Weiter hat man $u_\theta(R_1) = \Omega_1 R_1$, woraus man $C_2 = \Omega_1 R_1^2$ entnimmt und damit $u_\theta(r) = \Omega_1 R_1^2 \frac{1}{r}$ entsteht.

Die Spannung am inneren Zylinder beträgt dann

$$\tau_{W1} = -\tau_{r\theta}|_{r=R_1} = -2\eta\frac{C_2}{r^2}\bigg|_{r=R_1} = -2\eta\Omega_1 \,.$$

Die Druckfunktion lautet

$$p(r, z) = -\rho\frac{C_2^2}{2r^2} - \rho g z + C = -\frac{\rho \Omega_1^2 R_1^4}{2r^2} - \rho g z + C \,.$$

Wieder folgt mit $p(R_1, z_0) = p_0$ zuerst $C = \frac{\rho \Omega_1^2}{2} + \rho g z_0 + p_0$ und dann

$$p(r, z) = \frac{\rho \Omega_1^2}{2}\left(1 - \frac{R_1^4}{r^2}\right) - \rho g(z - z_0) + p_0 \,.$$

Die Funktion für die freie Oberfläche lautet damit

$$z(r) = \frac{\Omega_1^2}{2g}\left(1 - \frac{R_1^4}{r^2}\right) + z_0 . \tag{2.27}$$

Die Graphen von (2.24), (2.25), (2.26) und (2.27) sollen miteinander verglichen werden. Wir nummerien Sie neu von 1 bis 4. Dazu wählen wir $z_0 = 0$, $R_1 = 1$, $R_2 = 2$ und tragen

$$z_+(r) = \frac{z(r)}{\frac{\Omega^2}{g}}$$

gegenüber r auf. Dabei ist je nach Fall mit der jeweiligen die Strömung erzeugenden Winkelgeschwindigkeit Ω, Ω_1 oder Ω_2 zu normieren. Die vier freien Oberflächen gehen dann über in

$$z_{+1}(r) = \frac{1}{2}(r^2 - 1) , G$$

$$z_{+2}(r) = \frac{16}{9}\left[\frac{1}{2}r^2 - 2\ln r - \frac{1}{2r^2}\right] ,$$

$$z_{+3}(r) = \frac{1}{9}\left[\frac{1}{2}r^2 + 7{,}5 - 8\ln r - \frac{8}{r^2}\right] \quad \text{und}$$

$$z_{+4}(r) = \frac{1}{2}\left(1 - \frac{1}{r^2}\right) .$$

Aus dem Verlauf der Graphen (Abb. 2.6) entnimmt man:
1. Dreht nur der äußere Zylinder, so fällt das Profil z_{+2} flacher gegenüber demjenigen Profil bei gemeinsamer Zylinderdrehung z_{+1} aus.
2. Dreht nur der innere Zylinder und vergrößert man den Abstand des äußeren Zylinders gegenüber dem inneren, so wird das anfängliche Profil z_{+3} steiler und entspricht im Grenzfall der Form z_{+4}.

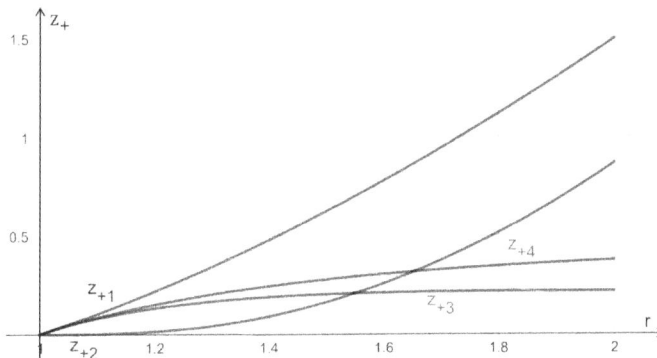

Abb. 2.6: Graphen von (2.24), (2.25), (2.26) und (2.27)

Beispiel 7. Es soll das stationäre Geschwindigkeitsprofil einer Poiseuille-Strömung für ein rechteckförmiges Rohr der Breite $2a$ und der Höhe $2b$ bestimmt werden. Der treibende Druck wirke in Richtung der x-Achse und aufgrund der Symmetrie können wir uns auf den ersten Quadranten beschränken (Abb. 2.7). Gleichung (2.2) vereinfacht sich zu

$$\frac{\partial^2 u_x(y,z)}{\partial y^2} + \frac{\partial^2 u_x(y,z)}{\partial z^2} = \frac{1}{\eta} \cdot \frac{\partial p}{\partial x} . \tag{2.28}$$

Wäre das Rohr in y-Richtung beliebig ausgedehnt, dann entspräche das Problem dem 1. Beispiel mit der Lösung (2.7)

$$u_x(z) = -\frac{b^2}{2\eta} \cdot \frac{\partial p}{\partial x} \left[1 - \left(\frac{z}{b}\right)^2 \right] .$$

Deswegen erscheint es sinnvoll, $u_x(y,z)$ als Summe von (2.7) und einer Korrektur $v_x(y,z)$ anzusetzen, wobei wir zudem die Funktion $v_x(y,z)$ separieren:

$$u_x(y,z) = -\frac{b^2}{2\eta} \cdot \frac{\partial p}{\partial x} \left[1 - \left(\frac{z}{b}\right)^2 \right] + v_x(y,z) = -\frac{b^2}{2\eta} \cdot \frac{\partial p}{\partial x} \left[1 - \left(\frac{z}{b}\right)^2 \right] + r(y) \cdot s(z) . \tag{2.29}$$

Diesen Ansatz setzen wir in (2.28) ein und finden

$$r'' s + \frac{1}{\eta} \cdot \frac{\partial p}{\partial x} + r s'' = \frac{1}{\eta} \cdot \frac{\partial p}{\partial x} , \quad \frac{r''}{r} + \frac{s''}{s} = 0$$

oder schließlich

$$\frac{r''}{r} = \mu^2 \quad \text{und} \quad \frac{s''}{s} = -\mu^2 \quad \text{mit} \quad \mu \in \mathbb{R} .$$

Die erste DGL wird durch $r(y) = Ae^{\mu y} + Be^{-\mu y}$ gelöst. Mit Hilfe der neuen Konstanten

$$A = \frac{1}{2}(C_1 + C_2) \quad \text{und} \quad B = \frac{1}{2}(C_1 - C_2)$$

folgt

$$r(y) = \frac{1}{2} \left[C_1 \cdot e^{\mu y} + C_1 \cdot e^{-\mu y} + C_2 \cdot e^{\mu y} - C_2 \cdot e^{-\mu y} \right] \quad \text{oder}$$

$$r(y) = C_1 \cosh(\mu y) + C_2 \sinh(\mu y) .$$

Die Lösung der zweiten DGL ist hingegen

$$s(z) = C_3 \cos(\mu y) + C_4 \sin(\mu z) .$$

Vorerst erhalten wir $v_x(y,z) = [C_1 \cosh(\mu y) + C_2 \sinh(\mu y)] \cdot [C_3 \cos(\mu y) + C_4 \sin(\mu z)]$.

Wir benötigen vier Randbedingungen. Auf dem rechten, bzw. oberen Rand ist die Geschwindigkeit Null. Auf den Symmetrieachsen sind die Geschwindigkeitskomponenten maximal also die Änderung in jeweils senkrechter Richtung Null (vgl. Abb. 2.7). Das bedeutet

$$\text{I.} \quad u_x = 0 \quad \text{für} \quad y = a , \qquad \text{II.} \quad \frac{\partial u_x}{\partial y} = 0 \quad \text{für} \quad y = 0 ,$$

$$\text{III.} \quad u_x = 0 \quad \text{für} \quad z = b \quad \text{und} \qquad \text{IV.} \quad \frac{\partial u_x}{\partial z} = 0 \quad \text{für} \quad z = 0 .$$

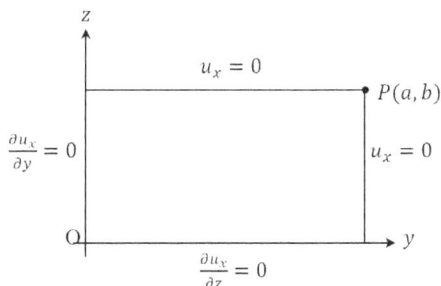

Abb. 2.7: Skizze zu Beispiel 7

Damit folgt

$$u_x(y, z) = -\frac{b^2}{2\eta} \cdot \frac{\partial p}{\partial x} \left[1 - \left(\frac{z}{b} \right)^2 \right]$$

$$+ [C_1 \cosh(\mu y) + C_2 \sinh(\mu y)] \cdot [C_3 \cos(\mu z) + C_4 \sin(\mu z)] .$$

Die Bedingung IV. führt zu $C_4 = 0$. Mit Bedingung III. erhalten wir $\cos(\mu b) = 0$ oder

$$\mu_n = \frac{2n - 1}{2b} \pi \quad \text{für} \quad n \in \mathbb{N} .$$

Werten wir weiter II. aus, so folgt $C_2 = 0$. Schließlich liefert I. die Bestimmungsgleichung

$$0 = -\frac{b^2}{2\eta} \cdot \frac{\partial p}{\partial x} (1 - \xi^2) + \cosh \left(\frac{2n-1}{2b} \pi a \right) \cdot \sum_{n=1}^{\infty} a_n \cos \left(\frac{2n-1}{2} \pi \xi \right) ,$$

wenn man noch $\xi = \frac{z}{b}$ setzt.

Die Orthogonalitätsbedingung des Kosinus verwendet, führt zu

$$\frac{b^2}{2\eta} \cdot \frac{\partial p}{\partial x} \int_0^1 \left[(1 - \xi^2) \cdot \cos \left(\frac{2n-1}{2} \pi \xi \right) \right] d\xi$$

$$= a_n \cdot \cosh \left(\frac{2n-1}{2b} \pi a \right) \int_0^1 \cos^2 \left(\frac{2n-1}{2} \pi \xi \right) d\xi .$$

Das linke Integral beträgt $\frac{16(-1)^{n+1}}{(2n-1)^3 \pi^3}$ und das rechte $\frac{1}{2}$, was zu einem Koeffizienten von

$$a_n = \frac{b^2}{2\eta} \cdot \frac{\partial p}{\partial x} \cdot \frac{32(-1)^{n+1}}{(2n-1)^3 \pi^3} \cdot \frac{1}{\cosh \left(\frac{2n-1}{2b} \pi a \right)}$$

führt. Insgesamt lautet die Lösung damit

$$u_x(y, z) = -\frac{b^2}{2\eta} \cdot \frac{\partial p}{\partial x} \left\{ \left(1 - \left(\frac{z}{b} \right)^2 \right) \right.$$

$$\left. - \frac{32}{\pi^3} \sum_{n=1}^{\infty} \frac{(-1)^{n+1}}{(2n-1)^3} \cdot \frac{\cosh \left(\frac{2n-1}{2b} \pi y \right)}{\cosh \left(\frac{2n-1}{2b} \pi a \right)} \cos \left(\frac{2n-1}{2b} \pi z \right) \right\} \quad (2.30)$$

Gleichung (2.30) wird normiert und für eine Skizze tragen wir

$$u_+(y, z) = \frac{u_x(y, z)}{-\frac{b^2}{2\eta} \cdot \frac{\partial p}{\partial x}}$$

für $z = 0,1 \cdot k$, $k = 1, 2, \ldots, 10$ auf. Dabei wählen wir einmal $a = b = 1$ (Quadrat, Abb. 2.8 links) und einmal $a = 2$, $b = 1$ (Abb. 2.8 rechts). In den Darstellungen entsprechen die obersten Graphen $z = 0$ und die tiefsten Graphen $z = 1$.

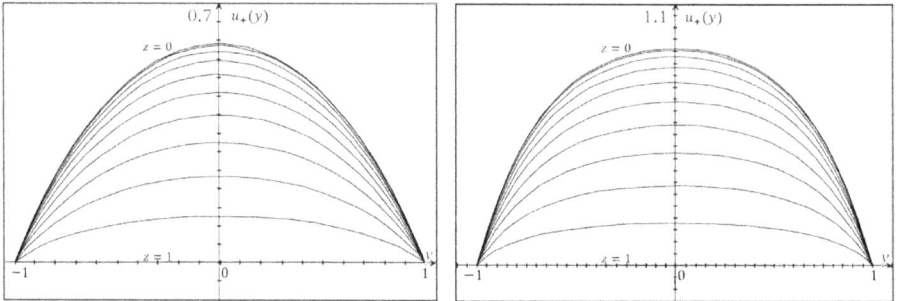

Abb. 2.8: Graphen von (2.30)

Die höchste normierte Geschwindigkeit wird dabei im Zentrum für $y = z = 0$ erreicht und beträgt $u_+ = 0,589$ für das Quadrat und $u_+ = 0,914$ für das Rechteck.

Für den Fluss durch ein Rechtecksrohr berechnen wir $Q_+ = 4 \int_0^a \int_0^b u_+(y, z)\, dy\, dz$. Die Integration von u_+ nach z ergibt

$$u_{+1}(y, z) = \left\{ \left(z - \frac{z^3}{3b^2} \right) - \frac{64b}{\pi^4} \sum_{n=1}^{\infty} \frac{(-1)^{n+1}}{(2n-1)^4} \cdot \frac{\cosh\left(\frac{2n-1}{2b}\pi y\right)}{\cosh\left(\frac{2n-1}{2b}\pi a\right)} \cdot \sin\left(\frac{2n-1}{2b}\pi z\right) \right\}$$

und die Auswertung

$$u_{+1}(y) = \frac{2b}{3} - \frac{64b}{\pi^4} \sum_{n=1}^{\infty} \frac{1}{(2n-1)^4} \cdot \frac{\cosh\left(\frac{2n-1}{2b}\pi y\right)}{\cosh\left(\frac{2n-1}{2b}\pi a\right)} \cdot$$

Die Integration nach y liefert

$$u_{+2}(y) = \frac{2b}{3} y - \frac{128b^2}{\pi^5} \sum_{n=1}^{\infty} \frac{1}{(2n-1)^5} \cdot \frac{\sinh\left(\frac{2n-1}{2b}\pi y\right)}{\cosh\left(\frac{2n-1}{2b}\pi a\right)}$$

und nach Auswertung

$$u_{+2} = \frac{2ab}{3} - \frac{128b^2}{\pi^5} \sum_{n=1}^{\infty} \frac{\tanh\left(\frac{2n-1}{2b}\pi a\right)}{(2n-1)^5} \cdot$$

Nimmt man noch den Faktor 4 hinzu und macht die Normierung rückgängig, so folgt

$$Q = -\frac{4b^2}{2\eta} \cdot \frac{\partial p}{\partial x} \left(\frac{2ab}{3} - \frac{128b^2}{\pi^5} \sum_{n=1}^{\infty} \frac{\tanh\left(\frac{2n-1}{2b}\pi a\right)}{(2n-1)^5} \right)$$

$$= -\frac{4ab^3}{3\eta} \cdot \frac{\partial p}{\partial x} \left(1 - \frac{192b}{\pi^5 a} \sum_{n=1}^{\infty} \frac{\tanh\left(\frac{2n-1}{2b}\pi a\right)}{(2n-1)^5} \right)$$

Speziell für ein quadratisches Rohr beträgt der Fluss $Q = -\frac{4a^4}{3\eta} \cdot \frac{\partial p}{\partial x} \cdot 0{,}422$ und für das Kreisrohr gilt $Q = -\frac{\pi}{8\eta} \cdot \frac{\partial p}{\partial x} \cdot R^4$ (2.14). Bei gleichem Fluss ergibt sich $\frac{4a^4}{3} \cdot 0{,}422 = \frac{\pi}{8} \cdot R^4$ und daraus $R = 1{,}094 \cdot a$. Der Durchmesser des Kreisrohrs müsste etwa 9,4 % größer als die Seitenkante des Quadrats gewählt werden.

Beispiel 8. Wir betrachten eine quaderförmige viskose Flüssigkeit der Höhe h zwischen zwei parallelen ebenen Platten, wobei die obere Platte in Ruhe verharrt. Das Fluid soll durch die horizontale, periodische Bewegung der unteren Platte in Schwingung versetzt werden. (Die viskose Flüssigkeit haftet also an beiden Platten und löst sich nicht ab.) Treibende Drücke gibt es in dieser Fragestellung nicht. Die Gravitation ist für die horizontale Bewegung unerheblich. Weiter vernachlässigen wir seitliche Effekte und setzen $u_y = u_z = 0$. Die Geschwindigkeit der Platte sei beispielsweise durch $u(z = 0, t) = u_0 \cos(\omega t)$ gegeben. Gesucht wird das Geschwindigkeitsprofil des Fluids $u_x = u = u(z, t)$ als Funktion der Höhe und der Zeit im eingeschwungenen Zustand, wodurch eine Anfangsbedingung entfällt. Aus der Kontinuitätsgleichung wird zudem $\frac{\partial u_x}{\partial x} = 0$ ersichtlich. Diese instationäre Aufgabe heißt auch Stokes-Problem.

Die Gleichung (2.2) reduziert sich DGL

$$\frac{\partial u}{\partial t} = \nu \cdot \frac{\partial^2 u}{\partial z^2} . \tag{2.31}$$

Auf der Höhe z wird das Fluid phasenverschoben zur Anregung schwingen. Außerdem nimmt die Amplitude mit steigender Höhe ab. Deshalb enthält unser Ansatz beide Winkelfunktionen und lautet $u(z, t) = u_0[f_1(z) \cdot \cos(\omega t) + f_2(z) \cdot \sin(\omega t)]$.

Es ist weniger aufwendig, mit komplexwertigen Funktionen zu rechnen. Nehmen wir als Ansatz $u(z, t) = u_0 \cdot f(z) \cdot e^{-i\omega t}$ mit $f(z) = f_1(z) + if_2(z)$ und bestimmen

$$f(z) \cdot e^{-i\omega t} = [f_1(z) + if_2(z)] \cdot [\cos(\omega t) - i\sin(\omega t)]$$

$$= f_1(z) \cdot \cos(\omega t) + f_2(z) \cdot \sin(\omega t) + i[f_2(z) \cdot \cos(\omega t) - f_1(z) \cdot \sin(\omega t)] ,$$

so erkennt man, dass $u(z, t)$ als Realteil von $f(z) \cdot e^{-i\omega t}$ interpretiert werden kann, also

$$u(z, t) = \Re\left(u_0 \cdot f(z) \cdot e^{-i\omega t} \right) . \tag{2.32}$$

Diesen Ansatz in (2.31) eingesetzt, erzeugt

$$-i\frac{\omega}{\nu} u_0 f \cdot e^{-i\omega t} = u_0 f'' \cdot e^{-i\omega t} \quad \text{oder} \quad -i\frac{\omega}{\nu} f(z) = f''(z) .$$

Mit $f(z) = Ce^{\lambda z}$ entsteht die charakteristische Gleichung $\lambda^2 = -i\frac{\omega}{\nu}$, deren Lösung

$$\lambda = \pm\sqrt{-i\frac{\omega}{\nu}}$$

beträgt. Die Zahl $\sqrt{-i}$ schreiben wir um als $\sqrt{-i} = a+ib$. Daraus folgt $-i = a^2-b^2+2abi$, durch Vergleich $b = -a$ mit $a = \frac{1}{\sqrt{2}}$ und somit $\sqrt{-i} = \frac{1}{\sqrt{2}}(1-i)$. Weiter definieren wir

$$k := \sqrt{\frac{\omega}{2\nu}}$$

und erhalten

$$f(z) = A \cdot e^{(1-i)kz} + B \cdot e^{-(1-i)kz} \,.$$

Mit Hilfe der neuen Konstanten

$$A = \frac{1}{2}(C_1 + C_2) \quad \text{und} \quad B = \frac{1}{2}(C_1 - C_2)$$

folgt

$$f(z) = C_1 \cdot \cosh[(1-i)kz] + C_2 \cdot \sinh[(1-i)kz] \,.$$

Eine Randbedingung unseres Problems lautet I. $u(0, t) = u_0 \cos(\omega t)$. Gleichbedeutend damit ist $f(0) = 1$, wie man (2.32) entnimmt. Genauer bedeutet I. eigentlich $f(0) = 1 + 0 \cdot i$, was $f_1(0) = 1$ und $f_2(0) = 0$ entspricht. Zudem gilt die Haftbedingung II. $f(h) = 0$.

Daraus folgen $1 = C_1$ und $0 = \cosh[(1-i)kh] + C_2 \cdot \sinh[(1-i)kh]$.

Weiter verrechnet, ergibt sich

$$C_2 = -\frac{\cosh[(1-i)kh]}{\sinh[(1-i)kh]}$$

und daraus nacheinander

$$f(z) = \cosh[(1-i)kz] - \frac{\cosh[(1-i)kh]}{\sinh[(1-i)kh]} \cdot \sinh[(1-i)kz]$$

$$= \frac{\sinh[(1-i)kh] \cdot \cosh[(1-i)kz] - \cosh[(1-i)kh] \cdot \sinh[(1-i)kz]}{\sinh[(1-i)kh]}$$

$$= \frac{\frac{1}{2}\left[e^{(1-i)kh} - e^{-(1-i)kh}\right] \cdot \frac{1}{2}\left[e^{(1-i)kz} + e^{-(1-i)kz}\right]}{\sinh[(1-i)kh]}$$

$$- \frac{\frac{1}{2}\left[e^{(1-i)kh} + e^{-(1-i)kh}\right] \cdot \frac{1}{2}\left[e^{(1-i)kz} - e^{-(1-i)kz}\right]}{\sinh[(1-i)kh]}$$

$$= \frac{\frac{1}{4}\left[e^{(1-i)k(h+z)} + e^{(1-i)k(h-z)} - e^{-(1-i)k(h-z)} - e^{-(1-i)k(h+z)}\right]}{\sinh[(1-i)kh]}$$

$$- \frac{\frac{1}{4}\left[e^{(1-i)k(h+z)} - e^{(1-i)k(h-z)} + e^{-(1-i)k(h-z)} - e^{-(1-i)k(h+z)}\right]}{\sinh[(1-i)kh]}$$

und schließlich

$$f(z) = \frac{\frac{1}{4}\left[2e^{(1-i)k(h-z)} - 2e^{-(1-i)k(h-z)}\right]}{\sinh\left[(1-i)kh\right]} = \frac{\sinh[(1-i)k(h-z)]}{\sinh[(1-i)kh]} \quad \text{oder} \qquad (2.33)$$

$$f(z) = \frac{e^{(1-i)k(h-z)} - e^{-(1-i)k(h-z)}}{e^{(1-i)kh} - e^{-(1-i)kh}} \; . \qquad (2.34)$$

Wir erweitern Gleichung (2.34) und berechnen weiter

$$f(z) = \frac{e^{(1-i)k(h-z)} - e^{-(1-i)k(h-z)}}{e^{(1-i)kh} - e^{-(1-i)kh}} \cdot \frac{e^{kh}e^{ikh} - e^{-kh}e^{-ikh}}{e^{kh}e^{ikh} - e^{-kh}e^{-ikh}} \; .$$

Den Nenner von (2.34) fasst man zusammen zu

$$e^{2kh} + e^{-2kh} - \left(e^{2ikh} + e^{-2ikh}\right) = 2[\cosh(2kh) - \cos(2kh)] \; .$$

Der Zähler von (2.34) wird zu

$$\left[e^{kh-kz-ikh+ikz} - e^{-kh+kz+ikh-ikz}\right] \cdot \left[e^{kh}e^{ikh} - e^{-kh}e^{-ikh}\right]$$

$$= e^{2kh-kz+ikz} - e^{kz+2ikh-ikz} - e^{-kz-2ikh+ikz} + e^{-2kh+kz-ikz} \; .$$

Gleichung (2.32) verlangt noch die Multiplikation mit $e^{-i\omega t}$, was

$$e^{-i\omega t+2kh-kz+ikz} - e^{-i\omega t+kz+2ikh-ikz} - e^{-i\omega t-kz-2ikh+ikz} + e^{-i\omega t-2kh+kz-ikz}$$

ergibt.

Endlich können wir davon den Realteil entnehmen und erhalten gesamthaft

$$u(z,t) = \frac{u_0}{2[\cosh(2kh) - \cos(2kh)]} \left\{e^{-k(z-2h)}[\cos(\omega t - kz)] + e^{k(z-2h)}(\cos(\omega t + kz))\right.$$
$$\left. - e^{-kz}[\cos(\omega t - kz + 2kh)] - e^{kz}[\cos(\omega t + kz - 2kh)]\right\} \; .$$

Gleichung (2.33) besagt, dass das Geschwindigkeitsprofil von den drei Größen ω, v und h abhängig ist. Deswegen führt man die Womersley-Zahl $W = h\sqrt{\frac{\omega}{v}}$ ein. Bei Rohren wird h durch den halben Durchmesser d ersetzt. Die Zahl W enthält dieselben Größen wie die Reynolds-Zahl: eine charakteristische Länge, eine spezifische Stoffgröße und die Geschwindigkeit (hier in Form der Frequenz). Man nennt deshalb W auch die Reynolds-Zahl für instationäre Strömungen.

Betrachten wir als ersten Spezialfall kleine Womersley-Zahlen $W \ll 1$. Zuerst verifizieren wir den Zusammenhang $W = \sqrt{2}kh$ und schreiben (2.33) als

$$f(z) = \frac{\sinh[(1-i)k(h-z)]}{\sinh[(1-i)kh]} = \frac{\sinh\left[(1-i)kh\left(1-\frac{z}{h}\right)\right]}{\sinh[(1-i)kh]}$$

$$= \frac{\sinh\left[(1-i)\frac{W}{\sqrt{2}}\left(1-\frac{z}{h}\right)\right]}{\sinh\left[(1-i)\frac{W}{\sqrt{2}}\right]} \approx \frac{(1-i)\frac{W}{\sqrt{2}}\left(1-\frac{z}{h}\right)}{(1-i)\frac{W}{\sqrt{2}}} = 1 - \frac{z}{h} \; .$$

Dabei wurde die lineare Näherung des Sinus Hyperbolicus für kleine Argumente benutzt. Insgesamt folgt $u(z, t) = u_0 \cos(\omega t)(1 - \frac{z}{h})$, was bedeutet, dass das Profil zu jeder Zeit praktisch linear ist und einer ebenen Couette-Strömung gleichkommt. In diesem Fall ist entweder die Frequenz oder die Höhe klein oder die Viskosität sehr groß.

Für große Womersley-Zahlen findet die Bewegung praktisch nur in der Nähe der bewegten Wand statt. In diesem Fall überwiegt die Trägheit gegenüber der Viskosität. Dazu dividieren wir Zähler und Nenner von (2.34) zuerst mit $e^{(1-i)kh}$ und erhalten

$$f(z) = \frac{e^{-(1-i)kz} - e^{-2(1-i)kh}e^{(1-i)kz}}{1 - e^{-2(1-i)kh}} = \frac{e^{-(1-i)kz} - e^{-\sqrt{2}(1-i)W}e^{(1-i)kz}}{1 - e^{-\sqrt{2}(1-i)W}}.$$

Es folgt $f(z) \approx e^{-(1-i)kz}$ und weiter

$$\begin{aligned} u(z, t) &= u_0 \cdot f(z) \cdot e^{-i\omega t} = u_0 \cdot e^{-i\omega t}e^{-(1-i)kz} \\ &= u_0 \cdot e^{-i\omega t - kz + ikz} = u_0 \cdot e^{-kz}e^{-i(\omega t - kz)} \\ &= u_0 \cdot e^{-kz}[\cos(\omega t - kz) - i\sin(\omega t - kz)] \end{aligned}$$

und schließlich

$$u(z, t) = u_0 \cdot e^{-kz} \cdot \cos(\omega t - kz) \qquad \text{(von } h \text{ unabhängig)}. \tag{2.35}$$

Für eine Skizze tragen wir $\frac{u}{u_0}$ nach z für die Zeiten $t = 0, \frac{1}{6}, \frac{1}{3}, \frac{1}{2}, \frac{2}{3}$ und $\frac{5}{6}$ auf und wählen als Frequenz $f = 1$ Hz und $\nu = 10^{-3} \frac{m^2}{s}$, ein typischer Wert für Gelatine oder Pudding (Abb. 2.9).

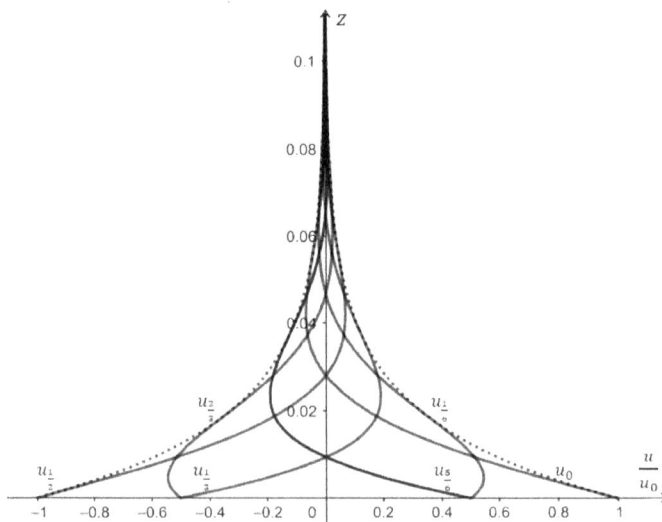

Abb. 2.9: Graph von (2.35)

Die Abbildung enthält zudem, gestrichelt markiert, die alle Profile einhüllende Kurve

$$\left|\frac{u(z)}{u_0}\right| = e^{-\sqrt{\frac{\omega}{2\nu}}z} .$$

Es gibt Schichten, die in Phase schwingen, dann nämlich, wenn

$$\sqrt{\frac{\omega}{2\nu}}z = 2n\pi$$

gilt.

Die zugehörigen Schichten befinden sich in einem Abstand von $d = 2\pi\sqrt{\frac{2\nu}{\omega}}$ und für unseren Pudding ergäbe das $d = \sqrt{\frac{\pi}{250}} \approx 11,2\,\text{cm}$.

Beispiel 9. Eine viskose Flüssigkeit befindet sich zwischen zwei parallelen Platten. Die obere wird aus der Ruhe auf die konstante Geschwindigkeit u_0 beschleunigt, während die untere Platte in Ruhe verharrt (Abb. 2.10).

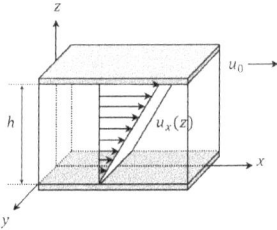

Abb. 2.10: Skizze zu Beispiel 9

Die entstehende Strömung nennt man ebene Couette-Strömung. Nach einiger Zeit wird sich das dargestellte stationäre lineare Geschwindigkeitsprofil ausbilden.

Dies liegt daran, dass aufgrund des fehlenden Druckgradienten lediglich eine in z-Richtung sich verändernde Geschwindigkeit $u_x = u_x(z)$ und damit die Gleichung $\frac{\partial^2 u_x}{\partial z^2} = 0$ verbleibt.

Die zweimalige Integration liefert $u_x(z) = C_1 z + C_2$. Mit den Randbedingungen $u_x(0) = 0$ und $u_x(h) = u_0$ folgt $u_x(z) = \frac{u_0}{h}z$.

Nun lösen wir den instationären Fall. Die DGL ist diejenige von (2.31):

$$\frac{\partial u}{\partial t} = \nu \cdot \frac{\partial^2 u}{\partial z^2} .$$

Nun knüpfen wir den Zusammenhang mit der Wärmeleitungsgleichung aus dem 4. Band. Sie lautete:

$$\frac{\partial T}{\partial t} = \beta^2 \cdot \frac{\partial^2 T}{\partial x^2} . \tag{2.36}$$

Im gleichen Band lösten wir (2.36) für drei verschiedene Randbedingungen: eine konstant gehaltene Wandtemperatur, eine unveränderliche Umgebungstemperatur und einen zugeführten, konstanten Wärmestrom. In den beiden ersten Fällen strebte der Temperaturausgleich mit der Zeit einer innerhalb der Wand konstanten Endtemperatur zu.

Im letzten Fall hingegen näherte sich das Ausgleichstemperaturprofil schnell der Form einer gleichbleibenden Parabel an. Die Temperaturverteilung für diesen letzten Fall bestimmten wir durch Superposition eines quasi-stationären und eines instationären Teils.

Im Fall der instationären Couette-Strömung wird das Profil mit der Zeit die lineare Form $u_x(z) = \frac{u_0}{h} z$ einnehmen. Deswegen setzen wir die Lösung von (2.31) als $u(z, t) = C_1 z + C_2 + Z(z) \cdot T(t)$ an. Es wird sich unter anderem zeigen, dass $C_1 = \frac{u_0}{h}$, $C_2 = 0$, $\lim_{t \to \infty} T(t) = 0$ und damit $\lim_{t \to \infty} u(z, t) = \frac{u_0}{h} z$ ist. Setzen wir den Ansatz in (2.31) ein, so erhält man die übliche Separationsgleichung $Z(z) \cdot \dot{T}(t) = v \cdot Z''(z) \cdot T(t)$.

Nun führen wir dimensionslose Größen ein. Dies ist nicht zwingend, aber vereinfacht die Schreibweise. Es ist $\xi = \frac{z}{h}$, $u_* = \frac{u}{u_0}$ und $\tau = \frac{v}{h^2} t$ und wir berechnen nacheinander

$$\frac{\partial u_*}{\partial \tau} = \frac{\partial u_*}{\partial t} \cdot \frac{\partial t}{\partial \tau} = \frac{1}{u_0} \cdot \frac{\partial u}{\partial t} \cdot \frac{h^2}{v} = \frac{\partial u}{\partial t} \cdot \frac{h^2}{u_0 v},$$

$$\frac{\partial u_*}{\partial \xi} = \frac{\partial u_*}{\partial z} \cdot \frac{\partial z}{\partial \xi} = \frac{1}{u_0} \cdot \frac{\partial u}{\partial z} \cdot h = \frac{\partial u}{\partial z} \cdot \frac{h}{u_0} \quad \text{und}$$

$$\frac{\partial^2 u_*}{\partial \xi^2} = \frac{\partial}{\partial \xi} \left(\frac{\partial u}{\partial z} \cdot \frac{h}{u_0} \right) = \frac{h}{u_0} \cdot \frac{\partial^2 u}{\partial z^2} \cdot \frac{\partial z}{\partial \xi} = \frac{\partial^2 u}{\partial z^2} \cdot \frac{h^2}{u_0}.$$

Damit geht (2.31) über in

$$\frac{\partial u_*}{\partial \tau} \cdot \frac{u_0 v}{h^2} = v \cdot \frac{u_0}{h^2} \cdot \frac{\partial^2 u_*}{\partial \xi^2} \quad \text{oder} \quad \frac{\partial u_*}{\partial \tau} = \frac{\partial^2 u_*}{\partial \xi^2}$$

mit $u_*(\xi, \tau) = C_1 h \xi + C_2 + s(\xi) \cdot w(\tau)$.

Eingesetzt führt dies zu

$$\frac{\dot{w}(\tau)}{w(\tau)} = \frac{s''(\xi)}{s(\xi)} := -\mu^2 \quad \text{mit} \quad \mu \in \mathbb{R}$$

mit den beiden Gleichungen

$$\dot{w}(\tau) + \mu^2 w(\tau) = 0 \quad \text{und} \quad s''(\xi) + \mu^2 s(\xi) = 0.$$

Die zugehörigen Lösungen sind $w(\tau) = A e^{-\mu^2 \tau}$ und $s(\xi) = B_1 \cdot \sin(\mu \xi) + B_2 \cdot \cos(\mu \xi)$ oder schließlich

$$u_*(\xi, \tau) = C_1 h \xi + C_2 + (C_3 \cdot \sin(\mu \xi) + C_4 \cdot \cos(\mu \xi)) e^{-\mu^2 \tau}. \tag{2.37}$$

Nun gehen wir zu den Bedingungen über. Am Boden ist die Geschwindigkeit zu jeder Zeit Null und auf der Höhe h beträgt sie u_0. Das führt zu den Randbedingungen

$$\text{I.} \quad u_*(0, \tau) = 0 \quad \text{und} \quad \text{II.} \quad u_*(1, \tau) = 1 \quad \text{für beliebige } \tau.$$

Zur Startzeit beträgt die Geschwindigkeit auf der gesamten Höhe Null. Dies ist die Anfangsbedingung

$$\text{III.} \quad u_*(\xi, 0) = 0 \, .$$

Schließlich ergeben sich noch zwei Endbedingungen für $t \to \infty$: Am Boden bleibt die Geschwindigkeit Null und auf der Höhe h beträgt ihr Wert u_0. Dies ergibt

$$\text{IV.} \quad u_*(0, \tau \to \infty) = 0 \quad \text{und} \quad \text{V.} \quad u_*(1, \tau \to \infty) = 1 \, .$$

Zuerst werten wir IV. und V. an (2.37) aus. Das führt zu $C_2 = 0$ bzw. $C_1 = \frac{1}{h}$.

Das bestätigt die Vermutung, dass $C_1 h \xi + C_2 = \xi$ schlicht die stationäre Lösung in dimensionslosen Größen ergibt. Die Bedingungen I. und II. erzeugen $C_4 = 0$ und $\sin(k) = 0$, was $\mu = n\pi$ mit $n \in \mathbb{N}$ nach sich zieht. Damit erhält man insgesamt

$$u_*(\xi, \tau) = \xi + \sum_{n=1}^{\infty} a_n e^{-n^2 \pi^2 \tau} \sin(n\pi\xi) \, .$$

Mit Hilfe der Startbedingung III. folgt

$$0 = \xi + \sum_{n=1}^{\infty} a_n \sin(n\pi\xi) \, . \tag{2.38}$$

Daraus bestimmt man die Fourier-Koeffizienten a_n.

Dazu wird (2.38) mit $\sin(m\pi\xi)$ multipliziert und über das Intervall von Null bis Eins integriert. Mit Hilfe der aus dem 3. Band bekannten Orthogonalität der Sinusfunktion verbleibt nur im Fall von $m = n$ ein von Null verschiedener Beitrag.

Es entsteht

$$-\int_0^1 \xi \cdot \sin(n\pi\xi) \, d\xi = a_n \int_0^1 \sin^2(n\pi\xi) \, d\xi$$

und daraus $a_n = \frac{2(-1)^n}{n\pi}$.

Schließlich erhält unsere gesuchte Lösung die Gestalt

$$u_*(\xi, \tau) = \xi + \frac{2}{\pi} \sum_{n=1}^{\infty} \frac{(-1)^n}{n} e^{-n^2 \pi^2 \tau} \sin(n\pi\xi) \, . \tag{2.39}$$

Die Rücktransformation ergibt

$$\frac{u(z, t)}{u_0} = \frac{z}{h} + \frac{2}{\pi} \sum_{n=1}^{\infty} \frac{(-1)^n}{n} e^{-n^2 \pi^2 \frac{\nu}{h^2} t} \sin\left(n\pi\frac{z}{h}\right) \, .$$

Wir stellen (2.39) für die Zeiten $\tau = 0,001; 0,01; 0,05; 0,15; 1$ dar (Abb. 2.11).

Die Achsen sind im Vergleich zu Abb. 2.8 vertauscht!

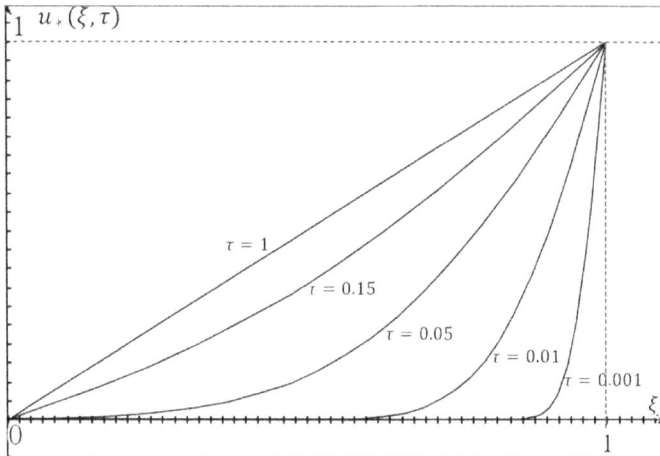

Abb. 2.11: Graph von (2.39)

Beispiel 10. Wir betrachten die viskose Flüssigkeit der Dicke $2h$ zwischen zwei ruhenden parallelen Platten des 1. Beispiels. Der anfangs ruhenden Flüssigkeit wird ein Druckgradient $\frac{\partial p}{\partial x}$ parallel zur x-Achse angebracht. Es soll die Anlaufströmung bis zur ausgeprägten stationären Strömung bestimmt werden. Dazu wird Gleichung (2.5) um den instationären Term erweitert zu

$$\frac{\partial u_x(z)}{\partial t} = -\frac{1}{\rho} \cdot \frac{\partial p}{\partial x} + \nu \cdot \frac{\partial^2 u_x(z)}{\partial z^2} \,.$$

Die Transformationen sind dieselben wie im vorigen Beispiel: $\xi = \frac{z}{h}$, $u_* = \frac{u}{u_0}$, $\tau = \frac{\nu}{h^2} t$. Hinzu gesellen sich noch $\lambda = \frac{x}{h}$ und $p_* = \frac{h}{\eta u_0} p$.

Mit

$$\frac{\partial p_*}{\partial \lambda} = \frac{\partial p_*}{\partial x} \cdot \frac{\partial x}{\partial \lambda} = \frac{\partial p}{\partial x} \cdot \frac{h^2}{\eta u_0}$$

folgt dann

$$\frac{\partial u_*}{\partial \tau} = -\frac{\partial p_*}{\partial \lambda} + \frac{\partial^2 u_*}{\partial \xi^2} \,. \tag{2.40}$$

Die stationäre Lösung (2.7), $u(z) = -\frac{\partial p}{\partial x} \cdot \frac{h^2}{2\eta} [1 - (\frac{z}{h})^2]$ erhält dann die Gestalt

$$u_*(\xi) = -\frac{1}{2} \cdot \frac{\partial p_*}{\partial \lambda} (1 - \xi^2) \,.$$

In Anlehnung an das 9. Beispiel wird der Ansatz der instationären Lösung direkt als Summe aus stationärem und einem instationären Produktansatz zusammengesetzt:

$$u_*(\xi, \tau) = -\frac{1}{2} \cdot \frac{\partial p_*}{\partial \lambda} (1 - \xi^2) + s(\xi) \cdot w(\tau) \,.$$

Setzt man den Ansatz in (2.40) ein, so entsteht daraus

$$s(\xi) \cdot \dot{w}(\tau) = -\frac{\partial p_*}{\partial \lambda} + \frac{\partial p_*}{\partial \lambda} + s''(\xi) \cdot w(\tau)\,, \quad \frac{\dot{w}(\tau)}{w(\tau)} = \frac{s''(\xi)}{s(\xi)} := -\mu^2$$

und entsprechend

$$u_*(\xi, \tau) = -\frac{\partial p_*}{\partial \lambda} \cdot \frac{1}{2}(1 - \xi^2) + (C_3 \cdot \sin(\mu\xi) + C_4 \cdot \cos(\mu\xi))e^{-\mu^2\tau}\,.$$

Es genügen die zwei Endbedingungen und die Anfangsbedingung in dimensionslosen Größen (vgl. 1. Bsp. und Abb. 2.2). Sie lauten

I. $\dfrac{du_*}{d\xi}(0, \tau \to \infty) = 0\,,$ II. $u_*(1, \tau \to \infty) = 0$ und III. $u_*(\xi, 0) = 0\,.$

Wertet man I. aus, so folgt $C_3 = 0$ und die Bedingung II. führt zu $\cos(\mu) = 0$ und damit $\mu = \frac{(2n-1)}{2}\pi$. Schließlich erhält man mit III. die Bestimmungsgleichung für die Fourierkoeffizienten:

$$0 = -\frac{\partial p_*}{\partial \lambda} \cdot \frac{1}{2}(1 - \xi^2) + \sum_{n=1}^{\infty} a_n \cos\left(\frac{(2n-1)\pi}{2}\xi\right)\,.$$

Multiplikation mit $\cos(\frac{(2m-1)\pi}{2}\xi)$ und Benutzung der Orthogonalität des Kosinus führt zu

$$\frac{\partial p_*}{\partial \lambda} \cdot \frac{1}{2}(1 - \xi^2) \cdot \cos\left(\frac{(2n-1)\pi}{2}\xi\right) = a_n \cdot \cos\left(\frac{(2n-1)\pi}{2}\xi\right)^2$$

und endlich

$$a_n = \frac{\partial p_*}{\partial \lambda} \cdot \frac{(1 - \xi^2)\cos\left(\frac{(2n-1)\pi}{2}\xi\right)}{2 \cdot \cos\left(\frac{(2n-1)\pi}{2}\xi\right)^2} = \frac{\partial p_*}{\partial \lambda} \cdot \frac{16 \cdot (-1)^{n+1}}{(2n-1)^3\pi^3}\,.$$

Zusammen erhält man

$$u_*(\xi, \tau) = -\frac{1}{2} \cdot \frac{\partial p_*}{\partial \lambda} \cdot \left[1 - \xi^2 - \frac{32}{\pi^3}\sum_{n=1}^{\infty}\frac{(-1)^{n+1}}{(2n-1)^3}\cos\left(\frac{(2n-1)\pi}{2}\xi\right)e^{-\left(\frac{(2n-1)}{2}\pi\right)^2\tau}\right]$$

$$(2.41)$$

oder

$$u(z, t) = -\frac{h^2}{2\eta} \cdot \frac{\partial p}{\partial x} \cdot \left[1 - \left(\frac{z}{h}\right)^2 - \frac{32}{\pi^3}\sum_{n=1}^{\infty}\frac{(-1)^{n+1}}{(2n-1)^3}\cos\left(\frac{(2n-1)\pi}{2} \cdot \frac{z}{h}\right)e^{-\left(\frac{(2n-1)}{2}\pi\right)^2\frac{\nu}{h^2}t}\right]$$

Wir normieren (2.41) und stellen

$$u_+(\xi, \tau) = \frac{u_*(\xi, \tau)}{-\frac{1}{2} \cdot \frac{\partial p_*}{\partial \lambda}}$$

für die Zeiten $\tau = 0,01; 0,1; 0,25; 0,5; 2$ dar (Abb. 2.12).

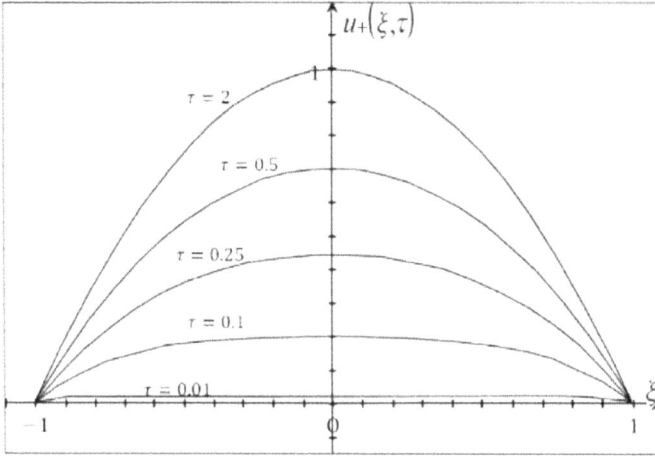

Abb. 2.12: Graph von (2.41)

Beispiel 11. Nun untersuchen wir die instationäre Poiseuille-Strömung in einem kreisrunden Rohr mit Radius R. Die dimensionslosen Größen lauten entsprechend $\xi = \frac{r}{R}, u_* = \frac{u}{u_0}, \tau = \frac{v}{R^2}t, \lambda = \frac{z}{R}$ und $p_* = \frac{R}{\eta u_0}p$. Die stationäre Lösung (2.11) schreibt sich zu $u_*(\xi) = -\frac{1}{4} \cdot \frac{\partial p_*}{\partial \lambda}(1 - \xi^2)$ und (2.10) erhält einen instationären Term:

$$\rho\frac{\partial u}{\partial t} = -\frac{\partial p}{\partial z} + \frac{\eta}{r} \cdot \frac{\partial}{\partial r}\left(r\frac{\partial u(r)}{\partial r}\right) \quad \text{oder} \quad \rho\frac{\partial u}{\partial t} = -\frac{\partial p}{\partial z} + \eta\left(\frac{\partial^2 u}{\partial r^2} + \frac{1}{r} \cdot \frac{\partial u}{\partial r}\right).$$

Mit Hilfe der Umrechnungen

$$\frac{\partial u_*}{\partial \tau} = \frac{\partial u}{\partial t} \cdot \frac{R^2}{u_0 v}, \quad \frac{\partial u_*}{\partial \xi} = \frac{\partial u}{\partial r} \cdot \frac{R}{u_0}, \frac{\partial^2 u_*}{\partial \xi^2} = \frac{\partial^2 u}{\partial r^2} \cdot \frac{R^2}{u_0} \quad \text{und} \quad \frac{\partial p_*}{\partial \lambda} = \frac{R^2}{\eta u_0} \cdot \frac{\partial p}{\partial z}$$

entsteht

$$\rho\frac{\partial u_*}{\partial \tau} \cdot \frac{u_0 v}{R^2} = -\frac{\partial p_*}{\partial \lambda} \cdot \frac{\eta u_0}{R^2} + \eta\left(\frac{\partial^2 u_*}{\partial \xi^2} \cdot \frac{u_0}{R^2} + \frac{1}{R\xi} \cdot \frac{\partial u_*}{\partial \xi} \cdot \frac{u_0}{R}\right)$$

und daraus

$$\frac{\partial u_*}{\partial \tau} = -\frac{\partial p_*}{\partial \lambda} + \frac{\partial^2 u_*}{\partial \xi^2} + \frac{1}{\xi} \cdot \frac{\partial u_*}{\partial \xi}. \tag{2.42}$$

Dies ist eine Bessel'sche DGL der Ordnung Null. Sie entspricht der instationären Wärmeleitung in einem Zylinder mit zusätzlicher innerer Wärmequelle (vgl. 4. Band).

Unser bekannter Ansatz lautet

$$u_*(\xi, \tau) = -\frac{1}{4} \cdot \frac{\partial p_*}{\partial \lambda}(1 - \xi^2) + s(\xi) \cdot w(\tau).$$

Den Ansatz in (2.42) eingesetzt führt zu

$$s(\xi) \cdot \dot{w}(\tau) = -\frac{\partial p_*}{\partial \lambda} + \frac{1}{2} \cdot \frac{\partial p_*}{\partial \lambda} + s''(\xi) \cdot w(\tau) + \frac{1}{\xi} \cdot \left(\frac{1}{2} \cdot \frac{\partial p_*}{\partial \lambda} \xi + s'(\xi) \cdot w(\tau) \right) ,$$

$$s(\xi) \cdot \dot{w}(\tau) = s''(\xi) \cdot w(\tau) + \frac{1}{\xi} s'(\xi) \cdot w(\tau)$$

und schließlich

$$\frac{\dot{w}(\tau)}{w(\tau)} = \frac{s''(\xi)}{s(\xi)} + \frac{1}{\xi} \cdot \frac{s'(\xi)}{s(\xi)} := -\mu^2 .$$

Die Lösung des Zeitteils beträgt $w(\tau) = A e^{-\mu^2 \tau}$.

Die Lösung des örtlichen Teils wurde schon im 4. Band ausführlich diskutiert. Man schreibt die Gleichung als $\xi^2 s''(\xi) + \xi s'(\xi) + \mu^2 \xi^2 s(\xi) = 0$, substituiert $y = \mu \cdot \xi$ und erhält mit Hilfe von

$$\frac{\partial s}{\partial y} = \frac{\partial s}{\partial \xi} \cdot \frac{1}{\mu} \quad \text{und} \quad \frac{\partial^2 s}{\partial y^2} = \frac{\partial^2 s}{\partial \xi^2} \cdot \frac{1}{\mu^2}$$

die Bessel'sche Gleichung in ihrer charakteristischen Form: $y^2 s'' + y s' + y^2 s = 0$ oder

$$\mu^2 \xi^2 s''(\mu\xi) + \mu\xi s'(\mu\xi) + \mu^2 \xi^2 s(\mu\xi) = 0 .$$

Ihre Lösung lautet $s(\mu\xi) = B_1 \cdot J_0(\mu\xi) + B_2 \cdot N_0(\mu\xi)$. Dabei heißen J_0 bzw. N_0 die Bessel- und Neumann-Funktion nullter Ordnung. Im 4. Band wurden die beiden Funktionen als unendliche Potenzreihen hergeleitet. Sie lauten

$$J_0(x) = \sum_{k=0}^{\infty} \frac{(-1)^k}{(k!)^2} \left(\frac{x}{2} \right)^{2k} \quad \text{und}$$

$$N_0(x) = \ln x \cdot \sum_{k=0}^{\infty} \frac{(-1)^k}{(k!)^2} \left(\frac{x}{2} \right)^{2k} + f(x)$$

$$\text{mit} \quad f(x) = \sum_{k=0}^{\infty} \frac{(-1)^k}{(k!)^2} \left(1 + \frac{1}{2} + \frac{1}{3} + \cdots + \frac{1}{k+1} \right) \left(\frac{x}{2} \right)^{2k} .$$

Die Graphen beider Funktionen oszillieren um die y-Achse und besitzen demnach unendlich viele Nullstellen.

Der Ansatz lautet somit

$$u_*(\xi, \tau) = -\frac{1}{4} \cdot \frac{\partial p_*}{\partial \lambda} (1 - \xi^2) + (C_1 \cdot J_0(\mu\xi) + C_2 \cdot N_0(\mu\xi)) e^{-\mu^2 \tau} .$$

Analog zum 10. Beispiel ergeben sich dieselben Bedingungen

I. $\dfrac{du_*}{d\xi}(0, \tau \to \infty) = 0$, II. $u_*(1, \tau \to \infty) = 0$ und III. $u_*(\xi, 0) = 0$.

Man kann anstelle von I. auch $u_*(0, \tau \to \infty) < \infty$ fordern, mit demselben Ergebnis.

Aus I. folgt $-\frac{1}{4} \cdot \frac{\partial p_*}{\partial \lambda} + C_2 \cdot N_0(0) < \infty$. Dies kann nur für $C_2 = 0$ erfüllt werden. Die Bedingung II. ergibt $J_0(\mu) = 0$. Demnach sind die Nullstellen der Bessel-Funktion gesucht. Sie wurden schon im 4. Band ermittelt zu

n	1	2	3	4	5	6	7	8	9	10
μ_n	2,405	5,520	8,654	11,792	14,931	18,071	21,212	24,352	27,493	30,634

Bis hierhin erhalten wir

$$u_*(\xi, \tau) = -\frac{1}{4} \cdot \frac{\partial p_*}{\partial \lambda} (1 - \xi^2) + \sum_{n=1}^{\infty} a_n \cdot J_0(\mu_n \xi) \cdot e^{-\mu_n^2 \tau} .$$

Die Anfangsbedingung schließlich führt zu

$$0 = -\frac{1}{4} \cdot \frac{\partial p_*}{\partial \lambda} (1 - \xi^2) + \sum_{n=1}^{\infty} a_n \cdot J_0(\mu_n \xi) .$$

Multipliziert man die Gleichung mit $\xi \cdot J_0(\mu_m \xi)$, so folgt

$$\frac{1}{4} \cdot \frac{\partial p_*}{\partial \lambda} (1 - \xi^2) \, \xi \cdot J_0(\mu_m \xi) = \sum_{n=1}^{\infty} a_n \cdot \xi \cdot J_0(\mu_n \xi) \cdot J_0(\mu_m \xi)$$

Die Orthogonalitätsbedingung der Bessel-Funktion haben wir schon im 3. Band ermittelt.

Es gilt

$$\int_0^1 \xi \cdot J_0(\mu_m \xi) \cdot J_0(\mu_n \xi) \, d\xi = 0 \quad \text{für} \quad m \neq n \quad \text{und} \quad \int_0^1 \xi \cdot J_0^2(\mu_n \xi) = \frac{J_0^2(\mu_n) + {J_0'}^2(\mu_n)}{2} .$$

In unserem Fall sind alle μ_n Nullstellen von J_0, so dass

$$\int_0^1 \xi \cdot J_0^2(\mu_n \xi) = \frac{{J_0'}^2(\mu_n)}{2}$$

verbleibt. Damit lauten die Koeffizienten

$$a_n = \frac{\partial p_*}{\partial \lambda} \cdot \frac{\int_0^1 \xi(1 - \xi^2) \cdot J_0(\mu_n \xi) \, d\xi}{2{J_0'}^2(\mu_n)} . \tag{2.43}$$

Es gilt noch, das Integral des Zählers zu bestimmen. Es besteht aus zwei Teilintegralen. Beide wurden im 4. Band hergeleitet:

$$\int_0^1 \xi \cdot J_0(\mu_n \xi) \, d\xi = -\frac{J_0'(\mu_n)}{\mu_n} \quad \text{und}$$

$$\int_0^1 \xi^3 \cdot J_0(\mu_n \xi) \, d\xi = -\frac{1}{\mu_n} \left[J_0'(\mu_n) - 2 \left(\frac{J_0(\mu_n)}{\mu_n} + \frac{2 J_0'(\mu_n)}{\mu_n^2} \right) \right] .$$

Mit $J_0(\mu_n) = 0$ vereinfacht sich dieser Ausdruck und es verbleibt im Zähler von (2.43)

$$-\frac{J_0'(\mu_n)}{\mu_n} + \frac{1}{\mu_n}\left[J_0'(\mu_n) - \frac{4J_0'(\mu_n)}{\mu_n^2}\right] = -\frac{4J_0'(\mu_n)}{\mu_n^3} \, .$$

Schließlich schreiben sich die Koeffizienten als

$$a_n = -\frac{\partial p_*}{\partial \lambda} \cdot \frac{2}{\mu_n^3 \cdot J_0'(\mu_n)}$$

und die instationäre Lösung lautet

$$u_*(\xi, \tau) = -\frac{1}{4} \cdot \frac{\partial p_*}{\partial \lambda} \cdot \left[1 - \xi^2 + \sum_{n=1}^{\infty} \frac{8}{\mu_n^3 \cdot J_0'(\mu_n)} \cdot J_0(\mu_n \xi) \cdot e^{-\mu_n^2 \tau}\right] \quad \text{oder} \quad (2.44)$$

$$u(r, t) = -\frac{R^2}{4\eta} \cdot \frac{\partial p}{\partial z} \cdot \left[1 - \left(\frac{r}{R}\right)^2 + \sum_{n=1}^{\infty} \frac{8}{\mu_n^3 \cdot J_0'(\mu_n)} \cdot J_0\left(\mu_n \cdot \frac{r}{R}\right) \cdot e^{-\mu_n^2 \frac{\nu}{R^2} t}\right] \, .$$

Man kann anstelle von $J_0'(\mu_n)$ auch $-J_1(\mu_n)$ schreiben. Dies folgt aus der Eigenschaft $J_p'(x) = -J_{p+1}(x) + \frac{p}{x} \cdot J_p(x)$ einer Bessel-Funktion der Ordnung p (vgl. 3. Band).

Die ersten fünf Koeffizienten

$$c_n = \frac{8}{\mu_n^3 \cdot J_0'(\mu_n)}$$

entnimmt man nachstehender Tabelle.

n	1	2	3	4	5
c_n	−1,108	0,140	−0,045	0,021	−0,012

Gleichung (2.44) wird normiert,

$$u_+(\xi, \tau) = \frac{u_*(\xi, \tau)}{-\frac{1}{4} \cdot \frac{\partial p_*}{\partial \lambda}}$$

und unter Hinzunahme der ersten fünf Koeffizienten c_n für die Zeiten $\tau = 0,01; 0,05;$ $0,1; 0,2; 1$ dargestellt (Abb. 2.13).

Verglichen mit der Platte wird das annähernd stationäre Profil etwa in halber Zeit erreicht. (Natürlich dauert es theoretisch in jedem Fall unendlich lange bis zum Erreichen des exakt stationären Profils.) Wir können den Wert für ein hinreichend ausgebildetes normiertes stationäres Profil beispielsweise mit 0,99 ansetzen.

Als Beispiel stellen wir uns ein Getränk mit der Viskosität $\nu = 10^{-6}\frac{\text{m}^2}{\text{s}}$ vor, das über einen Trinkhalm mit 0,5 cm Durchmesser aufgesogen wird. Die vorige Simulation liefert den Wert $u_+(\xi, \tau) = 0,99$ bei einer normierten Zeit von etwa $\tau = 0,085$. Damit ergibt sich die absolute Zeit zu $t = \frac{R^2}{\nu}\tau = 0,5$ s.

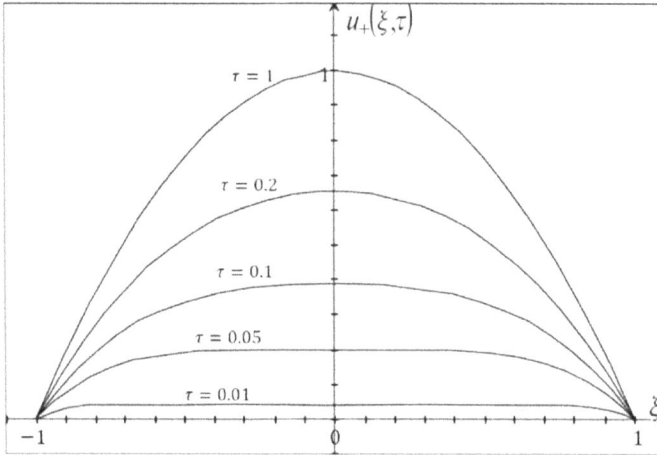

Abb. 2.13: Graph von (2.44)

Beispiel 12. Wir betrachten die instationäre zylindrische Couette-Strömung für den fehlenden inneren Zylinder. Der äußere Zylinder mit Radius R soll aus der Ruhe auf die konstante Winkelgeschwindigkeit Ω gebracht werden. In diesem Fall erhält (2.22) einen zusätzlichen Zeitterm und besitzt die Gestalt

$$\rho \frac{\partial u_\theta}{\partial t} = \eta \left[\frac{1}{r} \cdot \frac{\partial}{\partial r} \left(r \cdot \frac{\partial u_\theta}{\partial r} \right) - \frac{u_\theta}{r^2} \right] \quad \text{oder} \quad \frac{\partial u_\theta}{\partial t} = v \left[\frac{\partial^2 u_\theta}{\partial r^2} + \frac{1}{r} \cdot \frac{\partial u_\theta}{\partial r} - \frac{u_\theta}{r^2} \right].$$

Die Transformationen lauten in diesem Fall $\xi = \frac{r}{R}$, $u_* = \frac{u_\theta}{u_0} = \frac{u_\theta}{\Omega R}$ und $\tau = \frac{v}{R^2} t$.

Im stationären Fall wird die gesamte Flüssigkeit wie ein starrer Körper rotieren und es gilt dann $u_\theta(r) = \Omega r$. Die Umrechnungen sind

$$\frac{\partial u_*}{\partial \tau} = \frac{\partial u_\theta}{\partial t} \cdot \frac{R^2}{u_0 v} = \frac{\partial u_\theta}{\partial t} \cdot \frac{R}{\Omega v}, \quad \frac{\partial u_*}{\partial \xi} = \frac{\partial u_\theta}{\partial r} \cdot \frac{R}{u_0} = \frac{\partial u_\theta}{\partial r} \cdot \frac{1}{\Omega} \quad \text{und}$$

$$\frac{\partial^2 u_*}{\partial \xi^2} = \frac{\partial^2 u_\theta}{\partial r^2} \cdot \frac{R^2}{u_0} = \frac{\partial^2 u_\theta}{\partial r^2} \cdot \frac{R}{\Omega}.$$

Daraus entsteht

$$\frac{\partial u_*}{\partial \tau} \cdot \frac{\Omega v}{R} = v \left[\frac{\partial^2 u_*}{\partial \xi^2} \cdot \frac{\Omega}{R} + \frac{\Omega}{R\xi} \cdot \frac{\partial u_*}{\partial \xi} - \frac{u_* \Omega R}{\xi^2 R^2} \right] \quad \text{oder}$$

$$\frac{\partial u_*}{\partial \tau} = \frac{\partial^2 u_*}{\partial \xi^2} + \frac{1}{\xi} \cdot \frac{\partial u_*}{\partial \xi} - \frac{u_*}{\xi^2}. \tag{2.45}$$

Den Separationsansatz $u_*(\xi, \tau) = \xi + s(\xi) \cdot w(\tau)$ setzen wir in (2.45) ein und erhalten

$$s(\xi) \cdot \dot{w}(\tau) = s''(\xi) \cdot w(\tau) + \frac{1 + s'(\xi) \cdot w(\tau)}{\xi} - \frac{\xi + s(\xi) \cdot w(\tau)}{\xi^2} \quad \text{oder}$$

$$\frac{\dot{w}(\tau)}{w(\tau)} = \frac{s''(\xi)}{s(\xi)} + \frac{1}{\xi} \cdot \frac{s'(\xi)}{s(\xi)} - \frac{1}{\xi^2} := -\mu^2.$$

Für den Zeitteil erhält man wie anhin $w(\tau) = Ae^{-\mu^2\tau}$.

Die Ortsfunktion schreibt sich als $\xi^2 s''(\xi) + \xi s'(\xi) + (\mu^2\xi^2 - 1)s(\xi) = 0$. Dies ist die Bessel'sche DGL 1. Ordnung. Substituiert man wieder $y = \mu \cdot \xi$, so lautet ihre übliche Form

$$\mu^2\xi^2 s''(\mu\xi) + \mu\xi s'(\mu\xi) + (\mu^2\xi^2 - 1)s(\mu\xi) = 0 \ .$$

Wie schon im 3. Band besprochen, wird sie durch $J_1(\mu\xi) = -J_0'(\mu\xi)$ gelöst. Dabei ist

$$J_1(x) = \sum_{k=0}^{\infty} \frac{(-1)^k}{k!(k+1)!} \left(\frac{x}{2}\right)^{2k+1} \ .$$

Für die dimensionslose Geschwindigkeit erhält man somit vorerst

$$u_*(\xi, \tau) = \xi + (C_1 \cdot J_1(\mu\xi) + C_2 \cdot N_1(\mu\xi))e^{-\mu^2\tau} \ .$$

Zu jeder Zeit, insbesondere im stationären Zustand, muss die Geschwindigkeit der Flüssigkeit im Zentrum endlich bleiben und am Rand derjenigen des rotierenden Zylinders entsprechen. Zu Beginn ruht die gesamte Geschwindigkeit. In die Formelsprache übersetzt, erhalten wir die Bedingungen I. $u_*(0, \tau \to \infty) = 0$, II. $u_*(1, \tau \to \infty) = 1$ und III. $u_*(\xi, 0) = 0$.

Die Bedingung I. liefert $C_2 = 0$ und aus II. folgt $J_1(\mu) = 0$. Die ersten zehn Nullstellen von $J_1(x)$ entnimmt man folgender Tabelle.

n	1	2	3	4	5	6	7	8	9	10
μ_n	3,832	7,016	10,173	13,324	16,471	19,616	22,760	25,904	29,047	32,190

Schließlich liefert III. die Bestimmungsgleichung für die Fourier-Koeffizienten. Aus

$$0 = \xi + \sum_{n=1}^{\infty} a_n \cdot J_1(\mu_n\xi) \quad \text{folgt} \quad -\xi^2 \cdot J_1(\mu_m\xi) = \sum_{n=1}^{\infty} a_n \cdot \xi \cdot J_1(\mu_n\xi) \cdot J_1(\mu_m\xi) \ .$$

Im 3. Band hatten wir die Orthogonalitätsbedingung für eine Bessel-Funktion p-ter Ordnung J_p bewiesen. Damit folgt

$$a_n = -\frac{\int_0^1 \xi^2 \cdot J_1(\mu_n\xi)\,d\xi}{\int_0^1 \xi \cdot J_1^2(\mu_n\xi)\,d\xi} \ . \tag{2.46}$$

Zuerst soll der Zähler bestimmt werden.

$$\int_0^1 \xi^2 \cdot J_1(\mu_n\xi)\,d\xi = -\int_0^1 \xi^2 \cdot J_0'(\mu_n\xi)\,d\xi = -\left\{\left[\xi^2 \frac{1}{\mu_n}J_0(\mu_n\xi)\right]_0^1 - \frac{2}{\mu_n}\int_0^1 \xi \cdot J_0(\mu_n\xi)\,d\xi\right\} \ .$$

Der Wert dieses neuen Integrals wurde schon im 11. Beispiel angegeben. Es folgt

$$\int_0^1 \xi^2 \cdot J_1(\mu_n\xi)\,d\xi = -\left\{\frac{J_0(\mu_n)}{\mu_n} - \frac{2}{\mu_n}\left(-\frac{J_0'(\mu_n)}{\mu_n}\right)\right\} = -\frac{J_0(\mu_n)}{\mu_n}$$

da $J_0'(\mu_n) = -J_1(\mu_n) = 0$.

Es fehlt noch das Integral im Nenner von (2.46). Dessen Berechnung kann man beispielsweise folgendermaßen bewältigen. Aus dem 3. Band sind drei Eigenschaften einer beliebigen Bessel-Funktion $J_p(x)$ der Ordnung p gezeigt worden:

1. $J_p'(x) = -J_{p+1}(x) + \dfrac{p}{x} \cdot J_p(x)$,

2. $J_p'(x) = J_{p-1}(x) - \dfrac{p}{x} \cdot J_p(x)$ und

3. $\displaystyle\int_0^1 \xi \cdot J_p^2(\mu_n\xi)\,d\xi = -\dfrac{J_{p-1}(\mu_n) \cdot J_{p+1}(\mu_n)}{2}$, falls μ_n Nullstelle von $J_p(x)$ für alle n ist.

Aus 3. folgt speziell für $p = 1$, dass

$$\int_0^1 \xi \cdot J_1^2(\mu_n\xi)\,d\xi = -\frac{J_0(\mu_n) \cdot J_2(\mu_n)}{2}$$

gilt.

Aus 1. und 2. erhält man für $p = 1$ und $x = \mu_n$ sowohl $J_1'(\mu_n) = -J_2(\mu_n)$ als auch $J_1'(\mu_n) = J_0(\mu_n)$, falls $J_1(\mu_n)$. Somit ist $J_2(\mu_n) = -J_0(\mu_n)$ und das gesuchte Integral vereinfacht sich zu

$$\int_0^1 \xi \cdot J_1^2(\mu_n\xi)\,d\xi = \frac{J_0^2(\mu_n)}{2} .$$

Der Koeffizient lautet dann

$$a_n = -\frac{-\frac{J_0(\mu_n)}{\mu_n}}{\frac{J_0^2(\mu_n)}{2}} = \frac{2}{\mu_n J_0(\mu_n)}$$

und man erhält schließlich

$$u_*(\xi, \tau) = \xi + \sum_{n=1}^{\infty} \frac{2}{\mu_n J_0(\mu_n)} \cdot J_1(\mu_n\xi) \cdot e^{-\mu_n^2\tau} \tag{2.47}$$

oder

$$u_\theta(r, t) = \Omega r + \Omega R \cdot \sum_{n=1}^{\infty} \frac{2}{\mu_n J_0(\mu_n)} \cdot J_1\left(\mu_n \cdot \frac{r}{R}\right) \cdot e^{-\mu_n^2 \frac{\nu}{R^2} t} .$$

Die ersten zehn Koeffizienten sind in nachstehender Tabelle aufgeführt.

n	1	2	3	4	5	6	7	8	9	10
a_n	−1,296	0,950	−0,787	0,687	−0,618	0,566	−0,526	0,493	−0,460	0,452

Unter Einbezug der ersten zehn Koeffizienten c_n stellen wir (2.47) für die Zeiten $\tau = 0{,}005; 0{,}02; 0{,}05; 0{,}1; 0{,}5$ dar (Abb. 2.14).

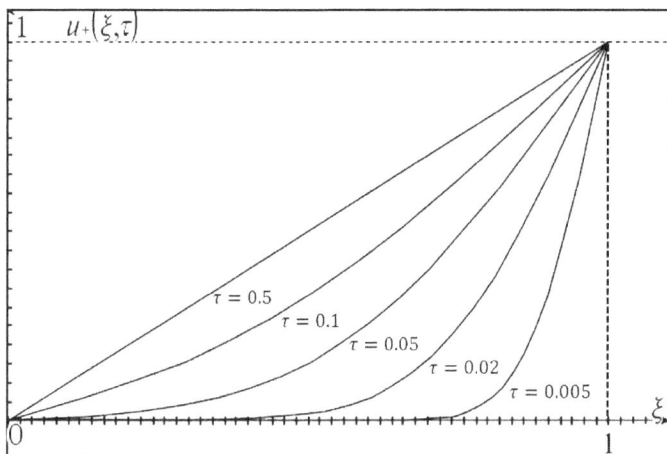

Abb. 2.14: Graph von (2.47)

Beispiel 13. Eine sehr breite Platte wird in einer ruhenden viskosen Flüssigkeit ruckartig von der Ruhelage auf die Geschwindigkeit u_0 beschleunigt und mit dieser Geschwindigkeit gleichförmig weiterbewegt (Abb. 2.15 links). Dieses instationäre Problem trägt auch den Namen „Rayleigh-Problem". Die in Gegenrichtung zeigenden Pfeile des Geschwindigkeitsprofils sind Relativgeschwindigkeiten zur Geschwindigkeit u_0. Die Gravitationseinwirkung soll vernachlässigt werden. Dann ist der gesamte Druckgradient Null. Es gilt $u = u_x = u_x(z, t)$ und (2.2) besteht nur aus einer Gleichung:

$$\frac{du}{dt} = v \cdot \frac{\partial^2 u}{\partial z^2} .$$

Man könnte meinen, dass dies eine Art „Umkehrung" zum 9. Beispiel ist, da die Rollen der beiden Platten bloß vertauscht sind. Dem ist aber nicht so, denn im stationären Fall ist das Geschwindigkeitsprofil nicht linear, sondern konstant. Ein Separationsansatz muss deswegen scheitern. Dies zeigen wir kurz.

Beweis. Der Ansatz führt wiederum zu

$$u_+(\xi, \tau) = C_1 h\xi + C_2 + (C_3 \cdot \sin(k\xi) + C_4 \cdot \cos(k\xi))e^{-k^2\tau} .$$

Die fünf Bedingungen lauten entsprechend

I. $u_+(0, \tau) = 1$, II. $u_+(1, \tau) = 0$, III. $u_+(\xi, 0) = 0$,

IV. $u_+(0, \tau \to \infty) = 1$ und V. $u_+(1, \tau \to \infty) = 1$.

IV. und V. ergeben $C_2 = 1$ und $C_1 = 0$. I. erzeugt $C_4 = 0$, aber Bedingung II. führt lediglich zu $C_3 \sin(k) = 1$, woraus nichts entnommen werden kann. □

Zur Lösung dieses Problems, müssen wir das zugehörige Ergebnis in Zusammenhang mit der Wärmeleitungsgleichung (2.36) bringen. Wir vergleichen die damals formulierten Bedingungen mit unserem jetzigen Problem.

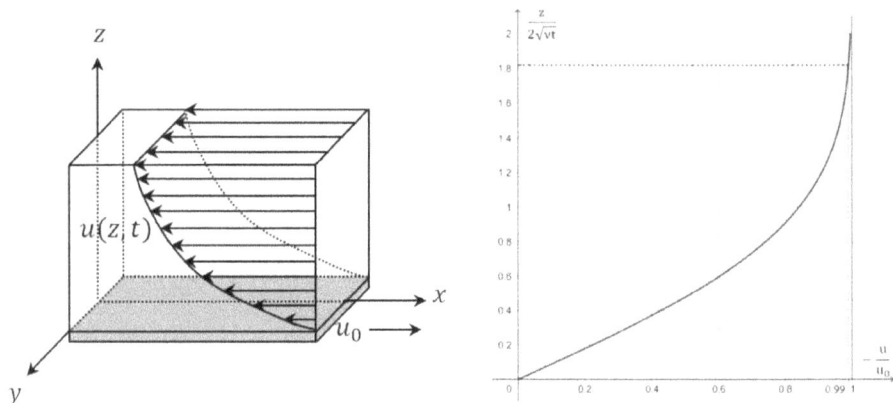

Abb. 2.15: Skizze zu Beispiel 13 und Graph von (2.48)

In unserem Fall schreibt sich die (Dirichlet-)Randbedingung als $u(z = 0, t) = 0$ relativ zur Bezugsgeschwindigkeit u_0 (bei der Wärmeleitung entsprach dies $T(x = 0, t) = T_{\text{Wand}}$). Als Anfangsbedingung hat man $u(z, t = 0) = -u_0$, d. h., anfangs bewegen sich alle Fluidteilchen entlang der Vertikalen mit der Geschwindigkeit u_0 von der Platte weg (bei der Wärmeleitung war $T(x, t = 0) = T_0$).

In großer Entfernung z zur Platte bleibt die Flüssigkeit von der Bewegung der Platte zu jeder Zeit praktisch unberührt, d. h., die Geschwindigkeit ist an dieser Stelle $-u_0$ (relativ zu u_0). Dafür schreibt man $\lim_{z \to \infty} u(z, t) = -u_0$ ($\lim_{x \to \infty} T(x, t) = T_0$ bei der Wärmeleitung) und als Lösung kann diejenige des halbunendlichen Körpers aus dem 4. Band herbeigezogen werden.

Dabei hatten wir die dimensionslose Temperatur $\vartheta(\xi) = \frac{T(x,t) - T_W}{T_0 - T_W}$ zusammen mit der Ähnlichkeitsvariablen

$$\xi = \frac{x}{2\sqrt{\beta^2 t}}$$

eingeführt. Als Lösung ergab sich $\vartheta(\xi) = \text{erf}(\xi)$, die Euler'sche Fehlerfunktion und somit $T(x, t) = \text{erf}(\xi)(T_0 - T_W) + T_W$. Übertragen auf unser Problem lautet die Lösung $u(z, t) = \text{erf}(\xi)(-u_0 - 0) + 0 = -u_0 \cdot \text{erf}(\xi)$ und in dimensionsloser Form

$$-\frac{u}{u_0} = \frac{2}{\sqrt{\pi}} \int_0^{\frac{z}{2\sqrt{vt}}} e^{-s^2}\, ds \quad \text{mit} \quad \xi = \frac{z}{2\sqrt{vt}}. \tag{2.48}$$

Aus $x = u_0 t$ gewinnt man auch

$$\xi = \frac{z}{2}\sqrt{\frac{u_0}{xv}}.$$

Diese Ähnlichkeitsvariable ist bis auf den Faktor Zwei im Nenner identisch mit derjenigen, die wir im Zusammenhang mit der Grenzschicht einer angeströmten Platte in einem späteren Kapitel antreffen werden. (Der Faktor Zwei ist bloß ein Zugeständnis, um die Lösung von (2.36) mit Hilfe der Fehlerfunktion elegant zu schreiben.)

In Abb. 2.15 rechts ist das dimensionslose Geschwindigkeitsprofil festgehalten. Dabei sind die Geschwindigkeitspfeile positiv abgetragen. Für eine Interpretation wählen wir einen beliebigen Zeitpunkt t_1. Dann ist

$$u_1(z_1) = \frac{u}{u_0}\left(\frac{z_1}{2\sqrt{vt_1}}\right) ,$$

also abhängig von $\frac{z_1}{2\sqrt{vt_1}}$. Nehmen wir hingegen $t_2 = 4t_1$, so erhalten wir

$$u_2(z_2) = \frac{u}{u_0}\left(\frac{z_2}{4\sqrt{vt_1}}\right) .$$

Die Werte von $u_2(z_2)$ stimmen im Fall von $z_2 = 2z_1$ mit denjenigen von $u_1(z_1)$ überein. Die Folgerung ist, dass die Profile zu einer bestimmten Zeit und an einem bestimmten Ort mit der Zeit und mit größerer Entfernung zum Ursprung steiler werden und im stationären Fall auf der gesamten Höhe den Wert Eins annehmen.

Die Bewegung der Platte beeinflusst die Geschwindigkeit des Fluids in einer wandnahen Schicht, der sogenannten Grenzschicht. Es ist dabei gleichbedeutend, ob eine Flüssigkeit eine ruhende Platte anströmt oder eine Platte in einer ruhenden Flüssigkeit bewegt wird. Tatsache ist, dass an der Wand die Teilchen still stehen und ihre Geschwindigkeit mit wachsendem Abstand zur Platte zunimmt. Wir eilen der Theorie etwas voraus und bestimmen die Grenzschichtdicke δ der vorliegenden Strömung. Sie wird üblicherweise als diejenige Schicht bezeichnet, bei der $u = 0{,}99u_0$ gilt (siehe Abb. 2.4 rechts). Aus

$$\left|\frac{u}{u_0}\right| = \frac{2}{\sqrt{\pi}}\int_0^{\frac{\delta}{2\sqrt{vt}}} e^{-s^2}\,ds = 0{,}99$$

erhält man etwa

$$1{,}82 = \frac{\delta}{2\sqrt{vt}}, \quad \delta = 3{,}64\sqrt{vt} \quad \text{oder} \quad \delta(x) = 3{,}64\sqrt{\frac{vx}{u_0}} \tag{2.49}$$

Man erkennt das Anwachsen der Grenzschicht mit der „Lauflänge": $\delta(x) \sim \sqrt{x}$.

Weiter kann man $\delta(x) = 3{,}64\frac{x}{\sqrt{\frac{xu_0}{v}}}$ bilden, woraus

$$\frac{\delta(x)}{x} = \frac{3{,}64}{\sqrt{Re_x}} \tag{2.50}$$

folgt.

Dabei bezeichnet Re_x die mit der Lauflänge gebildete Reynolds-Zahl. Die Grenzschichtdicke wächst somit im Verhältnis zur Lauflänge proportional zu $1/\sqrt{Re_x}$.

Die grundlegende Annahme der folgenden Grenzschichttheorie ist nun, dass man die charakteristische Länge l, beispielsweise einer angeströmten Platte, als viel größer gegenüber der Grenzschichtdicke voraussetzt: $\delta \ll l$. Daraus folgt aber mit (2.50)

$$\frac{\delta}{l} \sim \frac{1}{\sqrt{Re_l}} \ll 1 \, . \tag{2.51}$$

Die letzte Gleichung bedeutet, dass wir es innerhalb der Grenzschicht mit großen Reynolds-Zahlen zu tun haben, eine Tatsache, die es uns ermöglichen wird, die Navier-Stokes-Gleichungen für die Grenzschicht zu vereinfachen.

Aufgabe
Bearbeiten Sie die Übungen 1 bis 5.

3 Die Grenzschichtgleichungen

In der Potentialtheorie (5. Band) haben wir die Umströmung von Körpern mit Hilfe von Stromlinien beschrieben. Da in diesem Modell kein Reibungswiderstand existiert, findet auch kein Energieverlust statt und das Fluid strömt widerstandsfrei am Körper vorbei. Deswegen liefert die Theorie auch Geschwindigkeiten, die außer in den Staupunkten auf der gesamten Körperoberfläche von Null verschieden sind. Das Gegenteil ist aber der Fall: an der Oberfläche haften die Fluidteilchen.

Eine weitere Eigenheit der Potentialströmung ist das Paradoxon von d'Alembert. Aufgrund der fehlenden Reibung kann die Strömung jeder beliebigen Kontur folgen, ohne sich von der Oberfläche abzulösen. Deshalb kompensieren sich die Druckkräfte insofern, dass der Körper zwar eine Kraft senkrecht zur Strömungsrichtung, aber nicht in Strömungsrichtung selber erfährt. Der Körper setzt der Strömung somit (nebst dem fehlenden Reibungswiderstand) auch keinen Druckwiderstand entgegen. Ein Flugzeug würde in einer solchen Strömung nicht abgebremst werden. Der Ursprung des Paradoxons liegt in der Annahme der Rotationsfreiheit einer Potentialströmung: Wirbel und die daraus entstehenden Reibungskräfte sind unmöglich.

In einer realen, reibungsbehafteten Strömung wird jeder Körper der Strömung einen Reibungswiderstand F_R und einen Druckwiderstand F_D entgegensetzen. Die folgende Tabelle gibt Aufschluss über die prozentualen Anteile der beiden Widerstandskräfte.

Körper	F_R	F_D
Längs angeströmte Platte	100 %	0 %
Tragfläche	90 %	10 %
Flugzeug	50 %	50 %
Ellipse	40 %	60 %
Zylinder quer, Kugel	10 %	90 %
PKW	10 %	90 %
Quer angeströmte Platte	0 %	100 %

Man erkennt, dass sich der Druckwiderstandsanteil über die Körperform beeinflussen lässt.

Wir werden sehen, dass sich der Reibungsanteil am Gesamtwiderstand über die Strömungsart (laminar oder turbulent) steuern lässt indem man den Umschlag verhindert oder nach hinten verschiebt. Generell wird sich zudem aussagen lassen: Bei laminarer Strömung ist der Reibungswiderstand am kleinsten und bei turbulenter Strömung sinkt der Druckwiderstand auf ein Minimum.

Wir unterscheiden drei Fälle:

I. Die Strömung verläuft durchwegs laminar. Die zugehörige Geschwindigkeit ist relativ klein. Der Gesamtwiderstand setzt sich aus dem Reibungswiderstand $F_{R,lam}$ und dem Druckwiderstand F_D zusammen.

https://doi.org/10.1515/9783110684544-003

II. Die vorerst laminare Strömung löst sich nach einer Lauflänge l_{lam} auf der Körperkontur ab und wird turbulent. Die turbulente Strömung ihrerseits folgt der restlichen Kontur l_{tur}, ohne abzulösen. Für den Gesamtwiderstand erhält man $F = F_{R,lam} + F_{R,tur} + F_D$.

III. Im Allgemeinen folgt einer kurzen laminar verlaufenden Strömung eine turbulente Strömung, die ihrerseits die Körperkontur verlässt. Zwischen der Körperoberfläche und der abgelösten Strömung bilden sich Wirbel aus, die sich im sogenannten Totwassergebiet auf der Rückseite des Körpers sammeln. Der Reibungswiderstand $F_{R,Abl}$ ab dem Ablösepunkt ist je nach Körperform größer oder kleiner als der Druckwiderstand F_D, der sich aufgrund des kleineren statischen Drucks im Totwassergebiet gegenüber der Frontseite einstellt. Zur Beschreibung des Druckwiderstands benutzen wir die Bernoulli-Gleichung mit Druckverlust und vergleichen die Drücke im Punkt S des Staupunkts und im „Punkt" T des Totwassergebiets. Letzteres lässt sich nicht auf einen bestimmten Punkt reduzieren. Deswegen betrachten wir die Drücke entlang der Projektionsfläche A in Strömungsrichtung und nehmen den jeweiligen Druck als konstant an.

Der Druck im Punkt S setzt sich aus dem Umgebungsdruck p_0 und einem Überdruck zusammen: $p_S = p_0 + \Delta p$. Der Überdruck entsteht durch den Staudruck. Dieser ist entlang der Kontur aber nicht konstant, deswegen stellen wir dem Überdruck einen Korrekturfaktor c_1 vor und schreiben direkt die wirkende Kraft $F_{S,A}$ auf die Fläche auf:

$$F_{S,A} = p_0 A + c_S \Delta p A \,.$$

Die Geschwindigkeitsverteilung im Totwassergebiet ist unbekannt. Wir setzen die Quadrate der Geschwindigkeiten als Vielfaches von u_∞^2 und die daraus resultierende Druckkraft auf die Fläche A als

$$F_{T,A} = p_0 A + \frac{1}{2} c_T \rho A u_\infty^2$$

mit einem weiteren Korrekturfaktor c_T an. Der Vergleich liefert $\Delta p A = \frac{1}{2} \cdot \frac{c_T}{c_S} \cdot \rho A u_\infty^2$. Definiert man $\frac{c_T}{c_S} =: c_D$, so lautet der Druckwiderstand

$$F_D = \frac{1}{2} \cdot c_D \cdot \rho A u_\infty^2 \,. \tag{3.1}$$

Man nennt c_D den Druckwiderstandsbeiwert. Dieser hängt von der Größe des Totwassergebiets und somit von der Körperform selber ab. Deswegen bezeichnet man F_D auch als Formwiderstand. Besonders bei der Kugel und dem Zylinder hängen die Werte stark von der Reynolds-Zahl ab (Abb. 3.1). In der nachstehenden Tabelle sind die Druckbeiwerte c_D einiger Körper zusammengetragen.

Körper	c_D	
Senkrecht angeströmte Platte	1,1	
Quer angeströmter Zylinder	1–1,2	$(5 \cdot 10^2 < Re < 2,5 \cdot 10^5)$
	0,35	$(Re > 4 \cdot 10^5)$
Kugel	0,4–0,45	$(2 \cdot 10^3 < Re < 2,5 \cdot 10^5)$
	0,1–0,3	$(2,5 \cdot 10^3 < Re < 4,5 \cdot 10^5)$
	0,18	$(Re > 5 \cdot 10^5)$
Ovaler Körper (U-Boot)	0,11	
Stromlinienform	0,05	

Insgesamt gilt also $F = F_{R,lam} + F_{R,tur} + F_D$ (andersartige Drücke, wie induzierte Drücke, behandeln wir nicht).

Bemerkung. In Abb. 3.1 wird die Reynolds-Zahl mit dem Durchmesser gebildet:

$$Re = Re_d = \frac{u \cdot d}{v} \, .$$

Prandtl stellte 1904 das Konzept der Grenzschicht auf. Danach gilt, dass bei realen Strömungen die Reibung auf eine dünne wandnahe Schicht, der sogenannten Grenzschicht, begrenzt ist und diese mit steigender Reynolds-Zahl dünner wird. Außerhalb der Grenzschicht kann die Strömung reibungsfrei als Potentialströmung behandelt werden (Außenströmung). Impuls- und Wärmeaustausch finden in diesem Bereich ausschließlich durch Konvektion statt. Hingegen werden wir zeigen, dass innerhalb der Grenzschicht nebst der Konvektion auch die Diffusion, zumindest senkrecht zur Strömungsrichtung, berücksichtigt werden muss.

Abb. 3.1: Skizze zum Druckbeiwert des Zylinders und der Kugel

Außen- und Grenzschichtströmung beeinflussen sich sogar gegenseitig. Einerseits wird die Außenströmung durch die Grenzschicht von der Wand „abgedrängt", d. h. eine in Wandnähe verlaufende Stromlinie muss nun den Umweg über die Grenzschicht hin zur Außenströmung nehmen. Aufgrund der vorhandenen Viskosität scheren die Strömungsschichten und erzeugen eine Druckänderung in Strömungsrichtung. Das bedeutet, dass der Druckverlauf innerhalb der Grenzschicht von eben dieser Außenströmung allein bestimmt wird. Man sagt, der Grenzschicht wird der Druck von der Außenströmung aufgeprägt. Diesen Zusammenhang werden die Grenzschichtgleichungen bestätigen.

Der Grenzschicht begegneten wir schon im 4. Band im Zusammenhang mit der (erzwungenen) Konvektion. Innerhalb dieser Grenzschicht findet die eigentliche Wärmeübertragung statt. Mit Hilfe der Grenzschichtgleichungen wird es uns möglich sein, das Geschwindigkeitsfeld innerhalb der Grenzschicht zu beschreiben. Diese Grenzschichtgleichungen sind nichts anderes als Navier-Stokes-Gleichungen für große Reynolds-Zahlen.

3.1 Die Grenzschicht einer parallel angeströmten Platte

Betrachtet man nochmals die Entstehung der Navier-Stokes-Gleichung (2.2) aus der Euler-Gleichung, so wird Letztere durch einen viskosen Term erweitert. Mathematisch betrachtet enthält der neue Term höhere Geschwindigkeitsableitungen als die Euler-Gleichung. Wir untersuchen kurz, wie sich ausgehend von einer Plattenströmung das Geschwindigkeitsprofil qualitativ ändert. Für eine reibungsfreie Strömung u in x-Richtung reduziert sich die Navier-Stokes-Gleichung zur Euler-Gleichung und es gilt schlicht $u = konst. = u_\infty$ oder $\frac{\partial u}{\partial y} = u' = 0$ und somit $\frac{u}{u_\infty}(y) = 1$. Nun soll die Viskosität mit einem kleinen Faktor $\alpha \ll 1$ berücksichtigt werden. Das heißt, wir stören die ursprüngliche Euler-Gleichung durch Hinzunahme eines Terms $\alpha u''$ und erhalten die DGL $u' + \alpha u'' = 0$ (die Einheit von α ist [m]).

Mit dem Ansatz $u(y) = e^{ky}$ folgt $k_1 = 0$, $k_2 = -\frac{1}{\alpha}$ und $\frac{u}{u_\infty} = C_1 + C_2 e^{-\frac{1}{\alpha}y}$. Die Randbedingungen sind $\frac{u}{u_\infty}(0) = 0$ (Haftbedingung) und $\frac{u}{u_\infty}(\infty) = 1$ (Übergang des Profils in dasjenige der reibungslosen Außenströmung).

Beides ergibt

$$\frac{u}{u_\infty}(x) = 1 - e^{-\frac{1}{\alpha}x}\,.$$

Für eine Skizze wählen wir $\frac{1}{\alpha} = 0,1$ (Abb. 3.2).

Daran erkennt man, dass die Navier-Stokes-Gleichung Grenzschichten erzeugt.

Wir definieren nochmals die Grenzschicht im Zusammenhang mit der Außenströmung u_δ. Als Grenzschicht bezeichnen wir diejenige Schicht nahe einer angeströmten Wand, in der die Strömungsgeschwindigkeit u vom Wert Null an der Wand auf den Wert u_δ der reibungsfreien Außenströmung asymptotisch übergeht. Die Dicke δ der Grenzschicht wird (willkürlich) als diejenige Stelle definiert, für die $u = 0,99 u_\delta$ gilt.

Abb. 3.2: Skizze zur Erzeugung einer Grenzschicht

Im 13. Beispiel von Kapitel 2 haben wir gesehen, dass die Grenzschicht $\delta = \delta(u_\infty, x, \nu)$ sowohl von der Anströmgeschwindigkeit als auch von der Lauflänge und der Viskosität abhängt.

Die Lauflänge wird bei einer Platte oder einem spitzen Körper von der Spitze aus, bei einem stumpfen Körper von seinem Staupunkt aus gemessen. Anschließend werden wir die Parabelform $\delta(x) \sim \sqrt{x}$ der Grenzschicht und das mit der Lauflänge steiler werdende Geschwindigkeitsprofil aus dem erwähnten 13. Beispiel bestätigen (Abb. 3.3).

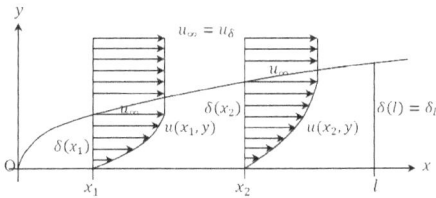

Abb. 3.3: Geschwindigkeitsprofile an einer Platte

Wir wollen als Erstes die Grenzschicht abschätzen und nehmen dazu ein lineares Geschwindigkeitsprofil $u(x, y) = \frac{y}{\delta(x)} \cdot u_\infty$ an (Abb. 3.4).

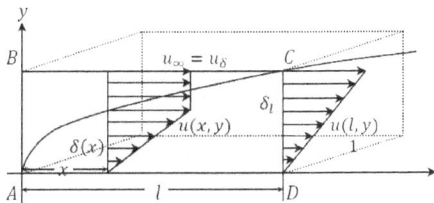

Abb. 3.4: Skizze zur Massenbilanz am Quader

Nun führen wir sowohl eine Massen- als auch eine Impulsbilanz am quaderförmigen Kontrollvolumen mit dem Querschnitt $ABCD$ und der Tiefe Eins durch.

Für einen Massenstrom gilt allgemein

$$\dot{m}(x) = \rho\dot{V}(x) = \rho A(x)\frac{dx}{dt} = \rho \cdot \delta(x) \cdot 1 \cdot u(x)\,.$$

Speziell durch AB fließt (auf einer Breite von 1) der Massenstrom $\dot{m}_{AB} = \rho u_\infty \delta_l$ in das Kontrollvolumen hinein. Durch CD fließt hingegen der Massenstrom

$$\dot{m}_{CD} = -\rho \int_0^{\delta_l} u(l,y)\,dy = -\rho \int_0^{\delta_l} \frac{y}{\delta(l)}\cdot u_\infty\,dy = -\frac{\rho u_\infty}{\delta_l}\int_0^{\delta_l} y\,dy = -\frac{1}{2}\rho u_\infty \delta_l$$

heraus. Da die Platte keine Masse durchlässt, muss der Massenstrom durch BC, aufgrund der Massenerhaltung,

$$\dot{m}_{BC} = -\frac{1}{2}\rho u_\infty \delta_l \tag{3.2}$$

betragen.

Jetzt gehen wir zur Impulserhaltung über und betrachten die zeitliche Änderung des Impulses oder den Impulsstrom $\dot{m}v = \rho\cdot\delta(x)\cdot 1\cdot u^2(x)$. Dieser besitzt die Dimension einer Kraft.

Durch AB fließt (auf einer Breite von 1) der Impulsstrom $\dot{I}_{AB} = \rho u_\infty^2 \delta_l$ in das Kontrollvolumen. Aus diesem Volumen fließt durch CD der Impulsstrom

$$\dot{I}_{AB} = -\rho \int_0^{\delta_l} u^2(l,y)\,dy = -\rho \int_0^{\delta_l} \frac{y^2}{\delta(l)}\cdot u_\infty^2\,dy = -\frac{\rho u_\infty^2}{\delta_l^2}\int_0^{\delta_l} y^2\,dy = -\frac{1}{3}\rho u_\infty^2 \delta_l\,.$$

Es fehlt noch der Impulsstrom durch BC. Auf der ganzen Strecke beträgt die Geschwindigkeit u_∞. Demnach verlässt, unter Verwendung von (3.2), der Strom $\dot{I}_{BC} = -\frac{1}{2}\rho u_\infty^2 \delta_l$ das Kontrollvolumen. Insgesamt wird der verbleibende Impulsstrom oder die folgenden Kraft auf die Platte übertragen:

$$F = \rho u_\infty^2 \delta_l - \frac{1}{3}\rho u_\infty^2 \delta_l - \frac{1}{2}\rho u_\infty^2 \delta_l = \frac{1}{6}\rho u_\infty^2 \delta_l\,. \tag{3.3}$$

Ersetzt man mit Hilfe von (2.49) $\delta_l = 3{,}64\sqrt{\frac{\nu l}{u_\infty}}$, so folgt

$$F = \frac{3{,}64}{6}\rho u_\infty^2 \sqrt{\frac{\nu l}{u_\infty}} = 0{,}607\cdot\rho\sqrt{\nu}\cdot u_\infty^{\frac{3}{2}}\cdot l^{\frac{1}{2}} \quad \text{oder} \quad F = 0{,}607\cdot b\cdot\sqrt{\rho\eta}\cdot u_\infty^{\frac{3}{2}}\cdot l^{\frac{1}{2}}\,,$$

falls die Breite b verwendet wird. Dies ist das Plattengesetz von Blasius. Später leiten wir dieses mit Hilfe der Grenzschichtgleichungen nochmals her und korrigieren den Faktor 0,607 aufgrund des eben verwendeten linraren Geschwindigkeitsprofils auf 0,662. Die beiden Grenzschichtgleichungen werden dann nichts anderes als die Massen- und die Impulsbilanz beschreiben.

Nun soll die Grenzschichtdicke unter Verwendung des linearen Geschwindigkeitsprofils $u(x, y) = \frac{y}{\delta(x)} \cdot u_\infty$ abgeschätzt werden. Die durch die Strömung erzeugte mittlere Normalspannung $\overline{\tau}$ entlang der Platte beträgt mit Hilfe des Newton'schen Ansatzes

$$\overline{\tau} = \frac{1}{l} \int_0^l \eta \, \overline{\frac{du}{dy}} \, dx \, .$$

Dabei erhalten wir

$$\overline{\frac{du}{dy}} = \frac{1}{\delta(x)} \int_0^{\delta(x)} \frac{du}{dy} \, dy = \frac{1}{\delta(x)} \int_0^{\delta(x)} \frac{u_\infty}{\delta(x)} \, dy = \frac{u_\infty}{\delta(x)} \, ,$$

was bei einer linearen Geschwindigkeitsverteilung so sein muss.

Es ergibt sich

$$\overline{\tau} = \frac{\eta u_\infty}{l} \int_0^l \frac{1}{\delta(x)} \, dx \, .$$

In Abb. 3.4 ist $C(l, \delta_l)$, woraus das parabolische Profil der Grenzschicht geschrieben werden kann als

$$\delta(x) = \frac{\delta_l}{\sqrt{l}} \sqrt{x} \, . \tag{3.4}$$

Somit folgt

$$\overline{\tau} = \frac{\eta u_\infty}{\delta_l \sqrt{l}} \int_0^l \frac{1}{\sqrt{x}} \, dx = \frac{2\eta u_\infty}{\delta_l \sqrt{l}} \sqrt{l} = \frac{2\eta u_\infty}{\delta_l} \, .$$

Nach Definition ist $\overline{\tau} = \frac{F}{A} = \frac{F}{l \cdot 1}$ (A ist die Fläche der Platte) und der Vergleich mit (3.3) liefert

$$\frac{2\eta u_\infty}{\delta_l} = \frac{1}{6} \frac{\rho u_\infty^2 \delta_l}{l \cdot 1} \, .$$

Daraus entsteht $\frac{12\eta}{\rho u_\infty l} = \frac{\delta_l^2}{l^2}$, $\sqrt{\frac{12\nu}{u_\infty l}} = \frac{\delta_l}{l}$ und schließlich

$$\frac{\delta_l}{l} = \frac{3{,}46}{\sqrt{Re_l}} \quad \text{mit} \quad Re_l = \frac{u_\infty l}{\nu} \, . \tag{3.5}$$

Der Vergleich mit (2.50) liefert aufgrund des verwendeten linearen Geschwindigkeitsprofils eine kleine Abweichung des Faktors 3,46 gegenüber 3,64. Diesen Faktor werden wir später noch verbessern können.

Für typische kinematische Viskositäten wie Wasser und Luft hat man $\nu \approx 1 \cdot 10^{-6} - 10 \cdot 10^{-6} \frac{\text{m}^2}{\text{s}}$. Bei einer Plattenlänge von $l = 1$ m und einer Anströmgeschwindigkeit von $u_\infty = 2 - 5 \frac{\text{m}}{\text{s}}$ ergeben sich Grenzschichtdicken von etwa $\delta_l \approx 1{,}5 - 7{,}5$ mm.

Am Rande der Grenzschicht wird die in x-Richtung strömende Geschwindigkeit u_∞ in y-Richtung abgelenkt. Es soll die Ablenkung v_∞ in Abhängigkeit von u_∞ bestimmt werden.

Dazu führen wir erneut eine Massenbilanz mit dem linearen Geschwindigkeitsprofil durch, diesmal aber an einem Rechteck mit der Breite Δl, und erhalten dann im Grenzwert einen örtlichen Massenstrom in vertikaler Richtung (Abb. 3.5).

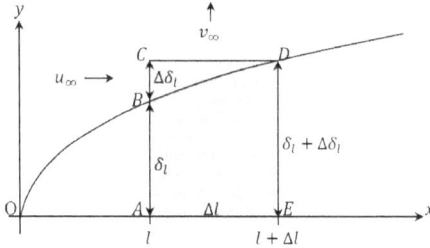

Abb. 3.5: Skizze zur Massenbilanz am infinitesimalen Quader

Die einfließenden bzw. ausfließenden Massenströme lauten wie folgt:

$$\dot{m}_{AB,\text{ein}} = \rho \int_0^{\delta_l} u(l, y)\, dy = \rho \int_0^{\delta_l} \frac{y}{\delta(l)} \cdot u_\infty\, dy = \frac{\rho u_\infty}{\delta_l} \int_0^{\delta_l} y\, dy = \frac{1}{2}\rho u_\infty \delta_l \,,$$

$$\dot{m}_{BC,\text{ein}} = \rho u_\infty \Delta \delta_l \,,$$

$$\dot{m}_{CD,\text{aus}} = -\rho v_\infty \Delta l \quad \text{und}$$

$$\dot{m}_{DE,\text{aus}} = -\rho \int_0^{\delta_l+\Delta\delta_l} u(l, y)\, dy = \rho \int_0^{\delta_l+\Delta\delta_l} \frac{y}{\delta(l)} \cdot u_\infty\, dy = -\frac{1}{2}\rho u_\infty(\delta_l + \Delta\delta_l) \,.$$

Die Massenerhaltung führt zu

$$\frac{1}{2}\rho u_\infty \delta_l + \rho u_\infty \Delta \delta_l - \frac{1}{2}\rho u_\infty(\delta_l + \Delta\delta_l) - \rho v_\infty \Delta l = 0 \quad \text{oder} \quad \frac{v_\infty}{u_\infty} = \frac{1}{2} \cdot \frac{\Delta\delta_l}{\Delta l} \,.$$

Im Grenzfall erhält man mit (3.4)

$$\frac{v_\infty}{u_\infty} = \frac{1}{2} \cdot \left.\frac{d\delta(x)}{dx}\right|_{x=l} = \frac{1}{2} \cdot \frac{\delta_l}{\sqrt{l}} \cdot \left.\frac{1}{2\sqrt{x}}\right|_{x=l} = \frac{\delta_l}{4l} \,.$$

Dies lässt sich unter Hinzunahme von (3.5) umformen:

$$\frac{v_\infty}{u_\infty} = \frac{3{,}46}{4} \cdot \frac{1}{\sqrt{Re_l}} \,.$$

Schließlich ergibt sich

$$v_\infty = \frac{0{,}865}{\sqrt{Re_l}} \cdot u_\infty \quad \text{oder} \quad v_\infty = 0{,}865 \sqrt{\frac{u_\infty \nu}{l}} \, . \tag{3.6}$$

Mit Hilfe von (3.5) ist

$$\frac{v_\infty}{u_\infty} = \frac{3{,}46}{4} \cdot \frac{1}{\sqrt{Re_l}} \sim \frac{\delta_l}{l}$$

und man erkennt, dass v_∞ gegenüber u_∞ sich im gleichen Verhältnis verkleinert wie die Grenzschicht zur Lauflänge. Deshalb kann man die absolute Geschwindigkeit u mit u_∞ gleichsetzen:

$$u = \sqrt{u_\infty^2 + v_\infty^2} = u_\infty \left(1 + \frac{0{,}75}{Re_l} \right) \approx u_\infty \, .$$

An der Vorderkante gilt (3.6) nicht. Leider sind solche Singularitäten typisch für die Grenzschichttheorie.

3.2 Die Herleitung der Grenzschichtgleichungen

Wie wir wissen sind die Navier-Stokes-Gleichungen nicht geschlossen lösbar. Es wird uns zumindest für eine ebene Strömung gelingen, die beiden Impulsgleichungen mit Hilfe der innerhalb der Grenzschicht geltenden Eigenheiten auf eine einzige Impulsgleichung zu reduzieren.

Wir beschränken uns also auf eine zweidimensionale stationäre Strömung mit konstanter Dichte. Diese Annahme gilt für alle Flüssigkeiten und Gase, sofern die Strömungstemperatur konstant und die Mach-Zahl kleiner als etwa 0,3 ist. Die zugrunde liegenden Gleichungen unter Vernachlässigung des Schwerefeldes lauten mit den neuen Bezeichnungen $u = u_x$, $v = u_y$:

Kontinuitätsgleichung

$$\frac{\partial u}{\partial x} + \frac{\partial v}{\partial y} = 0 \, ,$$

Impuls in x-Richtung

$$u \frac{\partial u}{\partial x} + v \frac{\partial u}{\partial y} + \frac{1}{\rho} \cdot \frac{\partial p}{\partial x} - \nu \left(\frac{\partial^2 u}{\partial x^2} + \frac{\partial^2 u}{\partial y^2} \right) = 0$$

und Impuls in y-Richtung

$$u \frac{\partial v}{\partial x} + v \frac{\partial v}{\partial y} + \frac{1}{\rho} \cdot \frac{\partial p}{\partial y} - \nu \left(\frac{\partial^2 v}{\partial x^2} + \frac{\partial^2 v}{\partial y^2} \right) = 0 \, .$$

Bis auf Weiteres gehen wir von einer mit der Geschwindigkeit u_∞ angeströmten ebenen oder leicht gekrümmten Platte der Lauflänge l aus und führen dimensionslose Variablen ein. Die Anströmung kann auch in einem Winkel geschehen.

Mit $x_* = \frac{x}{l}, y_* = \frac{y}{l}, u_* = \frac{u}{u_\infty}, v_* = \frac{v}{u_\infty}$ und $p_* = \frac{p}{\rho u_\infty^2}$ erhält man

$$\frac{\partial u}{\partial x} = u_\infty \frac{\partial u_*}{\partial x} = u_\infty \frac{\partial u_*}{\partial x_*} \cdot \frac{\partial x_*}{\partial x} = \frac{u_\infty}{l} \cdot \frac{\partial u_*}{\partial x_*},$$

woraus

$$u \cdot \frac{\partial u}{\partial x} = \frac{u_\infty^2}{l} \cdot u_* \frac{\partial u_*}{\partial x_*}$$

entsteht.

Entsprechend folgen

$$v \frac{\partial u}{\partial y} = \frac{u_\infty^2}{l} \cdot v_* \frac{\partial u_*}{\partial y_*}, \quad u \frac{\partial v}{\partial x} = \frac{u_\infty^2}{l} \cdot u_* \frac{\partial v_*}{\partial x_*} \quad \text{und} \quad v \frac{\partial v}{\partial y} = \frac{u_\infty^2}{l} \cdot v_* \frac{\partial v_*}{\partial y_*}.$$

Weiter ist

$$\frac{1}{\rho} \cdot \frac{\partial p}{\partial x} = \frac{1}{\rho} \cdot \rho u_\infty^2 \cdot \frac{\partial p_*}{\partial x} = u_\infty^2 \frac{\partial p_*}{\partial x_*} \cdot \frac{\partial x_*}{\partial x} = \frac{u_\infty^2}{l} \cdot \frac{\partial p_*}{\partial x_*} \quad \text{und} \quad \frac{1}{\rho} \cdot \frac{\partial p}{\partial y} = \frac{u_\infty^2}{l} \cdot \frac{\partial p_*}{\partial y_*}.$$

Es fehlt noch

$$\frac{\partial^2 u}{\partial x^2} = \frac{\partial}{\partial x}\left(\frac{\partial u}{\partial x}\right) = \frac{\partial}{\partial x}\left(\frac{\partial u_*}{\partial x_*}\right) \cdot \frac{u_\infty}{l} = \frac{u_\infty}{l} \cdot \frac{\partial}{\partial x_*}\left(\frac{\partial u_*}{\partial x_*} \cdot \frac{\partial x_*}{\partial x}\right) = \frac{u_\infty}{l^2} \cdot \frac{\partial^2 u_*}{\partial x_*^2}$$

und die Entsprechungen

$$\frac{\partial^2 u}{\partial y^2} = \frac{u_\infty}{l^2} \cdot \frac{\partial^2 u_*}{\partial y_*^2}, \quad \frac{\partial^2 v}{\partial x^2} = \frac{u_\infty}{l^2} \cdot \frac{\partial^2 v_*}{\partial x_*^2} \quad \text{und} \quad \frac{\partial^2 v}{\partial y^2} = \frac{u_\infty}{l^2} \cdot \frac{\partial^2 v_*}{\partial y_*^2}.$$

Dann geht das System mit $Re = \frac{u_\infty l}{\nu}$ über in

$$\frac{\partial u_*}{\partial x_*} + \frac{\partial v_*}{\partial y_*} = 0,$$

$$u_* \frac{\partial u_*}{\partial x_*} + v_* \frac{\partial u_*}{\partial y_*} + \frac{\partial p_*}{\partial x_*} - \frac{1}{Re}\left(\frac{\partial^2 u_*}{\partial x_*^2} + \frac{\partial^2 u_*}{\partial y_*^2}\right) = 0 \quad \text{und}$$

$$u_* \frac{\partial v_*}{\partial x_*} + v_* \frac{\partial v_*}{\partial y_*} + \frac{\partial p_*}{\partial y_*} - \frac{1}{Re}\left(\frac{\partial^2 v_*}{\partial x_*^2} + \frac{\partial^2 v_*}{\partial y_*^2}\right) = 0. \tag{3.7}$$

Die x_*-Koordinate wählen wir entlang der Oberflächenstruktur und die y_*-Koordinate senkrecht dazu. Aufgrund von (2.51) gilt innerhalb der Grenzschicht $\frac{1}{\sqrt{Re}} \ll 1$ und erst recht $\frac{1}{Re} \ll 1$. Für $Re \to \infty$ gehen diese Gleichungen bis auf den Gravitationsterm in die stationären Euler-Gleichungen über. Da aber in einer wandnahen Schicht die Wirkung der Reibung und somit der Viskositätsterm nicht vernachlässigt werden kann, darf der Grenzprozess noch nicht vollzogen werden. Es sollen nun die Größenverhältnisse von x_*, y_*, u_* und v_* miteinander verglichen werden. Als Erstes halten wir fest, dass $x_* = \frac{x}{l}$ und $u_* = \frac{u}{u_\infty}$ von der Größenordnung Eins sind. Die anderen beiden Größen sind es aber nicht. Dazu überlegen wir uns, dass ein Teilchen an der Stelle x

innerhalb der Grenzschicht höchstens um $\delta(x)$ abgelenkt wird und die Geschwindigkeit v_∞ erreichen kann. Aus Beidem folgt mit (2.51) und (3.5)

$$y_* = \frac{y}{l} \le \frac{\delta(x)}{l} \sim \frac{1}{\sqrt{Re}} \quad \text{und} \quad v_* = \frac{v}{u_\infty} \le \frac{v_\infty}{u_\infty} \sim \frac{1}{\sqrt{Re}} \,.$$

Dies bedeutet, dass $\tilde{y} = y_* \cdot \sqrt{Re}$ und $\tilde{v} = v_* \cdot \sqrt{Re}$ von der Größenordnung Eins sind. Deswegen müssen die beiden neuen Größen $\tilde{y}$ und $\tilde{v}$ für einen Größenvergleich in das System (3.7) implementiert werden. Es lautet neu

$$\frac{\partial u_*}{\partial x_*} + \frac{\sqrt{Re}}{\sqrt{Re}} \cdot \frac{\partial \tilde{v}}{\partial \tilde{y}} = 0 \,,$$

$$u_* \frac{\partial u_*}{\partial x_*} + \frac{\sqrt{Re}}{\sqrt{Re}} \cdot \tilde{v} \frac{\partial u_*}{\partial \tilde{y}} + \frac{\partial p_*}{\partial x_*} - \frac{1}{Re}\left(\frac{\partial^2 u_*}{\partial x_*^2} + Re \cdot \frac{\partial^2 u_*}{\partial \tilde{y}^2}\right) = 0 \quad \text{und}$$

$$\frac{1}{\sqrt{Re}} \cdot u_* \frac{\partial \tilde{v}}{\partial x_*} + \frac{1}{\sqrt{Re}} \cdot \frac{\sqrt{Re}}{\sqrt{Re}} \cdot \tilde{v} \frac{\partial \tilde{v}}{\partial \tilde{y}} + \sqrt{Re} \cdot \frac{\partial p_*}{\partial \tilde{y}} - \frac{1}{Re}\left(\frac{1}{\sqrt{Re}} \cdot \frac{\partial^2 \tilde{v}}{\partial x_*^2} + \frac{Re}{\sqrt{Re}} \cdot \frac{\partial^2 \tilde{v}}{\partial \tilde{y}^2}\right) = 0 \,.$$

Nach unserer Vorbemerkung sind die Reynolds-Zahlen groß und man erhält

$$\frac{\partial u_*}{\partial x_*} + \frac{\partial \tilde{v}}{\partial \tilde{y}} = 0 \,, \quad u_* \frac{\partial u_*}{\partial x_*} + \tilde{v} \frac{\partial u_*}{\partial \tilde{y}} + \frac{\partial p_*}{\partial x_*} - \frac{\partial^2 u_*}{\partial \tilde{y}^2} \approx 0 \quad \text{und} \quad \frac{\partial p_*}{\partial \tilde{y}} \approx 0 \,. \tag{3.8}$$

Eine erste Rücktransformation liefert für den Impuls innerhalb der Grenzschicht in x-Richtung

$$u_* \frac{\partial u_*}{\partial x_*} + v_* \frac{\partial u_*}{\partial y_*} + \frac{\partial p_*}{\partial x_*} - \frac{1}{Re} \cdot \frac{\partial^2 u_*}{\partial y_*^2} = 0 \tag{3.9}$$

Dies werden wir im Zusammenhang mit der Temperaturgrenzschicht in Kapitel 4.3 benötigen.

Werden alle Transformationen rückgängig gemacht, so erhält man aus (3.8) schließlich die Grenzschichtgleichungen für stationäre inkompressible Strömungen:

$$\frac{\partial u}{\partial x} + \frac{\partial v}{\partial y} = 0 \,, \quad u \frac{\partial u}{\partial x} + v \frac{\partial u}{\partial y} + \frac{1}{\rho} \cdot \frac{\partial p}{\partial x} - v \frac{\partial^2 u}{\partial y^2} = 0 \quad \text{und} \quad \frac{\partial p}{\partial y} = 0 \,. \tag{3.10}$$

Bemerkung. Neigt man die Platte um den Winkel α, so kann man dem x-Impuls von (3.10) die Einwirkung der Schwerkraft einverleiben und erhält

$$\frac{\partial u}{\partial x} + v \frac{\partial u}{\partial y} + \frac{1}{\rho} \cdot \frac{\partial p}{\partial x} - v \frac{\partial^2 u}{\partial y^2} - g \sin \alpha = 0$$

oder dimensionslos gemäss (3.9)

$$u_* \frac{\partial u_*}{\partial x_*} + v_* \frac{\partial u_*}{\partial y_*} + \frac{\partial p_*}{\partial x_*} - \frac{1}{Re} \cdot \frac{\partial^2 u_*}{\partial y_*^2} - \frac{gl}{u_\infty^2} \sin \alpha = 0 \,.$$

Definiert man die Froude-Zahl (vgl. 5. Band) als $Fr = \frac{u_\infty}{\sqrt{gl}}$, so schreibt sich der Impuls als

$$u_* \frac{\partial u_*}{\partial x_*} + v_* \frac{\partial u_*}{\partial y_*} + \frac{\partial p_*}{\partial x_*} - \frac{1}{Re} \cdot \frac{\partial^2 u_*}{\partial y_*^2} - \frac{1}{Fr^2} \sin \alpha = 0 \,.$$

Die Froude-Zahl spielt nur bei Gerinneströmungen eine Rolle, bei der die Schwerkraft die treibende Kraft darstellt. Bei der Plattenströmung entfällt die Gravitation in x-Richtung ($\alpha = 0$). Damit wird die Plattenströmung einzig durch die Reynolds-Zahl charakterisiert.

Große Reynolds-Zahlen teilen somit das Strömungsgebiet in zwei Bereiche, ein reibungsfreies Außengebiet und einen Grenzschichtbereich, in dem der Diffusionsanteil an der Impulsänderung nicht vernachlässigt werden darf.

Die Kontinuitätsgleichung wird immer noch exakt erfüllt und der Massentransport muss in beide Richtungen berücksichtigt werden. In x-Richtung wird der Impuls bei praktisch nicht vorhandener Diffusion fast ausschließlich durch Konvektion übertragen. In diese Koordinatenrichtung ändert sich somit nichts gegenüber der Außenströmung.

Hingegen überwiegt die Diffusion gegenüber der Konvektion in y-Richtung bei der Impulsübertragung. Dieser Effekt wächst an, wenn man von außen in die Grenzschicht eindringt und sich der Wand nähert. Unmittelbar in Wandnähe ist das Profil nahezu linear, so dass die Diffusion zwar kleiner, aber die Konvektion aufgrund der kleinen Geschwindigkeit praktisch Null ist.

Nun betrachten wir den Druckterm $\frac{1}{\rho} \cdot \frac{dp}{dx}$ genauer und werten dazu den Impuls in x-Richtung für beliebige x der Außenströmung $u_\delta(x)$ aus und erhalten

$$u_\delta(x) \frac{du_\delta(x)}{dx} + 0 \cdot 0 + \frac{1}{\rho} \cdot \frac{dp}{dx} - v \cdot 0 = 0 \quad \text{oder} \quad u_\delta(x) \frac{du_\delta(x)}{dx} = -\frac{1}{\rho} \cdot \frac{dp}{dx} \,. \quad (3.11)$$

Dies entspricht gerade der differenzierten Bernoulli-Gleichung

$$\frac{d}{dx}\left(\frac{1}{2} \cdot \rho u_\delta^2(x)\right) + \frac{d}{dx}(p(x)) = 0 \,.$$

Da $\frac{\partial p}{\partial y} = 0$, ist p eine Funktion von x alleine und der Druck wird auch innerhalb der Grenzschicht über die Außenströmung bestimmt, anders gesagt, die Außenströmung prägt der Grenzschicht den Druck auf.

Die Herleitung der Grenzschichtgleichung wurde unter der Annahme sowohl konstanter Dichte als auch konstanter Viskosität durchgeführt. Dies ist zulässig, solange die Mach-Zahl $Ma = \frac{v}{c} < 0,3$ (Strömungsgeschwindigkeit v, lokale Schallgeschwindigkeit c) gilt. In diesem Fall kann das Fluid als inkompressibel betrachtet werden. Für Wasser entspräche die größtmögliche zulässige Strömungsgeschwindigkeit $v = 435 \frac{m}{s}$ und für Luft $v = 100 \frac{m}{s}$.

3.3 Die Lösung der Grenzschichtgleichungen für eine parallel angeströmte Platte

Wählen wir in (3.11) speziell $u_\delta(x) = u_\infty$ für eine mit konstanter Geschwindigkeit parallel angeströmte ebene oder leicht gekrümmte Platte, dann geht (3.11) über in $\frac{dp}{dx} = 0$ und man erhält die Grenzschichtgleichungen für die parallel angeströmte Platte:

$$\frac{\partial u}{\partial x} + \frac{\partial v}{\partial y} = 0 \tag{3.12}$$

$$u\frac{\partial u}{\partial x} + v\frac{\partial u}{\partial y} - v\frac{\partial^2 u}{\partial y^2} = 0 \tag{3.13}$$

Wir wollen zeigen, dass dieses System selbstähnliche Lösungen erzeugt.

Beweis. Da (3.13) erste und zweite Änderungen nach x bzw. y enthält, ist es naheliegend, die Selbstähnlichkeit als $u(cx, \sqrt{c}y) = u(x, y)$ anzusetzen (vgl. 4. Band). Die Substitutionen sind demnach $r = cx$ und $s = \sqrt{c}y$. Man sagt auch, dass die DGL invariant gegenüber der Koordinatentransformation ist. Die Behauptung lautet, dass $u(r, s) = u(cx, \sqrt{c}y)$ ebenfalls Lösung von (3.13) ist. Dazu betrachten wir die drei Terme, mit 1. bis 3. bezeichnet, einzeln.

1. $u(r, s) \cdot \dfrac{\partial u(r, s)}{\partial x} = u(r, s) \cdot \dfrac{\partial u(r, s)}{\partial r} \cdot \dfrac{\partial r}{\partial x} = c \cdot u(r, s) \cdot \dfrac{\partial u(r, s)}{\partial r}$.

2. Für den zweiten Term müssen wir Gleichung (3.12) ins Spiel bringen und schreiben sie in integraler Form zu $v(x, y) = -\int_0^y \frac{\partial u}{\partial x}\, dy$. Dann verrechnen wir

$$-\int_0^y \frac{\partial u(r, s)}{\partial x}\, dy \cdot \frac{\partial u(r, s)}{\partial y} = -\int_0^s \left(\frac{\partial u(r, s)}{\partial r} \cdot c\frac{1}{\sqrt{c}} \right) ds \cdot \frac{\partial u(r, s)}{\partial s} \cdot \sqrt{c}$$

$$= -c \cdot \frac{\partial u(r, s)}{\partial s} \int_0^s \frac{\partial u(r, s)}{\partial r}\, ds = c \cdot \frac{\partial u(r, s)}{\partial s} v(r, s) .$$

3. $\dfrac{\partial^2 u(r, s)}{\partial y^2} = \dfrac{\partial}{\partial y}\left(\dfrac{\partial u(r, s)}{\partial y} \right) = \dfrac{\partial}{\partial y}\left(\dfrac{\partial u(r, s)}{\partial s} \cdot \dfrac{\partial s}{\partial y} \right) = \sqrt{c} \cdot \dfrac{\partial}{\partial s}\left(\dfrac{\partial u(r, s)}{\partial y} \right)$

$= c \cdot \dfrac{\partial^2 u(r, s)}{\partial s^2}$.

Alle drei Terme enthalten denselben Faktor, der sich wegstreicht, und es folgt die Behauptung

$$u(r, s) \cdot \frac{\partial u(r, s)}{\partial r} + v(r, s) \cdot \frac{\partial u(r, s)}{\partial s} - v \cdot \frac{\partial^2 u(r, s)}{\partial s^2} = 0 . \qquad \square$$

In der eben durchgeführten Rechnung wurde nie nach c abgeleitet, weswegen man c auch als eine Funktion von x und y wählen kann. Geschickterweise wird $c = \frac{1}{x}$ gesetzt und es folgt $u(1, \frac{y}{\sqrt{x}}) = u(\xi)$ mit der Ähnlichkeitsvariablen $\xi \sim \frac{y}{\sqrt{x}}$. Damit ist es uns gelungen, die Lösungsfunktion $u(x, y)$ auf eine einzige Variable $u(\xi)$ zu reduzieren.

Damit ξ dimensionslos wird, setzen wir

$$\xi(x, y) = y\sqrt{\frac{u_\infty}{\nu x}} \, .$$

Identifizieren wir y mit $\delta(x)$ und ξ mit $k \in \mathbb{R}$, so entspricht die Ähnlichkeitsvariable übrigens dem Ergebnis (2.50).

Die Funktion $\xi(x, y)$ ist also Lösung von (3.13). Damit sie auch die Kontinuitätsgleichung (3.12) erfüllt, führen wir die Stromfunktion $\psi(x, y)$ ein und definieren

$$u := \frac{\partial \psi}{\partial y} = \psi_y \quad \text{und} \quad v := -\frac{\partial \psi}{\partial x} = -\psi_x$$

unter der Annahme der Existenz von ψ. Aus (3.13) wird dann

$$\psi_y \cdot \psi_{xy} - \psi_x \cdot \psi_{yy} - \nu \cdot \psi_{yyy} = 0 \, . \tag{3.14}$$

Wir definieren weiter eine neue Funktion $f(\xi)$ so, dass

$$f'(\xi) = \frac{\partial f}{\partial \xi} = \frac{u(\xi)}{u_\infty} \, . \tag{3.15}$$

Dann folgt

$$\psi(x, y) = \int_0^y u \, dy = u_\infty \int_0^y f'(\xi) \, dy \, .$$

Aus $y = \xi\sqrt{\frac{\nu x}{u_\infty}}$ erhalten wir $dy = d\xi\sqrt{\frac{\nu x}{u_\infty}}$ und somit

$$\psi(x, y) = \sqrt{u_\infty \nu x} \int_0^\xi f'(\xi) \, d\xi \, .$$

Wir nennen

$$f(\xi) := \int_0^\xi f'(\xi) \, d\xi$$

die dimensionslose Stromfunktion. Somit haben wir $\psi(x, y) = \sqrt{u_\infty \nu x} \cdot f(\xi)$. Daraus können wir die einzelnen Geschwindigkeitskomponenten angeben als

$$u(\xi) = \psi_y = \sqrt{u_\infty \nu x} \cdot \frac{\partial f}{\partial y} = \sqrt{u_\infty \nu x} \cdot \frac{\partial f}{\partial \xi} \cdot \frac{\partial \xi}{\partial y} = \sqrt{u_\infty \nu x} \cdot f'(\xi) \cdot \sqrt{\frac{u_\infty}{\nu x}}$$

$$= u_\infty \cdot f'(\xi) \tag{3.16}$$

und

$$v(\xi) = -\psi_x = -\left(\frac{1}{2}\sqrt{\frac{u_\infty v}{x}} \cdot f(\xi) + \sqrt{u_\infty v x} \cdot \frac{\partial f}{\partial \xi} \cdot \frac{\partial \xi}{\partial x} \right)$$

$$= -\left(\frac{1}{2}\sqrt{\frac{u_\infty v}{x}} \cdot f(\xi) + \sqrt{u_\infty v x} \cdot f'(\xi) \cdot \sqrt{\frac{u_\infty}{v}} \cdot \left(-\frac{1}{2x\sqrt{x}} \right) \right)$$

$$= -\left(\frac{1}{2}\sqrt{\frac{u_\infty v}{x}} \cdot f(\xi) - \frac{1}{2}\xi\sqrt{\frac{u_\infty v}{x}} \cdot f'(\xi) \right) = \frac{1}{2}\sqrt{\frac{u_\infty v}{x}}(\xi \cdot f'(\xi) - f(\xi)) \,. \qquad (3.17)$$

Weiter ist

$$\psi_{yy} = u_\infty \sqrt{\frac{u_\infty}{vx}} \cdot f''(\xi) \,, \qquad\qquad\qquad\qquad (3.18)$$

$$\psi_{yyy} = \frac{u_\infty^2}{vx} \cdot f'''(\xi) \quad \text{und}$$

$$\psi_{xy} = u_\infty \cdot \frac{\partial f'(\xi)}{\partial x} = u_\infty \cdot \frac{\partial f'(\xi)}{\partial \xi} \cdot \frac{\partial \xi}{\partial x} = u_\infty \cdot f''(\xi) \cdot y\sqrt{\frac{u_\infty}{v}} \cdot \left(-\frac{1}{2x\sqrt{x}} \right)$$

$$= -\frac{1}{2} \cdot \frac{u_\infty}{x} \cdot \xi \cdot f''(\xi) \,.$$

Damit können die fünf berechneten Stromfunktionsableitungen der Gleichung (3.14) einverleibt werden, was zu

$$-\frac{1}{2} \cdot \frac{u_\infty^2}{x} \cdot \xi \cdot f' \cdot f'' + \frac{1}{2} \cdot \frac{u_\infty^2}{x}(\xi \cdot f' - f) \cdot f'' - \frac{u_\infty^2}{x} \cdot f''' = 0$$

führt oder schließlich zur Blasius-DGL

$$f''' + \frac{1}{2}ff'' = 0 \,. \qquad\qquad\qquad\qquad (3.19)$$

Die ursprünglichen Randbedingungen der Lösung $u(x, y)$ sind

    I. $u = 0$ für $y = 0$,   II. $v = 0$ für $y = 0$ und   III. $u = u_\infty$ für $y \to \infty$.

Übertragen auf die Ähnlichkeitsvariable entsprechen $y = 0$ und $y \to \infty$ nun $\xi = 0$ und $\xi \to \infty$. Aus I. entsteht dann mit (3.16) $f'(0) = 0$. Die Bedingung II. liefert unter Mithilfe von (3.17) $f(0) = 0$ und III. erzeugt mit (3.15) $f'(\infty) = 1$.

Die zu lösende DGL $f''' + \frac{1}{2}ff'' = 0$ besitzt somit die Randbedingungen

$$f(0) = 0 \,, \quad f'(0) = 0 \quad \text{und} \quad f'(\infty) = 1 \,.$$

Zur numerischen Lösung setzen wir $y_1 := f$, $y_2 := f'$, $y_3 := f''$ und erhalten das folgende DGL-System:

$$y_1' = y_2 \,, \quad y_2' = y_3 \quad \text{und} \quad y_3' = -0{,}5 \cdot y_1 \cdot y_3 \,.$$

Als Schrittlänge wählen wir $dx = 0{,}01$. Die Anfangsbedingungen sind $f(0) = y_1(0) = 0$ und $f'(0) = y_2(0) = 0$. Es bleibt die Frage, wie man die Bedingung $f'(\infty) = y_2(\infty) = 1$ einbauen soll. Da unser DGL-System eine Funktion $f'' = y_3$ enthält, benötigen wir eine Anfangsbedingung $y_3(0) = f''(0)$. Dazu starten wir mit einem Schätzwert für $f''(0)$ und verändern diesen so lange, bis $f'(\infty) = 1$ entsteht. Dabei genügt die Bedingung $f'(\xi \approx 5) = 1$ vollends. Nach einigen Versuchen findet man

$$f''(0) \approx 0{,}3308 \,. \tag{3.20}$$

Das zugehörige Programm erhält dann die Gestalt:

```
Define DGL(n)
Prgm
xa:= {x2i}
ya:= {y2i}
x2i:= 0
y1i:= 0
y2i:= 0
y3i:= 0.3308
For i,1,n
x2i:= x2i + 0.01
y1i:= y1i + 0.01 · y2i
y2i:= y2i + 0.01 · y3i
y3i:= y3i - 0.5 · y1i · y3i · 0.01
xa:= augment(xa,{x2i})
ya:= augment(ya,{y2i})
End For
Disp xa, ya
End Prgm
```

Da nur die Werte von y2i, also f', dargestellt werden, erübrigen sich einige Programmzeilen. Wir führen das Programm für $n = 500$ aus (Abb. 3.6).

Abb. 3.6: Simulation von (3.19)

Mit Kenntnis von $f'(\xi)$ ist auch das Ähnlichkeitsprofil der Geschwindigkeit $u(\xi) = u_\infty \cdot f'(\xi)$ gegeben. Es befähigt dazu, bei Kenntnis des Profils an einer Stelle x_1 das Profil an einer beliebigen anderen Stelle x_2 zu bestimmen, analog dem Prinzip der Rekursion einer Zahlenfolge. Nehmen wir beispielsweise die Stelle $x_1 = 1$, dann besitzt das zugehörige Profil

$$u_1 := u\left(y\sqrt{\frac{u_\infty}{\nu}}\right)$$

einen ähnlichen Verlauf wie der Graph aus Abb. 3.6. An der Stelle $x_2 = 4$ ist

$$u_2 := u\left(\frac{y}{2}\sqrt{\frac{u_\infty}{\nu}}\right)$$

und man erkennt, dass u_2 dieselben Geschwindigkeitswerte wie u_1 erst bei doppelter Höhe y erzielt. Somit werden die Profile mit wachsender x-Koordinate steiler.

Leider ist das Blasius-Profil ein Ähnlichkeitsprofil und dieses liegt auch nur numerisch vor, so dass sich der Verlauf von $u(y)$ noch nicht angeben lässt. Dieses Ziel werden wir erst mit dem Näherungsprofil von Pohlhausen in Kapitel 3.7 erreichen.

Zur Festlegung der Grenzschichtdicke $\delta(x)$ hatten wir $f'(\xi) = \frac{u}{u_\infty} = \frac{u}{u_\delta} = 0{,}99$ gewählt. Graphisch erhält man aus Abb. 3.6 den Wert $\xi \approx 4{,}89$. Demnach ist $4{,}89 = \delta(x)\sqrt{\frac{u_\infty}{\nu x}}$. Daraus wird

$$\frac{\delta(x)}{x} = \frac{4{,}89}{\sqrt{Re_x}} \quad \text{oder} \quad \frac{\delta(x)}{l} = \frac{4{,}89}{\sqrt{Re_l}}\sqrt{\frac{x}{l}} \quad \text{(vgl. mit (2.50))}. \tag{3.21}$$

Eine weitere verwendete Grenzschichtgröße ist die Grenzschicht-Verdrängungsdicke δ_1.

Ohne Bestehen einer Grenzschicht verlaufen alle Stromlinien parallel zur Platte. Aufgrund der Grenzschicht wird eine außerhalb der Grenzschicht auf der Höhe y_* verlaufende Stromlinie abgelenkt.

Wir führen dieselbe Massenbilanz wie in Kapitel 3.1 am quaderförmigen Kontrollvolumen mit dem Querschnitt $ABCD$ und der Tiefe Eins durch (Abb. 3.7 links). Der einfließende und der ausfließende Massenstrom durch AB und BC lauten

$$\dot{m}_{AB,\text{ein}} = \rho u_\infty \delta = \rho \int_0^\delta u_\infty \, dy \quad \text{und} \quad \dot{m}_{CD,\text{aus}} = \rho \int_0^\delta u \, dy.$$

Der Unterschied $\dot{m}_{AB,\text{ein}} - \dot{m}_{CD,\text{aus}}$ entspricht dem das Kontrollvolumen verlassenden Massenstrom durch BC. Diesen setzen wir als $\dot{m}_{BC,\text{aus}} = \rho u_\infty \delta_1$ an. Man kann die Integration von δ auf unendlich erstrecken, da am Ende der Grenzschicht praktisch die Geschwindigkeit u_∞ erreicht wird.

Dann ergibt sich aus

$$\rho \int_0^\infty u_\infty \, dy = \rho \int_0^\infty u \, dy + \rho u_\infty \delta_1$$

die Verdrängungsdicke

$$\delta_1 = \int_0^\infty \left(1 - \frac{u}{u_\infty}\right) dy .$$ (3.22)

Man kann δ_1 als Maß für den aufgrund der Grenzschicht fehlenden Massenstrom interpretieren. Mathematisch betrachtet wird die graue Fläche mit dem Inhalt $\int_0^\infty (u_\infty - u)\, dy$ in ein Rechteck (gestrichelt) mit Inhalt $u_\infty \delta_1$ verwandelt (Abb. 3.7 rechts).

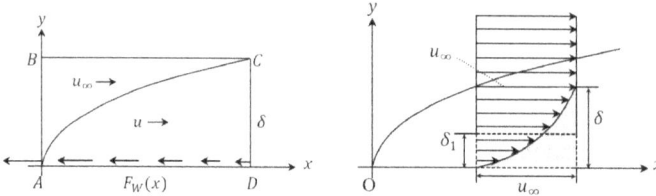

Abb. 3.7: Skizzen zur Verdrängungsdicke und Impulsverlustdicke

Ebenso lässt sich eine Impulsverlustdicke δ_2 definieren, indem man eine Impulsbilanz am selben Rechteck aus Abb. 3.7 links durchführt. Sich ändernde Druckkräfte gibt es aufgrund von $\frac{\partial p}{\partial x} = \frac{\partial p}{\partial y} = 0$ nicht und von der Schwerkraft sehen wir ebenfalls ab. Damit resultiert der Impulsverlust einzig aus der örtlich abhängigen Wandreibungskraft $F_W(x)$. Es gilt somit $F_W = \dot{I}_{\text{Verlust}} = \dot{I}_{AB} - \dot{I}_{CD} - \dot{I}_{BC}$. Analog zur Verdrängungsdicke setzen wir den Impulsverlust als $\dot{I}_{\text{Verlust}} = \rho u_\infty^2 \delta_2$ mit einer Dicke δ_2 an. Die Impulsströme $\dot{I}_{AB}$ und $\dot{I}_{CD}$ sind schon aus Kapitel 3.1 bekannt. Die Massenbilanz von eben lieferte $\dot{m}_{BC} = \rho u_\infty \delta_1$. Dann folgt schlicht $\dot{I}_{BC} = \rho u_\infty^2 \delta_1$ und zusammen ergibt sich

$$\rho u_\infty^2 \delta_2 = \rho \int_0^\infty u_\infty^2\, dy - \rho \int_0^\infty u^2\, dy - \rho u_\infty^2 \delta_1$$

$$= \rho \int_0^\infty u_\infty^2\, dy - \rho \int_0^\infty u^2\, dy - \rho u_\infty \int_0^\infty (u_\infty - u)\, dy .$$

Damit ist

$$u_\infty^2 \delta_2 = \int_0^\infty \left(u_\infty^2 - u^2 - u_\infty^2 + u_\infty u\right) dy$$

und schließlich

$$\delta_2 = \int_0^\infty \frac{u}{u_\infty}\left(1 - \frac{u}{u_\infty}\right) dy .$$ (3.23)

Die Impulsverlustdicke δ_2 ist eine hypothetische Höhe, durch die der gesamte fehlende Impuls mit der Geschwindigkeit u_∞ fließen würde.

Speziell für die Blasius-Lösung erhalten wir

$$\delta_1 = \int_0^\infty \left(1 - \frac{u}{u_\infty}\right) dy = \sqrt{\frac{\nu x}{u_\infty}} \int_0^\infty (1 - f'(\xi))\, d\xi = \sqrt{\frac{\nu x}{u_\infty}} \cdot \lim_{\xi \to \infty} (\xi - f(\xi)).$$

Zur Berechnung des Grenzwerts berücksichtigen wir Werte bis $\xi = 10$. Die beiden zugehörigen Programmzeilen sind

```
z1i:= x1i - y1i    und
Disp z1i
```

Man erhält mit $n = 1000$ den Wert

$$\lim_{\xi \to \infty} (\xi - f(\xi)) = 1{,}714 \tag{3.24}$$

und damit

$$\delta_1(x) = 1{,}714 \sqrt{\frac{\nu x}{u_\infty}} \quad \text{oder} \quad \frac{\delta_1(x)}{x} = \frac{1{,}714}{\sqrt{Re_x}}. \tag{3.25}$$

Die Impulsverlustdicke beträgt

$$\delta_2 = \sqrt{\frac{\nu x}{u_\infty}} \int_0^\infty (f'(\xi)[1 - f'(\xi)])\, d\xi.$$

Das Integral wird mit einigen partiellen Integrationen vereinfacht:

$$\int_0^\infty f'(1 - f')\, d\xi = [f'(\xi - f)]_0^\infty - \int_0^\infty f''(\xi - f)\, d\xi = f'(\xi - f)\big|_\infty - \int_0^\infty f''(\xi - f)\, d\xi.$$

Das neue Integral ist seinerseits mit Hilfe von (3.20)

$$\int_0^\infty f''(\xi - f)\, d\xi = \int_0^\infty \xi \cdot f''\, d\xi - \int_0^\infty ff''\, d\xi = \int_0^\infty \xi \cdot f''\, d\xi + 2\int_0^\infty f'''\, d\xi$$

$$= \int_0^\infty \xi \cdot f''\, d\xi + 2[f'']_0^\infty = \int_0^\infty \xi \cdot f''\, d\xi - 2f''(0).$$

Für das letzte Integral schließlich schreiben wir

$$\int_0^\infty \xi \cdot f''\, d\xi = [\xi \cdot f']_0^\infty - \int_0^\infty f'\, d\xi$$

$$= \xi \cdot f'\big|_\infty - f\big|_\infty$$

und erhalten insgesamt

$$\delta_2 = \sqrt{\frac{\nu x}{u_\infty}} \left(f'(\xi - f)\big|_\infty - \xi \cdot f'\big|_\infty + f\big|_\infty + 2f''(0)\right)$$

$$= \sqrt{\frac{\nu x}{u_\infty}} \left(\xi f' - ff' - \xi f' + f\big|_\infty + 2f''(0)\right) = \sqrt{\frac{\nu x}{u_\infty}} \left(f\big|_\infty - ff'\big|_\infty + 2f''(0)\right).$$

Da $\lim_{\xi\to\infty} f'(\xi) = 1$, ist $\lim_{\xi\to\infty}(f - ff') = 0$ und es verbleibt mit Hilfe von (3.19)

$$\delta_2(x) = 0{,}662\sqrt{\frac{\nu x}{u_\infty}} \quad \text{oder} \quad \frac{\delta_2(x)}{x} = \frac{0{,}662}{\sqrt{Re_x}} \,. \tag{3.26}$$

Nun soll der Strömungswiderstand berechnet werden. Dazu bestimmen wir zuerst die Spannung am Ort x der Plattenwand:

$$\tau_W(x) = \eta \cdot \left.\frac{\partial u}{\partial y}\right|_{y=0} = \eta \cdot \psi_{yy}|_{y=0} = \eta u_\infty \sqrt{\frac{u_\infty}{\nu x}} \cdot f''(0) = 0{,}331 \cdot \eta u_\infty \sqrt{\frac{u_\infty}{\nu x}} \sim \frac{1}{\sqrt{x}}\,. \tag{3.27}$$

Die Spannung an der Vorderkante kann mit (3.27) nicht bestimmt werden.

Aus der üblichen Darstellung für eine Spannung,

$$\tau_W(x) = \frac{1}{2}c_f(x)\rho u_\infty^2 \,, \tag{3.28}$$

erhält man den lokalen Beiwert zu

$$c_f(x) = \frac{0{,}662 \cdot \eta u_\infty \sqrt{\frac{u_\infty}{\nu x}}}{\rho u_\infty^2} = 0{,}662\sqrt{\frac{\nu}{u_\infty x}} = \frac{0{,}662}{\sqrt{Re_x}} \,. \tag{3.29}$$

Der Vergleich mit (3.26) liefert $c_f(x) = \frac{\delta_2(x)}{x}$. Der Reibungswert der Spannung, der für den Impulsverlust ja verantwortlich ist, stellt die Mittelung von δ_2 bezüglich der Laufstrecke x dar.

Der Widerstand an der Platte mit Breite b entlang einer Strecke dx beträgt $F_W(x) = \tau_W(x) \cdot dA = \tau_W(x) \cdot b \cdot dx$. Hochgerechnet auf eine Länge von l entspricht dies

$$F_W = b\int_0^l \tau_W(x) \cdot dx = b \cdot 0{,}331 \cdot \eta u_\infty \sqrt{\frac{u_\infty}{\nu}} \int_0^l \frac{1}{\sqrt{x}}\, dx = 0{,}662 \cdot b \cdot \eta u_\infty \sqrt{\frac{u_\infty}{\nu}}\sqrt{l}$$

und schließlich ergibt sich das schon in Kapitel 3.1 hergeleitete Plattenwiderstandsgesetz von Blasius:

$$F_W = 0{,}662 \cdot b\sqrt{\rho\eta} \cdot u_\infty^{\frac{3}{2}} l^{\frac{1}{2}} \,. \tag{3.30}$$

Die Tatsache, dass der Widerstand mit $l^{\frac{1}{2}}$ wächst, trägt dem Umstand Rechnung, dass die hinteren Teile der Platte aufgrund von (3.27) weniger zum Gesamtwiderstand beitragen.

Der mittlere oder dimensionslose Reibungsbeiwert c_W folgt entweder durch Integration, $c_W = \frac{1}{l}\int_0^l c_f(x) \cdot dx$, oder durch Auflösen der Gleichung $F_W = \frac{1}{2}c_W \cdot \rho \cdot b \cdot l \cdot u_\infty^2$:

$$c_W = \frac{2F_W}{\rho \cdot b \cdot l \cdot u_\infty^2} = \frac{1{,}32\sqrt{\nu}}{\sqrt{u_\infty l}} = \frac{1{,}32}{\sqrt{Re_l}} \,.$$

Das Plattengesetz gilt nur für laminare Strömungen mit $Re < 5 \cdot 10^5$. Für turbulente Strömungen ist der Widerstand viel größer. Zudem muss dann auch die Rauheit der Wand beachtet werden, die im Fall der laminaren Strömung keine Rolle spielt.

Schließlich soll noch überprüft werden, ob die Geschwindigkeit der Blasius-Lösung in vertikaler Richtung am Rand der Grenzschicht mit Ergebnis (3.6) übereinstimmt.

Beweis. Dazu muss man $\lim_{y \to \delta(x)} v(\xi)$ bilden, was mit (3.21) $\lim_{\xi \to 4,74} v(\xi)$ gleichkommt. Aufgrund der vorherigen Überlegungen können wir den Wert von ξ auf Unendlich erweitern.

Gesucht ist somit der Grenzwert

$$\lim_{\xi \to \infty} v(\xi) = \frac{1}{2}\sqrt{\frac{u_\infty v}{x}} \cdot \lim_{\xi \to \infty} (\xi \cdot f'(\xi) - f(\xi)) \ .$$

Da $\lim_{\xi \to \infty} f'(\xi) = 1$, ist mit (3.24)

$$\lim_{\xi \to \infty} (\xi f' - f) = \lim_{\xi \to \infty} (\xi - f) = 1,714$$

und man erhält das gesuchte Ergebnis

$$v_\infty := \lim_{\xi \to \infty} v(\xi) = 0,857\sqrt{\frac{u_\infty v}{x}}\ . \qquad \square$$

Beispiel 1. Eine dünne rechteckige Platte von $l = 0,8\,\text{m}$ Länge und $b = 0,5\,\text{m}$ Breite wird mit der Geschwindigkeit $u = 2\,\frac{\text{m}}{\text{s}}$ längs durch ein Wasserbecken gezogen. Die Platte sei so dünn, dass sie der Bewegung praktisch keinen Druckwiderstand entgegensetzt. Die Stoffwerte des Wassers sind $\rho = 1000\,\frac{\text{kg}}{\text{m}^3}$ und $v = 10^{-6}\,\frac{\text{m}^2}{\text{s}}$. Durch Messung sei bekannt, dass dieses Profil eine Reynolds-Zahl zwischen $Re_{\text{krit}} = 3,5 \cdot 10^5 - 5 \cdot 10^5$ zulässt, bevor die Strömung turbulent wird.

a) Bestimmen Sie das zum Reynolds-Zahl-Intervall gehörende laminare Lauflängenintervall.
b) Zwischen welchen Grenzen bewegt sich demnach die laminare Grenzschichtdicke δ_{lam}?
c) Umgekehrt kann man auch diejenige Ziehgeschwindigkeit u_{krit} bestimmen, bei der auf der Oberfläche der Platte keine Ablösung stattfindet. Wie groß wird das Intervall für u_{krit}?
d) Für den Fall $Re_{\text{krit}} = 5 \cdot 10^5$ soll der Reibungswiderstand F_W, den die laminare Strömung auf jeder Plattenseite ausübt, berechnet werden.

Lösung:
a) Aus $Re_{\text{krit}} = \frac{u \cdot l_{\text{lam}}}{v}$ folgt $l_{\text{lam}} = \frac{Re_{\text{krit}} \cdot v}{u} = 0,18 - 0,25\,\text{m}$.
b) Die zugehörige Grenzschichtdicke an den Stellen l_{lam} von a) wäre unter Verwendung von (3.21)

$$\delta_{\text{lam}} = \frac{4,89 \cdot l_{\text{lam}}}{\sqrt{Re_{\text{krit}}}} = 1,4 - 1,7\,\text{mm}\ .$$

c) Man erhält $u_{\text{krit}} = \frac{Re_{\text{krit}} \cdot \nu}{l} = 0,44 - 0,63 \, \frac{\text{m}}{\text{s}}$.

d) Gleichung (3.30) liefert

$$F_{\text{W,lam}} = 0,662 \cdot b\rho \sqrt{\nu} \cdot u^{1,5} l^{0,5} = 0,662 \cdot 0,5 \cdot 1000 \cdot \sqrt{10^{-6}} \cdot 2^{1,5} \cdot 0,25^{0,5} = 0,47 \, \text{N}.$$

Man erhält eine sehr kleine Kraft. Am Ende der laminaren Lauflänge wird aufgrund des allfälligen Umschlags zu einer turbulenten Strömung eine viel größere Reibungskraft erzeugt. Die zugehörige Berechnung folgt in Kapitel 6.8.

Beispiel 2. Ein zylinderförmige Stange aus Messing mit $b = 0,5$ m Länge, $R = 2$ cm Radius und einer Dichte von $\rho_{\text{Me}} = 8500 \, \frac{\text{kg}}{\text{m}^3}$ soll mit der Geschwindigkeit $u = 1 \, \frac{\text{m}}{\text{s}}$ vom Boden eines Bottichs quer angehoben werden (Abb. 3.8 links). Die Stoffwerte des Olivenöls betragen $\rho_{\text{Öl}} = 900 \, \frac{\text{kg}}{\text{m}^3}$ und $\nu_{\text{Öl}} = 10^{-4} \, \frac{\text{m}^2}{\text{s}}$.

a) Bestimmen Sie die zugehörige Reynolds-Zahl.

b) Es sollen alle am Körper angreifenden Kräfte bestimmt werden. Rechnen Sie für den Formwiderstand aufgrund der Reynolds-Zahl von a) mit einem Druckbeiwert von $c_D = 1,15$ (vgl. Abb. 3.1).

Lösung:

a) $Re = \frac{u \cdot l}{\nu} = \frac{1 \cdot \pi \cdot 0,02}{10^{-4}} = 628$.

b) Es sind dies

   i) Gewichtskraft $F_G = \rho_{\text{Me}} \cdot \pi R^2 \cdot g = 104,78 \, \text{N}$

   ii) Auftriebskraft $F_A = \rho_{\text{Öl}} \cdot \pi R^2 \cdot g = 11,09 \, \text{N}$

   iii) Für die Berechnung des Reibungswiderstands müssen wir noch sicherstellen, dass die Strömung um den gesamten Zylinder laminar bleibt und sich nicht ablöst. Gemäss den Ergebnissen in Kapitel 5.3 beträgt die maximal mögliche Reynolds-Zahl für eine Zylinderumströmung $Re_{\text{krit}} = 1000$. Damit ist gewährleistet, dass der Reibungswiderstand mit (3.30) berechnet werden kann. Es ergibt sich

   $$F_{\text{W,lam}} = 0,662 \cdot b \cdot \rho_{\text{Öl}} \sqrt{\nu_{\text{Öl}}} \cdot u^{1,5} l^{0,5}$$
   $$= 0,662 \cdot 0,5 \cdot 900 \cdot \sqrt{10^{-4}} \cdot 1^{1,5} \cdot (\pi \cdot 0,02)^{0,5} \cdot 2 = 1,49 \, \text{N}.$$

   iv) Es fehlt noch der Formwiderstand. Man erhält

   $$F_D = \frac{1}{2} c_D \cdot 2Rb \cdot \rho u_\infty^2 = \frac{1}{2} \cdot 1,15 \cdot 2 \cdot 0,02 \cdot 0,5 \cdot 900 \cdot 1^2 = 10,35 \, \text{N}$$

   Somit müssen $F = F_G - F_A + F_{\text{W,lam}} + F_D = 105,53 \, \text{N}$ aufgebracht werden.

Beispiel 3. Fische besitzen einen erstaunlich niedrigen Druckbeiwert. Für den in Abb. 3.8 rechts dargestellten Fisch in Seitenansicht gilt $c_D = 0,06$. Vor allem die Schuppen wirken einer Strömungsablösung entgegen, weil letztere das Wasser sozusagen an der Haut festhalten. Der Fisch erreicht dabei eine Geschwindigkeit von $u = 2 \, \frac{\text{m}}{\text{s}}$. Die Stoffwerte des Wassers sind $\rho = 1025 \, \frac{\text{kg}}{\text{m}^3}$ und $\nu = 1,3 \cdot 10^{-6} \, \frac{\text{m}^2}{\text{s}}$ und die kritische Reynoldszahl liegt mit $Re_{\text{krit}} = 4 \cdot 10^5$ vor.

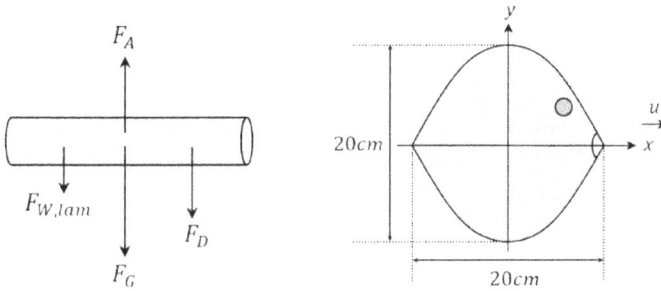

Abb. 3.8: Skizzen zu den Beispielen 2 und 3

a) Stellen Sie sicher, dass die Strömung um den Fischkörper laminar bleibt. Gehen Sie dabei von einem absolut flachen Körper aus (eine Dicke von einigen Zentimetern würde am Ergebnis nichts ändern).

b) Bestimmen Sie seinen Reibungswiderstand.

c) Zur Berechnung des Formwiderstands nehmen wir an, die wirksame Fläche bestehe aus einem Rechteck mit einer Durchschnittsdicke von 3 cm und einer Länge von 20 cm. Wie groß wird sein Formwiderstand und damit der gesamte Widerstand?

Lösung:

a) Der längste Laufweg beträgt $l_{lam} = 20$ cm.

Anderseits ist

$$l_{krit} = \frac{Re_{krit} \cdot v}{u} = \frac{4 \cdot 10^5 \cdot 1,3 \cdot 10^{-6}}{2} = 26 \text{ cm} .$$

Damit ist eine durchwegs laminare Strömung entlang des Fischkörpers gewährleistet.

b) Die laminaren Lauflängen sind abhängig von der Höhe y. Deswegen muss der Umriss zuerst durch die Funktion $y = 0,1 - 10x^2$ ausgedrückt und davon die Umkehrfunktion $x = \pm 0,1\sqrt{0,1-y}$ gebildet werden. Aus (3.30) entsteht $dF_{W,lam} = 0,662 \cdot dy \cdot \rho \cdot \sqrt{v} \cdot u^{1,5} \cdot 2 \cdot (2x)^{0,5} \cdot 2$ und daraus

$$F_{W,lam} = 0,662 \cdot 1025 \cdot \sqrt{1,3 \cdot 10^{-6}} \cdot 2^{1,5} \cdot 4\sqrt{2} \int_0^{0,1} (0,1\sqrt{0,1-y})^{0,5} \, dy = 0,18 \text{ N} .$$

c) Der Formwiderstand ergibt sich zu

$$F_D = \frac{1}{2} c_D \rho A u^2 = \frac{1}{2} \cdot 0,06 \cdot 1025 \cdot 0,03 \cdot 0,2 \cdot 2^2 = 0,74 \text{ N} .$$

Gesamthaft erhält man $F_W = F_{W,lam} + F_D = 0,92$ N.

Aufgabe
Bearbeiten Sie die Übungen 6 und 7.

3.4 Die Lösung der Grenzschichtgleichungen für Keilströmungen

Eine Eck- oder Keilströmung entsteht, wenn beispielsweise eine Platte schräg oder ein Keil parallel zu seiner Symmetrieachse angeströmt wird. Bei den Potentialströmungen (5. Band) hatten wir die Stromfunktion einer Eck- oder Keilströmung mit einem Keilwinkel von $\alpha = 2(\pi - \frac{\pi}{n})$ als $\psi(r, \theta) = C \cdot r^n \cdot \sin(n\theta)$ mit $C = konst.$ identifiziert. Die Strömung verläuft dabei für $0 \le \theta \le \frac{\pi}{n}$ von rechts nach links. Um die Richtung umzukehren, schreiben wir $\psi(r, \theta) = C \cdot r^n \cdot \sin[n(\pi - \theta)]$ für $\pi - \frac{\pi}{n} \le \theta \le \pi$ (Abb. 3.9). Im Fall $\psi = 0$ erhält man die obere Keilkante (inklusive der negativen x-Achse).

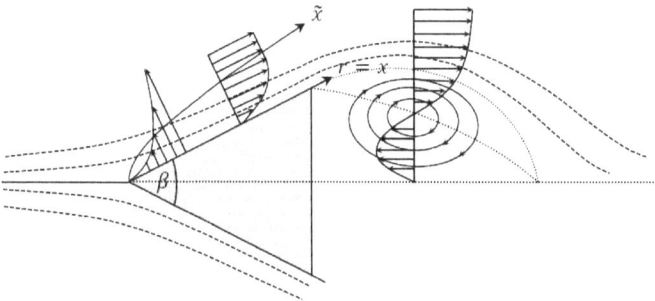

Abb. 3.9: Skizze zu den Keilströmungen

Die radiale Geschwindigkeitskomponente wird mit Hilfe von $u_r = \frac{1}{r} \cdot \frac{\partial \psi}{\partial \theta}$ zu

$$u_r = -C \cdot n \cdot r^{n-1} \cdot \cos[n(\pi - \theta)]$$

bestimmt. Speziell für $\theta = \pi - \frac{\pi}{n}$ ergibt sich der Geschwindigkeitsverlauf auf der oberen Kante des Keils zu $u_r(r) = C \cdot n \cdot r^{n-1}$. Identifiziert man r mit x, so erhält man

$$u_x(x) = a \cdot x^m \quad \text{mit} \quad a = konst. \text{ und } m = n - 1 \,.$$

Dabei besitzt a die Einheit $[\frac{\text{Meter}^{1-m}}{\text{Sekunde}}]$.

Das Ergebnis bedeutet, dass die Geschwindigkeit an der Keilwand einer (reibungsfreien) Potentialströmung mit dem Abstand x zur Spitze wächst. In einer realen Strömung wird sich eine Grenzschicht ausbilden und das Wandströmungsprofil $u_x(x)$ wird zum Außenströmungsprofil $u_\delta(\tilde{x}) = a \cdot \tilde{x}^m$, wobei $\tilde{x}$ entlang des Grenzschichtrands gemessen wird. In Abb. 3.9 stellen die Pfeile normal zur x-Achse die Zunahme der Außenströmung $u_\delta(\tilde{x})$ in $\tilde{x}$-Richtung dar. Die Richtung der $\tilde{y}$-Achse verändert sich laufend, wie aus Abb. 3.9 deutlich wird. Die Geschwindigkeitskomponente in diese Richtung kann über die Kontinuitätsgleichung ermittelt werden. Aus $\frac{\partial u_\delta(\tilde{x})}{\partial \tilde{x}} + \frac{\partial u_\delta(\tilde{y})}{\partial \tilde{y}} = 0$ folgt

$$u_\delta(\tilde{y}) = - \int_0^{\tilde{y}} \frac{\partial u_\delta(\tilde{x})}{\partial \tilde{x}} \, d\tilde{y} = -am \cdot \tilde{x}^{m-1}\tilde{y}$$

und das Verhältnis

$$\frac{u_\delta(\tilde{x})}{u_\delta(\tilde{y})} \sim \frac{\tilde{x}}{\tilde{y}} \, .$$

Im Fall $m = 0$ entnimmt man das Ergebnis aus (3.6).

Verlässt die Strömung am Ende der oberen und unteren Kante den Keil, dann bildet sich hinter der Keilwand eine im Gegenuhrzeigersinn zirkulierende Strömung aus.

Der Einfachheit halber ersetzen wir $\tilde{x}$ wieder durch x. Das Potenzprofil $u_\delta(x) = a \cdot x^m$ führt zusammen mit (3.11) zu

$$a \cdot x^m \cdot am \cdot x^{m-1} = -\frac{1}{\rho} \cdot \frac{dp}{dx} \quad \text{oder} \quad a^2 m \cdot x^{2m-1} = -\frac{1}{\rho} \cdot \frac{dp}{dx} \, . \qquad (3.31)$$

Damit können die Grenzschichtgleichungen einer Keilströmung gemäss (3.10) formuliert werden. Inklusive der Kontinuitätsgleichung lauten sie

$$\frac{\partial u}{\partial x} + \frac{\partial v}{\partial y} = 0$$

$$u\frac{\partial u}{\partial x} + v\frac{\partial u}{\partial y} - a^2 m \cdot x^{2m-1} - \nu\frac{\partial^2 u}{\partial y^2} = 0 \, . \qquad (3.32)$$

Die Gleichung erzeugt, wie auch die Blasius-DGL, selbstähnliche Lösungen, denn Gleichung (3.32) ist bis auf den Potenzterm identisch mit (3.13). Die Transformationen sind wieder $r = cx$, $s = \sqrt{c}y$ und man erhält

$$u(r, s) \cdot \frac{\partial u(r, s)}{\partial r} + v \cdot \frac{\partial u(r, s)}{\partial s} - a^2 m \cdot r^{2m-1} - \nu \cdot \frac{\partial^2 u(r, s)}{\partial s^2} = 0 \, .$$

Damit ist mit $u(x, y)$ auch $u(cx, \sqrt{c}y)$ Lösung von (3.32).

Im Unterschied zur Platte wählt man aber nicht $c \sim x^{-1}$, sondern $c \sim x^{\frac{m-1}{2}}$. Dies erkennt man, wenn die dimensionslose Variable ξ definiert wird zu

$$\xi(x, y) = y\sqrt{\frac{u_\delta(x)}{\nu x}} = y\sqrt{\frac{a \cdot x^m}{\nu x}} = y\sqrt{\frac{a}{\nu}} \cdot x^{\frac{m-1}{2}} \, .$$

Das dimensionslose Geschwindigkeitsprofil lautet abermals $\frac{u}{u_\delta} = f'(\xi)$ oder $u = a \cdot x^m \cdot f'(\xi)$.

Für die Stromfunktion setzt man wieder $u = \frac{\partial \psi}{\partial y} = \psi_y$ und $v = -\frac{\partial \psi}{\partial x} = -\psi_x$ an und (3.32) geht dann über in

$$\psi_y \cdot \psi_{xy} - \psi_x \cdot \psi_{yy} - a^2 m \cdot x^{2m-1} - \nu \cdot \psi_{yyy} = 0 \, . \qquad (3.33)$$

Die Stromfunktion schreibt sich auch als

$$\psi(x, y) = \int_0^y u \, dy = a \cdot x^m \int_0^y f'(\xi) \, dy = a \cdot x^m \int_0^\xi f'(\xi)\sqrt{\frac{a}{\nu}} \cdot x^{\frac{m-1}{2}} \, d\xi = \sqrt{a\nu} \cdot x^{\frac{m+1}{2}} f(\xi) \, .$$

Wir bilden die weiteren benötigten Größen:

$$\psi_{yy} = a \cdot x^m \cdot f'' \sqrt{\frac{a}{v}} \cdot x^{\frac{m-1}{2}} = a\sqrt{\frac{a}{v}} \cdot x^{\frac{3m-1}{2}} \cdot f'' \,,$$

$$\psi_{yyy} = a\sqrt{\frac{a}{v}} \cdot x^{\frac{3m-1}{2}} \cdot f''' \sqrt{\frac{a}{v}} \cdot x^{\frac{m-1}{2}} = \frac{a^2}{v} \cdot x^{2m-1} \cdot f''' \,,$$

$$v = -\psi_x = -\sqrt{av}\left[\frac{m+1}{2} \cdot x^{\frac{m-1}{2}} \cdot f + x^{\frac{m+1}{2}} \cdot f' \cdot y\sqrt{\frac{a}{v}} \cdot \frac{m-1}{2} \cdot x^{\frac{m-3}{2}}\right]$$

$$= -\frac{\sqrt{av}}{2}\left[(m+1) \cdot x^{\frac{m-1}{2}} \cdot f + (m-1) \cdot x^{\frac{m-1}{2}} \cdot \xi \cdot f'\right] \quad \text{und}$$

$$\psi_{xy} = \frac{a}{2}\left[2m \cdot x^{m-1} \cdot f' + x^m \cdot f'' \cdot y\sqrt{\frac{a}{v}} \cdot (m-1) \cdot x^{\frac{m-3}{2}}\right]$$

$$= \frac{a}{2}[2m \cdot x^{m-1} \cdot f' + (m-1) \cdot x^{m-1} \cdot \xi \cdot f''] \,.$$

Alle Terme in (3.33) eingesetzt, entsteht

$$\frac{a^2}{2} \cdot x^m \cdot f'[2m \cdot x^{m-1} \cdot f' + (m-1) \cdot x^{m-1} \cdot \xi \cdot f'']$$

$$- \frac{a^2}{2} \cdot x^{\frac{3m-1}{2}} \cdot f'' \left[(m+1) \cdot x^{\frac{m-1}{2}} \cdot f + (m-1) \cdot x^{\frac{m-1}{2}} \cdot \xi \cdot f'\right]$$

$$- a^2 m \cdot x^{2m-1} - a^2 \cdot x^{2m-1} \cdot f''' = 0$$

Nach der Multiplikation mit $\frac{2}{a^2}$ und dem Ausmultiplizieren geht die Gleichung über in

$$2m \cdot x^{2m-1}(f')^2 + (m-1)x^{2m-1}\xi \cdot f'f''$$

$$- (m+1) \cdot x^{2m-1} \cdot ff'' - (m-1) \cdot x^{2m-1} \cdot \xi \cdot f'f''$$

$$- 2m \cdot x^{2m-1} - 2 \cdot x^{2m-1} \cdot f''' = 0 \,.$$

Weiter verrechnet, erhält man $2m \cdot (f')^2 - (m+1) \cdot ff'' - 2m - 2 \cdot f''' = 0$ und schließlich die Falkner-Skan-DGL

$$f''' + \frac{m+1}{2} \cdot ff'' + m[1 - (f')^2] = 0 \,. \tag{3.34}$$

Zur numerischen Lösung von (3.34) wird lediglich eine Programmzeile aus Kapitel 3.3 angepasst:

```
y3i := y3i-[ m + 1 / 2 · y1i · y3i + m(1 - y2i²)] · 0.01 .
```

Für jedes m muss die Anfangsbedingung $f''(0)$ in vielen Versuchen numerisch bis zu einer annehmbaren Genauigkeit ermittelt werden. Man erhält bei einer Schrittweite von $dx = 0{,}01$ die untenstehende Tabelle. ξ_δ bezeichnet denjenigen Wert von ξ, für den $f'(\xi) = 0{,}99$ gilt.

Der Grenzschichtverlauf bestimmt sich gemäss

$$\delta(x) = \xi_\delta \sqrt{\frac{x\nu}{u_\delta(x)}} \,. \qquad (3.35)$$

m	$f''(0)$	$\alpha = 2\left(\pi - \frac{\pi}{m+1}\right)$	ξ_δ	$\delta(x)$
3	2,0732	$\frac{3\pi}{4}$	1,48	$\sim \frac{1}{\sqrt{x}}$
1	1,2271	π	2,40	$konst. = \sqrt{\frac{\nu}{a}} \cdot 2,40$
$\frac{1}{3}$	0,7554	$\frac{\pi}{2}$	3,47	$\sim \sqrt[3]{x}$
0	0,3308	0	4,89	$\sim \sqrt{x}$
−0,05	0,2134	$-0{,}165 \hat{=} -9{,}47°$	5,46	$\sim x^{0,53}$
−0,0905	0	$-0{,}313 \hat{=} -17{,}91°$	6,97	$\sim x^{0,55}$

Für $1 < m < \infty$ hat man Eckströmungen und mit $0 < m < 1$ erhält man ansteigende Keilströmungen, d. h., der Untergrund steigt in Strömungsrichtung an. Schließlich erzeugen die Werte $-\frac{1}{2} < m < 0$ Umströmungen einer Kante, die wir auch zur Abgrenzung als Kantenströmung bezeichnen können. In diesem Fall knickt der Untergrund um einen Winkel ab. Insbesondere ist der Wert $m = -0{,}0905$ ausgezeichnet, weil sich bei einem Abknickwinkel von etwa 18° die laminare Grenzschicht ablöst. Wir kommen im nächsten Kapitel darauf zurück.

Die Werte von ξ_δ lassen sich auch näherungsweise über eine Interpolation zumindest für $m > 0$ durch

$$\xi_\delta \approx 6 - \sqrt{2{,}2 \cdot (0{,}61 + 6m - m^2)} \qquad (3.36)$$

angeben.

Nun führen wir das Programm für $n = 700$ aus (Abb. 3.10).

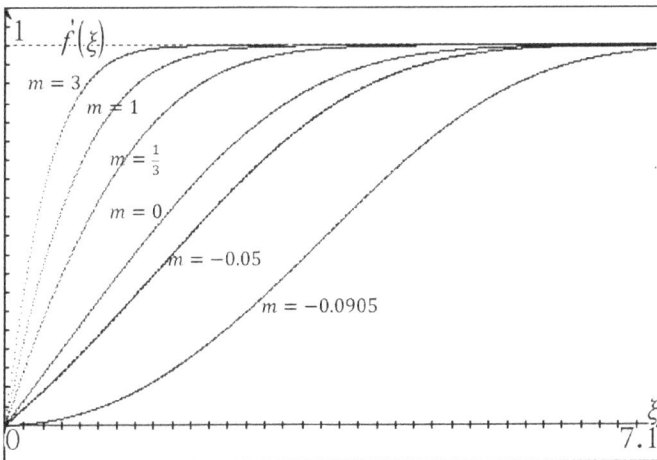

Abb. 3.10: Simulation von (3.34)

Für die Wandspannung an der Stelle x gilt

$$\tau_W(x) = \eta \left(\frac{\partial u}{\partial y} \right)_{y=0} = \eta \cdot \psi_{yy}|_{y=0} = \eta \cdot a \cdot \sqrt{\frac{a}{\nu}} \cdot x^{\frac{3m-1}{2}} \cdot f''(0) \, .$$

Aus $\tau_W(x) = \frac{1}{2} c_f(x) \cdot \rho \cdot u_\delta^2(x)$ folgt der Widerstandbeiwert zu

$$c_f(x) = \frac{2\eta \cdot a \cdot \sqrt{a} \cdot x^{\frac{3m-1}{2}} \cdot f''(0)}{\sqrt{\nu}\rho \cdot u_\delta^2(x)} = \frac{2\nu \cdot a \cdot \sqrt{a} \cdot x^{\frac{3m-1}{2}} \cdot f''(0)}{\sqrt{\nu} \cdot a^2 x^{2m}} = \frac{2\sqrt{\nu}}{\sqrt{a}} \cdot x^{\frac{-1-m}{2}} \cdot f''(0)$$

$$= \frac{2\sqrt{\nu}}{\sqrt{a}} \cdot x^{\frac{-1-m}{2}} \cdot \frac{\sqrt{x}}{\sqrt{x}} \frac{\sqrt{a} \cdot x^{\frac{m}{2}}}{\sqrt{u_\delta(x)}} \cdot f''(0) = \frac{2\sqrt{\nu}}{\sqrt{x}\sqrt{u_\delta(x)}} \cdot \frac{f''(0)}{\sqrt{x}} = \frac{2}{\sqrt{Re_x}} \cdot \frac{f''(0)}{\sqrt{x}} \, .$$

Der Reibungswiderstand beträgt dann

$$F_W = b \cdot \int_0^l \tau_W(x) \, dx = b\eta \cdot a \sqrt{\frac{a}{\nu}} \cdot f''(0) \int_0^l x^{\frac{3m-1}{2}} \, dx$$

$$= b\eta \cdot a \sqrt{\frac{a}{\nu}} \cdot f''(0) \cdot \frac{2}{3m+1} \cdot l^{\frac{3m+1}{2}}$$

und schließlich das Reibungsgesetz für Keilströmungen:

$$F_W = \frac{2ba^{\frac{3}{2}} \sqrt{\rho\eta}}{3m+1} \cdot l^{\frac{3m+1}{2}} \, . \tag{3.37}$$

Beispiel 1. Ein $b = 1$ m breiter Keil mit Innenwinkel 60° und Kantenlänge $l = 0,5$ m wird parallel zur Symmetrieachse in einem Abstand von $0,25$ m mit Wasser aus einer Düse angeströmt. Die Austrittsgeschwindigkeit beträgt $u_\infty = 0,5 \frac{m}{s}$. Die Stoffwerte des Wassers sind $\rho = 1000 \frac{kg}{m^3}$ und $\nu = 10^{-6} \frac{m^2}{s}$.
a) Stellen Sie sicher, dass die Strömung entlang des Keils laminar bleibt, wenn man die Reynolds-Zahl für den Umschlag bei $Re_{Krit} = 3 \cdot 10^5$ ansetzt.
b) Wie lautet das Geschwindigkeitsprofil $u_\delta(x)$ in Richtung des Grenzschichtrandes x der Außenströmung?
c) Wie groß ist die Geschwindigkeit am Ende des Keils?
d) Bestimmen Sie die Dicke der Grenzschicht am Ende des Keils.
e) Wie lautet der Druckverlauf innerhalb und außerhalb der Grenzschicht?
f) Welchen Druckwiderstand erzeugt der Keil bei einem Widerstandsbeiwert von $c_D = 0,5$?

Lösung:

a) Es gilt $Re = \frac{u \cdot l}{v} = 2{,}5 \cdot 10^5 < Re_{\text{Krit}}$, also ist die Strömung durchwegs laminar. (Die Geschwindigkeit steigt hin zum Ende des Keils auf den Wert 0,57 m/s (siehe c)), was aber immer noch einer Reynolds-Zahl unterhalb der Kritischen entspricht).

b) Aus $\alpha = 60°$ folgt $\frac{2\pi}{6} = 2(\pi - \frac{\pi}{n})$. Mit $m = n - 1$ erhält man $m = \frac{1}{5}$ und damit $u_\delta(x) = a \cdot x^{0{,}2}$. Da die Ausströmgeschwindigkeit und die zugehörige Distanz bekannt sind, folgt nacheinander $0{,}5 = a \cdot 0{,}25^{0{,}2}$, $a = 0{,}5^{0{,}6}$ mit der Einheit $[\frac{m^{0{,}8}}{s}]$ und schließlich

$$u_\delta(x) = 0{,}5^{0{,}6} \cdot x^{0{,}2} \ .$$

c) Man erhält

$$u_\delta(0{,}5) = 0{,}5^{0{,}6} \cdot 0{,}5^{0{,}2} = 0{,}57 \ \frac{m}{s} \ .$$

d) Gleichung (3.36) liefert $\xi_\delta \approx 6 - \sqrt{2{,}2 \cdot (0{,}61 + 6 \cdot 0{,}2 - 0{,}2^2)} = 4{,}03$ und mit (3.35) folgt

$$\delta(x) = 4{,}03 \sqrt{\frac{xv}{u_\delta}} \quad \text{oder} \quad \frac{\delta(x)}{x} = \frac{4{,}03}{\sqrt{Re_x}} \ .$$

Man kann den Grenzschichtverlauf auch explizit angeben als

$$\delta(x) = 4{,}03 \sqrt{\frac{x^{0{,}8} \cdot 10^{-6}}{0{,}5^{0{,}6}}} \approx 5 \cdot 10^{-3} \cdot x^{0{,}4} \ .$$

Am Ende des Keils beträgt die Grenzschichtdicke etwa 3,8 mm.

e) Gleichung (3.31) besagt $a^2 m \cdot x^{2m-1} = -\frac{1}{\rho} \cdot \frac{\partial p}{\partial x}$. Die Integration ergibt $p(x) = -\frac{a^2}{2}\rho \cdot x^{2m} + p_0$ mit $p_0 = konst.$ (Der Druck ist unabhängig von y.) Dieser Druckverlauf gilt sowohl innerhalb als auch außerhalb der Grenzschicht. Den Druck p_0 kann man noch weiter aufschlüsseln. Da sich die Anströmgeschwindigkeit u_∞ entlang der Symmetrieachse nicht ändert, erreicht diese auch den Staupunkt und man erhält für p_0 somit $p(0,0) = p_0 = p_\infty + \rho\frac{u_\infty^2}{2}$, die Summe aus dem Umgebungsdruck und dem Staudruck. Schließlich folgt insgesamt

$$p(x,y) = \frac{\rho}{2}\left(u_\infty^2 - a^2 \cdot |x|^{2m}\right) + p_\infty \quad \text{mit} \quad -0{,}25 \leq x \leq 0{,}5 \ .$$

f) Zuerst muss die Querschnittsfläche $A = b \cdot 2 \cdot 0{,}5 \cdot \sin(30°) = 0{,}5 \, m^2$ bestimmt werden.
Der Druckwiderstand beträgt dann

$$F_D = \frac{1}{2} \cdot c_D \cdot \rho A u_\infty^2$$
$$= 0{,}5 \cdot 0{,}5 \cdot 1000 \cdot 0{,}25 \cdot 0{,}5^2 = 15{,}63 \, N \ .$$

Aufgabe
Bearbeiten Sie die Übung 8.

3.5 Grenzschichtablösungen

Unter gewissen Bedingungen verlässt ein Teil der Strömung den Umriss eines Körpers und löst sich ab. Ablösungen können bei laminaren wie auch bei turbulenten Strömungen auftreten. Als Folge davon entstehen zwischen Ablöseströmung und Körperoberfläche Wirbel, die zu einer Veränderung sowohl des Reibungs- als auch des Druckwiderstands führen.

Stellen wir uns dazu die konvexe Oberfläche eines Körpers mit einem Staupunkt S vor, der in Richtung $\vec{u}_\infty$ angeströmt wird. Die Umströmungsgeschwindigkeit wird dabei so lange ansteigen, bis die Richtung der Tangente an den Körper in Richtung $\vec{u}_\infty$ zeigt, also bis zum höchsten bzw. tiefsten Punkt M des Körpers. Der Druck wird dabei auf dem Weg von S nach M gemäss der Bernoulli-Gleichung bis zu einem minimalen Wert, der in M erreicht wird, absinken. Wäre die Strömung reibungsfrei, dann könnte also kinetische Energie auf dem Weg von S nach M und von M hin zu einem zweiten Staupunkt ohne Verlust in Druckenergie umgewandelt werden.

Bei einer Grenzschichtströmung sieht die Sache anders aus. Die eben beschriebene Energieumwandlung gilt zwar noch in der Außenströmung, aber nicht mehr innerhalb der Grenzschicht. Durch die Viskosität verliert ein wandnahes Fluidteilchen $B'(x_0, 0)$ laufend an Geschwindigkeit gegenüber einem Teilchen in der Außenströmung $B(x_0, y_0)$, das vertikal über B' liegt. Steigt nun der Druck in der Außenströmung ab dem Punkt M, so steigt der Druck in gleicher Weise auch in der Grenzschicht, weil der Druck nur eine Funktion der Lauflänge x, also von y unabhängig ist. Dieser Druckanstieg in der Grenzschicht begünstigt die Verlangsamung der Fluidteilchen zusätzlich, bis die Teilchen in einem Punkt $A(x_{\text{Abl}}, 0)$, dem Ablösepunkt, zum Stillstand kommen und sich sogar in Gegenrichtung bewegen. Dadurch wächst die Grenzschicht weiter an. Das so abgebremste Fluid wird noch kurz von der Außenströmung mitgerissen, die Teilchen legen sich aber nicht mehr an die Oberfläche an, sondern „lösen" sich im Punkt A ab.

Wer an einem Fluss lebt, der einen Bogen schlägt, kann das Phänomen der Grenzschichtablösung am „kürzeren" Ufer beobachten. Das Wasser fließt in der Nähe des Ufers förmlich stromaufwärts und deshalb fällt es den Holzbooten leicht, sich am Ufer abzustoßen und stromaufwärts zu gleiten.

Auch turbulente Grenzschichten können sich ablösen. Weil in diesen aber höhere Strömungsgeschwindigkeiten als in laminaren Grenzschichten herrschen, kann eine turbulente Grenzschicht der Kontur über eine größere Strecke folgen.

Die wichtigste Erkenntnis ist, dass eine Ablösung der Grenzschicht immer mit einem Druckanstieg einhergeht. Bei einer laminaren Strömung hatten wir in Kapitel 3.4 die kritischen Krümmungsänderungen mit etwa 18° gegenüber der Vertikalen bestimmt (sofern die Reynolds-Zahl den kritischen Wert übersteigt). Deshalb sollten Richtungsänderungen oder Rohrerweiterungen von über 15° wie beispielsweise in Rohrleitungen vermieden werden.

Um ein Flugzeug zu stabilisieren, muss die Geschwindigkeit oberhalb der Flügel kleiner als unterhalb der Flügel bleiben, um den nötigen Druckunterschied und damit den Auftrieb aufrecht zu erhalten. Dies wird durch die Form der Tragflügel erreicht. Dabei ist die Oberseite etwas stärker gekrümmt als die Unterseite. Zusätzlich gilt es, den Ablösungsort der (turbulenten) Strömung möglichst an den hinteren Teil des Flügelprofils zu verschieben, um so den Druckwiderstand zu vermindern. Es gibt mehrere Möglichkeiten, die Ablösung nach hinten zu verlagern. Man erreicht dies beispielsweise durch ein relativ spitz zulaufendes Tragflächenende. Eine weitere Möglichkeit besteht darin, dass vor einem hypothetischen Ablösepunkt Luft ausgeblasen wird, was die kinetische Energie erhöht und so die Strömung stabilisiert. Schließlich kann man die entstehende Grenzschicht auch absaugen.

Die Form der Stirnseite eines möglichst widerstandsarmen Körpers ist aber ebenso wichtig. An der Vorderseite wird sich die Grenzschicht an einer Stelle nach dem größten Durchmesser d ablösen. Durch die Verschiebung des Ablösepunkts nach hinten steigt zwar der turbulente Reibungswiderstand an, aber in viel kleinerem Verhältnis zum dadurch verminderten Druckwiderstand. Bei einer Körperlänge von l liegt das optimale Verhältnis etwa bei $l : d = 5 : 1$.

Im Spezialfall der Umströmung einer Kugel hat Stokes für eine schleichende Strömung $0 < Re_d < 1$ das Widerstandsgesetz $F_W = 6\pi\eta Ru$ (Reibung und Formwiderstand) hergeleitet.

Daraus erhält man mit der Darstellung $F_W = \frac{1}{2}c_W\rho Au^2$ den Druckbeiwert in der Form

$$c_W = \frac{24}{Re_d} \quad \text{mit} \quad Re_d = \frac{\rho u d}{\eta} \ .$$

Es gibt Erweiterungen für den Bereich $0 < Re_d < 10^5$ wie beispielsweise

$$c_W = \frac{24}{Re_d} + \frac{4}{\sqrt{Re_d}} + 0{,}4 \quad \text{oder} \quad c_W = \frac{24}{Re_d} + \frac{4}{\sqrt[3]{Re_d}} \ ,$$

die aber nur abschnittsweise den eigentlichen Beiwert widergeben.

Zum Schluss erläutern wir die Grenzschichtablösung nochmals im Einzelnen am quer angeströmten Zylinder, weil für diesen die Druckbeiwerte c_D und die zugehörigen Reynolds-Zahlen aus Kapitel 3 grob bekannt sind. Löst sich eine Strömung mit wachsender Reynolds-Zahl ab, so ändert sich auch der c_D-Wert.

Mit aufsteigender Reynolds-Zahl ändert sich die Strömungsart in vielerlei Hinsicht. Wir fassen die Strömungsänderungen in fünf Kategorien zusammen (vgl. Abb. 3.1):

I. $Re_d \approx 1$. Die Stromlinien folgen der Zylinderoberfläche wie bei einer Potentialströmung. Es findet keine Ablösung der Strömung statt. Der Druckbeiwert ist mit $c_D = 60$ sehr groß.

II. $1 < Re_d < 1000$. In diesem Bereich entsteht mit wachsender Reynolds-Zahl zuerst ein Wirbelpaar auf der Hinterseite des Zylinders, dann eine Kàrmàn'sche Wirbelstrasse, gefolgt von einem Umschlag von laminar zu turbulent im Nachlauf der Strömung bis hin zu einem Umschlag von laminar zu turbulent, der das Totwassergebiet erreicht. Das Wirbelpaar ensteht etwa bei einem Winkel von etwa 110° – 130°, der vom Staupunkt aus im Gegenuhrzeigersinn abgetragen wird. Es ist $1,2 < c_D < 60$.

III. $10^3 < Re_d < 2,5 \cdot 10^5$. Es entsteht eine laminare Grenzschicht, die sich nach einer Lauflänge x_{lam} ablöst. Dies entspricht einem Winkel von etwa 80° – 90°. Die Nachlaufströmung ist turbulent und löst sich nicht von der Zylinderwand. Für den Druckbeiwert erhält man $1 < c_D < 1,2$.

IV. $2,5 \cdot 10^3 < Re_d < 4,5 \cdot 10^5$. Eine laminare Grenzschicht existiert auch in diesem Fall, aber nach einer kurzen Lauflänge ist die Strömung turbulent. Es bildet sich eine turbulente Grenzschicht aus, die sich an der Stelle x_{tur} ablöst. Der entsprechende Winkel beträgt 125° – 140°. Die Nachlaufströmung bleibt turbulent, sie ist aber etwas schmaler als im laminaren Fall. Aus diesem Grund sinkt der Druckbeiwert: $0,35 < c_D < 1$.

V. $Re_d > 6 \cdot 10^5$. Es entsteht eine kurze laminare Grenzschicht, dann ein rascher Umschlag zu einer turbulenten Strömung, die sich etwa bei 115° ablöst. Daher fällt die Nachlaufströmung wieder etwas dicker aus. Es gilt $c_D = 0,4$.

Aus dem 5. Band ist die Druckverteilung c_p entlang des Zylinderumfangs bekannt: Sie lautet $c_p(\theta) = 1 - 4\sin^2(\theta)$. In Abb. 3.11 ist der Verlauf festgehalten. Zum Vergleich sind die Druckverläufe für die beiden Reynolds-Zahlen $Re_d \approx 1 \cdot 10^5$ und $Re_d \approx 6,5 \cdot 10^5$ eingezeichnet. Sie entsprechen der Situation in den Fällen III. und V.

Im Fall einer Reynolds-Zahl $1 \cdot 10^5$ weist die Messung auf einen kleinsten Druck und damit einer größten Geschwindigkeit bei etwa 75° hin. Aufgrund der Wandreibung und dem von der Außenströmung auf die Grenzschicht wirkenden Druck löst die laminare Grenzschicht bei etwa 80° ab. Druck und Geschwindigkeit bleiben danach nahezu konstant.

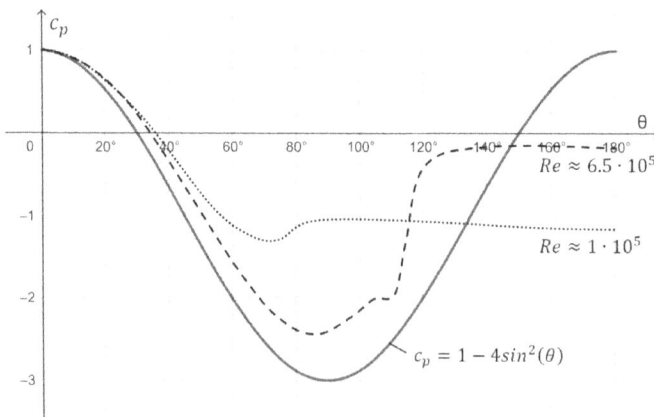

Abb. 3.11: Druckverteilung einer Zylinderumströmung

Bei einer sehr hohen Reynolds-Zahl von $6,5 \cdot 10^5$ besitzt die Strömung eine große kinetische Energie, weshalb die sich ausgebildete turbulente Grenzschicht der Kontur bis etwa 115° folgen kann, um dann abzulösen. Innerhalb einer kurzen Distanz findet eine starke Verwirbelung statt, so dass die verbleibende kinetische Energie gegen den Druckanstieg nicht mehr ankommt. Ab etwa 125° pendelt sich ein konstanter Druck wie auch eine gleichbleibende Geschwindigkeit ein.

Beispiel 1. Die Funktion $f(x) = \frac{1-x}{2}\sqrt{x}$ beschreibt die Form des oberen Teils eines stromlinienförmigen Körpers. Die Stelle mit dem größten Durchmesser befindet sich bei $x = \frac{1}{3}$. Wir nehmen an, dass der Körper parallel zur Symmetrieachse mit einer Reynolds-Zahl angeströmt wird, die zu einer Ablösung bei einem Winkel von 108° führt. Dann entspricht dies einem Punkt der oberen Kontur, bei dem die Steigung der Tangente den Wert $-0,31 = \tan(-18°)$ annimmt.

Aus $\frac{df}{dx} = \frac{1-3x}{4\sqrt{x}} = -0,31$ folgt dann $x_{\text{Abl}} = 0,67$.

Zum Schluss dieses Kapitels soll das Geschwindigkeitsprofil in der Grenzschicht bis zur Ablösung qualitativ dargestellt werden. Dabei sind drei Größen untrennbar miteinander verknüpft. Als Erstes beachten wir, dass der Druckgradient $\frac{dp}{dx}$ und die Außenströmung $u_\delta(x)$ über die Bernoulli-Gleichung

$$u_\delta(x) \cdot \frac{du_\delta(x)}{dx} = -\frac{1}{\rho} \cdot \frac{dp(x)}{dx}$$

gekoppelt sind. In einem zweiten Schritt werten wir Gleichung (3.32) an der Wand ($x \neq 0$, $y = 0$, $u = v = 0$) aus und erhalten

$$\frac{1}{\rho} \cdot \frac{dp(x)}{dx} - v \cdot \left(\frac{\partial^2 u}{\partial y^2}\right)_W = 0 \quad \text{oder} \quad \eta \cdot \left(\frac{\partial^2 u}{\partial y^2}\right)_W = \frac{dp(x)}{dx} \cdot \tag{3.38}$$

Damit wird auch die Krümmung des Profils $\left(\frac{\partial^2 u}{\partial y^2}\right)_W$ an der Wand an den Druckgradienten gebunden. Gleichung (3.38) nennt man die Wandbindungsgleichung. Sie lässt sich auch anders interpretieren, wenn man $\frac{\partial^2 u}{\partial y^2}$ als Maß für die Dispersion der Strömung in vertikaler Richtung auffasst. Solange $\frac{\partial^2 u}{\partial y^2} < 0$, wächst zwar die Grenzschichtdicke, aber die Fluidteilchen bewegen sich in Richtung der Außenströmung. Hingegen bedeutet $\frac{\partial^2 u}{\partial y^2} > 0$, dass die Bewegung der Teilchen in vertikaler Richtung zunimmt. Vom Standpunkt der Analysis meint $\frac{\partial^2 u}{\partial y^2} < 0$, dass die Geschwindigkeitsänderungen abnehmen und im Fall von $\frac{\partial^2 u}{\partial y^2} > 0$ zunehmen. Die gemachten Aussagen fassen wir in der Abbildung 3.12 zusammen.

In einem späteren Kapitel werden wir zeigen, dass das Grenzschichtprofil $\delta(x)_{\text{tur}}$ einer turbulenten Strömung logarithmisch ist.

$$\frac{\partial u_\delta}{\partial x} > 0 \qquad \frac{\partial u_\delta}{\partial x} = 0 \qquad \frac{\partial u_\delta}{\partial x} < 0 \qquad \left(\frac{\partial u}{\partial y}\right)_W = 0$$

Beschleunigte Strömung / Verzögerte Strömung / Ablösung Graphisch ein Extremum

$$\frac{\partial p}{\partial x} < 0 \qquad \frac{\partial p}{\partial x} = 0 \qquad \frac{\partial p}{\partial x} > 0$$

$$\left(\frac{\partial^2 u}{\partial y^2}\right)_W < 0 \qquad \left(\frac{\partial^2 u}{\partial y^2}\right)_W = 0 \qquad \left(\frac{\partial^2 u}{\partial y^2}\right)_W > 0$$

Graphisch ein Wendepunkt Plattenströmung

Abb. 3.12: Skizze zur Grenzschichtablösung

3.6 Die Grenzschichtgleichungen in integraler Form

Es ist etwas unbefriedigend, dass bei gegebener Außenströmung $u_\delta(x)$ das ähnliche dimensionslose Geschwindigkeitsprofil $\frac{u(\zeta)}{u_\infty}$ an der Köperoberfläche nur numerisch vorliegt. Zwar lässt sich auch so die Spannung $\tau_W(x)$ über die gesamte Lauflänge integrieren und die Reibungskraft F_W bestimmen, aber es wäre wünschenswert, wenn wir zumindest näherungsweise auf ein Profil $\frac{u(y)}{u_\infty}$ als Funktion der Höhe y zurückgreifen könnten.

Eine solche Funktion soll im nächsten Kapitel hergeleitet werden. Als Vorbereitung dazu schreiben wir die Grenzschichtgleichungen (3.10) um. Wir wiederholen sie an dieser Stelle:

$$\frac{\partial u}{\partial x} + \frac{\partial v}{\partial y} = 0 \, , \tag{3.39}$$

$$u\frac{\partial u}{\partial x} + v\frac{\partial u}{\partial y} - u_\delta\frac{du_\delta}{dx} - v\frac{\partial^2 u}{\partial y^2} = 0 \tag{3.40}$$

In Gleichung (3.40) ist dabei $\frac{1}{\rho} \cdot \frac{dp}{dx}$ durch $-u_\delta\frac{du_\delta}{dx}$ ersetzt worden.

Als Erstes wird (3.39) in integraler Form zu $v(x, y) = -\int_0^y \frac{\partial u}{\partial x}\, dy$ umgewandelt. Diesen Ausdruck in (3.40) eingesetzt ergibt

$$u\frac{\partial u}{\partial x} - \int_0^y \frac{\partial u}{\partial x}\, dy \cdot \frac{\partial u}{\partial y} - u_\delta \frac{du_\delta}{dx} - v\frac{\partial^2 u}{\partial y^2} = 0\,.$$

Die entstandene Gleichung integrieren wir über y von Null bis zur Grenzschichtdicke δ (die Integration könnte man auch auf unendlich ausdehnen) und erhalten

$$\int_0^\delta u \cdot \frac{\partial u}{\partial x}\, dy - \int_0^\delta \left(\int_0^y \frac{\partial u}{\partial x}\, dy \cdot \frac{\partial u}{\partial y} \right) dy - u_\delta \int_0^\delta \frac{du_\delta}{dx}\, dy - v \int_0^\delta \frac{\partial^2 u}{\partial y^2}\, dy = 0\,.$$

Das 2. Integral wird mit partieller Integration weiterverrechnet, so dass

$$\int_0^\delta u \cdot \frac{\partial u}{\partial x}\, dy - \left[u \int_0^y \frac{\partial u}{\partial x}\, dy \right]_0^\delta + \int_0^\delta u \cdot \frac{\partial u}{\partial x}\, dy - u_\delta \int_0^\delta \frac{du_\delta}{dx}\, dy - v \left[\frac{\partial u}{\partial y} \right]_0^\delta = 0\,,$$

$$\int_0^\delta u \cdot \frac{\partial u}{\partial x}\, dy - u_\delta \int_0^\delta \frac{\partial u}{\partial x}\, dy + \int_0^\delta u \cdot \frac{\partial u}{\partial x}\, dy - u_\delta \int_0^\delta \frac{du_\delta}{dx}\, dy - v\left(0 - \left(\frac{\partial u}{\partial y}\right)_W \right) = 0 \quad \text{und}$$

$$\int_0^\delta \left(2u \cdot \frac{\partial u}{\partial x} - u_\delta \cdot \frac{\partial u}{\partial x} - u_\delta \cdot \frac{du_\delta}{dx} \right) dy + v\left(\frac{\partial u}{\partial y} \right)_W = 0$$

entsteht.

Verwendet man

$$\frac{\partial}{\partial x}(u^2) = 2u \cdot \frac{\partial u}{\partial x}\,, \quad \frac{\partial}{\partial x}(u \cdot u_\delta) = u_\delta \cdot \frac{\partial u}{\partial x} + u \cdot \frac{du_\delta}{dx}$$

und (3.25), dann folgt

$$\int_0^\delta \left(\frac{\partial}{\partial x}(u^2) - \frac{\partial}{\partial x}(u \cdot u_\delta) + u \cdot \frac{du_\delta}{dx} - u_\delta \cdot \frac{du_\delta}{dx} \right) dy + \frac{\tau_W}{\rho} = 0\,,$$

$$\frac{d}{dx}\int_0^\delta [u(u - u_\delta)]\, dy + \frac{du_\delta}{dx}\int_0^\delta (u - u_\delta)\, dy + \frac{\tau_W}{\rho} = 0\,,$$

$$-\frac{d}{dx}\left(u_\delta^2 \int_0^\delta \left[\frac{u}{u_\delta}\left(1 - \frac{u}{u_\delta}\right) \right] dy \right) - \frac{du_\delta}{dx} \cdot u_\delta \int_0^\delta \left(1 - \frac{u}{u_\delta}\right) dy + \frac{\tau_W}{\rho} = 0$$

und mit Hilfe von (3.22) und (3.23) schließlich

$$\frac{d}{dx}\left(u_\delta^2 \cdot \delta_2\right) + \delta_1 \cdot u_\delta \cdot \frac{du_\delta}{dx} - \frac{\tau_W}{\rho} = 0 \,. \tag{3.41}$$

Gleichung (3.41) verknüpft, wie auch in differenzieller Form die Änderung der Geschwindigkeit in x-Richtung, die Änderung der Druckkraft in x-Richtung mit der resultierenden Spannung an der Wand.

Führt man die Differentiation aus, so erhält man

$$2u_\delta \cdot u_\delta' \cdot \delta_2 + u_\delta^2 \cdot \delta_2' + \delta_1 \cdot u_\delta \cdot u_\delta' - \frac{\tau_W}{\rho} = 0 \,.$$

Die Division durch u_δ^2 führt zu

$$\frac{2 \cdot u_\delta' \cdot \delta_2}{u_\delta} + \delta_2' + \frac{\delta_1 \cdot u_\delta'}{u_\delta} - \frac{\tau_W}{\rho u_\delta^2} = 0$$

oder

$$\delta_2'(x) + \delta_2(x)\frac{u_\delta'(x)}{u_\delta(x)}\left(2 + \frac{\delta_1(x)}{\delta_2(x)}\right) - \frac{\tau_W(x)}{\rho u_\delta^2(x)} = 0 \,. \tag{3.42}$$

3.7 Näherung des Geschwindigkeitsprofils durch eine Polynomfunktion

Für das Geschwindigkeitsprofil wählen wir ein Polynom gemäss Pohlhausen. Der Grad des Polynoms richtet sich nach der Anzahl der Randbedingungen, die erfüllt sein müssen. Als dimensionslose Normalkoordinate wählen wir $s = \frac{y}{\delta(x)}$ und das dimensionslose Profil soll dann eine Funktion von s sein: $\frac{u}{u_\delta}(s)$.

Auf der Höhe $y = \delta$ haben wir erstens $\frac{u}{u_\delta} = 1$ (die Geschwindigkeit stimmt mit derjenigen der Außenströmung überein) und zweitens $\frac{\partial}{\partial y}(\frac{u}{u_\delta}) = 0$. Diese Bedingung bedeutet, dass der Geschwindigkeitsübergang an der Grenzschicht asymptotisch verläuft, die Geschwindigkeitsänderung somit Null ist. Mit der Umrechnung

$$\frac{\partial}{\partial s}\left(\frac{u}{u_\delta}\right) = \frac{1}{u_\delta} \cdot \frac{\partial u}{\partial s} = \frac{1}{u_\delta} \cdot \frac{\partial u}{\partial y} \cdot \frac{\partial y}{\partial s} = \frac{\partial u}{\partial y} \cdot \frac{\delta}{u_\delta}$$

ergeben sich somit die ersten beiden Bedingungen zu

$$\text{I.} \quad \left.\frac{u}{u_\delta}\right|_{s=1} = 1 \quad \text{und} \quad \text{II.} \quad \left.\frac{\partial}{\partial s}\left(\frac{u}{u_\delta}\right)\right|_{s=1} = 0 \,.$$

In der Höhe $y = \delta$ entfällt auch die Diffusion:

$$\frac{\partial^2 u}{\partial y^2}\bigg|_{y=\delta} = 0 \, .$$

In diesem Zusammenhang berechnen wir

$$\frac{\partial^2}{\partial s^2}\left(\frac{u}{u_\delta}\right) = \frac{\partial}{\partial s}\left(\frac{\partial u}{\partial y} \cdot \frac{\delta}{u_\delta}\right) = \frac{\delta}{u_\delta} \cdot \frac{\partial}{\partial y}\left(\frac{\partial u}{\partial y} \cdot \frac{\partial y}{\partial s}\right) = \frac{\delta^2}{u_\delta} \cdot \frac{\partial^2 u}{\partial y^2} \, .$$

Dies führt zur Bedingung

$$\text{III.} \qquad \frac{\partial^2}{\partial s^2}\left(\frac{u}{u_\delta}\right)\bigg|_{s=1} = 0 \, .$$

An der Wand selber gilt natürlich

$$\text{IV.} \qquad \frac{u}{u_\delta}\bigg|_{s=0} = 0 \, .$$

Die letzte Bedingung ergibt sich mit Hilfe der Wandbindungsgleichung (3.38):

$$\nu \cdot \left(\frac{\partial^2 u}{\partial y^2}\right)_{y=0} = \frac{1}{\rho} \cdot \frac{dp}{dx} = -u_\delta \cdot u_\delta'(x) \, .$$

Aus

$$\nu \cdot \left(\frac{\partial^2 u}{\partial y^2}\right)_{y=0} = \nu \cdot \frac{u_\delta}{\delta^2} \cdot \frac{\partial^2}{\partial s^2}\left(\frac{u}{u_\delta}\right)\bigg|_{s=0}$$

folgt

$$\nu \cdot \frac{u_\delta}{\delta^2} \cdot \frac{\partial^2}{\partial s^2}\left(\frac{u}{u_\delta}\right)\bigg|_{s=0} = -u_\delta \cdot u_\delta'(x) \quad \text{oder}$$

$$\frac{\partial^2}{\partial s^2}\left(\frac{u}{u_\delta}\right)\bigg|_{s=0} = -u_\delta'(x) \cdot \frac{\delta^2}{\nu} =: -\lambda \, . \tag{3.43}$$

Der Parameter $\lambda(x)$ heißt Pohlhausen-Parameter und ist ein Maß für die Krümmung der Oberfläche an der Stelle x. Bleibt die Krümmung konstant, wie beispielsweise bei einer Platten-, Keil- oder Kantenströmung, dann ist auch $\lambda = konst.$

Aus (3.43) folgt die letzte Bedingung

$$\text{V.} \qquad \frac{\partial^2}{\partial s^2}\left(\frac{u}{u_\delta}\right)\bigg|_{s=0} = -\lambda \, .$$

Baut man Bedingung IV. direkt ein, dann erhält der Polynomansatz die Gestalt

$$\frac{u(x, y)}{u_\delta(x)} = a(x) \cdot s + b(x) \cdot s^2 + c(x) \cdot s^3 + d(x) \cdot s^4 \, .$$

Bedingung V. ausgewertet, liefert $2b = -\lambda$. Die restlichen Bedingungen I., II. und III. führen in dieser Reihenfolge auf das System

$$a + b + c + d = 1 \, ,$$

$$a + 2b + 3c + 4d = 0 \, ,$$

$$2a + 6c + 12d = 0$$

Ausgedrückt mit λ erhält man $a = 2 + \frac{\lambda}{6}$, $b = -\frac{\lambda}{2}$, $c = -2 + \frac{\lambda}{2}$ und $d = 1 - \frac{\lambda}{6}$.

Damit kann das Profil zusammengesetzt werden zu

$$\frac{u}{u_\delta}(s) = \left(2 + \frac{\lambda}{6}\right)s - \frac{\lambda}{2}s^2 + \left(-2 + \frac{\lambda}{2}\right)s^3 + \left(1 - \frac{\lambda}{6}\right)s^4$$

$$= 2s + \frac{s}{6}\lambda - \frac{s^2}{2}\lambda - 2s^3 + \frac{s^3}{2}\lambda + s^4 - \frac{s^4}{6}\lambda$$

$$= 2s - 2s^3 + s^4 + \frac{\lambda}{6}(s - 3s^2 + 3s^3 - s^4)$$

und schließlich

$$\frac{u}{u_\delta}(s) = s(2 - 2s^2 + s^3) + \frac{\lambda}{6}s(1 - s)^3 \ . \tag{3.44}$$

Die Wandschubspannung als Funktion des Pohlhausen-Parameters ergibt sich zu

$$\tau_W(x) = \eta \cdot \left.\frac{\partial u}{\partial y}\right|_{y=0} = \eta \cdot \frac{u_\delta}{\delta} \cdot \left.\frac{\partial}{\partial s}\left(\frac{u}{u_\delta}\right)\right|_{s=0} = \eta \cdot \frac{u_\delta}{\delta}\left(2 + \frac{\lambda}{6}\right) \ . \tag{3.45}$$

Im Fall der ebenen Platte ist $\lambda = u_\delta'(x) \cdot \frac{\delta^2}{\nu} = 0$, weil $u_\delta'(x) = 0$.
    Damit gilt

$$\tau_W(x) = 2\eta \cdot \frac{u_\infty}{\delta(x)} \ . \tag{3.46}$$

Haben wir es mit einer Ablösung zu tun, so entfällt die Wandspannung und dies entspricht nach (3.45) dem Parameter $\lambda = -12$. Gleichung (3.43) liefert dann $-u_\delta'(x) \cdot \frac{\delta^2}{\nu} = 12$, woraus

$$-\frac{1}{\nu} \cdot u_\delta'(x) = \frac{1}{\eta u_\delta} \cdot \frac{dp}{dx} = \frac{12}{\delta^2}$$

folgt. Die Gleichung bestätigt die schon bekannte Tatsache, dass Ablösung nur bei Druckanstieg geschieht. Zudem besagt die Gleichung: Je dicker die Grenzschicht und je größer demnach die Lauflänge, umso kleinere Druckunterschiede sind nötig, damit die Grenzschicht sich ablöst.

    Jeder Pohlhausen-Parameter $\lambda(x)$ entspricht einer Momentaufnahme des Geschwindigkeitsprofils an der Stelle x. Dasjenige einer Platte mit $\lambda = 0$ ist $\frac{u}{u_\delta}(s) = s(2 - 2s^2 + s^3)$, dasjenige der Grenzschichtablösung mit $\lambda = -12$ besitzt die Gestalt $\frac{u}{u_\delta}(s) = s^2(6 - 8s + 3s^2)$. Später werden wir zeigen, dass für $\lambda = 7{,}052$ eine Staupunktströmung

$$\frac{u}{u_\delta}(s) = s(2 - 2s^2 + s^3) + \frac{7{,}052}{6}s(1 - s)^3$$

vorliegt. Im Folgenden werden wir uns auf das das Intervall $-12 \leq \lambda \leq 7{,}052$ beschränken. Für $\lambda < -12$ erhält man Kantenströmungen mit immer größerem Abknickwinkel. Damit die Strömung die Kontur nicht verlässt, müsste die Reynolds-Zahl immer kleiner werden. Bei realen Strömungen verlieren derartige Kantenströmungen an Bedeutung. Mit $\lambda > 7{,}052$ würden Eckenströmungen beschrieben werden, von denen wir im Weiteren absehen. In Abbildung 3.13 halten wir den Verlauf von (3.44) als u_λ für $\lambda = -12$, 0 und 7,052 fest.

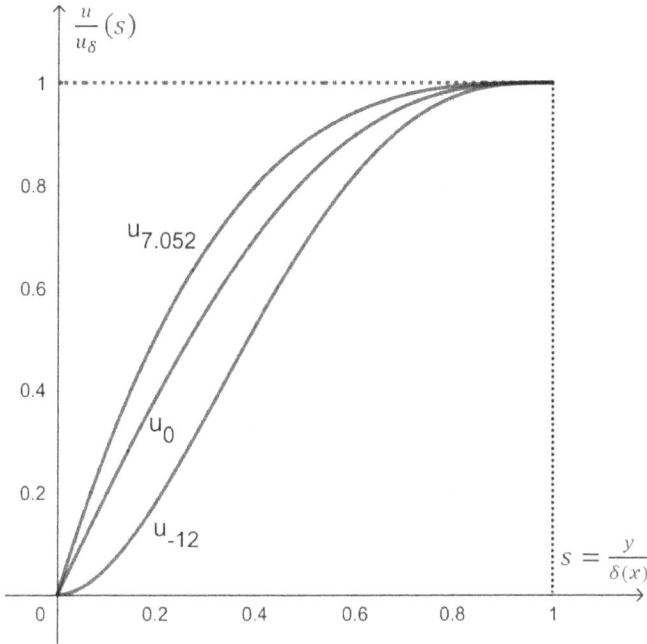

Abb. 3.13: Graphen von (3.44)

3.8 Das Pohlhausen-Profil für Keilströmungen

Bisher wissen wir, dass zu jedem Parameter $\lambda(x)$ ein entsprechendes örtliches Geschwindigkeitsprofil gehört, aber noch ist unbekannt, welcher Oberflächenkrümmung der jeweilige Parameter entspricht. Setzt man (3.45) in (3.42) ein, so ergibt sich zusammen mit (3.43) das System

$$u'_\delta(x) \cdot \frac{\delta(x)^2}{\nu} = \lambda(x) \tag{3.47}$$

$$\frac{d\delta_2(\delta(x), \lambda(x))}{dx} + \delta_2(\lambda(x))\frac{u'_\delta(x)}{u_\delta(x)}\left(2 + \frac{\delta_1(\delta(x), \lambda(x))}{\delta_2(\delta(x), \lambda(x))}\right) - \frac{\nu}{u_\delta(x) \cdot \delta(x)}\left(2 + \frac{\lambda(x)}{6}\right) = 0 \,. \tag{3.48}$$

Bei gegebener Außenströmung $u_\delta(x)$ können die beiden unbekannten Größen $\delta(x)$ und $\lambda(x)$ numerisch bestimmt werden. Die zugehörigen Startwerte wären $\delta(0) = 0$ und $\lambda(0) = 7{,}052$, weil die Grenzschicht im Staupunkt startet.

Wir lösen (3.48) nur für Keil- oder Kantenströmungen. In diesen Fällen ist die Krümmung und somit $\lambda = konst$.

Es ist das Ziel, die Außenströmung einer Keilströmung $u_\delta(x) = a \cdot x^m$ über den Exponenten m mit dem Pohlhausen-Parameter λ zu verknüpfen.

Für die weiteren Berechnungen berechnen wir die Verdrängungsdicke δ_1 und die Impulsverlustdicke δ_2 für das Pohlhausen-Profil. Aus $s = \frac{y}{\delta(x)}$ folgt $dy = \delta(x) \cdot ds$ und man erhält

$$\delta_1 = \int_0^\delta \left(1 - \frac{u}{u_\delta}(s)\right) dy = \delta \int_0^1 \left(1 - \frac{u}{u_\delta}(s)\right) ds$$

$$= \delta \int_0^1 \left(1 - s(2 - 2s^2 + s^3) - \frac{\lambda}{6}s(1-s)^3\right) ds = \frac{\delta}{120}(36 - \lambda). \tag{3.49}$$

Weiter ergibt sich

$$\delta_2 = \delta \int_0^1 \left(\left[s(2 - 2s^2 + s^3) - \frac{\lambda}{6}s(1-s)^3\right]\left[1 - s(2 - 2s^2 + s^3) - \frac{\lambda}{6}s(1-s)^3\right]\right) ds$$

$$= \frac{\delta}{45.360}(5328 - 48\lambda - 5\lambda^2). \tag{3.50}$$

I. Spezialfall $\lambda = 0$. Dies entspricht einer Plattenströmung. Die Definition (3.43) ist für die Berechnung von $\delta(x)$ unbrauchbar, weil sie auf beiden Seiten der Gleichung Null liefert. Aus (3.49) und (3.50) entsteht $\delta_1 = \frac{3}{10}\delta$ und $\delta_2 = \frac{37}{315}\delta$. Da weiter $u_\delta(x) = u_\infty$ ist, folgt $u'_\delta(x) = 0$ und Gleichung (3.42) reduziert sich zu $\delta'_2(x) - \frac{\tau_W(x)}{\rho u_\infty^2} = 0$. Aus (3.46) ist $\tau_W(x) = 2\eta \cdot \frac{u_\infty}{\delta(x)}$ bekannt und die Verrechnung ergibt nacheinander

$$\frac{37}{315} \cdot \frac{d\delta}{dx} = \frac{2\nu}{u_\infty \cdot \delta} \,, \quad \int_0^\delta \delta \cdot d\delta = \frac{630}{37} \int_0^x \frac{\nu}{u_\infty} dx \,, \quad \frac{1}{2}\delta^2 = \frac{630}{37} \cdot \frac{\nu x}{u_\infty}$$

und schließlich

$$\delta(x) = \sqrt{\frac{1260}{37}} \sqrt{\frac{\nu x}{u_\infty}} = 5{,}84\sqrt{\frac{\nu x}{u_\infty}} \,. \tag{3.51}$$

Das Blasius-Profil lieferte anstelle des Faktors 5,84 nur 4,89 (vgl. (3.21)). Dazu muss man sich nochmals vergegenwärtigen, dass der Wert $\xi_\delta = 4{,}89$ dem 99%-Wert der Außenströmung entspricht. Setzt man die Grenze höher, z. B. 99,5 % oder 99,9 %, so vergrößert sich auch der Wert von ξ_δ, denn theoretisch stimmt die Geschwindigkeit mit derjenigen der Außenströmung erst im Unendlichen überein. Beim Pohlhausen-Profil wird nach Konstruktion die Geschwindigkeit der Außenströmung im Punkt $(1, 1)$ des Koordinatensystems $(\frac{y}{\delta(x)}, \frac{u}{u_\delta})$ erreicht und bleibt auch für $y > \delta(x)$ konstant Eins.

Für die Genauigkeit des Ergebnisses (3.51) ist es deshalb sinnvoller, die zugehörige Verdrängungsdicke und/oder die Impulsverlustdicke zu bestimmen, weil beide Größen unabhängig von der gesetzten Übergangsprozentzahl sind. Aus (3.49) und (3.50) erhält man sogleich

$$\delta_1(x) = \frac{3}{10}\delta(x) = 1{,}75\sqrt{\frac{\nu x}{u_\infty}} \quad \text{und} \quad \delta_2(x) = \frac{37}{315}\delta(x) = 0{,}69\sqrt{\frac{\nu x}{u_\infty}}$$

mit Fehlern von 2 % bzw. 3,5 % verglichen mit den exakten Ergebnissen des Blasius-Profils (3.25) und (3.26). Die Fehler, wenn auch klein, sind auf den Verlauf des Näherungsprofils gegenüber dem exakten Blasius-Profil zurückzuführen.

Nun sind wir endlich in der Lage, mit Hilfe von (3.44) und (3.51) das Geschwindigkeitsprofil einer Plattenströmung in einem beliebigen Punkt $P(x, y)$ anzugeben.

Es gilt

$$\frac{u}{u_\infty}\left(\frac{y}{\delta(x)}\right) = \frac{y}{\delta(x)}\left(2 - 2\left(\frac{y}{\delta(x)}\right)^2 + \left(\frac{y}{\delta(x)}\right)^3\right)$$

$$= 0{,}17 \cdot \frac{u_\infty}{\nu} \cdot \frac{y}{x}\left(11{,}67 \cdot \frac{\nu x}{u_\infty}\sqrt{\frac{\nu x}{u_\infty}}\right.$$

$$\left. - 11{,}67\sqrt{\frac{\nu x}{u_\infty}} \cdot \left(\frac{y}{5{,}84}\right)^2 + \left(\frac{y}{5{,}84}\right)^3\right).$$

(Natürlich gibt es weitere Darstellungen des Profils.)

II. Allgemeiner Fall $\lambda \neq 0$. Das zugrunde liegende Außenströmungsprofil $u_\delta(x) = a \cdot x^m$ setzen wir in (3.47) ein, was zu

$$\delta(x)^2 = \frac{\lambda\nu}{am \cdot x^{m-1}} \quad \text{und} \quad \delta(x) = \sqrt{\frac{\lambda\nu}{am}} \cdot x^{\frac{1-m}{2}}$$

führt. Damit und mit Hilfe von (3.49) und (3.50) schreibt sich (3.48) als

$$\frac{1-m}{2} \cdot \frac{5328 - 48\lambda - 5\lambda^2}{45.360}\sqrt{\frac{\lambda\nu}{am}} \cdot x^{\frac{-1-m}{2}}$$

$$+ \frac{5328 - 48\lambda - 5\lambda^2}{45.360}\sqrt{\frac{\lambda\nu}{am}} \cdot x^{\frac{1-m}{2}} \cdot \frac{am \cdot x^{m-1}}{a \cdot x^m}\left(2 \cdot \frac{5\lambda^2 + 237\lambda - 12.132}{5\lambda^2 + 48\lambda - 5328}\right)$$

$$- \frac{\nu}{a \cdot x^m \cdot \sqrt{\frac{\lambda\nu}{am}} \cdot x^{\frac{1-m}{2}}}\left(2 + \frac{\lambda}{6}\right) = 0$$

und

$$\frac{1-m}{2m} \cdot \frac{\lambda(5328 - 48\lambda - 5\lambda^2)}{45.360} - \frac{2\lambda(5\lambda^2 + 237\lambda - 12.132)}{45.360} - \left(2 + \frac{\lambda}{6}\right) = 0.$$

Aufgelöst nach m findet man

$$m(\lambda) = \frac{\lambda(5328 - 48\lambda - 5\lambda^2)}{15(\lambda^3 + 60\lambda^2 - 1872\lambda + 12.096)} \tag{3.52}$$

Der Verlauf von $m(\lambda)$ ist für $-12 \leq \lambda \leq 7{,}052$ in Abb. 3.14 festgehalten.

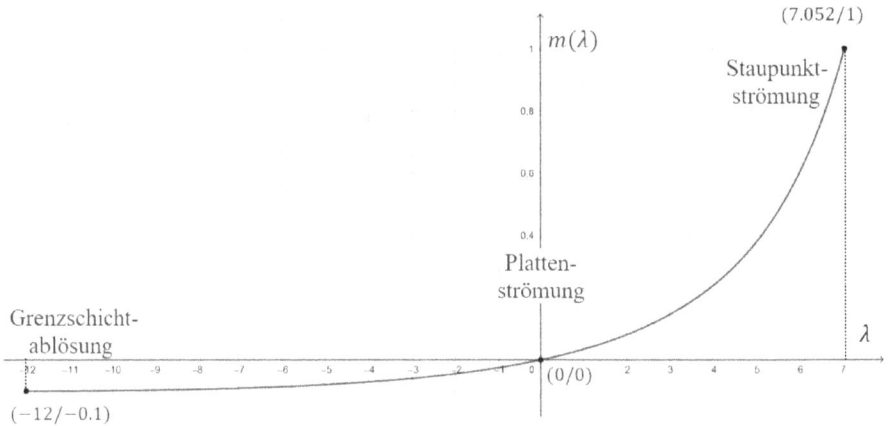

Abb. 3.14: Graph von (3.52)

Beispielsweise ergeben die Parameter $\lambda = -12$ und $\lambda = 7{,}052$ die Werte $m = -0{,}1$ bzw. $m = 1$. Umgekehrt liefert $m = \frac{1}{3}$ den Parameter $\lambda = 4{,}72$ und weiter

$$\delta(x) = \sqrt{\frac{\lambda v}{am}} \cdot x^{\frac{1-m}{2}} = 3{,}76\sqrt{\frac{v}{a}} \cdot x^{\frac{1-m}{2}} \quad \text{oder} \quad \delta(x) = 3{,}76\sqrt{\frac{vx}{u_\delta}} \;.$$

Zum Vergleich entnehmen wir der Tabelle in Kapitel 3.4 den exakten Faktor $3{,}47$ des Falkner-Skan-Profils.

Beispiel 1. Ein $b = 1\,\text{m}$ breiter Keil mit Innenwinkel $\alpha = 40°$ und $l = 0{,}5\,\text{m}$ Kantenlänge wird parallel zu seiner Symmetrieachse angeströmt.
a) Gesucht ist die zugehörige Außenströmung.
b) Welcher Pohlhausen-Parameter λ gehört zu dieser Keilströmung?
c) Wie lautet der Grenzschichtverlauf $\delta(x)$?
d) Wie groß ist der entlang einer Kante wirkende Reibungswiderstand?
e) Bestimmen Sie das dimensionslose Geschwindigkeitsprofil $\frac{u}{u_\delta}(x,y)$.

Lösung:
a) Aus $\frac{2\pi}{9} = 2(\pi - \frac{\pi}{m+1})$ folgt $m = 0{,}125$ und damit $u_\delta(x) = a \cdot x^{0,125}$.
b) Mit der unteren Gleichung von (3.52) erhält man $\lambda = 2{,}72$.
c) Gleichung (3.47) liefert den Grenzschichtverlauf

$$\delta(x) = 4{,}66\sqrt{\frac{vx}{u_\delta}} = 4{,}66\sqrt{\frac{v}{a}} \cdot x^{\frac{7}{16}} \;.$$

d) Aus (3.45) wird $\tau_W(x) = \eta \cdot \frac{u_\delta}{\delta}(2 + \frac{\lambda}{6})$ entnommen und man erhält $\tau_W(x) = 0{,}53\sqrt{\rho\eta} \cdot a^{\frac{3}{2}} \cdot x^{-\frac{5}{16}}$. Aus $F_W(x) = \tau_W(x) \cdot b \cdot dx$ folgt der Reibungswiderstand zu

$$F_W = b \int_0^l \tau_W(x) \cdot dx = 0{,}77\sqrt{\rho\eta} \cdot a^{\frac{3}{2}} \cdot l^{\frac{11}{16}} \;.$$

e) Mit Gleichung (3.44) folgt das Geschwindigkeitsprofil

$$\frac{u}{u_\delta}\left(\frac{y}{\delta(x)}\right) = \frac{y}{\delta(x)}\left(2 - 2\left(\frac{y}{\delta(x)}\right)^2 + \left(\frac{y}{\delta(x)}\right)^3\right) + \frac{2{,}72}{6}\cdot\frac{y}{\delta(x)}\left(1 - \frac{y}{\delta(x)}\right)^3 \,,$$

das man beispielsweise als

$$\frac{u}{u_\delta}(x,y) = \sqrt{\frac{a}{v}}\cdot\frac{x^{-\frac{7}{16}}y}{4{,}66}\left[2 - \frac{2a}{v}\left(\frac{x^{-\frac{7}{16}}y}{4{,}66}\right)^2 + \frac{a}{v}\sqrt{\frac{a}{v}}\left(\frac{x^{-\frac{7}{16}}y}{4{,}66}\right)^3\right.$$
$$\left. + \frac{2{,}72}{6}\cdot\left(1 - \sqrt{\frac{a}{v}}\cdot\frac{x^{-\frac{7}{16}}y}{4{,}66}\right)^3\right]$$

schreiben kann.

Aufgabe
Bearbeiten Sie die Übungen 9 und 10.

---

4 Die Energieerhaltung reibungsbehafteter Strömungen

In den vergangenen Kapiteln gelang es uns, eine für die Grenzschicht adaptierte Impulserhaltung herzuleiten und damit auf das Geschwindigkeitsfeld in einer dünnen Wandschicht zu schließen. Gesucht ist nun die Temperaturverteilung innerhalb der Grenzschicht, mit deren Hilfe wir den Wärmeaustauch zwischen Umgebung und Körperoberfläche genau beschreiben können. Dazu muss zwangsweise eine neue Erhaltungsgleichung bereitgestellt werden: die Energieerhaltung für die Grenzschicht bei vorhandener Reibung.

4.1 Die Herleitung der Energieerhaltung

Wir gehen von nicht allzu großen Temperaturunterschieden aus, damit die Dichte ρ und die Wärmeleitfähigkeit λ als konstant betrachtet werden können. Ein Fluid, das mit der Geschwindigkeit $\vec{c} = (u, v, w)$ strömt, besitzt die Gesamtenergie $E_G = E_{\text{Inn}} + E_{\text{Kin}}$ mit der inneren Energie $E_{\text{Inn}} = c_V \cdot m \cdot T$ (c_V: spezifische Wärmekapazität bei konstantem Volumen, m: Masse, T: Temperatur) und der kinetischen Energie $E_{\text{Kin}} = \frac{1}{2}mc^2 = \frac{1}{2}m(u^2 + v^2 + w^2)$. Betrachten wir ein kleines Volumenelement $dV = dx\,dy\,dz$, dann lauten die Energieanteile an der Gesamtenergie

$$dE_{\text{Inn}} = c_V \cdot \rho\,dV \cdot T \quad \text{und} \quad dE_{\text{Kin}} = \frac{1}{2}\rho\,dVc^2 \quad \text{oder} \quad e := \frac{dE_{\text{Inn}}}{\rho\,dV} = c_V \cdot T$$

mit $e\,[\frac{J}{\text{Kg}}]$ und $\frac{dE_{\text{Kin}}}{\rho\,dV} = \frac{1}{2}c^2$. Die Gesamtenergie ist dann $\frac{E_G}{m} = e_G = e + \frac{1}{2}c^2$.

Im 4. Band hatten wir die Enthalpie H als Summe von innerer Energie und verrichteter Arbeit am entsprechenden Volumen definiert: $dH = dE + V\,dp$. Division durch die Masse ergibt

$$dh = de + \frac{dp}{\rho} \quad \text{oder} \quad e = h - \frac{p}{\rho} = c_p T - \frac{p}{\rho}. \tag{4.1}$$

Dabei haben wir $\frac{dH}{m} = dh$ und $\frac{dE}{m} = de$ gesetzt und c_p steht für die spezifische Wärmekapazität bei konstantem Druck. Gleichung (4.1) stellt nichts anderes als die ideale Gasgleichung dar. Aus $c_V T = c_p T - \frac{p}{\rho}$ wird $\frac{p}{\rho} = (c_p - c_V)T$. Beachtet man den im 4. Band hergeleiteten Zusammenhang $c_p - c_V = R_S$ mit der spezifischen Gaskonstante R_S, dann folgt $\frac{p}{\rho T} = R_S$ oder $\frac{pV}{mT} = R_S$, die Zustandsgleichung eines idealen Gases.

Nun betrachten wir die zeitliche Änderung $d\dot{E}$ der Gesamtenergie im Volumenelement. Sie beträgt

$$d\dot{E} = \rho\frac{\partial}{\partial t}\left(e + \frac{1}{2}c^2\right)dV = \rho\left(\frac{\partial e}{\partial t} + u\frac{\partial u}{\partial t} + v\frac{\partial v}{\partial t} + w\frac{\partial w}{\partial t}\right)dV.$$

https://doi.org/10.1515/9783110684544-004

Mit (4.1) wird daraus

$$dÉ = \rho \left(c_p \frac{\partial T}{\partial t} - \frac{1}{\rho} \cdot \frac{\partial p}{\partial t} + u \frac{\partial u}{\partial t} + v \frac{\partial v}{\partial t} + w \frac{\partial w}{\partial t} \right) dV \; . \tag{4.2}$$

Wir wollen untersuchen, welche Energieströme die zeitliche Änderung der Gesamtenergie verursachen können.

Wir beginnen damit, die Kontinuitätsgleichung (2.3) abwechselnd nach x, y und z abzuleiten und erhalten ($u_x = u$, $u_y = v$, $u_z = w$)

$$\frac{\partial^2 u}{\partial x^2} + \frac{\partial^2 v}{\partial x \partial y} + \frac{\partial^2 w}{\partial x \partial z} = 0, \quad \frac{\partial^2 u}{\partial x \partial y} + \frac{\partial^2 v}{\partial y^2} + \frac{\partial^2 w}{\partial y \partial z} = 0 \quad \text{und} \quad \frac{\partial^2 u}{\partial x \partial z} + \frac{\partial^2 v}{\partial y \partial z} + \frac{\partial^2 w}{\partial z^2} = 0.$$

Die Multiplikation mit u, v bzw. z ergibt

$$u \frac{\partial^2 v}{\partial x \partial y} + u \frac{\partial^2 w}{\partial x \partial z} = -u \frac{\partial^2 u}{\partial x^2} \; , \quad v \frac{\partial^2 u}{\partial x \partial y} + v \frac{\partial^2 w}{\partial y \partial z} = -v \frac{\partial^2 v}{\partial y^2} \quad \text{und}$$

$$w \frac{\partial^2 u}{\partial x \partial z} + w \frac{\partial^2 v}{\partial y \partial z} = -w \frac{\partial^2 w}{\partial z^2} \; . \tag{4.3}$$

Weiter werden die Komponenten der Impulserhaltung (2.4) mit u, v bzw. z multipliziert, was zu

$$\rho \left(u \frac{\partial u}{\partial t} + u^2 \frac{\partial u}{\partial x} + uv \frac{\partial u}{\partial y} + uw \frac{\partial u}{\partial z} \right) + u \frac{\partial p}{\partial x} = \eta u \left(\frac{\partial^2 u}{\partial x^2} + \frac{\partial^2 u}{\partial y^2} + \frac{\partial^2 u}{\partial z^2} \right) \; , \tag{4.4}$$

$$\rho \left(v \frac{\partial v}{\partial t} + uv \frac{\partial u}{\partial x} + v^2 \frac{\partial u}{\partial y} + vw \frac{\partial u}{\partial z} \right) + v \frac{\partial p}{\partial y} = \eta v \left(\frac{\partial^2 v}{\partial x^2} + \frac{\partial^2 v}{\partial y^2} + \frac{\partial^2 v}{\partial z^2} \right) \quad \text{und} \tag{4.5}$$

$$\rho \left(w \frac{\partial w}{\partial t} + uw \frac{\partial u}{\partial x} + vw \frac{\partial u}{\partial y} + w^2 \frac{\partial u}{\partial z} \right) + w \frac{\partial p}{\partial z} = \eta w \left(\frac{\partial^2 w}{\partial x^2} + \frac{\partial^2 w}{\partial y^2} + \frac{\partial^2 w}{\partial z^2} \right) \tag{4.6}$$

führt.

Die Wirkung der Gravitation kann vernachlässigt werden, weil die Geschwindigkeit eine Konvektion erzwingt. Bei freier Konvektion muss man den Einfluss der Gravitation wieder berücksichtigen.

Der größte Aufwand besteht darin, alle Energieströme (Energie pro Zeit, Einheit Watt) zu erfassen, die zur zeitlichen Änderung der Gesamtenergie beitragen können.

1. Mit der Strömung wird dem Volumenelement pro Zeiteinheit Wärme und kinetische Energie zu- oder abgeführt. Dies bezeichnen wir mit $dĠ$. Offensichtlich besteht die Änderung aus zwei Energieanteilen.

2. Herrscht ein Druckgefälle, so wird am Volumenelement Arbeit verrichtet. Die Leistungsänderung nennen wir $dḊ$.

3. Infolge von Wärmeleitung steigt oder fällt die Energie pro Zeiteinheit im Volumenelement um einen Wert $d\dot{Q}$.

4. Aufgrund der vorhandenen Reibung ergeben sich Normal- und Schubspannungen, die ebenfalls Arbeit am Volumenelement verrichten. Die zeitliche Energieänderung sei $dL̇$. Die Umwandlung von Energie in Folge der Reibung nennt man Dissipation.

5. Energie kann von außen zugeführt werden oder es befinden sich Quellen oder Senken im Volumenelement. Von solchen Energieströmen sehen wir aber ab.
6. Schließlich gibt es unter Umständen noch die pro Zeiteinheit am Volumenelement verrichtete Arbeit aufgrund der Schwerkraft, elektrischer oder magnetischer Kräfte, die wir ebenfalls nicht beachten.

Die Energieströme 1.–4. sollen nun im Einzelnen aufgeschrieben werden.

1. Für die Änderung $d\dot{G}_x$ in x-Richtung (Abb. 4.1) betrachtet man den Unterschied zwischen $\dot{G}_x$ und $\dot{G}_{x+dx}$ entlang einer Fläche $dy\,dz$. In 1. Näherung ist

$$d\dot{G}_x = \dot{G}_x - \dot{G}_{x+dx}$$

$$= \rho \left(e + \frac{c^2}{2} \right) dV - \rho \left[\left(e + \frac{c^2}{2} \right) + \frac{\partial}{\partial x} \left[\left(e + \frac{c^2}{2} \right) u \right] dx + \cdots \right] dy\,dz$$

$$\approx -\rho \frac{\partial}{\partial x} \left[(e + \frac{c^2}{2})u \right] dV .$$

Analog folgen die Anteile in y- und z-Richtung zu

$$d\dot{G}_y = -\rho \frac{\partial}{\partial y} \left[\left(e + \frac{c^2}{2} \right) v \right] dV \quad \text{und} \quad d\dot{G}_z = -\rho \frac{\partial}{\partial z} \left[\left(e + \frac{c^2}{2} \right) w \right] dV .$$

Mit Hilfe der Produktregel erhält man

$$d\dot{G} = d\dot{G}_x + d\dot{G}_y + d\dot{G}_z$$

$$= -\rho \left[\frac{\partial}{\partial x} \left(e + \frac{c^2}{2} \right) u + \left(e + \frac{c^2}{2} \right) \cdot \frac{\partial u}{\partial x} + \frac{\partial}{\partial y} \left(e + \frac{c^2}{2} \right) v \right] dV$$

$$- \rho \left[\left(e + \frac{c^2}{2} \right) \cdot \frac{\partial v}{\partial y} + \frac{\partial}{\partial z} \left(e + \frac{c^2}{2} \right) w + \left(e + \frac{c^2}{2} \right) \cdot \frac{\partial w}{\partial z} \right] dV$$

$$= -\rho \left[u \frac{\partial e}{\partial x} + v \frac{\partial e}{\partial y} + w \frac{\partial e}{\partial z} + u^2 \frac{\partial u}{\partial x} + uv \frac{\partial v}{\partial x} + uw \frac{\partial w}{\partial x} + uv \frac{\partial u}{\partial y} + v^2 \frac{\partial v}{\partial y} \right] dV$$

$$- \rho \left[vw \frac{\partial w}{\partial y} + uw \frac{\partial u}{\partial z} + vw \frac{\partial v}{\partial z} + w^2 \frac{\partial w}{\partial z} + \left(e + \frac{c^2}{2} \right) \left(\frac{\partial u}{\partial x} + \frac{\partial v}{\partial y} + \frac{\partial w}{\partial z} \right) \right] dV$$

Der letzte Term ist Null aufgrund der Kontinuitätsgleichung (2.3) und mit (4.1) schreibt sich die Gleichung weiter zu

$$d\dot{G} = -\rho \left[c_p \left(u \frac{\partial T}{\partial x} + v \frac{\partial T}{\partial y} + w \frac{\partial T}{\partial z} \right) - \frac{1}{\rho} \cdot \left(u \frac{\partial p}{\partial x} + v \frac{\partial p}{\partial y} + w \frac{\partial p}{\partial z} \right) \right] dV$$

$$- \rho \left[u^2 \frac{\partial u}{\partial x} + uv \frac{\partial v}{\partial x} + uw \frac{\partial w}{\partial x} + uv \frac{\partial u}{\partial y} + v^2 \frac{\partial v}{\partial y} + vw \frac{\partial w}{\partial y} + uw \frac{\partial u}{\partial z} \right.$$

$$\left. + vw \frac{\partial v}{\partial z} + w^2 \frac{\partial w}{\partial z} \right] dV .$$

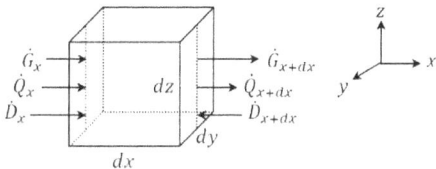

Abb. 4.1: 1. Skizze zur Herleitung der Energieerhaltung

Die letzten neun Summanden werden mit Hilfe der Gleichungen (4.4)–(4.6) ersetzt. Das ergibt

$$
\begin{aligned}
d\dot{G} = -\rho \Bigg[& c_p \left(u\frac{\partial T}{\partial x} + v\frac{\partial T}{\partial y} + w\frac{\partial T}{\partial z} \right) - \frac{2}{\rho}\cdot\left(u\frac{\partial p}{\partial x} + v\frac{\partial p}{\partial y} + w\frac{\partial p}{\partial z} \right) \\
& - \left(u\frac{\partial u}{\partial t} + v\frac{\partial v}{\partial t} + w\frac{\partial w}{\partial t} \right) \Bigg]\, dV \\
- \rho \Bigg[& vu\left(\frac{\partial^2 u}{\partial x^2} + \frac{\partial^2 u}{\partial y^2} + \frac{\partial^2 u}{\partial z^2} \right) + vv\left(\frac{\partial^2 v}{\partial x^2} + \frac{\partial^2 v}{\partial y^2} + \frac{\partial^2 v}{\partial z^2} \right) \\
& + vw\left(\frac{\partial^2 w}{\partial x^2} + \frac{\partial^2 w}{\partial y^2} + \frac{\partial^2 w}{\partial z^2} \right) \Bigg]\, dV
\end{aligned}
\tag{4.7}
$$

2. Die Kraft des Drucks p in x-Richtung auf die Fläche $dy\,dz$ beträgt $p\,dy\,dz$. (Abb. 4.1). Die verrichtete Druckarbeit entlang der Strecke dx ist dann $p\,dx\,dy\,dz$ und die Leistung $\dot{D}_x = (pu)\,dy\,dz$. Für die Änderung folgt in 1. Näherung

$$
d\dot{D}_x = \dot{D}_x - \dot{D}_{x+dx} = (pu)\,dy\,dz - \left[(pu) + \frac{\partial}{\partial x}(pu)\,dx \right]dy\,dz = -\frac{\partial}{\partial x}(pu)\,dV \; .
$$

Für alle drei Raumrichtungen gilt insgesamt unter Verwendung der Produktregel und (2.3)

$$
\begin{aligned}
d\dot{D} = d\dot{D}_x + d\dot{D}_y + d\dot{D}_z &= -\left[\frac{\partial}{\partial x}(pu) + \frac{\partial}{\partial y}(pv) + \frac{\partial}{\partial z}(pw) \right]dV \\
&= -\left[u\frac{\partial p}{\partial x} + v\frac{\partial p}{\partial y} + w\frac{\partial p}{\partial z} + p\left(\frac{\partial u}{\partial x} + \frac{\partial v}{\partial y} + \frac{\partial w}{\partial z} \right) \right]dV \\
&= -\left[u\frac{\partial p}{\partial x} + v\frac{\partial p}{\partial y} + w\frac{\partial p}{\partial z} \right]dV \; .
\end{aligned}
\tag{4.8}
$$

3. Nach dem Ansatz von Fourier (vgl. 4. Band) gilt für die in x-Richtung entlang der Fläche A weitergeleitete Wärmemenge $\dot{Q}_x = -\lambda A \frac{dT}{dx}$ mit der konstanten Wärmeleitfähigkeit $\lambda[\frac{W}{mK}]$ (Abb. 4.1). Dann folgt abermals in 1. Näherung

$$
d\dot{Q}_x = \dot{Q}_x - \dot{Q}_{x+dx} = -\lambda\frac{dT}{dx}\,dy\,dz - \left[-\lambda\frac{dT}{dx} + \frac{\partial}{\partial x}\left(-\lambda\frac{dT}{dx} \right)dx \right]dy\,dz = \lambda\frac{\partial^2 T}{\partial x^2}\,dV \; .
$$

Insgesamt erhält man für alle drei Richtungen

$$
d\dot{Q} = d\dot{Q}_x + d\dot{Q}_y + d\dot{Q}_z = \lambda\left(\frac{\partial^2 T}{\partial x^2} + \frac{\partial^2 T}{\partial y^2} + \frac{\partial^2 T}{\partial z^2} \right)dV \; .
\tag{4.9}
$$

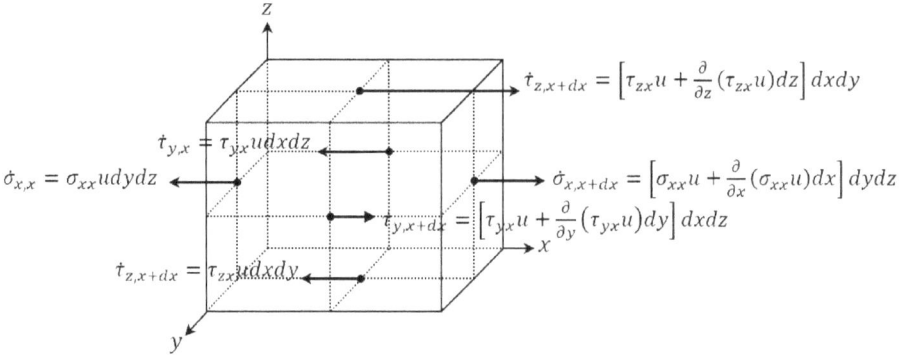

Abb. 4.2: 2. Skizze zur Herleitung der Energieerhaltung

4. Aufgrund der Viskosität und der damit verbundenen Reibung wirkt auf jede der sechs Flächen des quaderförmigen Volumenelements entweder eine Schubspannung oder eine Normalspannung (Abb. 4.2). Beispielsweise erfährt die Fläche $dy\,dz$ in x-Richtung eine Schubspannung der Größe $\sigma_{xx}\,dy\,dz$. Die verrichtete Arbeit pro Zeiteinheit beträgt dann $\dot{\sigma}_{xx} = \sigma_{xx}u\,dy\,dz$. Der erste Index bezeichnet die Richtung der Flächennormalen und der zweite Index die Spannungsrichtung. Für die Änderung in 1. Näherung erhält man

$$d\dot{\sigma}_{xx} = -\sigma_{xx}u\,dy\,dz + \left[\sigma_{xx}u + \frac{\partial}{\partial x}(\sigma_{xx}u)\,dx\right]\,dy\,dz = \frac{\partial}{\partial x}(\sigma_{xx}u)\,dV\,.$$

Ebenso folgen

$$d\dot{\tau}_{yx} = \frac{\partial}{\partial y}(\tau_{yx}u)\,dV \quad \text{und} \quad d\dot{\tau}_{zx} = \frac{\partial}{\partial z}(\tau_{zx}u)\,dV\,.$$

Insgesamt erhält man durch zyklische Vertauschung

$$d\dot{L} = d\dot{\sigma}_{xx} + d\dot{\tau}_{yx} + d\dot{\tau}_{zx} + d\dot{\tau}_{xy} + d\dot{\sigma}_{yy} + d\dot{\tau}_{zy} + d\dot{\tau}_{xz} + d\dot{\tau}_{yz} + d\dot{\sigma}_{zz}$$

$$= \left[\frac{\partial}{\partial x}(\sigma_{xx}u) + \frac{\partial}{\partial x}(\tau_{xy}v) + \frac{\partial}{\partial x}(\tau_{xz}w) + \frac{\partial}{\partial y}(\tau_{xy}u) + \frac{\partial}{\partial y}(\sigma_{yy}v)\right]\,dV$$

$$+ \left[\frac{\partial}{\partial y}(\tau_{yz}w) + \frac{\partial}{\partial z}(\tau_{xz}u) + \frac{\partial}{\partial z}(\tau_{yz}v) + \frac{\partial}{\partial z}(\sigma_{zz}w)\right]\,dV\,. \tag{4.10}$$

Zur Berechnung der neun Spannungsterme gehen wir von einem Newton'schen Ansatz aus (der Ansatz von Stokes ist etwas komplizierter). Im 3. Band hatten wir im Zusammenhang mit der Plattengleichung beispielsweise die Winkeldeformation γ_{xy} eines Volumenelements $dx\,dy\,dz$ unter dem Einfluss der Geschwindigkeiten u in x-Richtung und v in y-Richtung zu $\gamma_{xy} = \frac{du}{dy} + \frac{dv}{dx}$ bestimmt. Die zugehörige Spannung ist dann

$\tau_{xy} = \eta \gamma_{xy}$. Die gesamte Deformation schreibt man auch mit Hilfe eines Tensors als

$$\begin{pmatrix} \sigma_{xx} & \tau_{xy} & \tau_{xz} \\ \tau_{yx} & \sigma_{yy} & \tau_{yz} \\ \tau_{zx} & \tau_{zy} & \sigma_{zz} \end{pmatrix} = \eta \begin{pmatrix} 2\frac{\partial u}{\partial x} & \frac{\partial u}{\partial y} + \frac{\partial v}{\partial x} & \frac{\partial u}{\partial z} + \frac{\partial w}{\partial x} \\ \frac{\partial u}{\partial y} + \frac{\partial v}{\partial x} & 2\frac{dv}{dy} & \frac{\partial v}{\partial z} + \frac{\partial w}{\partial y} \\ \frac{\partial u}{\partial z} + \frac{\partial w}{\partial x} & \frac{\partial v}{\partial z} + \frac{\partial w}{\partial y} & 2\frac{\partial w}{\partial z} \end{pmatrix}.$$

Nun gilt es, damit die neun Terme von (4.10) zu berechnen.

$$\begin{aligned} d\dot{L} = \eta \Big\{ & 2\frac{\partial}{\partial x}\Big[\frac{\partial u}{\partial x}u\Big] + \frac{\partial}{\partial x}\Big[\Big(\frac{\partial u}{\partial y} + \frac{\partial v}{\partial x}\Big)v\Big] + \frac{\partial}{\partial x}\Big[\Big(\frac{\partial u}{\partial z} + \frac{\partial w}{\partial x}\Big)w\Big] \\ & + \frac{\partial}{\partial y}\Big[\Big(\frac{\partial u}{\partial y} + \frac{\partial v}{\partial x}\Big)u\Big]\Big\}\, dV \\ & + \Big\{ 2\frac{\partial}{\partial y}\Big[\frac{dv}{dy}v\Big] + \frac{\partial}{\partial y}\Big[\Big(\frac{\partial v}{\partial z} + \frac{\partial w}{\partial y}\Big)w\Big] + \frac{\partial}{\partial z}\Big[\Big(\frac{\partial u}{\partial z} + \frac{\partial w}{\partial x}\Big)u\Big] \\ & + \frac{\partial}{\partial z}\Big[\Big(\frac{\partial v}{\partial z} + \frac{\partial w}{\partial y}\Big)v\Big] + 2\frac{\partial}{\partial z}\Big[\frac{\partial w}{\partial z}w\Big]\Big\}\, dV \\ = \eta \Big\{ & 2\frac{\partial^2 u}{\partial x^2}u + 2\Big(\frac{\partial u}{\partial x}\Big)^2 + \frac{\partial^2 u}{\partial x \partial y}v + \frac{\partial^2 v}{\partial x^2}v + \frac{\partial u}{\partial y}\cdot\frac{\partial v}{\partial x}\Big\}\, dV \\ & + \eta \Big\{ \Big(\frac{\partial v}{\partial x}\Big)^2 + \frac{\partial^2 u}{\partial x \partial z}w + \frac{\partial^2 w}{\partial x^2}w + \frac{\partial u}{\partial z}\cdot\frac{\partial w}{\partial x} + \Big(\frac{\partial w}{\partial x}\Big)^2\Big\}\, dV \\ & + \eta \Big\{ \frac{\partial^2 u}{\partial y^2}u + \frac{\partial^2 v}{\partial x \partial y}u + \Big(\frac{\partial u}{\partial y}\Big)^2 + \frac{\partial v}{\partial x}\cdot\frac{\partial u}{\partial y} + 2\frac{\partial^2 v}{\partial y^2}v\Big\}\, dV \\ & + \eta \Big\{ 2\Big(\frac{\partial v}{\partial y}\Big)^2 + \frac{\partial^2 v}{\partial y \partial z}w + \frac{\partial^2 w}{\partial y^2}w + \frac{\partial v}{\partial z}\cdot\frac{\partial w}{\partial y} + \Big(\frac{\partial w}{\partial y}\Big)^2\Big\}\, dV \\ & + \eta \Big\{ \frac{\partial^2 u}{\partial z^2}u + \frac{\partial^2 w}{\partial x \partial z}u + \Big(\frac{\partial u}{\partial z}\Big)^2 + \frac{\partial w}{\partial x}\cdot\frac{\partial u}{\partial z} + \frac{\partial^2 v}{\partial z^2}v\Big\}\, dV \\ & + \eta \Big\{ \frac{\partial^2 w}{\partial y \partial z}v + \Big(\frac{\partial v}{\partial z}\Big)^2 + \frac{\partial w}{\partial y}\cdot\frac{\partial v}{\partial z} + 2\frac{\partial^2 w}{\partial z^2}w + 2\Big(\frac{\partial w}{\partial z}\Big)^2\Big\}\, dV. \end{aligned}$$

Verrechnen wir diesen Ausdruck unter Hinzunahme von (4.3), so bleibt übrig:

$$\begin{aligned} d\dot{L} = \eta \Big\{ & 2\Big[\Big(\frac{\partial u}{\partial x}\Big)^2 + \Big(\frac{\partial v}{\partial y}\Big)^2 + \Big(\frac{\partial w}{\partial z}\Big)^2\Big] + \Big(\frac{\partial u}{\partial y} + \frac{\partial v}{\partial x}\Big)^2 + \Big(\frac{\partial u}{\partial z} + \frac{\partial w}{\partial x}\Big)^2 + \Big(\frac{\partial v}{\partial z} + \frac{\partial w}{\partial y}\Big)^2 \Big\}\, dV \\ & + \eta \Big\{ \Big(\frac{\partial^2 u}{\partial x^2} + \frac{\partial^2 u}{\partial y^2} + \frac{\partial^2 u}{\partial z^2}\Big)u + \Big(\frac{\partial^2 v}{\partial x^2} + \frac{\partial^2 v}{\partial y^2} + \frac{\partial^2 v}{\partial z^2}\Big)v + \Big(\frac{\partial^2 w}{\partial x^2} + \frac{\partial^2 w}{\partial y^2} + \frac{\partial^2 w}{\partial z^2}\Big)w\Big\}\, dV. \end{aligned}$$

$$(4.11)$$

Nun sind wir für die Energiestrombilanz bereit. Es gilt

$$d\dot{E} = d\dot{G} + d\dot{D} + d\dot{Q} + d\dot{L} \qquad (4.12)$$

Unter Verwendung von (4.2), (4.7)–(4.9) und (4.11) folgt

$$
\rho\left(c_p\frac{\partial T}{\partial t} - \frac{1}{\rho}\cdot\frac{\partial p}{\partial t} + u\frac{\partial u}{\partial t} + v\frac{\partial v}{\partial t} + w\frac{\partial w}{\partial t}\right)
$$

$$
= -\rho\left[c_p\left(u\frac{\partial T}{\partial x} + v\frac{\partial T}{\partial y} + w\frac{\partial T}{\partial z}\right) - \frac{2}{\rho}\cdot\left(u\frac{\partial p}{\partial x} + v\frac{\partial p}{\partial y} + w\frac{\partial p}{\partial z}\right) - \left(u\frac{\partial u}{\partial t} + v\frac{\partial v}{\partial t} + w\frac{\partial w}{\partial t}\right)\right]
$$

$$
- \rho\left[vu\left(\frac{\partial^2 u}{\partial x^2} + \frac{\partial^2 u}{\partial y^2} + \frac{\partial^2 u}{\partial z^2}\right) + vv\left(\frac{\partial^2 v}{\partial x^2} + \frac{\partial^2 v}{\partial y^2} + \frac{\partial^2 v}{\partial z^2}\right) + vw\left(\frac{\partial^2 w}{\partial x^2} + \frac{\partial^2 w}{\partial y^2} + \frac{\partial^2 w}{\partial z^2}\right)\right]
$$

$$
- \left[u\frac{\partial p}{\partial x} + v\frac{\partial p}{\partial y} + w\frac{\partial p}{\partial z}\right] + \lambda\left(\frac{\partial^2 T}{\partial x^2} + \frac{\partial^2 T}{\partial y^2} + \frac{\partial^2 T}{\partial z^2}\right)
$$

$$
+ \eta\left\{2\left[\left(\frac{\partial u}{\partial x}\right)^2 + \left(\frac{\partial v}{\partial y}\right)^2 + \left(\frac{\partial w}{\partial z}\right)^2\right] + \left(\frac{\partial u}{\partial y} + \frac{\partial v}{\partial x}\right)^2 + \left(\frac{\partial u}{\partial z} + \frac{\partial w}{\partial x}\right)^2 + \left(\frac{\partial v}{\partial z} + \frac{\partial w}{\partial y}\right)^2\right\}
$$

$$
+ \eta\left\{u\left(\frac{\partial^2 u}{\partial x^2} + \frac{\partial^2 u}{\partial y^2} + \frac{\partial^2 u}{\partial z^2}\right) + v\left(\frac{\partial^2 v}{\partial x^2} + \frac{\partial^2 v}{\partial y^2} + \frac{\partial^2 v}{\partial z^2}\right) + w\left(\frac{\partial^2 w}{\partial x^2} + \frac{\partial^2 w}{\partial y^2} + \frac{\partial^2 w}{\partial z^2}\right)\right\}\;.
$$

Die Verrechnung führt schließlich zur Energieerhaltung für Fluide und ideale Gase bei vorhandener Reibung:

$$
\rho c_p\left(\frac{\partial T}{\partial t} + u\frac{\partial T}{\partial x} + v\frac{\partial T}{\partial y} + w\frac{\partial T}{\partial z}\right) - \left(\frac{\partial p}{\partial t} + u\frac{\partial p}{\partial x} + v\frac{\partial p}{\partial y} + w\frac{\partial p}{\partial z}\right) - \lambda\left(\frac{\partial^2 T}{\partial x^2} + \frac{\partial^2 T}{\partial y^2} + \frac{\partial^2 T}{\partial z^2}\right)
$$

$$
= \eta\left\{2\left[\left(\frac{\partial u}{\partial x}\right)^2 + \left(\frac{\partial v}{\partial y}\right)^2 + \left(\frac{\partial w}{\partial z}\right)^2\right] + \left(\frac{\partial u}{\partial y} + \frac{\partial v}{\partial x}\right)^2 + \left(\frac{\partial u}{\partial z} + \frac{\partial w}{\partial x}\right)^2 + \left(\frac{\partial v}{\partial z} + \frac{\partial w}{\partial y}\right)^2\right\}
$$

$$
\tag{4.13}
$$

Die Einheit der Terme beträgt in dieser Darstellung $[\frac{W}{m^3}]$.

4.2 Die Herleitung der Temperaturgrenzschichtgleichung bei erzwungener Konvektion

Die Strömung an einer Wand hatten wir für große Reynolds-Zahlen in zwei Gebiete zerlegt.

Im Außengebiet wird der Impuls mittels Konvektion, dem Teilchentransport, allein übertragen. Innerhalb der Grenzschicht muss der Reibungsanteil bei der Impulsänderung mit berücksichtigt werden. Wird der Strömung auch noch Wärme zugeführt, dann werden wir zeigen, dass die sich ausbildende Temperaturverteilung ebenfalls für große Reynolds-Zahlen in einen Grenzschichtbereich und einen Außenbereich zerlegen lässt. Dabei wird die Wärmeleitung außerhalb der Grenzschicht verglichen mit der erzwungenen Konvektion eine für den gesamten Wärmetransport untergeordnete Rolle spielen, während Konvektion und Wärmeleitung innerhalb der Grenzschicht in gleicher Größenordnung auftreten.

Die Randbedingungen unterscheiden sich von denjenigen des Strömungsfeldes. Das kann beispielsweise eine konstante Wand- und Außentemperatur oder eine konstante Wärmestromdichte sein.

Wir beschränken uns nun auf die stationäre Strömung einer parallel angeströmten Platte. Damit geht (4.13) über in

$$\rho c_p \left(u \frac{\partial T}{\partial x} + v \frac{\partial T}{\partial y} \right) - \left(u \frac{\partial p}{\partial x} + v \frac{\partial p}{\partial y} \right)$$
$$= \lambda \left(\frac{\partial^2 T}{\partial x^2} + \frac{\partial^2 T}{\partial y^2} \right) + \eta \left\{ 2 \left[\left(\frac{\partial u}{\partial x} \right)^2 + \left(\frac{\partial v}{\partial y} \right)^2 \right] + \left(\frac{\partial u}{\partial y} + \frac{\partial v}{\partial x} \right)^2 \right\} \tag{4.14}$$

Analog zur Impulserhaltung in Kapitel 3.2 soll eine Größenabschätzung der einzelnen Terme für große Reynolds-Zahlen durchgeführt werden. Dazu verwenden wir die dimensionslosen Größen

$$x_* = \frac{x}{l}, \quad y_* = \frac{y}{l}, \quad u_* = \frac{u}{u_\infty}, \quad v_* = \frac{v}{u_\infty}, \quad p_* = \frac{p}{\rho c_p \Delta T} \quad \text{und} \quad \vartheta = \frac{T - T_\infty}{\Delta T}.$$

Dabei ist $\Delta T = T_W - T_\infty$ mit der Wandtemperatur T_W.

Man erhält

$$\frac{\partial u}{\partial x} = u_\infty \frac{\partial u_*}{\partial x} = u_\infty \frac{\partial u_*}{\partial x_*} \cdot \frac{\partial x_*}{\partial x} = \frac{u_\infty}{l} \cdot \frac{\partial u_*}{\partial x_*}.$$

Analog folgen

$$\frac{\partial v}{\partial y} = \frac{u_\infty}{l} \cdot \frac{\partial v_*}{\partial y_*}, \quad \frac{\partial u}{\partial y} = \frac{u_\infty}{l} \cdot \frac{\partial u_*}{\partial y_*} \quad \text{und} \quad \frac{\partial v}{\partial x} = \frac{u_\infty}{l} \cdot \frac{\partial v_*}{\partial x_*}.$$

Weiter gilt

$$\frac{\partial T}{\partial x} = \Delta T \frac{\partial \vartheta}{\partial x} = \Delta T \frac{\partial \vartheta}{\partial x_*} \cdot \frac{\partial x_*}{\partial x} = \frac{\Delta T}{l} \cdot \frac{\partial \vartheta}{\partial x_*}$$

und folglich

$$u \frac{\partial T}{\partial x} = \frac{u_\infty \Delta T}{l} \cdot u_* \frac{\partial \vartheta}{\partial x_*}.$$

In gleicher Weise erhält man

$$v \frac{\partial T}{\partial y} = \frac{u_\infty \Delta T}{l} \cdot v_* \frac{\partial \vartheta}{\partial y_*}.$$

Damit folgt auch

$$\frac{\partial^2 T}{\partial x^2} = \frac{\partial}{\partial x} \left(\frac{\partial T}{\partial x} \right) = \frac{\Delta T}{l} \cdot \frac{\partial}{\partial x} \left(\frac{\partial \vartheta}{\partial x_*} \right) = \frac{\Delta T}{l} \cdot \frac{\partial}{\partial x_*} \left(\frac{\partial \vartheta}{\partial x_*} \cdot \frac{\partial x_*}{\partial x} \right) = \frac{\Delta T}{l^2} \cdot \frac{\partial^2 \vartheta}{\partial x_*^2}$$

und analog

$$\frac{\partial^2 T}{\partial y^2} = \frac{\Delta T}{l^2} \cdot \frac{\partial^2 \vartheta}{\partial y_*^2}.$$

Schließlich fehlt noch

$$\frac{\partial p}{\partial x} = \rho c_p \Delta T \frac{\partial p_*}{\partial x} = \rho c_p \Delta T \frac{\partial p_*}{\partial x_*} \cdot \frac{\partial x_*}{\partial x} = \frac{\rho c_p \Delta T}{l} \frac{\partial p_*}{\partial x_*} \quad \text{und}$$

$$\frac{\partial p}{\partial y} = \frac{\rho c_p \Delta T}{l} \frac{\partial p_*}{\partial y_*},$$

woraus

$$u \frac{\partial p}{\partial x} = \frac{u_\infty \rho c_p \Delta T}{l} \cdot u_* \frac{\partial p_*}{\partial x_*} \quad \text{und} \quad v \frac{\partial p}{\partial y} = \frac{u_\infty \rho c_p \Delta T}{l} \cdot v_* \frac{\partial p_*}{\partial y_*}$$

entsteht.

Gleichung (4.14) lautet dann

$$\frac{u_\infty \rho c_p \Delta T}{l} \left(u_* \frac{\partial \vartheta}{\partial x_*} + v_* \frac{\partial \vartheta}{\partial y_*} \right) - \frac{u_\infty \rho c_p \Delta T}{l} \left(u_* \frac{\partial p_*}{\partial x_*} + v_* \frac{\partial p_*}{\partial y_*} \right)$$

$$= \lambda \frac{\Delta T}{l^2} \left(\frac{\partial^2 \vartheta}{\partial x_*^2} + \frac{\partial^2 \vartheta}{\partial y_*^2} \right) + \eta \frac{u_\infty^2}{l^2} \left\{ 2 \left[\left(\frac{\partial u_*}{\partial x_*} \right)^2 + \left(\frac{\partial v_*}{\partial y_*} \right)^2 \right] + \left(\frac{\partial u_*}{\partial y_*} + \frac{\partial v_*}{\partial x_*} \right)^2 \right\}.$$

Die Division durch $\frac{u_\infty \rho c_p \Delta T}{l}$ ergibt

$$\left(u_* \frac{\partial \vartheta}{\partial x_*} + v_* \frac{\partial \vartheta}{\partial y_*} \right) - \left(u_* \frac{\partial p_*}{\partial x_*} + v_* \frac{\partial p_*}{\partial y_*} \right)$$

$$= \frac{\lambda}{u_\infty l \rho c_p} \left(\frac{\partial^2 \vartheta}{\partial x_*^2} + \frac{\partial^2 \vartheta}{\partial y_*^2} \right) + \frac{\eta u_\infty}{l \rho c_p \Delta T} \left\{ 2 \left[\left(\frac{\partial u_*}{\partial x_*} \right)^2 + \left(\frac{\partial v_*}{\partial y_*} \right)^2 \right] + \left(\frac{\partial u_*}{\partial y_*} + \frac{\partial v_*}{\partial x_*} \right)^2 \right\}.$$

Mit der Prandtl-Zahl $Pr = \frac{c_p \eta}{\lambda}$, der Reynolds-Zahl $Re = \frac{\rho u_\infty l}{\eta}$ und der Eckert-Zahl

$$Ec = \frac{u_\infty^2}{c_p \Delta T}$$

wird daraus

$$\left(u_* \frac{\partial \vartheta}{\partial x_*} + v_* \frac{\partial \vartheta}{\partial y_*} \right) - \left(u_* \frac{\partial p_*}{\partial x_*} + v_* \frac{\partial p_*}{\partial y_*} \right)$$

$$= \frac{1}{Pr \cdot Re} \left(\frac{\partial^2 \vartheta}{\partial x_*^2} + \frac{\partial^2 \vartheta}{\partial y_*^2} \right) + \frac{Ec}{Re} \left\{ 2 \left[\left(\frac{\partial u_*}{\partial x_*} \right)^2 + \left(\frac{\partial v_*}{\partial y_*} \right)^2 \right] + \left(\frac{\partial u_*}{\partial y_*} + \frac{\partial v_*}{\partial x_*} \right)^2 \right\}$$

Um etwas feiner abzuschätzen, wählen wir wie bei der Impulserhaltung die Transformationen $\tilde{y} = y_* \cdot \sqrt{Re}$ und $\tilde{v} = v_* \cdot \sqrt{Re}$. Das führt zu

$$\left(u_* \frac{\partial \vartheta}{\partial x_*} + \frac{\sqrt{Re}}{\sqrt{Re}} \cdot \tilde{v} \frac{\partial \vartheta}{\partial \tilde{y}} \right) - \left(u_* \frac{\partial p_*}{\partial x_*} + \frac{\sqrt{Re}}{\sqrt{Re}} \cdot \tilde{v} \frac{\partial p_*}{\partial \tilde{y}} \right)$$

$$= \frac{1}{Pr \cdot Re} \left(\frac{\partial^2 \vartheta}{\partial x_*^2} + Re \frac{\partial^2 \vartheta}{\partial \tilde{y}^2} \right)$$

$$+ \frac{Ec}{Re} \left\{ 2 \left[\left(\frac{\partial u_*}{\partial x_*} \right)^2 + \left(\frac{\sqrt{Re}}{\sqrt{Re}} \cdot \frac{\partial \tilde{v}}{\partial \tilde{y}} \right)^2 \right] + \left(\sqrt{Re} \cdot \frac{\partial u_*}{\partial \tilde{y}} + \frac{1}{\sqrt{Re}} \cdot \frac{\partial \tilde{v}}{\partial x_*} \right)^2 \right\}$$

Für große Reynolds-Zahlen kann man (unter Beachtung, dass für eine ebene oder leicht gekrümmte Platte $\frac{\partial p}{\partial y} \approx 0$ ist) schreiben:

$$u_* \frac{\partial \vartheta}{\partial x_*} + \tilde{v} \frac{\partial \vartheta}{\partial \tilde{y}} - u_* \frac{\partial p_*}{\partial x_*} = \frac{1}{Pr} \cdot \frac{\partial^2 \vartheta}{\partial \tilde{y}^2} + Ec \cdot \left(\frac{\partial u_*}{\partial \tilde{y}} \right)^2 .$$

Eine erste Rücktransformation liefert

$$u_* \frac{\partial \vartheta}{\partial x_*} + v_* \frac{\partial \vartheta}{\partial y_*} - u_* \frac{\partial p_*}{\partial x_*} = \frac{1}{Pr \cdot Re} \cdot \frac{\partial^2 \vartheta}{\partial y_*^2} + \frac{Ec}{Re} \cdot \left(\frac{\partial u_*}{\partial \tilde{y}} \right)^2 . \tag{4.15}$$

Die gesamte Rücktransformation führt zur Temperaturgrenzschicht

$$\rho c_p \left(u \frac{\partial T}{\partial x} + v \frac{\partial T}{\partial y} \right) - u \frac{\partial p}{\partial x} = \lambda \frac{\partial^2 T}{\partial y^2} + \eta \left(\frac{\partial u}{\partial y} \right)^2 . \tag{4.16}$$

In der Temperaturgrenzschicht ist sowohl die Konvektion, die Wärmeleitung, als auch die Dissipation als Wärmetransportart vertreten.

Die neue dimensionslose Größe, die Prandtl-Zahl $Pr = \frac{v}{\alpha}$, verknüpft die Impulsübertragung (über die kinematische Viskosität v) mit dem Wärmetransport (über die Temperaturleitfähigkeit $\alpha = \frac{\lambda}{\rho c_p}$). Die Prandtl-Zahl bindet somit die Gleichung (3.9) der Impulserhaltung in der Grenzschicht an Gleichung (4.16).

Die durchgeführte Dimensionsanalyse führt zu einer neuen Kenngröße, der Eckert-Zahl $Ec = \frac{u_\infty^2}{c_p \Delta T}$. Nehmen wir dazu an, die Strömung sei inkompressibel. Die Anströmgeschwindigkeit ist $u_\infty = 10 \frac{m}{s}$ und die Temperaturdifferenz $\Delta T = T_W - T_\infty = 10\,K$. Dann erhält man mit $c_{p,\text{Wasser}} = 4200 \frac{J}{kg\,K}$ und $c_{p,\text{Luft}} = 1000 \frac{J}{kg\,K}$ die Werte $Ec_{\text{Wasser}} = 0,002$ und $Ec_{\text{Luft}} = 0,01$. Für diesen Geschwindigkeits- und Temperaturdifferenzbereich bleibt die Eckert-Zahl klein gegenüber der Prandtl-Zahl. Anders sieht es aus, wenn entweder u_∞ wächst und/oder ΔT fällt. Bei größeren Geschwindigkeiten nimmt die Eckert-Zahl und damit der Einfluss der Dissipation $(\frac{\partial u}{\partial y})^2$ in Gleichung (4.15) zu. Zudem können die Stoffwerte dann auch nicht mehr als konstant betrachtet werden. Wenn ΔT sehr klein wird, bildet sich auch ohne Wärmeleitung ein Temperaturprofil aus, nämlich aufgrund der eben erwähnten großen Dissipation. Die Wandtemperatur ist dann größer als die Umgebungstemperatur. Aus den gemachten Bemerkungen kann man die Eckert-Zahl somit als Maß für den Einfluss der Reibung zur Temperaturerhöhung oder als Maß für die Kompressibilität einer Strömung ansehen.

Für die weitere vereinfachte Rechnung sollte die Eckert-Zahl klein bleiben, also etwa $\frac{u_\infty^2}{\Delta T} \le 50$.

Im Fall einer inkompressiblen Strömung sind die beiden Gleichungen (3.10) und (4.16) entkoppelt: Da alle Stoffgrößen konstant, also unabhängig von der Temperatur (die Unabhängigkeit vom Druck setzen wir der Einfachheit halber voraus) sind, bestimmt man aus (3.10) das Geschwindigkeitsfeld, setzt die Lösung in (4.16) ein und erhält daraus das Temperaturfeld.

Eine inkompressible Strömung kann dann vorliegen, wenn die Oberfläche mit einer Mach-Zahl $Ma > 0,3$ angeströmt wird oder die Temperaturdifferenz zwischen Oberfläche und Außentemperatur sehr groß ist. Die Eckert-Zahl wird dann zwar klein, doch die Stoffgrößen, auch bei kleiner Anströmgeschwindigkeit, müssen als von der Temperatur abhängig betrachtet werden. In diesem Fall sind (3.10) und (4.16) gekoppelt. Die vier Größen Dichte ρ, Viskosität η, Wärmeleitfähigkeit λ und spezifische Wärmekapazität c_p werden dann als Funktion der Temperatur angesetzt.

Für Luft lauten die Ansätze

$$\frac{\eta}{\eta_\infty} = \left(\frac{T(x,y)}{T_\infty}\right)^{0,78} , \qquad \frac{\lambda}{\lambda_\infty} = \left(\frac{T(x,y)}{T_\infty}\right)^{0,85} ,$$

$$\frac{c_p}{c_{p\infty}} = \left(\frac{T(x,y)}{T_\infty}\right)^{0,07} \quad \text{und} \quad \frac{\rho}{\rho_\infty} = \frac{T(x,y)}{T_\infty} .$$

Die letzte Gleichung folgt aus der idealen Gasgleichung. Die Werte mit dem Index „unendlich" sind Referenzwerte der Außenströmung.

Schließlich soll noch bemerkt werden, dass die Eigenerwärmung des Fluids aufgrund der Strömungsgeschwindigkeit im Vergleich zur Fremderwärmung einen kleinen Einfluss hat. Aus (4.1) folgt mit der Bernoulli-Gleichung $\frac{1}{2}\rho u^2 + p = konst.$ der schon im 5. Band hergeleitete Energiesatz für eine stationäre isentrope Strömung $\frac{1}{2}(u^2 + v^2) + c_p T = konst.$ Ausgewertet an der Wand bzw. an der Außenströmung folgt $\frac{1}{2}u_\infty^2 + c_p T_\infty = c_p T_{\text{EW}}$. Dabei bezeichnet T_{EW} die Temperatur an der Wand aufgrund der Eigenerwärmung. Mit der lokalen Schallgeschwindigkeit $c_\infty = \sqrt{\kappa R_S T_\infty}$ zeigten wir ebenfalls im 5. Band, dass

$$\frac{T_{\text{EW}} - T_\infty}{T_\infty} = \frac{\kappa - 1}{2} Ma^2 ,$$

wobei $Ma = \frac{u_\infty}{c_\infty}$ und κ den Isentropenexponent bezeichnet. Nimmt man $T_\infty = 293$ K, $\kappa = 1,4$ (Luft) und $Ma = 0,03$, was $u_\infty = 10 \frac{\text{m}}{\text{s}}$ entspricht, so erhält man lediglich $T_{\text{EW}} - T_\infty = 0,05$ K.

4.3 Die Dicke der Temperaturgrenzschicht bei erzwungener Konvektion

Im Weiteren betrachten wir eine parallel angeströmte Platte, so dass der Druckgradient $\frac{\partial p}{\partial x}$ entfällt. Zudem soll, wie im vorigen Kapitel ausgeführt, die Eckert-Zahl klein sein. In diesem Fall lautet Gleichung (4.15) zusammen mit (3.9)

$$u_* \frac{\partial u_*}{\partial x_*} + v_* \frac{\partial u_*}{\partial y_*} - \frac{1}{Re} \cdot \frac{\partial^2 u_*}{\partial y_*^2} = 0 \quad \text{und} \tag{4.17}$$

$$u_* \frac{\partial \vartheta}{\partial x_*} + v_* \frac{\partial \vartheta}{\partial y_*} - \frac{1}{Pr \cdot Re} \cdot \frac{\partial^2 \vartheta}{\partial y_*^2} = 0 . \tag{4.18}$$

Man erkennt, dass an die Stelle von Re bei der Impulserhaltung nun $Pr \cdot Re$ bei der Energieerhaltung getreten ist. Von der Strömungsgrenzschichtdicke δ_S wissen wir, dass sie mit $\sqrt{Re}$ wächst, also $\delta_S \sim Re^{-\frac{1}{2}}$. Folglich müsste man mit einer Temperaturgrenzschichtdicke von $\delta_T \sim Pr^{-\frac{1}{2}} \cdot Re^{-\frac{1}{2}}$ rechnen. Das Verhältnis wäre dann $\frac{\delta_T}{\delta_S} \sim Pr^{-\frac{1}{2}}$. Es fragt sich, ob dieser Verlauf auch bei sehr kleinen Grenz- oder Temperaturschichten der Fall ist. Dazu betrachten wir zuerst

1. $\delta_S \rightarrow 0$ (Abb. 4.3 links). Bei einer sehr kleinen Strömungsgrenzschicht ist $v_* \approx 0$ und das Fluid fließt innerhalb der Temperaturgrenzschicht praktisch mit einer Geschwindigkeit, die der Außenströmung entspricht: $u_*(x, y) \approx u_{*\infty}$. Gleichung (4.18) lautet dann

$$u_{*\infty} \frac{\partial \vartheta}{\partial x_*} = \frac{1}{Pr \cdot Re} \cdot \frac{\partial^2 \vartheta}{\partial y_*^2} .$$

Als dimensionslose Größen sind $u_{*\infty}$, ϑ und x_* alle von der Größenordnung 1, wogegen y_* die Ordnung δ_T besitzt. Insgesamt folgt

$$\frac{1}{Pr \cdot Re} \cdot \frac{1}{\delta_T^2} \sim 1 , \quad \delta_T \sim Pr^{-\frac{1}{2}} \cdot Re^{-\frac{1}{2}}$$

und schließlich

$$\frac{\delta_T}{\delta_S} \sim Pr^{-\frac{1}{2}} .$$

In diesem Fall stimmt somit die oben gemachte Voraussage. Aus dem Ergebnis entnimmt man auch, dass sehr kleine Strömungsgrenzschichten sehr kleinen Prandtl-Zahlen entsprechen: Aus $\delta_S \rightarrow 0$ folgt $Pr \rightarrow 0$.

2. $\delta_T \rightarrow 0$ (Abb. 4.3 rechts). Eine dünne Temperaturgrenzschicht hat zur Folge, dass die Geschwindigkeitsverteilung innerhalb dieser Schicht praktisch linear verläuft: $\frac{\partial u_*}{\partial y_*} \approx \frac{u_*}{y_*}$. Dabei ist y_* von der Ordnung δ_T und die Ordnung von u_* muss noch bestimmt werden. Zudem wird die Spannung praktisch nur von der Wandspannung hervorgerufen: $\tau(x, y) \approx \tau_W(x)$.

Diese müssen wir noch entdimensionieren:

$$\varepsilon(x) = \frac{\tau_W(x)}{\rho u_\infty^2} .$$

Aus (3.27) ist bekannt, dass $\varepsilon(x) \sim \frac{1}{\sqrt{Re}}$. Für die Wandspannung gilt

$$\tau_W(x) = \eta \left(\frac{\partial u}{\partial y} \right) = \eta \frac{u_\infty}{l} \left(\frac{\partial u_*}{\partial y_*} \right) = \eta \frac{u_\infty u_*}{y_* l} .$$

Zusammen folgt

$$u_* = \frac{\rho u_\infty \varepsilon(x) l}{\eta} y_* = Re \cdot \varepsilon(x) \cdot y_* .$$

Dann benötigen wir noch die Ordnung von v_*. Dazu schreiben wir die Kontinuitäts-gleichung $\frac{\partial u_*}{\partial x_*} + \frac{\partial v_*}{\partial y_*} = 0$ in integraler Form zu

$$v_* = -\int\limits_0^{y_*} \frac{\partial u_*}{\partial x_*} \, dy_* = Re \cdot \frac{\partial \varepsilon(x)}{\partial x_*} \int\limits_0^{y_*} y_* \, dy_* = Re \cdot \frac{\partial \varepsilon(x)}{\partial x_*} \cdot \frac{y_*^2}{2} \, .$$

Insgesamt schreibt sich (4.18) zu

$$Re \cdot \varepsilon(x) \cdot y_* \cdot \frac{\partial \vartheta}{\partial x_*} + Re \cdot \frac{\partial \varepsilon(x)}{\partial x_*} \cdot \frac{y_*^2}{2} \cdot \frac{\partial \vartheta}{\partial y_*} - \frac{1}{Pr \cdot Re} \cdot \frac{\partial^2 \vartheta}{\partial y_*^2} = 0 \, .$$

All Terme besitzen nun dieselbe Dimension 1, also

$$Re \cdot \frac{1}{\sqrt{Re}} \cdot \delta_{\mathrm{T}} \cdot 1 \sim Re \cdot \frac{1}{\sqrt{Re}} \cdot \delta_{\mathrm{T}}^2 \cdot \frac{1}{\delta_{\mathrm{T}}} \sim \frac{1}{Pr \cdot Re} \cdot \frac{1}{\delta_{\mathrm{T}}^2} \sim 1 \, .$$

Daraus erhält man nacheinander

$$\sqrt{Re} \cdot \delta_{\mathrm{T}} \sim \frac{1}{Pr \cdot Re} \cdot \frac{1}{\delta_{\mathrm{T}}^2} \, , \quad \delta_{\mathrm{T}}^3 \sim Pr^{-1} \cdot Re^{-\frac{3}{2}} \, , \quad \delta_{\mathrm{T}} \sim Pr^{-\frac{1}{3}} \cdot Re^{-\frac{1}{2}}$$

und schließlich $\frac{\delta_{\mathrm{T}}}{\delta_{\mathrm{S}}} \sim Pr^{-\frac{1}{3}}$. Dieses Ergebnis weicht von der weiter oben gemachte Vor-aussage ab. Damit entsprechen sehr kleine Temperaturgrenzschichten sehr großen Prandtl-Zahlen: Aus $\delta_{\mathrm{T}} \to 0$ folgt $Pr \to \infty$.

Zusammenfassend kann man sagen, dass man mit einem Verhältnis der Grenz-schichtdicken von $\frac{\delta_{\mathrm{T}}}{\delta_{\mathrm{S}}} \sim Pr^{-n}$, $\frac{1}{3} < n < \frac{1}{2}$ rechnen kann. Dabei richtet sich der Exponent nach der Prandtl-Zahl.

Gleiche Grenzschichtdicken erhält man für $Pr = 1$ (Abb. 4.3 mitte). In Abb. 4.3 sind die drei Fälle festgehalten: $Pr \ll 1$ (Flüssige Metalle), $Pr \approx 1$ (Gase, Wasser bei hohen Temperaturen) und $Pr \gg 1$ (Öle).

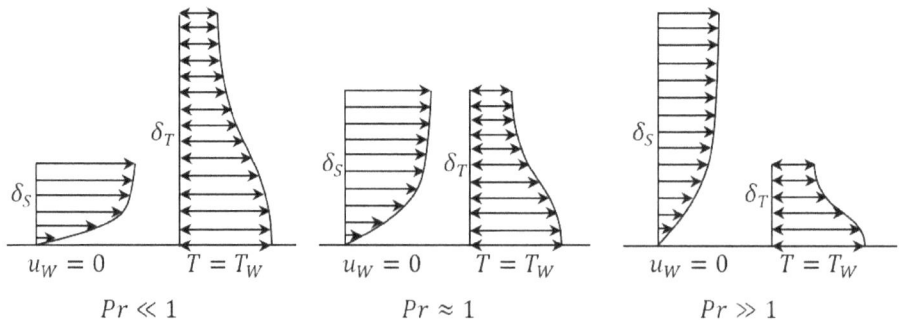

Abb. 4.3: Skizzen zur Strömungsgrenzschicht- und Temperaturgrenzschichtdicke

4.4 Die Lösung der Temperaturgrenzschichtgleichung für $Pr = 1$, $T_W = konst.$

Ausgangspunkt ist immer noch eine Plattenströmung. Gesucht sind die Lösungen $T(x, y)$ der Gleichung

$$u\frac{\partial T}{\partial x} + v\frac{\partial T}{\partial y} = \frac{\lambda}{\rho c_p} \cdot \frac{\partial^2 T}{\partial y^2} \tag{4.19}$$

Das bekannte Geschwindigkeitsprofil $u(x, y)$ wird dabei mit Hilfe von

$$u\frac{\partial u}{\partial x} + v\frac{\partial u}{\partial y} = v \cdot \frac{\partial^2 u}{\partial y^2}$$

ermittelt. Setzt man $v = \frac{\lambda}{\rho c_p}$, so bedeutet das $Pr = 1$. In diesem Fall führen beide DGLen zu ähnlichen Lösungen. Die Lösungen von $u(x, y)$ und $T(x, y)$ unterscheiden sich aber bezüglich der Randbedingungen.

Zu $u(y = 0) = 0$ gehört nicht etwa $T(y = 0) = 0$, sondern $T(y = 0) - T_W = 0$, also $T = T_W$. Insgesamt lauten die Randbedingungen:

Für $y = 0$ ist $u = v = 0$ und $T = T_W = konst.$ und für $y = \delta$ ist $u = u_\delta = u_\infty$ und $T = T_\delta = T_\infty$.

Der Ansatz $T = \frac{u}{u_\infty}(T_\infty - T_W) + T_W$ erfüllt beide Bedingungen, so dass man auch

$$\frac{T}{T_\infty} = \frac{u}{u_\infty}\left(1 - \frac{T_W}{T_\infty}\right) + \frac{T_W}{T_\infty} \tag{4.20}$$

oder

$$\frac{u}{u_\infty} = \frac{T - T_W}{T_\infty - T_W} \tag{4.21}$$

schreiben kann. Gleichung (4.21) entnimmt man, dass mit bekanntem Verlauf von $\frac{u}{u_\infty}$, z. B. dem Blasius- oder Pohlhausen-Profil, auch das Temperaturprofil bestimmt ist. Man muss aber zwischen Heizung und Kühlung unterscheiden. Dazu benutzen wir (4.20) und setzen $\gamma := 1 - \frac{T_W}{T_\infty}$. Folgende drei Fälle sind möglich (Abb. 4.4):

1a. Aus $\frac{T_W}{T_\infty} < 1$ (Kühlung) folgt $\frac{T}{T_\infty} = \gamma \cdot \frac{u}{u_\infty} + \frac{T_W}{T_\infty}$ mit $\gamma > 0$. Damit erhält man $\frac{T}{T_\infty}$ grafisch durch Streckung von $\frac{u}{u_\infty}$ mit dem Faktor γ plus eine Verschiebung um $\frac{T_W}{T_\infty}$.

2a. Aus $\frac{T_W}{T_\infty} = 1$ (keine Wärmeleitung) folgt $T = T_W$ mit $\gamma = 0$. Es entsteht keine Grenzschicht. Grafisch entspricht das einer senkrechten Geraden.

3a. Aus $\frac{T_W}{T_\infty} > 1$ (Heizung) folgt $\frac{T}{T_\infty} = \gamma \cdot \frac{u}{u_\infty} + \frac{T_W}{T_\infty}$ mit $\gamma < 0$. Der Verlauf von $\frac{T}{T_\infty}$ ergibt sich durch Spiegelung von $\frac{u}{u_\infty}$ an der $\frac{y}{\delta}$-Achse und anschließende Verschiebung um $\frac{T_W}{T_\infty}$.

Bemerkung. Nehmen wir beispielsweise den Fall 1a. Es handelt sich bei $T_\infty > T_W$ um eine Kühlung der Wand. Bei einer Anströmung mit einer größeren Temperatur als die Wandtemperatur würde sich die Wand erwärmen. Da aber T_W konstant gehalten werden muss, was in allen Fällen die Bedingung ist, muss die Wand somit gekühlt werden.

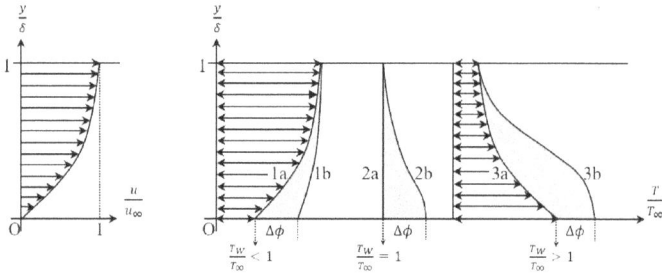

Abb. 4.4: Temperaturprofile mit und ohne Dissipation

Lassen wir für einen Moment gemäss (4.16) die Dissipation neben der Wärmeleitung als Ursache für die Temperaturänderung zu, dann ändern sich die Verläufe 1a–3a in Abb. 4.4. Aufgrund der Diffusion (Impulstransport in y-Richtung), in Gleichung (3.13) durch den Term $\nu\frac{\partial^2 u}{\partial y^2}$ gekennzeichnet, kommt es in der Temperaturgrenzschicht zu einer Umwandlung von kinetischer Energie in Reibungsenergie. Die Größe dieser Dissipation ist in Gleichung (4.16) durch den letzten Term auf der rechten Seite beschrieben. Deswegen setzen wir

$$Diss := \eta \left(\frac{du}{dy}\right)^2 .$$

Mit Hilfe von (3.18) wird daraus

$$Diss := \eta \cdot \psi_{yy}^2 = \eta \cdot \left[u_\infty \sqrt{\frac{u_\infty}{\nu x}} \cdot f''(\xi)\right]^2 \sim \eta \cdot u_\infty^3 .$$

Wie schon im Zusammenhang mit der Eckert-Zahl erwähnt, wächst der Einfluss der Dissipation mit steigender Anströmungsgeschwindigkeit und mit wachsender Viskosität. Glycerin hätte gegenüber Wasser eine 120-fache Dissipation.

Jetzt wollen wir klären, wie die angesprochene Änderung der Temperaturverläufe in Abb. 4.4 qualitativ aussieht. Die Dissipation verursacht eine Temperaturerhöhung ΔT_{Diss}, so dass wir für die gesamte Temperatur T_{GW} an der Wand $T_{GW} = T_W + \Delta T_{Diss}$ schreiben können. Dabei bezeichnet T_W die Wandtemperatur bei Vernachlässigung der Reibung. Daraus folgt

$$\frac{T_{GW}}{T_\infty} = \frac{T_W}{T_\infty} + \Delta\phi \quad \text{mit} \quad \Delta\phi = \frac{\Delta T_{Diss}}{T_\infty}$$

und wir können zu den Fällen 1a–3a die entsprechenden Fälle 1b–3b hinzunehmen (Abb. 4.4):

1a. $Diss = 0$, mit Wärmeleitung (Kühlung)
1b. $Diss \neq 0$, mit Wärmeleitung (Kühlung)
2a. $Diss = 0$, keine Wärmeleitung
2b. $Diss \neq 0$, keine Wärmeleitung

3a. *Diss* = 0, mit Wärmeleitung (Heizung)
3b. *Diss* ≠ 0, mit Wärmeleitung (Heizung)

Dabei ist die Temperaturänderung als Folge der Dissipation grau gekennzeichnet.

Eine interessante Folgerung ergibt sich, wenn man das Temperaturprofil (4.20) nach *y* ableitet:

$$\frac{\partial T}{\partial y} = \frac{T_\infty - T_W}{u_\infty} \cdot \frac{\partial u}{\partial y} .$$

Mit $y_* = \frac{y}{l}$, $u_* = \frac{u}{u_\infty}$ und $\vartheta = \frac{T - T_W}{T_\infty - T_W}$ folgt nacheinander

$$(T_\infty - T_W)\frac{\partial \vartheta}{\partial y} = \frac{T_\infty - T_W}{u_\infty} \cdot u_\infty \frac{\partial u_*}{\partial y} ,$$

$$\frac{T_\infty - T_W}{l} \cdot \frac{\partial \vartheta}{\partial y_*} = \frac{T_\infty - T_W}{l} \cdot \frac{\partial u_*}{\partial y_*} ,$$

$$\frac{\partial \vartheta}{\partial y_*} = \frac{\partial u_*}{\partial y_*}$$

und insbesondere an der Wand

$$\left(\frac{\partial \vartheta}{\partial y_*}\right)_W = \left(\frac{\partial u_*}{\partial y_*}\right)_W . \tag{4.22}$$

Dies bezeichnet man als Reynolds-Analogie. Sie verknüpft den Wärmeübergang mit der Normalspannung an der Wand. Die charakteristischen Größen dafür sind die Nusselt-Zahl und der örtliche Reibungsbeiwert $c_f(x)$ (vgl. (3.29)). Die Nusselt-Zahl wurde im 4. Band als $Nu_d = \frac{\alpha(x) \cdot d}{\lambda}$ eingeführt, wobei *d* den Durchmesser des durchströmten Rohrs bezeichnete. Für die Platte ist die charakteristische Größe ihre Länge *l*, also $Nu_l = \frac{\alpha(x) \cdot l}{\lambda}$. Der sogenannte Wärmeübergangskoeffizient α in $[\frac{W}{m^2 K}]$ entspricht dem Verhältnis $\alpha = \frac{\dot{q}_W}{\Delta T} = \frac{\dot{q}_W}{T_\infty - T_W}$ mit der Wärmestromdichte $\dot{q}_W = \lambda(\frac{\partial T}{\partial y})_W$ in $[\frac{W}{m^2}]$.

Somit ist

$$Nu_l = \frac{\dot{q}_W l}{\lambda(T_\infty - T_W)} .$$

Mit $\frac{\partial T}{\partial y} = \frac{T_\infty - T_W}{l} \cdot \frac{\partial \vartheta}{\partial y_*}$ folgt

$$Nu_l = \left(\frac{\partial \vartheta}{\partial y_*}\right)_W . \tag{4.23}$$

Nun zum Reibungsbeiwert. Aus

$$\tau_W = \eta\left(\frac{\partial u}{\partial y}\right)_W = \eta\frac{u_\infty}{l}\left(\frac{\partial u_*}{\partial y_*}\right)_W$$

und $\tau_W(x) = \frac{1}{2}c_f(x)\rho u_\infty^2$ (3.28) folgt

$$\frac{1}{2}c_f(x)\rho u_\infty l = \eta\left(\frac{\partial u_*}{\partial y_*}\right)_W$$

und damit

$$\left(\frac{\partial u_*}{\partial y_*}\right)_W = \frac{1}{2} c_f(x) \cdot Re_l \,. \tag{4.24}$$

Mit (4.23) und (4.24) schreibt sich die Reynolds-Analogie (4.22) als $Nu_l = \frac{1}{2} c_f(x) \cdot Re_l$. Die Multiplikation mit $\frac{x}{l}$ führt zu $Nu_x = \frac{1}{2} c_f(x) \cdot Re_x$. Entnehmen wir $c_f(x) = \frac{0{,}662}{\sqrt{Re_x}}$ (3.29) aus der Blasius-Lösung, so erhalten wir $Nu_x = 0{,}331 \cdot \sqrt{Re_x}$.

Der lokale Wärmeübergangskoeffizient

$$\alpha(x) = \frac{Nu_x \cdot \lambda}{x} = 0{,}331 \cdot \lambda \sqrt{\frac{u_\infty}{\nu x}} \sim \frac{1}{\sqrt{x}}$$

verkleinert sich auf dieselbe Weise wie $c_f(x) \sim \frac{1}{\sqrt{x}}$, eine weitere Analogie. Häufig interessiert weniger der lokale Übergangskoeffizient als vielmehr der gemittelte Wert $\alpha_m(x)$ über eine Lauflänge von x (mit diesen gemittelten Werten wurde im gesamten 4. Band gerechnet).

Man erhält

$$\alpha_m(x) = \frac{1}{x} \int_0^x \alpha(x)\,dx = \frac{0{,}331 \cdot \lambda}{x} \sqrt{\frac{u_\infty}{\nu}} \int_0^x \frac{1}{\sqrt{x}}\,dx = 0{,}662 \cdot \lambda \sqrt{\frac{u_\infty}{\nu}} \cdot \frac{1}{\sqrt{x}} = 2 \cdot \alpha(x) \,.$$

Die lokale Nusselt-Zahl ergibt sich vorerst zu

$$Nu_x = \frac{\alpha(x) \cdot x}{\lambda} = 0{,}331 \cdot \sqrt{Re_x} \,. \tag{4.25}$$

Das Ergebnis (4.25) muss noch mit einem Korrekturfaktor K versehen werden. Dieser Faktor berücksichtigt die Richtung des Wärmestroms. Weil die Stoffwerte temperaturabhängig sind, spielt es eine Rolle, ob es sich um eine Heizung oder eine Kühlung des Fluids handelt (siehe insbesondere Übung 19). Experimente ergeben für Flüssigkeiten

$$K = \left(\frac{Pr_{\text{Fluid}}}{Pr_{\text{Wand}}}\right)^{0{,}25} \,.$$

Bei Gasen kann $K = 1$ gesetzt werden. Die Bestimmung der Prandtl-Zahl des Fluids Pr_{Fluid} erfolgt dann bei einer Bezugstemperatur $T_B = \frac{T_F + T_W}{2}$, wobei die Fluidtemperatur selber eine über die Plattenlänge gemittelte Temperatur

$$T_{\text{Fluid}} = \frac{T_{\text{Fluid},x=0} + T_{\text{Fluid},x=l}}{2}$$

darstellt.

Gesamthaft gilt

$$Nu_x = 0{,}331 \cdot \sqrt{Re_x} \cdot \left(\frac{Pr}{Pr_W}\right)^{0{,}25} \,. \tag{4.26}$$

Bemerkung. Um es ganz präzis zu formulieren, nochmals im Einzelnen: Die Zahl $Nu_x(x) = \frac{\alpha(x)\cdot x}{\lambda}$ entspricht dem lokalen Übergang an der Stelle x. Falls nur die mittlere Nusselt-Zahl bis zu einem Teil x der gesamten Plattenlänge interessiert, betrachtet man $Nu_{m,x}(x) = \frac{\alpha_m(x)\cdot x}{\lambda}$. Meistens ist die mittlere Nusselt-Zahl entlang der gesamten Platte von Interesse. Dann gilt $Nu_{m,l} = \frac{\alpha_m(l)\cdot l}{\lambda}$ und man schreibt kurz $Nu_m = \frac{\alpha_m\cdot l}{\lambda}$.

Im letzten Fall bekäme (4.26) die Gestalt

$$Nu_m = 0{,}662 \cdot \sqrt{Re_l} \cdot \left(\frac{Pr}{Pr_W}\right)^{0{,}25} . \tag{4.27}$$

Aufgabe
Bearbeiten Sie die Übung 11.

4.5 Die Lösung der Temperaturgrenzschichtgleichung für $Pr > 1$, $T_W = konst.$

Bei den Lösungen für $Pr > 1$ und $Pr < 1$ wird es sich jeweils um eine Näherungslösung handeln. Wir bestimmen zuerst die Integralform der Gleichung (4.19) ähnlich wie bei der Impulserhaltung.

Dazu ersetzen wir in (4.19) T durch $T - T_\infty$ und erhalten

$$\rho c_p \left[u\frac{\partial(T - T_\infty)}{\partial x} + v\frac{\partial(T - T_\infty)}{\partial y}\right] = \lambda \cdot \frac{\partial^2(T - T_\infty)}{\partial y^2} .$$

Mit Hilfe der Produktregel folgt

$$\rho c_p \left(\frac{\partial}{\partial x}[u(T - T_\infty)] + \frac{\partial}{\partial y}[v(T - T_\infty)] - \frac{\partial u}{\partial x}(T - T_\infty) - \frac{\partial v}{\partial y}(T - T_\infty)\right) = \lambda \cdot \frac{\partial^2(T - T_\infty)}{\partial y^2}$$

und aufgrund der Kontinuitätsgleichung

$$\rho c_p \left(\frac{\partial}{\partial x}[u(T - T_\infty)] + \frac{\partial}{\partial y}[v(T - T_\infty)]\right) = \lambda \cdot \frac{\partial^2(T - T_\infty)}{\partial y^2}$$

Weiter integrieren wir über y von Null bis δ_T:

$$\rho c_p \left(\int_0^{\delta_T} \frac{\partial}{\partial x}[u(T - T_\infty)]\, dy + \int_0^{\delta_T} \frac{\partial}{\partial y}[v(T - T_\infty)]\, dy\right) = \lambda \int_0^{\delta_T} \frac{\partial^2(T - T_\infty)}{\partial y^2}\, dy .$$

Beachtet man, dass $\frac{\partial T_\infty}{\partial y} = 0$, dann wird daraus nacheinander

$$\rho c_p \left[\frac{d}{dx}\int_0^{\delta_T} u(T - T_\infty)\, dy + [v(T - T_\infty)]_{y=0}^{y=\delta_T}\right] = \lambda \left[\frac{\partial T}{\partial y}\right]_{y=0}^{y=\delta_T} \quad \text{und}$$

$$\rho c_p \left[\frac{d}{dx}\int_0^{\delta_T} u(T - T_\infty)\, dy + v(T_\infty - T_\infty) - 0\cdot(T_W - T_\infty)\right] = 0 - \lambda\left(\frac{\partial T}{\partial y}\right)_W .$$

Schließlich erhält man die Integralform von (4.19):

$$\rho c_p \frac{d}{dx} \left[\int_0^{\delta_T} u(T - T_\infty)\, dy \right] = -\lambda \left(\frac{\partial T}{\partial y} \right)_W . \tag{4.28}$$

Zur Lösung setzen wir die dimensionslose Temperatur wie anhin als

$$\vartheta = \frac{T - T_W}{T_\infty - T_W} \tag{4.29}$$

an.

$\vartheta(x, y)$ soll, durch ein Polynom 3. Grades

$$\vartheta(x, y) = a + b \left(\frac{y}{\delta_T(x)} \right) + c \left(\frac{y}{\delta_T(x)} \right)^2 + d \left(\frac{y}{\delta_T(x)} \right)^3$$

approximert werden. Die Randbedingungen lauten:

$$\text{I.} \quad \vartheta = 0 \quad \text{für} \quad y = 0$$

$$\text{II.} \quad \frac{\partial^2 \vartheta}{\partial y^2} = 0 \quad \text{für} \quad y = 0$$

$$\text{III.} \quad \vartheta = 1 \quad \text{für} \quad y = \delta_T \quad \text{und}$$

$$\text{IV.} \quad \frac{\partial \vartheta}{\partial y} = 0 \quad \text{für} \quad y = \delta_T .$$

Die Bedingung II. bedeutet, dass die Änderung der Wärmeleitung an der Wand am größten ist, was auch unmittelbar folgt, wenn man in (4.19) $u = v = 0$ setzt.

Bedingung IV. entspricht der Forderung, dass sich die Temperatur gegenüber der Außentemperatur nicht mehr ändern soll.

Es folgen nacheinander $a = 0$ aus I., $c = 0$ aus II. und $b + d = 1$ und $b + 3d = 0$ aus den beiden restlichen Bedingungen. Daraus entnimmt man $b = \frac{3}{2}$, $d = -\frac{1}{2}$ und das zugehörige Temperaturprofil

$$\vartheta(x, y) = \frac{3}{2} \left(\frac{y}{\delta_T} \right) - \frac{1}{2} \left(\frac{y}{\delta_T} \right)^3 . \tag{4.30}$$

Es ist (entgegen dem Pohlhausen-Profil) sinnvoll, für das Geschwindigkeitsprofil dieselbe Funktion zu wählen:

$$\frac{u}{u_\infty}(x, y) = \frac{3}{2} \left(\frac{y}{\delta_S} \right) - \frac{1}{2} \left(\frac{y}{\delta_S} \right)^3 . \tag{4.31}$$

Damit lässt man die Forderung $\frac{\partial^2}{\partial y^2} (\frac{u}{u_\infty})_{y=\delta_S} = 0$ fallen, dass die Diffusion an der Grenzschicht vollständig zum Erliegen kommt.

Aus (4.29) folgt nacheinander $T = \vartheta(T_\infty - T_W) + T_W$,

$$T - T_\infty = \vartheta(T_\infty - T_W) + T_W - T_\infty \quad \text{und} \quad T - T_\infty = -(1 - \vartheta)(T_\infty - T_W) . \tag{4.32}$$

Zudem gilt

$$\frac{\partial T}{\partial y} = \frac{\partial \vartheta}{\partial y}(T_\infty - T_W) . \tag{4.33}$$

Einsetzen von (4.32) und (4.33) in (4.28) führt zu

$$-\rho c_p \frac{d}{dx}\left[\int_0^{\delta_T} u(1 - \vartheta)\, dy\right](T_\infty - T_W) = -\lambda\left(\frac{\partial \vartheta}{\partial y}\right)_W \cdot (T_\infty - T_W) \quad \text{oder}$$

$$\rho c_p \frac{d}{dx}\left[\int_0^{\delta_T} u(1 - \vartheta)\, dy\right] = \lambda\left(\frac{\partial \vartheta}{\partial y}\right)_W . \tag{4.34}$$

Als Nächstes bestimmen wir den Integranden von (4.34). Es gilt

$$u(1 - \vartheta) = u_\infty\left[\frac{3}{2}\left(\frac{y}{\delta_S}\right) - \frac{1}{2}\left(\frac{y}{\delta_S}\right)^3\right] \cdot \left[1 - \frac{3}{2}\left(\frac{y}{\delta_T}\right) + \frac{1}{2}\left(\frac{y}{\delta_T}\right)^3\right]$$

$$= u_\infty\left[\frac{3}{2}\left(\frac{y}{\delta_S}\right) - \frac{9}{4}\left(\frac{y}{\delta_S}\right)\left(\frac{y}{\delta_T}\right) + \frac{3}{4}\left(\frac{y}{\delta_S}\right)\left(\frac{y}{\delta_T}\right)^3 - \frac{1}{2}\left(\frac{y}{\delta_S}\right)^3\right.$$

$$\left. + \frac{3}{4}\left(\frac{y}{\delta_S}\right)^3\left(\frac{y}{\delta_T}\right) - \frac{1}{4}\left(\frac{y}{\delta_S}\right)^3\frac{3}{4}\left(\frac{y}{\delta_T}\right)^3\right] .$$

Die Integration von Null bis δ_T ergibt

$$u(1 - \vartheta) = u_\infty\left(\frac{3}{4}\cdot\frac{\delta_T^2}{\delta_S} - \frac{3}{4}\cdot\frac{\delta_T^2}{\delta_S} + \frac{3}{20}\cdot\frac{\delta_T^2}{\delta_S} - \frac{1}{8}\cdot\frac{\delta_T^4}{\delta_S^3} + \frac{3}{20}\cdot\frac{\delta_T^4}{\delta_S^3} - \frac{1}{28}\cdot\frac{\delta_T^4}{\delta_S^3}\right)$$

$$= u_\infty\left(\frac{3}{20}\cdot\frac{\delta_T^2}{\delta_S} - \frac{3}{280}\cdot\frac{\delta_T^4}{\delta_S^3}\right) = u_\infty\delta_S\left(\frac{3}{20}\cdot\Omega^2 - \frac{3}{280}\cdot\Omega^4\right) \quad \text{mit} \quad \Omega = \frac{\delta_T}{\delta_S} .$$

Mit Hilfe von (4.30) bestimmen wir noch

$$\lambda\left(\frac{\partial \vartheta}{\partial y}\right)_W = \lambda\left(\frac{3}{2\delta_T} - \frac{3}{2}\cdot\frac{y^2}{\delta_T^2}\right)_W = \frac{3\lambda}{2\delta_T} = \frac{3\lambda}{2\delta_S\Omega} . \tag{4.35}$$

Damit schreibt sich (4.34) als

$$\frac{d}{dx}\left[\delta_S\left(\frac{3}{20}\cdot\Omega^2 - \frac{3}{280}\cdot\Omega^4\right)\right] = k\cdot\frac{3}{2u_\infty\delta_S\Omega} \quad \text{mit} \quad k = \frac{\lambda}{\rho c_p} . \tag{4.36}$$

Die Gleichung ließe sich numerisch lösen. Für eine analytische Lösung vernachlässigen wir Ω^4 gegenüber Ω^2, weil mit $Pr > 1$ auch $\delta_S > \delta_T$ ist (vgl. Abb. 4.3).

Es verbleibt dann $\delta_S\Omega \cdot \frac{d}{dx}(\delta_S\Omega^2) = \frac{10k}{u_\infty}$. Ausdifferenziert erhält man

$$\delta_S\Omega \cdot \left(\frac{d\delta_S}{dx}\cdot\Omega^2 + 2\delta_S\Omega \cdot \frac{d\Omega}{dx}\right) = \frac{10k}{u_\infty} \quad \text{oder}$$

$$\delta_S\Omega^3 \cdot \frac{d\delta_S}{dx} + 2\delta_S^2\Omega^2 \cdot \frac{d\Omega}{dx} = \frac{10k}{u_\infty} . \tag{4.37}$$

Nun führen wir dieselbe Rechnung an (3.41) durch. Da $u_\delta = u_\infty$, erhält man mit (3.23)

$$u_\infty^2 \cdot \frac{d\delta_2}{dx} = \frac{\tau_W}{\rho} = \frac{\eta}{\rho}\left(\frac{\partial u}{\partial y}\right)_W \, . \tag{4.38}$$

Dabei ist $\delta_2 = \int_0^\infty \frac{u}{u_\infty}\left(1 - \frac{u}{u_\infty}\right)dy$ gemäss (3.23) gegeben. Mit dem Profil (4.31) entsteht aus (4.38) dieselbe DGL wie (4.37), außer, dass hier $\delta_T = \delta_S$ ist und anstelle von k nun die dynamische Viskosität v steht. Grund dafür ist die Wahl des Geschwindigkeitsprofils identisch zum Temperaturprofil. (Für $Pr = 1$ sind beide Profile gleich, so dass eine Polynomfunktion als Ersatzprofil unnötig war.) Deswegen können wir $\Omega = 1$ setzen und (4.36) reduziert sich zu

$$\frac{d}{dx}\left[\delta_S\left(\frac{3}{20} - \frac{3}{280}\right)\right] = \frac{3v}{2u_\infty\delta_S} \, .$$

Man erhält

$$\delta_S \cdot \frac{d\delta_S}{dx} = \frac{140v}{13u_\infty} \quad \text{und} \quad \frac{1}{2}\delta_S^2 = \frac{140v}{13u_\infty}x \, . \tag{4.39}$$

Diese Terme setzen wir in (4.37) ein, was zu

$$\frac{140v}{13u_\infty}\Omega^3 + \frac{560vx}{13u_\infty}\Omega^2 \cdot \frac{d\Omega}{dx} = \frac{10}{u_\infty} \cdot \frac{\lambda}{\rho c_p}$$

führt.

Weiter verrechnet, erhalten wir

$$\Omega^3 + 4x\Omega^2 \cdot \frac{d\Omega}{dx} = \frac{13}{14Pr} \quad \text{oder} \quad \Omega^3 + \frac{4x}{3} \cdot \frac{d}{dx}(\Omega^3) = \frac{13}{14Pr} \, . \tag{4.40}$$

Zur Lösung betrachten wir vorerst die homogene DGL $\Omega^3 + \frac{4x}{3} \cdot \frac{d}{dx}(\Omega^3) = 0$ mit dem Ansatz $\Omega^3(x) = C \cdot x^m$. Eingesetzt entsteht $C \cdot x^m + \frac{4x}{3} \cdot Cm \cdot x^{m-1} = 0$ und es folgt $1 + \frac{4}{3} \cdot m = 0$, $m = -\frac{3}{4}$ und damit $\Omega^3(x) = C \cdot x^{-\frac{3}{4}}$. Da die rechte Seite von (4.40) eine Konstante ist, benötigt man die Methode von Lagrange nicht. Es ist offensichtlich, dass

$$\Omega^3(x) = C \cdot x^{-\frac{3}{4}} + \frac{13}{14Pr}$$

die Gleichung (4.40) löst. Zur Bestimmung der Konstanten C gehen wir von einer adiabaten Wand ($T_W = T_\infty$) bis zur Stelle $x = x_0$ aus, danach soll die Kühlung oder die Heizung einsetzen. Folglich setzt dann die Temperaturgrenzschicht erst bei $x = x_0$ ein, d. h., es gilt $\delta_T(x = x_0) = 0$ und somit auch

$$\Omega(x = x_0) = \frac{\delta_T(x = x_0)}{\delta_S} = 0 \, .$$

Aus $0 = C \cdot x_0^{-\frac{3}{4}} + \frac{13}{14Pr}$ folgt

$$C = -\frac{13}{14Pr}x_0^{\frac{3}{4}} \quad \text{und} \quad \Omega^3(x) = \frac{13}{14Pr}\left[1 - \left(\frac{x_0}{x}\right)^{\frac{3}{4}}\right] \, .$$

Setzen wir den Beginn der Kühlung oder der Heizung an die Vorderkante der Platte, dann ist $x_0 = 0$ und man erhält $\Omega^3(x) = \frac{13}{14Pr}$ und endlich

$$\frac{\delta_T}{\delta_S} = \left(\frac{13}{14}\right)^{\frac{1}{3}} \cdot Pr^{-\frac{1}{3}} \approx 0{,}976 \cdot Pr^{-\frac{1}{3}} . \tag{4.41}$$

Damit wird das Ergebnis am Ende von Kapitel 4.3 für $\delta_T \to 0$ bestätigt. Für $Pr = 1$ müsste der Faktor in (4.41) eigentlich 1 sein. Der kleine Fehler rührt von der Vernachlässigung von Ω^4 gegenüber Ω^2 her. Benutzt man das Ergebnis (4.39), so wird aus (4.41)

$$\frac{\delta_T}{x} = 4{,}528 \cdot Re^{-\frac{1}{2}} \cdot Pr^{-\frac{1}{3}} . \tag{4.42}$$

Schließlich soll die Wärmeübertragung angegeben werden.

Man erhält mit (4.35)

$$\dot{q}_W = \lambda \left(\frac{\partial T}{\partial y}\right)_W = \lambda (T_\infty - T_W) \cdot \left(\frac{\partial \vartheta}{\partial y}\right)_W = \lambda (T_\infty - T_W) \cdot \frac{3}{2\delta_T} .$$

Weiter folgt mit Hilfe von (4.42)

$$\alpha(x) = \frac{\dot{q}_W}{T_\infty - T_W} = \frac{0{,}331 \cdot \lambda}{x} \cdot Re^{\frac{1}{2}} \cdot Pr^{\frac{1}{3}} .$$

Schließlich ergibt sich die lokale Nusselt-Zahl inklusive dem Korrekturfaktor für Flüssigkeiten wie bei (4.27) zu

$$Nu_x = \frac{\alpha \cdot x}{\lambda} = 0{,}331 \cdot Re_x^{\frac{1}{2}} \cdot Pr^{\frac{1}{3}} \cdot \left(\frac{Pr}{Pr_W}\right)^{0{,}25} . \tag{4.43}$$

Dies stimmt für $Pr = 1$ mit (4.25) überein.

Beispiel 1. Zur Entfettung einer ölverschmierten rechteckigen Metallplatte der Länge $l = 1$ m und der Breite $b = 0{,}5$ m wird die Platte quer mit einer Ethanollösung der mittleren Temperatur $T_\infty = 40\,°C$ und einer Geschwindigkeit von $u_\infty = 0{,}25\,\frac{m}{s}$ parallel zu dessen Oberfläche angeströmt. Die Plattentemperatur soll auf $T_W = 20\,°C$ gehalten werden. Die Stoffwerte betragen $\nu = 1{,}29 \cdot 10^{-6}\,\frac{m^2}{s}$, $\lambda = 0{,}163\,\frac{W}{mK}$ und zusätzlich ist $Pr = 14{,}82$ (alle Werte bei der Bezugstemperatur $T_B = \frac{T_\infty + T_W}{2} = 30\,°C$).
a) Die Strömung soll als laminar betrachtet werden, falls $Re_{krit} = 3{,}5 \cdot 10^5$ angesetzt wird. Trifft dies zu?
b) Da $Pr > 1$ ist, kann das dimensionslose Temperaturprofil (4.30) verwendet werden. Geben Sie den Verlauf von $T(x, y)$ explizit als Funktion von x und y an.
c) Wie groß ist die Temperatur auf halber Grenzschichthöhe und halber Lauflänge?
d) Bestimmen Sie die Nusselt-Zahl Nu_l für diesen Wärmeübergang, falls bei $20\,°C$ die Prandtl-Zahl von Ethanol $Pr = 16{,}91$ beträgt.
e) Welcher stationäre Wärmestrom $\dot{Q}$ zwischen der Ethanollösung und der Platte stellt sich ein?

Lösung:

a) $Re = \frac{u_\infty \cdot l}{v} = 1,94 \cdot 10^5$, so dass wir die Aufgabe als laminare Strömung behandeln können.

b) Gleichung (4.42) wird als

$$\delta_T = 4,528 \cdot Re_x^{-\frac{1}{2}} \cdot Pr^{-\frac{1}{3}} \cdot x = \frac{1,84x}{\sqrt{Re_x}}$$

geschrieben und in (4.30) eingesetzt, was zu

$$\vartheta(x,y) = \frac{3}{2}\left(\frac{y}{\delta_T}\right) - \frac{1}{2}\left(\frac{y}{\delta_T}\right)^3 = \frac{3}{2}\left(\frac{y\sqrt{Re_x}}{1,84x}\right) - \frac{1}{2}\left(\frac{y\sqrt{Re_x}}{1,84x}\right)^3$$

$$= \frac{3}{2}\left(\frac{y\sqrt{\frac{u_\infty x}{v}}}{1,84x}\right) - \frac{1}{2}\left(\frac{y\sqrt{\frac{u_\infty x}{v}}}{1,84x}\right)^3 = \frac{3}{2}\left(\frac{1000y}{4,19\sqrt{x}}\right) - \frac{1}{2}\left(\frac{1000y}{4,19\sqrt{x}}\right)^3$$

$$= \frac{3}{2}\left(\frac{238,81y}{\sqrt{x}}\right) - \frac{1}{2}\left(\frac{238,81y}{\sqrt{x}}\right)^3$$

führt. Aus der Definition $\vartheta = \frac{T-T_W}{T_\infty - T_W}$ folgt dann

$$T(x,y) = \left[\frac{3}{2}\left(\frac{238,81y}{\sqrt{x}}\right) - \frac{1}{2}\left(\frac{238,18y}{\sqrt{x}}\right)^3\right] \cdot 20 + 293,15 \,.$$

c) Mit (4.39) bestimmt man die halbe Grenzschichtdicke zu

$$\frac{1}{2}\delta_S = \frac{1}{2}\sqrt{\frac{280vx}{13u_\infty}} = \frac{1}{2}\sqrt{\frac{280 \cdot 1,29 \cdot 10^{-6} \cdot 0,5}{13 \cdot 0,25}} = 3,727 \cdot 10^{-3} \text{ m}$$

und erhält $T(\frac{1}{2}, \frac{\delta_S}{2}) = 310,97 \text{ K}$.

d) Gleichung (4.43) ergibt

$$Nu_m = 0,662 \cdot Re_l^{-\frac{1}{2}} \cdot Pr^{\frac{1}{3}} \cdot \left(\frac{Pr}{Pr_W}\right)^{0,25}$$

$$= 0,662 \cdot (1,94 \cdot 10^5)^{\frac{1}{2}} \cdot 14,82^{\frac{1}{3}} \cdot \left(\frac{14,82}{16,91}\right)^{0,25} = 692,6 \,.$$

e) Aus $Nu_m = \frac{\dot{q}_W l}{\lambda(T_\infty - T_W)}$ folgt $\dot{q}_W = \frac{Nu_m \cdot \lambda(T_\infty - T_W)}{l}$ und damit

$$\dot{Q} = \dot{q}_W \cdot l \cdot b = Nu_m \cdot \lambda(T_\infty - T_W) \cdot b = 1128,96 \text{ W} \,.$$

4.6 Die Lösung der Temperaturgrenzschichtgleichung für $Pr < 1$, $T_W = konst.$

Für eine Näherungslösung gehen wir sogar von $Pr \ll 1$ aus. Folglich ist $\delta_S \ll \delta_T$ (vgl. Kapitel 4.3). Innerhalb der Temperaturgrenzschicht entspricht die Strömungsgeschwindigkeit praktisch der Außenströmung, $u \approx u_\infty$, und Gleichung (4.34) schreibt sich mit Hilfe von (4.30) als

$$u_\infty \frac{d}{dx} \left(\int_0^{\delta_T} \left[1 - \frac{3}{2} \left(\frac{y}{\delta_T} \right) + \frac{1}{2} \left(\frac{y}{\delta_T} \right)^3 \right] dy \right) = \frac{\lambda}{\rho c_p} \left(\frac{3}{2\delta_T} + \frac{3}{2} \cdot \frac{y^2}{\delta_T^2} \right)_W .$$

Das ergibt nacheinander

$$u_\infty \frac{d}{dx} \left[y - \frac{3}{4} \cdot \frac{y^2}{\delta_T} + \frac{1}{8} \cdot \frac{y^4}{\delta_T^3} \right]_0^{\delta_T} = \frac{\lambda}{\rho c_p} \cdot \frac{3}{2\delta_T} ,$$

$$u_\infty \frac{d}{dx} \cdot \left(\frac{3\delta_T}{8} \right) = \frac{\lambda}{\rho c_p} \cdot \frac{3}{2\delta_T} ,$$

$$\delta_T \cdot \frac{d\delta_T}{dx} = \frac{4\lambda}{\rho c_p u_\infty} ,$$

$$\frac{1}{2} \delta_T^2 = \frac{4\lambda}{\rho c_p u_\infty} x ,$$

$$\delta_T^2 = \frac{8\lambda x}{\rho c_p u_\infty} \cdot \frac{\eta x}{\eta x} = \frac{8x^2}{Re \cdot Pr}$$

und

$$\frac{\delta_T}{x} = 2{,}828 \cdot Re^{-\frac{1}{2}} \cdot Pr^{-\frac{1}{2}} . \tag{4.44}$$

Wir verwenden für die weitere Rechnung das Ergebnis (4.39). Dabei soll ein kleiner Fehler in Kauf genommen werden, weil (4.3) nur für $Pr > 1$ gilt (als Alternative könnte man auch das Blasius-Ergebnis (3.21) heranziehen). Dann folgt

$$\frac{\delta_T}{\delta_S} = 0{,}609 \cdot Pr^{-\frac{1}{2}} , \tag{4.45}$$

was den Exponenten der Prandtl-Zahl aus Kapitel 4.3 für $\delta_S \to 0$ bestätigt.

Der lokale Wärmeübergangskoeffizient beträgt $\alpha(x) = \frac{3\lambda}{2\delta_T}$ und für die lokale Nusselt-Zahl ergibt sich inklusive dem K-Faktor für Flüssigkeiten

$$Nu_x = \frac{\alpha \cdot x}{\lambda} = 0{,}530 \cdot Re_x^{\frac{1}{2}} \cdot Pr^{\frac{1}{2}} \cdot \left(\frac{Pr}{Pr_W} \right)^{0{,}25} . \tag{4.46}$$

Beispiel 1. Parallel zur Längsseite einer vereisten rechteckigen Platte der Länge $l = 1\,\text{m}$ und Breite $b = 3\,\text{m}$ weht ein Wind mit der Geschwindigkeit $u_\infty = 3\,\frac{\text{m}}{\text{s}}$. Die Temperatur des Eises, die konstant bleiben soll, beträgt $T_{\text{Eis}} = -5\,°\text{C}$. Weiter ist $\lambda_{\text{Eis}} = 2,2\,\frac{\text{W}}{\text{mK}}$ (bei $-5\,°\text{C}$).

a) Zur Aufrechterhaltung der Eistemperatur wird ein Kühlstrom von $\dot{q} = 200,0\,\frac{\text{W}}{\text{m}^2}$ unterhalb des Eises angelegt. Wie groß darf die Anströmtemperatur höchstens sein?

b) Wie dick werden die Strömungs- und Temperaturgrenzschichten als Funktion der Reynolds-Zahl nach einer Lauflänge l?

c) Unmittelbar unter der $d = 5\,\text{cm}$ dicken Eisschicht wird die Kühlung angebracht. Welche konstante Temperatur T_i müsste hier herrschen?

Lösung:

a) Da die Windtemperatur unbekannt ist, setzen wir sie beispielsweise zu $T_{\text{Luft}} = 15\,°\text{C}$ an. Dann ist die Bezugstemperatur $T_B = 10°\text{C}$ und die Stoffwerte sowie die Prandtl-Zahl entnimmt man aus der Tabelle am Ende dieses Beispiels.
Zuerst muss die Reynolds-Zahl ermittelt werden. Sie beträgt $Re_l = \frac{u_\infty l}{\nu_{\text{Luft}}} = 2,08 \cdot 10^5$. Obwohl die Reynolds-Zahl relativ groß ist, gehen wir von einer laminaren Strömung aus. Mit (4.46) erhält man $Nu_m = 1,060 \cdot Re^{\frac{1}{2}} \cdot Pr^{\frac{1}{3}} = 1,060 \cdot (2,08 \cdot 10^5)^{\frac{1}{2}} \cdot 0,716^{\frac{1}{3}}$.
Die Kühlleistung entspricht dem Kühlungsstrom $\dot{Q}$. Durch Gleichsetzen der Ausdrücke für den Wärmeübergangskoeffizienten erhält man

$$\alpha = \frac{\dot{q}}{T_{\text{Luft}} - T_{\text{Eis}}} = \frac{Nu_l \cdot \lambda_{\text{Luft}}}{l}$$

und daraus

$$T_{\text{Luft}} = \frac{\dot{q} \cdot l}{Nu_m \cdot \lambda_{\text{Luft}}} + T_{\text{Eis}} = \frac{200 \cdot 1}{409,4 \cdot 0,0249} - 5 = 14,54\,°\text{C},$$

was relativ gut mit der Annahme übereinstimmt. Von einer weiteren Iteration sehen wir deshalb ab.

b) Gleichung (4.44) liefert $\delta_T = 1 \cdot 2,828 \cdot (2,08 \cdot 10^5)^{-\frac{1}{2}} \cdot 0,716^{-\frac{1}{3}} \approx 7,3\,\text{mm}$ und aus (4.45) folgt

$$\delta_S = \frac{\delta_T}{0,609} \cdot Pr^{\frac{1}{3}} = 1,0\,\text{cm}.$$

c) Aus $\dot{Q} = \lambda_{\text{Eis}} \cdot l \cdot b \cdot \frac{T_{\text{Eis}} - T_i}{d}$ folgt

$$T_i = T_{\text{Eis}} - \frac{\dot{Q}d}{\lambda_{\text{Eis}} \cdot l \cdot b} = 268,15 - \frac{3 \cdot 200 \cdot 0,05}{2,2 \cdot 1 \cdot 3} = 263,60\,\text{K},$$

also etwa $-9,5\,°\text{C}$. Nachstehend sind einige Stoffwerte von Luft in einer Tabelle festgehalten.

Temperatur °C	0	10	20	30	40	50	60
Kinematische Viskosität $\nu\ \left[10^{-5}\,\frac{\text{m}^2}{\text{s}}\right]$	1,352	1,442	1,535	1,630	1,726	1,83	1,927

Temperatur °C	0	5	10	20	30	40	50
Wärmeleitfähigkeit $\lambda \left[\frac{W}{mK}\right]$	0,0242	0,0247	0,0249	0,0257	0,0265	0,0272	0,0279

Temperatur °C	0	10	20	30	40	50	60
Prandtl-Zahl Pr	0,7179	0,7163	0,7148	0,7134	0,7122	0,7110	0,7100

Aufgabe

Bearbeiten Sie die Übung 12.

4.7 Die Temperaturgrenzschicht bei veränderlicher Wandtemperatur

Die bisherigen Ergebnisse sollen verallgemeinert werden. Dazu setzen wir eine Keil-strömung $u_\delta(x) = a \cdot x^m$ voraus. Wir wissen, dass man über eine Ähnlichkeitstrans-formation die Impulserhaltung lösen kann und die Lösungen selbstähnlich sind. Auf die gleiche Art muss sich die Energiegleichung lösen lassen, falls man in Analogie die Differenz zwischen Wand- und Außentemperatur als Potenzfunktion der Lauflänge x ansetzt. Im Einzelnen bedeutet das, dass mit $u_\delta(x) - u_{\text{Wand}} = u_\delta(x) = a \cdot x^m$ analog $T_W(x) - T_\delta = b \cdot x^n$ sein soll.

Dabei bleibt die Außentemperatur T_δ konstant, denn in der reibungsfreien Au-ßenschicht wird keine kinetische Energie in Wärme dissipiert.

Folglich lautet die dimensionslose Temperatur

$$\vartheta = \frac{T - T_\delta}{T_W(x) - T_\delta} = \frac{T - T_\delta}{b \cdot x^n} \ . \tag{4.47}$$

Dies zieht $T = \vartheta \cdot bx^n + T_\delta$ nach sich. Als dimensionslose Ähnlichkeitsvariable nehmen wir, wie aus Kapitel 3.4 bekannt, $\xi = y\sqrt{\frac{a}{\nu}} \cdot x^{\frac{m-1}{2}}$.

Es gilt

$$\frac{\partial T}{\partial x} = \frac{\partial \vartheta}{\partial x} \cdot bx^n + nb\vartheta \cdot x^{n-1} \quad \text{und} \quad \frac{\partial \vartheta}{\partial x} = \frac{\partial \vartheta}{\partial \xi} \cdot \frac{\partial \xi}{\partial x} = \frac{\partial \vartheta}{\partial \xi} \cdot \frac{m-1}{2} \cdot y\sqrt{\frac{a}{\nu}} \cdot x^{\frac{m-3}{2}} \ .$$

Zusammen erhält man

$$\frac{\partial T}{\partial x} = \frac{\partial \vartheta}{\partial \xi} \cdot \frac{m-1}{2} \cdot y\sqrt{\frac{a}{\nu}} \cdot x^{\frac{m-3}{2}} \cdot bx^n + nb\vartheta \cdot x^{n-1} = \frac{\partial \vartheta}{\partial \xi} \cdot \frac{m-1}{2} \cdot \xi \cdot bx^{n-1} + nb\vartheta \cdot x^{n-1} \ .$$

Weiter ist

$$\frac{\partial T}{\partial y} = \frac{\partial \vartheta}{\partial y} \cdot bx^n \quad \text{und} \quad \frac{\partial \vartheta}{\partial y} = \frac{\partial \vartheta}{\partial \xi} \cdot \frac{\partial \xi}{\partial y} = \frac{\partial \vartheta}{\partial \xi} \cdot \sqrt{\frac{a}{\nu}} \cdot x^{\frac{m-1}{2}} \ ,$$

was zusammen

$$\frac{\partial T}{\partial y} = \frac{\partial \vartheta}{\partial \xi} \cdot \sqrt{\frac{a}{\nu}} \cdot x^{\frac{m-1}{2}} \cdot bx^n$$

ergibt. Schließlich fehlt noch

$$\frac{\partial^2 T}{\partial y^2} = \frac{\partial^2 \vartheta}{\partial \xi^2} \cdot \frac{a}{v} \cdot x^{m-1} \cdot bx^n \ .$$

Zusätzlich benutzen wir die bei der Herleitung der Falkner-Skan-Gleichung (Kapitel 3.4) entstandenen Ausdrücke für u und v. Mit dem Ansatz $\frac{u}{u_\delta} = f'(\xi)$ lauten sie $u = a \cdot x^m \cdot f'(\xi)$ und

$$v = -\frac{\sqrt{av}}{2} \left[(m+1) \cdot x^{\frac{m-1}{2}} \cdot f + (m-1) \cdot x^{\frac{m-1}{2}} \cdot \xi \cdot f' \right] \ .$$

Mit all diesen Ausdrücken gehen wir nun in Gleichung (4.19) und erhalten

$$ax^m f' \left[\vartheta' \cdot \left(\frac{m-1}{2} \right) \cdot \xi \cdot bx^{n-1} + nb\vartheta \cdot x^{n-1} \right]$$

$$- \frac{\sqrt{av}}{2} \left[(m+1) \cdot x^{\frac{m-1}{2}} f + (m-1) \cdot x^{\frac{m-1}{2}} \cdot \xi \cdot f' \right] \cdot \left[\vartheta' \cdot \sqrt{\frac{a}{v}} \cdot x^{\frac{m-1}{2}} \cdot bx^n \right]$$

$$= \frac{\lambda}{\rho c_p} \cdot \left[\vartheta'' \cdot \frac{a}{v} \cdot x^{m-1} \cdot bx^n \right] \ .$$

Dies führt zu

$$\left(\frac{m-1}{2} \right) \cdot f' \vartheta' \xi \cdot x^{m+n-1} + n \cdot f' \vartheta \cdot x^{m+n-1} - \left(\frac{m+1}{2} \right) \cdot f\vartheta' \cdot x^{m+n-1}$$

$$- \left(\frac{m-1}{2} \right) \cdot f' \vartheta' \xi \cdot x^{m+n-1} = \frac{\lambda}{\rho c_p v} \cdot \vartheta'' \cdot x^{m+n-1} \ ,$$

$$\frac{m-1}{2} \cdot f' \vartheta' \xi + n \cdot f' \vartheta - \left(\frac{m+1}{2} \right) \cdot f\vartheta' - \left(\frac{m-1}{2} \right) \cdot f' \vartheta' \xi = \frac{1}{Pr} \cdot \vartheta''$$

und schließlich zu

$$\vartheta'' + \left(\frac{m+1}{2} \right) \cdot Pr \cdot f\vartheta' - n \cdot Pr \cdot f' \vartheta = 0 \ . \tag{4.48}$$

Es gilt zu beachten, dass nach der Definition $\vartheta(\xi = 0) = 1$ und $\vartheta(\xi = 1) = 0$ gilt.

Drei Fälle sollen untersucht werden (den Fall $n \neq 0$, $m \neq 0$ betrachten wir nicht).

Dabei erzeugt das zugehörige DGL-System in jedem Fall, wie bisher auch, selbstähnliche Lösungen, und zwar sowohl bezüglich des Geschwindigkeits- wie auch des Temperaturprofils.

I. $n = 0$, $m = 0$. Dies entspricht einer parallel angeströmten Platte. Das dimensionslose Geschwindigkeitsprofil ist dann durch die Blasius-DGL (3.19) gegeben. Das zu lösende System ist dann

$$f''' + \frac{1}{2}ff'' = 0$$

$$\vartheta'' + \frac{1}{2} \cdot Pr \cdot f\vartheta' = 0 \ . \tag{4.49}$$

Für die drei Prandtl-Zahlen $Pr = 0{,}7$; 1 und 7 soll der Verlauf von (4.49) simuliert werden. Dazu passen wir das Programm aus Kapitel 3.3 an.

Es entsprechen sich $y_1 = f$, $y_2 = f'$, $y_3 = f''$, $y_4 = \vartheta$ und $y_5 = \vartheta'$ mit den Anfangsbedingungen $f(0) = 0$, $f'(0) = 0$, $f''(0) = 0{,}3308$, $\vartheta(0) = 1$ und $\vartheta'(0)$ durch Ausprobieren, bis die Bedingung $\vartheta(\infty) = 1$ mit genügender Genauigkeit erreicht wird. Das Profil startet bei $\vartheta = 1$ und fällt auf $\vartheta = 0$ herab. Damit wir den Verlauf einfacher mit dem Geschwindigkeitsprofil vergleichen können, spiegeln wir den Graphen an der ξ-Achse und setzen ihn anschließend um 1 hinauf. Dies erreichen wir mit der Programmzeile y4ii := 1 - y4i. Die Werte auf der ϑ-Achse werden dann in umgekehrter Reihenfolge markiert. Alle Anfangssteigungen $\vartheta'(0)$ sind negativ. Dargestellt wird nur $y_4 = \vartheta$. Für $Pr = 1$ entspricht es dem Geschwindigkeitsprofil. Durch Ausprobieren findet man $\vartheta'(0) = -0{,}2922$ für $Pr = 0{,}7$ und $\vartheta'(0) = -0{,}6443$ für $Pr = 7$. Für $Pr = 1$ ist der Wert $\vartheta'(0) = -0{,}3308$ schon bekannt.

Wichtige Befehle im folgenden Programm sind y3i (dies entspricht (3.19)) und y5i, was (4.49) für $n = 0$ bedeutet. Das zugehörige Programm erhält dann die Gestalt (einige Zeilen erübrigen sich):

```
Define DGL(n)
Prgm
xa:= {x4i}
ya:= {y4ii}
x2i:= 0
x4i:= 0
y1i:= 0
y2i:= 0
y3i:= 0.3308
y4i:= 1
y5i:= ϑ'(0)
For i,1,n
x4i:= x4i + 0.01
y1i:= y1i + 0.01 · y2i
y2i:= y2i + 0.01 · y3i
y3i:= y3i - 0.5 · y1i · y3i · 0.01
y4i:= y4i + 0.01 · y5i
y5i:= y5i - 0.5 · Pr · y1i · y5i · 0.01
y4ii:= 1 - y4i
xa:= augment(xa,{x4i})
ya:= augment(ya,{y4ii})
End For
Disp xa, ya
End Prgm
```

Wir führen das Programm für $n = 500$ aus (Abb. 4.5).

Aus der Abbildung 4.5 entnimmt man: Je größer die Prandtl-Zahl, umso kleiner wird die Temperaturschicht, in welcher der Wärmeaustausch stattfindet.

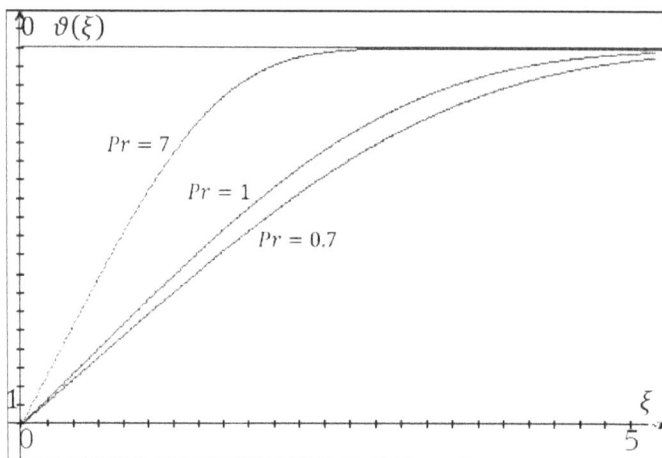

Abb. 4.5: Simulation von (4.49)

II. $n = 0$, $m \neq 0$. Damit haben wir es mit einer Keilströmung zu tun. Dem Geschwindigkeitsprofil liegt dann die Falkner-Skan-DGL (3.34) zugrunde. Das zu lösende System lautet dann

$$f''' + \frac{m+1}{2} \cdot ff'' + m[1 - (f')^2] = 0 \,.$$

$$\vartheta'' + \left(\frac{m+1}{2}\right) \cdot Pr \cdot f\vartheta' = 0 \,. \tag{4.50}$$

Für eine Simulation wählen wir zusätzlich zu $m = 0$ noch $m = 1$ (Staupunktströmung) und $m = -0{,}0905$ (Ablösung). Jeder dieser drei Verläufe soll für eine Prandtl-Zahl von $Pr = 0{,}7$ (Luft bei 20°) und $Pr = 7$ (Wasser bei 20 °C) dargestellt werden. Das Geschwindigkeitsprofil wird durch die Falkner-Skan-DGL (3.34) beschrieben. Dies entspricht der angepassten Programmzeile

```
y3i := y3i-[ m+1/2 · y1i · y3i + m(1-y2i²)] · 0.01 .
```

Der Befehl für Temperatur lautet jetzt neu

```
y5i := y5i-( m+1/2 )· Pr · y1i · y5i ·xc 0.01 .
```

Bei der Ausführung des Programms muss man wieder $\vartheta'_1(0)$ bzw. $\vartheta'_{-0{,}0905}(0)$ durch Ausprobieren anpassen. Die zugehörigen Werte von $f'_1(0)$ bzw. $f'_{-0{,}0905}(0)$ sind schon aus der Falkner-Skan-Simulation bekannt. Man erhält

$$\vartheta'_1(0) = -0{,}4951 \quad \left[\text{bei} \quad f''_1(0) = 1{,}2271, Pr = 0{,}7\right] \,,$$

$$\vartheta'_{-0{,}0905}(0) = -0{,}1991 \quad \left[\text{bei} \quad f''_{-0{,}0905}(0) = 0, Pr = 0{,}7\right] \,,$$

$$\vartheta'_1(0) = -0{,}9142 \quad \left[\text{bei} \quad f''_1(0) = 1{,}2271, Pr = 7\right] \quad \text{und}$$

$$\vartheta'_{-0{,}0905}(0) = -0{,}3630 \quad \left[\text{bei} \quad f''_{-0{,}0905}(0) = 0, Pr = 7\right] \,.$$

Die folgenden zwei Werte sind durch den Fall I. schon bekannt:

$$\vartheta_0'(0) = -0{,}2922 \quad \left[\text{bei} \quad f_0''(0) = 0{,}3308, Pr = 0{,}7\right] \quad \text{und}$$
$$\vartheta_0'(0) = -0{,}6443 \quad \left[\text{bei} \quad f_0''(0) = 0{,}3308, Pr = 7\right].$$

In Abbildung 4.6 sind die sechs Verläufe festgehalten.

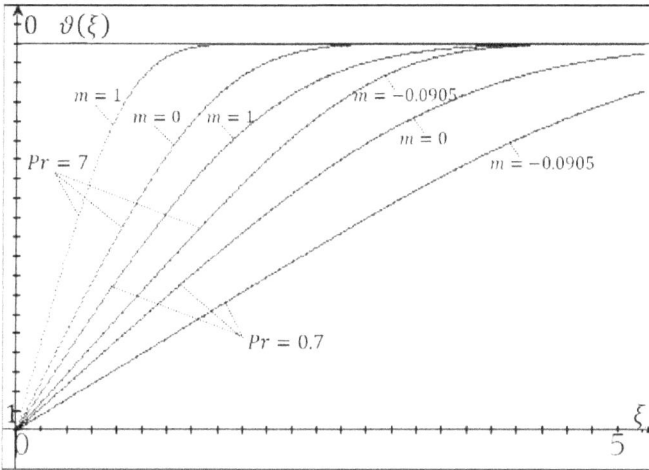

Abb. 4.6: Simulation von (4.50)

Man erkennt, dass der Einfluss der Außenströmung bei gleich bleibender Prandtl-Zahl auf die Temperaturgrenzschichtdicke keinen allzu großen Einfluss. Der Einfluss der Außenströmung auf die Temperaturgrenzschichtdicke sinkt hingegen bei steigender Prandtl-Zahl beträchtlich.

Beispiel 1. Ein $b = 0{,}5$ m breiter metallischer Keil mit Innenwinkel 90° und Kantenlänge $l = 1$ m wird parallel zur Symmetrieachse in einem Abstand von $0{,}25$ m mit Luft der Temperatur $T_\infty = 60\,°C$ aus einer Düse angeströmt. Die Austrittsgeschwindigkeit beträgt $u_\infty = 1{,}26\,\frac{m}{s}$. Um der Erwärmung des Keils entgegenzuwirken, muss dieser laufend gekühlt werden.

Seine Oberflächentemperatur soll dabei konstant $T_W = 20\,°C$ bleiben. Die Stoffwerte der Luft sind $\nu = 1{,}72 \cdot 10^{-5}\,\frac{m^2}{s}$, $\lambda = 0{,}027\,\frac{W}{mK}$ und $Pr = 0{,}71$ (alle bei 40 °C, vgl. Tabelle Kapitel 4.6).

a) Stellen Sie sicher, dass die Strömung entlang des Keils laminar bleibt, wenn man die Reynolds-Zahl für den Umschlag bei $Re_{Krit} = 3 \cdot 10^5$ ansetzt.

b) Wie lautet das Geschwindigkeitsprofil $u_\delta(x)$ in Richtung des Grenzschichtrandes x der Außenströmung?

c) Der Verlauf des dimensionslosen Temperaturprofils kann für $Pr = 0{,}71$ durch ein Pohlhausen-Profil angenähert werden. Es gilt ziemlich genau

$$\vartheta(\xi) = \frac{\xi}{5}\left(2 - 2\left(\frac{\xi}{5}\right)^2 + \left(\frac{\xi}{5}\right)^3\right),$$

wobei

$$\xi(x, y) = y\sqrt{\frac{u_\delta}{\nu x}} = y\sqrt{\frac{2 \cdot x^{\frac{1}{3}}}{\nu x}} = y\sqrt{\frac{2}{\nu}} \cdot x^{-\frac{1}{3}}$$

(das Profil für diesen Keilwinkel ist nicht in Abb. 4.6 enthalten). Bestimmen Sie daraus die lokale Nusselt-Zahl Nu_x.

d) Welche gesamte Kühlleistung $\dot{Q}$ ist für die Erhaltung der konstanten Temperatur auf beiden Seiten des Keils erforderlich?

Lösung:

a) Es gilt $Re = \frac{u_\infty \cdot l}{\nu} = 1{,}16 \cdot 10^5$, also ist die Strömung durchwegs laminar.

b) Aus $\alpha = 90°$ folgt $\frac{2\pi}{4} = 2(\pi - \frac{\pi}{n})$. Mit $m = n - 1$ erhält man $m = \frac{1}{3}$ und damit $u_\delta(x) = a \cdot x^{\frac{1}{3}}$. Aus der Austrittsgeschwindigkeit und der zugehörigen Distanz folgt $1{,}26 = a \cdot 0{,}25^{\frac{1}{3}}$, $a = 2$ und schließlich

$$u_\delta(x) = 2 \cdot x^{\frac{1}{3}}.$$

c) Es gilt

$$\alpha(x) = \lambda \cdot \left(\frac{\partial \vartheta}{\partial y}\right)_W = \lambda \cdot \left(\frac{\partial \vartheta}{\partial \xi}\right)_W \frac{\partial \xi}{\partial y} = \lambda \cdot \frac{2}{5} \cdot \sqrt{\frac{2}{\nu}} \cdot x^{-\frac{1}{3}}.$$

Dann folgt

$$Nu_x = \frac{\alpha \cdot x}{\lambda} = 0{,}4 \cdot \sqrt{\frac{2}{\nu}} \cdot x^{\frac{2}{3}} = 0{,}4 \cdot \sqrt{\frac{2}{\nu}} \cdot x^{\frac{2}{3}} = 136{,}40 \cdot x^{\frac{2}{3}}.$$

d) Aus $\alpha(x) = \frac{\dot{q}_W(x)}{T_\infty - T_W}$ wird $\dot{q}_W(x) = \alpha(x) \cdot (T_\infty - T_W)$, daraus $d\dot{Q}(x) = \dot{q}_W(x)b\,dx$ und schließlich

$$\dot{Q} = 2b(T_\infty - T_W)\int_0^l \alpha(x)\,dx = 1{,}131 \cdot b(T_\infty - T_W)\frac{\lambda}{\sqrt{\nu}}\int_0^l x^{-\frac{1}{3}}\,dx.$$

$$= 147{,}31 \int_0^l x^{-\frac{1}{3}}\,dx = 220{,}97\ \text{W}.$$

III. $n \neq 0$, $m = 0$. Dies entspricht einer Plattenströmung bei veränderlicher Wandtemperatur. Das zu lösende System besitzt die Gestalt

$$f''' + \frac{1}{2}ff'' = 0$$

$$\vartheta'' + \frac{1}{2} \cdot Pr \cdot f\vartheta' - n \cdot Pr \cdot f'\vartheta = 0. \tag{4.51}$$

Der Befehl für y3i wird dabei wieder zurückgesetzt wie im Fall I.,

```
y3i:= y3i - 0.5 · y1i · y3i · 0.01 .
```

und der Befehl für die Temperatur lautet jetzt neu

```
y5i := y5i - [0.5 · Pr · y1i · y5i - n · Pr · y2i · y4i] · 0.01 .
```

Weiter sei $Pr = 1$ und $n = -0,5; 0; 4$.

Durch Ausprobieren findet man nebst dem bekannten Wert aus Fall I.,

$$\vartheta_0'(0) = -0,3308 \quad \left[\text{bei}\quad f_{m=0}''(0) = 0,3308, n = 0, Pr = 1\right], \quad \text{noch}$$

$$\vartheta_{-0,5}'(0) = 0 \quad \left[\text{bei}\quad f_{m=0}''(0) = 0,3308, n = -0,5, Pr = 1\right] \quad \text{und}$$

$$\vartheta_4'(0) = -0,8152 \quad \left[\text{bei}\quad f_{m=0}''(0) = 0,3308, n = 4, Pr = 1\right]$$

Das Ausführen des Programms ergibt die Abbildung 4.7.

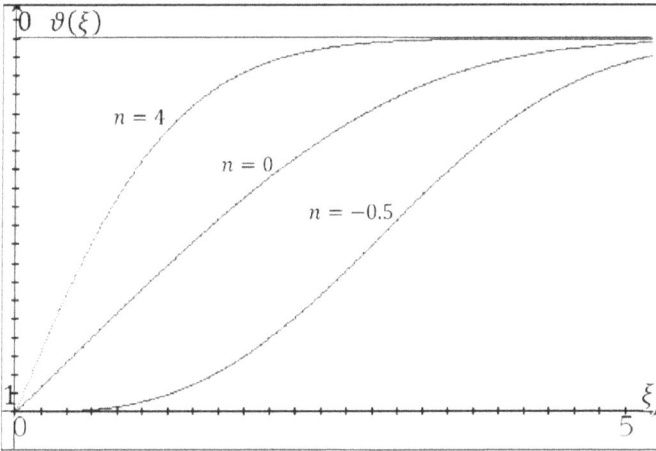

Abb. 4.7: Simulation von (4.51)

Interessant ist der Fall für $n = -0,5$. Es gilt $\vartheta'(0) = (\frac{\partial \vartheta}{\partial \xi})_W = 0$ und somit auch $\dot{q}_W(x) = 0$.

Das bedeutet, dass an der Wand keine Wärme übertragen wird, unabhängig davon, wie groß der Temperaturunterschied zwischen Wand und Außentemperatur ist. Dies erklärt sich dadurch, dass sich sowohl $T_W(x) - T_\delta \sim \frac{1}{\sqrt{x}}$ als auch die Normalspannung $\tau_W(x) \sim \frac{1}{\sqrt{x}}$ nach (3.27) gleichartig mit der Lauflänge ändern. Dadurch wird der durch die Normalspannung verursachte Temperaturanstieg an der Wand durch die veränderliche Temperatur ausgeglichen.

Im Fall I. lässt sich auch eine formale Lösung des Systems (4.49) herleiten. Man erhält

$$\vartheta'' = -\frac{1}{2} \cdot Pr \cdot f\vartheta' = Pr \cdot \frac{f'''}{f''} \cdot \vartheta'$$

und daraus

$$\frac{\vartheta''}{\vartheta'} = Pr \cdot \frac{f'''}{f''} .$$

Dies kann man als $(\ln \vartheta')' = Pr \cdot (\ln f'')'$ schreiben und eine erste Integration über ξ führt zu $\ln \vartheta' = \ln(f'')^{Pr} + C$ und daraus $\vartheta' = C_1(f'')^{Pr}$. Eine zweite Integration ergibt

$$\vartheta(\xi) = C_1 \int_0^\xi (f'')^{Pr} \, d\xi + C_2 .$$

Die Randbedingungen sind I. $\vartheta(0) = 1$ und II. $\vartheta(\infty) = 0$, woraus

$$C_2 = 1 \quad \text{und} \quad C_1 = -\frac{1}{\int_0^\infty (f'')^{Pr} \, d\xi}$$

folgen. Schließlich erhält man

$$\vartheta(\xi, Pr) = 1 - \frac{\int_0^\xi (f'')^{Pr} \, d\xi}{\int_0^\infty (f'')^{Pr} \, d\xi} . \tag{4.52}$$

Um die Integrale auszuwerten, kann man das Geschwindigkeitsprofil $f'(\xi)$ beispielsweise durch ein Pohlhausen-Polynom annähern. Für die Platte gilt nach (3.44) und (3.51) $\frac{u}{u_\infty}(s) = s(2 - 2s^2 + s^3)$. Dabei ist

$$s = \frac{y}{\delta_S(x)} \quad \text{mit} \quad \delta_S(x) = 5{,}836\sqrt{\frac{\nu x}{u_\infty}} .$$

Die Definition der Ähnlichkeitsvariablen $\xi = y\sqrt{\frac{u_\infty}{\nu x}}$ liefert dann $s = \frac{\xi}{\mu}$ mit $\mu = 5{,}836$.
  Damit erhalten wir

$$f'_{\text{Pohl}}(\xi) = \frac{u}{u_\infty}\left(\frac{\xi}{\mu}\right) = \frac{\xi}{\mu}\left[2 - 2\left(\frac{\xi}{\mu}\right)^2 + \left(\frac{\xi}{\mu}\right)^3\right] \quad \text{und}$$

$$f''_{\text{Pohl}}(\xi) = \frac{u}{u_\infty}\left(\frac{\xi}{\mu}\right) = \frac{2}{\mu}\left[1 - 3\left(\frac{\xi}{\mu}\right)^2 + 2\left(\frac{\xi}{\mu}\right)^3\right] . \tag{4.53}$$

Mit $f'_{\text{Pohl}}(\mu) = 1$ und $f''_{\text{Pohl}}(\mu) = 0$. Gleichung (4.34) schreibt sich dann als

$$\vartheta(\xi, Pr) = 1 - \frac{\int_0^\xi \left[1 - 3\left(\frac{\xi}{\mu}\right)^2 + 2\left(\frac{\xi}{\mu}\right)^3\right]^{Pr} \, d\xi}{\int_0^\mu \left[1 - 3\left(\frac{\xi}{\mu}\right)^2 + 2\left(\frac{\xi}{\mu}\right)^3\right]^{Pr} \, d\xi} . \tag{4.54}$$

Dabei muss der Nenner aufgrund des Pohlhausen-Ansatzes nur bis $\xi = \mu$ integriert werden.

Im Fall $Pr = 1$ soll das Ergebnis von (4.54) ausgewertet werden. Der Nenner ergibt $\frac{\mu}{2}$ und es folgt

$$\vartheta(\xi, Pr) = 1 - 2\left(\frac{\xi}{\mu}\right) + 2\left(\frac{\xi}{\mu}\right)^3 - \left(\frac{\xi}{\mu}\right)^4$$

$$= 1 - \left[\frac{\xi}{\mu}\left(2 - 2\left(\frac{\xi}{\mu}\right)^2 + \left(\frac{\xi}{\mu}\right)^3\right)\right] = 1 - \frac{u}{u_\infty} . \tag{4.55}$$

Damit ist nichts anderes gezeigt, als dass für $Pr = 1$ Geschwindigkeits- und Temperaturprofil übereinstimmen. Der Grund dafür, dass man nicht $\vartheta = \frac{u}{u_\infty}$ erhält, liegt an der Definition von ϑ.

In Kapitel 4.4 setzten wir $\vartheta = \frac{T-T_W}{T_\infty - T_W}$ und erhielten $\frac{u}{u_\infty} = \vartheta$ (4.21). Mit der verwendeten Definition (4.7), $\vartheta = \frac{T-T_\delta}{T_W - T_\delta}$ ergibt sich jedoch die Gleichheit von $1 - \frac{u}{u_\infty}$ und ϑ in der Form (4.55).

4.8 Die Nusselt-Zahl als Funktion der Reynolds- und Prandtl-Zahl für die Platte

Die Nusselt-Zahl ist die wichtigste Kennzahl einer konvektiven Wärmeübertragung. Mit (4.46) und (4.43) liegen diese Zahlen als Funktion der Reynolds-Zahl für die Bereiche $Pr \ll 1$ und $Pr > 1$ vor. Es fehlen aber die entsprechenden Nusselt-Zahlen für die restlichen Bereiche. Dies soll jetzt bewerkstelligt werden.

Dazu bestimmen wir $(\frac{\partial \vartheta}{\partial \xi})_W$ für den Ausdruck (4.52), was

$$\left(\frac{\partial \vartheta}{\partial \xi}\right)_W = C_1 (f'')^{Pr} = -\frac{[(f'')^{Pr}]_W}{\int_0^\infty (f'')^{Pr} \, d\xi} = -\frac{0,3308^{Pr}}{\int_0^\infty (f'')^{Pr} \, d\xi}$$

ergibt. Dabei wurde der schon mehrfach verwendete Wert $f''(0) = 0,3308$ benutzt. Für $f''(\xi)$ setzen wir (4.53) ein und erhalten

$$\left(\frac{\partial \vartheta}{\partial \xi}\right)_W = \vartheta_0'(0) = -\frac{0,3308^{Pr}}{\int_0^\infty \left(\frac{2}{\mu}\left[1 - 3\left(\frac{\xi}{\mu}\right)^2 + 2\left(\frac{\xi}{\mu}\right)^3\right]\right)^{Pr} d\xi} . \tag{4.56}$$

Ziel ist es, (4.56) für möglichst viele Prandtl-Zahl-Bereiche entweder als proportional zu $Pr^{\frac{1}{2}}$ oder $Pr^{\frac{1}{3}}$ zusammenzufassen. Hierfür betrachten wir neu vier Intervalle.

1. $Pr \to 0$. In diesem Fall übernehmen wir das Ergebnis (4.46) in der Form

$$\vartheta_0'(0) = 0,530 \cdot Pr^{\frac{1}{2}} . \tag{4.57}$$

2. $0,005 \leq Pr \leq 0,05$. Für diese Prandtl-Zahlen entstehen bei der numerischen Auswertung des Integrals von (4.56) Rundungsfehler. Hingegen bestimmen wir die Werte $\vartheta_0'(0)$ wie bei den vorangegangenen Programmen durch Ausprobieren.

Für einige Prandtl-Zahlen findet man

Pr	0,005	0,01	0,03	0,05
$\vartheta_0'(0)$	0,0374	0,0516	0,0843	0,1050

Die Interpolation mit Hilfe einer Potenzfunktion führt zu $\vartheta_0'(0) \approx 0,391 \cdot Pr^{0,441}$ oder etwa

$$\vartheta_0'(0) \approx 0,460 \cdot Pr^{\frac{1}{2}} . \tag{4.58}$$

3. $0,1 \leq Pr < 10$. Die Auswertung von (4.56) erzeugt vielversprechende Werte.

Pr	0,1	0,3	0,5	0,6	0,7	0,9
$\vartheta_0'(0)$	0,1339	0,2144	0,2588	0,2783	0,2924	0,3186

Pr	1	3	5	7	9	10
$\vartheta_0'(0)$	0,3308	0,5018	0,6002	0,6618	0,7001	0,7129

Die Interpolation mit einer Potenzfunktion ergibt $\vartheta_0'(0) \approx 0,329 \cdot Pr^{0,356}$ oder etwa

$$\vartheta_0'(0) \approx 0,340 \cdot Pr^{\frac{1}{3}} . \tag{4.59}$$

Eine etwas kleinere Abweichung könnte man durch Aufspalten des Bereichs in $0,1 \leq Pr < 0,6$ und $0,6 \leq Pr < 10$ erzielen. Man erhält dann $\vartheta_0'(0) \approx 0,339 \cdot Pr^{0,383}$ oder etwa $\vartheta_0'(0) \approx 0,340 \cdot Pr^{\frac{1}{3}}$ bzw. $\vartheta_0'(0) \approx 0,333 \cdot Pr^{0,346}$ oder etwa $\vartheta_0'(0) \approx 0,335 \cdot Pr^{\frac{1}{3}}$. Wir begnügen uns mit dem Ergebnis (4.59).

4. $Pr \to \infty$. Bei der Auswertung von (4.56) ist der Wert für $\vartheta_0'(0)$ bei $Pr = 14$ kleiner als der entsprechende Wert bei $Pr = 13$. Wieder potenzieren sich die Fehler schon ab $Pr = 10$. In diesem Fall greifen wir auf das Ergebnis (4.43) zurück in der Form

$$\vartheta_0'(0) = 0,331 \cdot Pr^{\frac{1}{3}} . \tag{4.60}$$

Nun sind wir bereit, das Schlussergebnis zu formulieren. Mit

$$Nu_x = Re_x^{\frac{1}{2}} \cdot \left(\frac{\partial \vartheta}{\partial \xi}\right)_W = Re_x^{\frac{1}{2}} \cdot \vartheta_0'(0)$$

erhält man aus (4.57)–(4.60)

$$\begin{aligned}
Nu_x &= 0,530 \cdot Re_x^{\frac{1}{2}} \cdot Pr^{\frac{1}{2}} \quad \text{für} \quad Pr \to 0 \\
Nu_x &= 0,460 \cdot Re_x^{\frac{1}{2}} \cdot Pr^{\frac{1}{2}} \quad \text{für} \quad 0,005 \leq Pr \leq 0,05 \\
Nu_x &= 0,340 \cdot Re_x^{\frac{1}{2}} \cdot Pr^{\frac{1}{3}} \quad \text{für} \quad 0,1 \leq Pr \leq 10 \\
Nu_x &= 0,331 \cdot Re_x^{\frac{1}{2}} \cdot Pr^{\frac{1}{3}} \quad \text{für} \quad Pr \to \infty
\end{aligned} \tag{4.61}$$

Dabei gilt $Nu_\mathrm{m} = 2 \cdot Nu_x$ und sämtliche Gleichungen müssen für Flüssigkeiten mit dem Korrekturfaktor $K = (\frac{Pr}{Pr_\mathrm{w}})^{0,25}$ multipliziert werden.

Diese Formeln dienen der schnellen Abschätzung der Nusselt-Zahl für die wichtigsten Prandtl-Zahl-Bereiche. Natürlich liegt durch das System

$$f''' + \frac{m+1}{2} \cdot ff'' + m[1 - (f')^2] = 0$$
$$\vartheta'' + \left(\frac{m+1}{2}\right) \cdot Pr \cdot f\vartheta' - n \cdot Pr \cdot f'\vartheta = 0 \,.$$

für jedes n und m sowohl das Geschwindigkeits- und das Temperaturprofil numerisch vor und man kann die lokale Nusselt-Zahl exakt für jede Prandtl-Zahl bestimmen.

5 Freie Konvektion

Im Unterschied zur erzwungenen Konvektion entsteht die freie Konvektion ohne Anströmung. Ein Geschwindigkeitsfeld stellt sich erst durch den Temperaturunterschied
ein. Als Beispiel nehmen wir den Erdboden, der durch die Sonnenstrahlen erwärmt
wird. Die Luft einschließlich der Wasserteilchen in Erdbodennähe steigt empor. Es entsteht ein Auftrieb. Die Luft kühlt sich ab und sinkt zusammen mit den Wassertröpf-
chen aufgrund der Schwerkraft wieder hinab und der Kreislauf beginnt von Neuem.
Nach demselben Prinzip funktionieren Warmwasserheizungen, Lampen, Küchenher-
de, Kamine, usw. Jede Wärmequelle erzeugt eine freie Konvektion des umgebenden
Fluids. Durch den Luftstrom stellt sich zwangsweise ein Geschwindigkeitsfeld ein. Im
Unterschied zur erzwungenen Konvektion steigt die Geschwindigkeit von $u_W = 0$ an
der Wand auf einen maximalen Wert innerhalb der Grenzschicht an, um dann wieder
auf $u_\delta = 0$ am Ende der Grenzschicht abzusinken. Bei der erzwungenen Konvektion
ist zwar ebenfalls ein Auftrieb vorhanden, dieser wird aber vernachlässigt, sofern die
Strömungsgeschwindigkeit nicht sehr klein ist.

Abbildung 5.1 zeigt die Profile qualitativ für den Fall der Wandheizung.

Abb. 5.1: Skizze zur freien Konvektion

5.1 Die Grenzschichtgleichungen bei freier Konvektion

Bei der erzwungenen Konvektion entsteht die Strömung als Folge von Druckunter-
schieden, die beispielsweise durch eine Pumpe, Wind, usw. aufrecht erhalten werden.
Im Unterschied dazu setzt eine freie Konvektion dann ein, wenn ein ruhendes Fluid
der Temperatur T_∞ mit der Oberfläche einer Wand der Temperatur $T_W \neq T_\infty$ in Kon-
takt gelangt. Ist $T_W > T_\infty$, dann vermindert sich die Dichte der Teilchen in Wandnähe
und sie steigen auf und reißen dabei benachbarte Teilchen mit. Im Fall $T_W < T_\infty$ sinkt
die Dichte in Wandnähe und die Teilchen mit größerer Dichte sinken ab. Druckunterschiede werden somit erst durch den Auftrieb erzeugt.

Bei der freien Konvektion müssen alle Stoffgrößen $\rho(T)$, $\lambda(T)$, $\nu(T)$ und $c_p(T)$ abhängig von der Temperatur angesetzt werden. Der Temperatur- und damit der Dich-
teunterschied ist ja gerade der Motor der einsetzenden Konvektion. Die drei Grenzschichtgleichungen für die Plattenströmung müssen diesem Umstand Rechnung tra-

https://doi.org/10.1515/9783110684544-005

gen. Die Kontinuitätsgleichung, Gleichung (3.10) inklusive dem Auftriebsterm und Gleichung (4.19) lauten dann

$$\frac{\partial(\rho(T)u)}{\partial x} + \frac{\partial(\rho(T)v)}{\partial y} = 0 \, , \tag{5.1}$$

$$u\frac{\partial u}{\partial x} + v\frac{\partial u}{\partial y} + \frac{1}{\rho(T)} \cdot \frac{\partial p}{\partial x} + g - v(T)\frac{\partial^2 u}{\partial y^2} = 0 \, , \tag{5.2}$$

$$\rho(T)c_p(T)\left(u\frac{\partial T}{\partial x} + v\frac{\partial T}{\partial y}\right) - \lambda(T)\frac{\partial^2 T}{\partial y^2} = 0 \, . \tag{5.3}$$

Im Falle einer Kühlung muss in (5.2) $-g$ stehen, weil dann die Luft entlang der Wand absinkt. Zur numerischen Lösung des Systems müsste die Temperaturabhängigkeit der Stoffgrößen vorliegen.

Bei der sogenannten Boussinesq-Vereinfachung betrachtet man nur kleine Temperaturänderungen, so dass zwar eine Fluidbewegung entsteht, die Stoffgrößen von der Temperaturschwankung aber nicht allzu stark betroffen sind. Das bedeutet, dass alle Stoffwerte in (5.1) und (5.3) und die kinematische Viskosität in (5.2) als konstant betrachtet werden. Als Bezugstemperatur wählt man $T_B = \frac{T_W + T_\infty}{2}$.

Einzig in Gleichung (5.2) wird der Einfluss der veränderlichen Dichte genauer untersucht.

Dazu werten wir (5.2) am Ende der Grenzschicht aus und erhalten $\frac{dp}{dx} + \rho_\delta g = 0$ und daraus $p(x) = \rho_\delta g x + C$, ein rein hydrostatischer Verlauf. Dabei ist C eine Konstante, weil der Druck nicht von y abhängt und damit wird auch $\frac{dp}{dx}$ aus $\frac{\partial p}{\partial x}$.

Damit kann der Term $\frac{1}{\rho(T)} \cdot \frac{\partial p}{\partial x} + g$ in (5.2) ersetzt werden durch

$$[\rho(T) - \rho_\delta]\frac{g}{\rho(T)} \, . \tag{5.4}$$

Nun gilt es Dichte und Temperatur miteinander zu verbinden. Im 4. Band wurde der thermische Volumenausdehnungskoeffizient eingeführt: $\gamma = -\frac{1}{V}(\frac{\partial V}{\partial T})_p$. Dieser besagt, um wie viel sich das Volumen mit der Temperatur bezogen auf das Gesamtvolumen (bei konstantem Druck) ändert. Bezogen auf die Dichte gilt (bei konstanter Masse) einfach

$$\gamma = -\frac{1}{\rho}\left(\frac{\partial \rho}{\partial T}\right)_p \, .$$

Da die Dichte nur eine Funktion der Temperatur ist, werden kursive Ableitungen wieder durch gerade ersetzt. Weiter wird in erster Näherung der Differentialquotient durch den Differenzenquotienten ersetzt und man erhält

$$\gamma = -\frac{1}{\rho}\left(\frac{d\rho}{dT}\right)_p = -\frac{1}{\rho(T)}\left(\frac{\rho(T) - \rho_\delta}{T - T_\delta}\right) \, .$$

Aus (5.4) wird dann $[\rho(T) - \rho_\delta]\frac{g}{\rho(T)} = -\gamma g(T - T_\delta)$. Insgesamt folgen die Grenzschichtgleichungen der freien Konvektion zu

$$\frac{\partial u}{\partial x} + \frac{\partial v}{\partial y} = 0 \,, \tag{5.5}$$

$$u\frac{\partial u}{\partial x} + v\frac{\partial u}{\partial y} - \gamma g(T - T_\delta) - \nu\frac{\partial^2 u}{\partial y^2} = 0 \,, \tag{5.6}$$

$$u\frac{\partial T}{\partial x} + v\frac{\partial T}{\partial y} - \frac{\lambda}{\rho c_p} \cdot \frac{\partial^2 T}{\partial y^2} = 0 \,. \tag{5.7}$$

Verglichen mit der erzwungenen Konvektion kann das Geschwindigkeitsfeld erwartungsgemäss nicht ohne das Temperaturfeld ermittelt werden.

5.2 Die Lösung der Grenzschichtgleichungen für die Platte

Zur Entdimensionierung wählen wir

$$x_* = \frac{x}{l}\,, \quad y_* = \frac{y}{l}\,, \quad u_* = \frac{u}{u_0}\,, \quad v_* = \frac{v}{u_0} \quad \text{und} \quad \vartheta = \frac{T - T_\delta}{T_W - T_\delta}\,.$$

Da $u_\delta = 0$, bezeichnet u_0 eine noch zu definierende Geschwindigkeit. Eingesetzt in das System (5.5)–(5.7) erhält man

$$\frac{u_0}{l} \cdot \frac{\partial u_*}{\partial x_*} + \frac{u_0}{l} \cdot \frac{\partial v_*}{\partial y_*} = 0\,,$$

$$\frac{u_0^2}{l} \cdot u_* \frac{\partial u_*}{\partial x_*} + \frac{u_0^2}{l} \cdot v_* \frac{\partial u_*}{\partial y_*} - \gamma g(T_W - T_\delta)\vartheta - \nu\frac{u_0}{l^2} \cdot \frac{\partial^2 u_*}{\partial y_*^2} = 0 \quad \text{und}$$

$$\frac{u_0}{l} \cdot (T_W - T_\delta) \cdot u_* \frac{\partial \vartheta}{\partial x_*} + \frac{u_0}{l} \cdot (T_W - T_\delta) \cdot v_* \frac{\partial \vartheta}{\partial y_*} - \frac{\lambda}{\rho c_p} \cdot \frac{(T_W - T_\delta)}{l^2} \cdot \frac{\partial^2 \vartheta}{\partial y_*^2} = 0\,.$$

Daraus entsteht

$$\frac{\partial u_*}{\partial x_*} + \frac{\partial v_*}{\partial y_*} = 0\,,$$

$$u_*\frac{\partial u_*}{\partial x_*} + v_*\frac{\partial u_*}{\partial y_*} - \frac{\gamma g l(T_W - T_\delta)}{u_0^2} \cdot \vartheta - \frac{1}{Re} \cdot \frac{\partial^2 u_*}{\partial y_*^2} = 0\,,$$

$$u_*\frac{\partial \vartheta}{\partial x_*} + v_*\frac{\partial \vartheta}{\partial y_*} - \frac{1}{Pr \cdot Re} \cdot \frac{\partial^2 \vartheta}{\partial y_*^2} = 0\,.$$

Man erkennt, dass die Wahl von u_0 beliebig ist. Beispielsweise könnte

$$u_0 := (\gamma g l(T_W - T_\delta))^{\frac{1}{2}}$$

gesetzt werden.

Mit der Impulserhaltung entstehen neue Kennzahlen:

$$\frac{\gamma g l (T_{\mathrm{W}} - T_\delta)}{u_0^2} = \frac{\gamma g l^3 (T_{\mathrm{W}} - T_\delta) \cdot v^2}{u_0^2 \cdot l^2 \cdot v^2} = \frac{\gamma g l^3 (T_{\mathrm{W}} - T_\delta)}{v^2} \cdot \left(\frac{v}{u_0 \cdot l} \right)^2 = \frac{Gr}{Re^2} =: Ar \, .$$

Dabei bezeichnet

$$Gr = \frac{\gamma g l^3 (T_{\mathrm{W}} - T_\delta)}{v^2}$$

die Grashof-Zahl und Ar die Archimedes-Zahl.

Man muss betonen, dass l eine charakteristische Länge bezeichnet. Für eine freie Konvektion entlang einer Wand verwendet man meist die Wandhöhe, bei einem langen Rohr hingegen beispielsweise den Durchmesser.

Die Grashof-Zahl ist auch bei Kühlung ($T_{\mathrm{W}} < T_\delta$) positiv, denn g muss in diesem Fall, wie schon oben erwähnt, durch $-g$ ersetzt werden.

Wie wir wissen, stellt die Reynolds-Zahl das Verhältnis zwischen Trägheitskraft und Reibungskraft dar. Die Grashof-Zahl hingegen bezeichnet das Verhältnis zwischen Auftrieb und Reibungskraft. Genauer gilt:

$$Gr = \frac{F_{\mathrm{Auftrieb}}}{F_{\mathrm{Reibung}}} \cdot \frac{F_{\mathrm{Trägheit}}}{F_{\mathrm{Reibung}}} \, .$$

Somit ist die Archimedes-Zahl das Verhältnis zwischen Auftrieb und Trägheitskraft. (Beides soll in Übung 13 durch eine Dimensionsanalyse bestätigt werden.)

Damit ist die Archimedes-Zahl ein Maß für den freien Konvektionsanteil an der gesamten Konvektion. Bei erzwungener Konvektion gilt $Re \gg 1$ und $Ar \ll 1$, hingegen bei der freien Konvektion $Re \ll 1$ und $Ar \gg 1$. Diesen Zusammenhang erkennt man auch aus der dimensionslosen Darstellung der Impulserhaltung

$$u_* \frac{\partial u_*}{\partial x_*} + v_* \frac{\partial u_*}{\partial y_*} - \frac{Gr}{Re^2} \cdot \vartheta - \frac{1}{Re} \cdot \frac{\partial^2 u_*}{\partial y_*^2} = 0 \, .$$

Bei vernachlässigbarer freier Konvektion geht diese Gleichung über in (4.17).

Zur Lösung der Grenzschichtgleichungen (5.5)–(5.7) setzen wir wie schon einige Male zuvor eine Stromfunktion ψ mit $u = \frac{\partial \psi}{\partial y}$ und $v = -\frac{\partial \psi}{\partial x}$ an. Dieser Ansatz erfüllt (5.5).

Weiter wählen wir folgende Transformationen:

$$\xi(x, y) = A \cdot \frac{y}{x^{\frac{1}{4}}}, \quad f(\xi) = \frac{\psi}{4 v A \cdot x^{\frac{3}{4}}} \quad \text{mit} \quad A = \left[\frac{\gamma g (T_{\mathrm{W}} - T_\delta)}{4 v^2} \right]^{\frac{1}{4}} \quad \text{und} \quad \vartheta = \frac{T - T_\delta}{T_{\mathrm{W}} - T_\delta} \, .$$

Außerdem setzen wir $f'(\xi) = \frac{u(\xi)}{u_0}$ mit $u_0 := 2(\gamma g x (T_{\mathrm{W}} - T_\delta))^{\frac{1}{2}}$.

Zuerst bestimmen wir

$$u = \psi_y = 4 v A \cdot x^{\frac{3}{4}} \cdot f' \cdot \frac{A}{x^{\frac{1}{4}}} = 4 v A^2 \cdot x^{\frac{1}{2}} \cdot f' \, .$$

Weiter folgen

$$v = -\psi_x = 4\nu A \cdot \left[-\frac{1}{4} \cdot f' \cdot Ay \cdot x^{-\frac{5}{4}} \cdot x^{\frac{3}{4}} + \frac{3}{4} \cdot f \cdot x^{-\frac{1}{4}} \right] = -\nu A \cdot \left[3x^{-\frac{1}{4}} \cdot f - x^{-\frac{1}{2}} Ay \cdot f' \right]$$

$$= -\nu A x^{-\frac{1}{4}} \cdot [3f - \xi \cdot f'] \,,$$

$$\psi_{yy} = 4\nu A^2 \cdot x^{\frac{1}{2}} \cdot f'' \cdot \frac{A}{x^{\frac{1}{4}}} = 4\nu A^3 \cdot x^{\frac{1}{4}} \cdot f'' \,,$$

$$\psi_{yyy} = 4\nu A^3 \cdot x^{\frac{1}{4}} \cdot f''' \cdot \frac{A}{x^{\frac{1}{4}}} = 4\nu A^4 \cdot f''' \quad \text{und}$$

$$\psi_{xy} = 4\nu A^2 \cdot \left[\frac{1}{2} \cdot x^{-\frac{1}{2}} \cdot f' - \frac{1}{4} \cdot x^{\frac{1}{2}} \cdot f'' \cdot Ay \cdot x^{-\frac{5}{4}} \right] = \nu A^2 x^{-\frac{1}{2}} \cdot [2f' - \xi \cdot f''] \,.$$

Gleichung (5.6) schreibt sich dann als $\psi_y \cdot \psi_{xy} - \psi_x \cdot \psi_{yy} - \gamma g(T_W - T_\delta)\vartheta - \nu \cdot \psi_{yyy}$ und man erhält nach Einsetzen aller Ausdrücke

$$4\nu^2 A^4 \cdot f' \cdot [2f' - \xi \cdot f''] - 4\nu^2 A^4 \cdot [3f - \xi \cdot f'] \cdot f'' - \gamma g(T_W - T_\delta)\vartheta - 4\nu^2 A^4 \cdot f''' = 0 \,,$$

$$f' \cdot [2f' - \xi \cdot f''] - [3f - \xi \cdot f'] \cdot f'' - \frac{\gamma g(T_W - T_\delta)\vartheta}{4\nu^2 A^4} - f''' = 0 \,,$$

und schließlich

$$f''' = 2(f')^2 - 3ff'' - \vartheta \,. \tag{5.8}$$

Damit ist auch die Wahl von A rechtfertigt.

Es fehlt noch die Energiegleichung (5.7). Diese lässt sich schreiben als

$$\psi_y \cdot (T_W - T_\delta) \cdot \frac{\partial \vartheta}{\partial \xi} \cdot \frac{\partial \xi}{\partial x} - \psi_x \cdot (T_W - T_\delta) \cdot \frac{\partial \vartheta}{\partial \xi} \cdot \frac{\partial \xi}{\partial y} - \frac{\lambda}{\rho c_p} \cdot (T_W - T_\delta) \cdot \frac{\partial^2 \vartheta}{\partial \xi^2} \cdot \left(\frac{\partial \xi}{\partial y} \right)^2 = 0 \,.$$

Daraus wird nacheinander

$$4\nu A^2 \cdot x^{\frac{1}{2}} \cdot f'\vartheta' \cdot \left(-\frac{1}{4} \cdot Ay \cdot x^{-\frac{5}{4}} \right) - \nu A x^{-\frac{1}{4}} \cdot [3f - \xi \cdot f'] \cdot \vartheta' \cdot \frac{A}{x^{\frac{1}{4}}} - \frac{\lambda}{\rho c_p} \cdot \vartheta'' \cdot \frac{A^2}{x^{\frac{1}{2}}} = 0 \,,$$

$$-\nu A^2 \cdot \xi \cdot f'\vartheta' - \nu A^2 \cdot [3f - \xi \cdot f'] \cdot \vartheta' - \frac{\lambda A^2}{\rho c_p} \cdot \vartheta'' = 0 \,,$$

$$-\xi \cdot f'\vartheta' - [3f - \xi \cdot f'] \cdot \vartheta' - \frac{1}{Pr} \cdot \vartheta'' = 0$$

und schließlich

$$\vartheta'' = -3 \cdot Pr \cdot f\vartheta' \,. \tag{5.9}$$

Die Randbedingungen lauten
I.   Für $y = 0$ ist $u_W = v_W = 0$ und $T = T_W$.
II.   Für $y \to \infty$ ist $u_\delta = v_\delta = 0$ und $T = T_\delta$.

Umgeschrieben auf die dimensionslosen Größen bedeutet das
I.   Für $\xi = 0$ ist $f'(0) = 0$ und $\vartheta(0) = 1$.
II.   Für $\xi \to \infty$ ist $f'(\infty) = 0$ und $\vartheta(\infty) = 0$.

Zusammen mit (5.8) und (5.9) erhält man das zu lösende System

$$f''' = 2(f')^2 - 3ff'' - \vartheta$$
$$\vartheta'' = -3 \cdot Pr \cdot f\vartheta' \qquad (5.10)$$

Bei der Durchführung des folgenden Programms gilt es zu beachten, dass es noch der drei Anfangsbedingungen $f(0)$, $f''(0)$ und $\vartheta'(0)$ bedarf. Dabei ist lediglich $f(0) = 0$ gegeben, denn mit $v_W = 0$ (I. Randbedingung) muss aufgrund von $v = -vAx^{-\frac{1}{4}} \cdot [3f - \xi \cdot f']$ nebst $f'(0) = 0$ auch $f(0) = 0$ sein. Hingegen muss man die Werte von $f''(0)$ und $\vartheta'(0)$ so lange anpassen, bis $f'(\infty) = 0$ und $\vartheta(\infty) = 0$ erreicht wird.

Die Simulation soll für $Pr = 0{,}7$ (Luft) und $Pr = 7$ (Wasser) durchgeführt werden.

Durch Ausprobieren erhält man $f''_{0,7}(0) = 0{,}680$, $\vartheta'_{0,7}(0) = -0{,}502$ für $Pr = 0{,}7$ und

$$f''_7(0) = 0{,}453 , \quad \vartheta'_7(0) = -1{,}060 \quad \text{für} \quad Pr = 7 . \qquad (5.11)$$

Wie bisher entsprechen sich $y_1 = f$, $y_2 = f'$, $y_3 = f''$, $y_4 = \vartheta$ und $y_5 = \vartheta'$. Wie auch in Kapitel 4.7 wird das Temperaturprofil gespiegelt.

Das zugehörige Programm besitzt die Gestalt

```
Define DGL(n)
Prgm
xa:= {x2i}
ya:= {y2i}
xb:= {x4i}
yb:= {y4ii}
x2i:= 0
x4i:= 0
y1i:= 0
y2i:= 0
y3i:= f''(0)
y4i:= 1
y5i:= ϑ'(0)
For i,1,n
x2i:= x2i + 0.01
x4i:= x4i + 0.01
y1i:= y1i + 0.01 · y2i
y2i:= y2i + 0.01 · y3i
y3i:= y3i + (2 · y2i² - 3 · y1i · y3i - y4i) · 0.01
y4i:= y4i + 0.01 · y5i
y5i:= y5i - 3 · Pr · y1i · y5i · 0.01
y4ii:= 1 - y4i
xa:= augment(xa,{x2i})
ya:= augment(ya,{y2i})
```

```
xb:= augment(xb,{x4i})
yb:= augment(yb,{y4ii})
End For
Disp xa, ya, xb, yb
End Prgm
```

In Abb. 5.2 sind die Skalenwerte für f' von unten nach oben markiert und für ϑ von oben nach unten. Man erkennt, dass beide Profile mit kleiner werdender Prandtl-Zahl stärker ausgebildet sind.

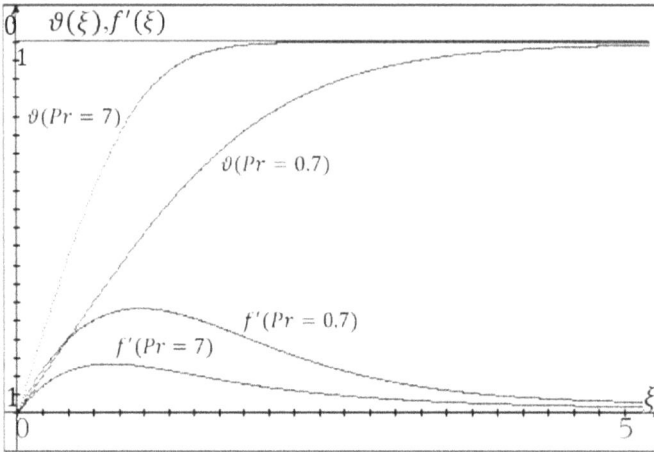

Abb. 5.2: Simulation von (5.10)

Mit Hilfe der vorliegenden numerischen Profile von f' und ϑ können insbesondere die Verläufe von $u(\xi) = 4vA^2 \cdot x^{\frac{1}{2}} \cdot f'(\xi)$ und $T(\xi) = (T_W - T_\delta)\vartheta(\xi) + T_\delta$ ermittelt werden.

Schließlich soll noch die mittlere Nusselt-Zahl für die freie Konvektion bestimmt werden.

Die Wärmestromdichte beträgt

$$\dot{q}_W = -\lambda\left(\frac{\partial T}{\partial y}\right)_W = -\lambda(T_W - T_\delta)\cdot\left(\frac{\partial\vartheta}{\partial\xi}\right)_W\cdot\frac{\partial\xi}{\partial y} = -\lambda(T_W - T_\delta)\cdot\vartheta'(0)\cdot\frac{A}{x^{\frac{1}{4}}}.$$

Der Wärmeübergangskoeffizient ist

$$\alpha = \frac{\dot{q}_W}{T_W - T_\delta} = -\frac{\lambda}{x}\cdot\vartheta'(0)\cdot\left(\frac{Gr_x}{4}\right)^{\frac{1}{4}}$$

und für die örtliche Nusselt-Zahl erhält man $Nu_x = \frac{\alpha x}{\lambda} = -(\frac{Gr_x}{4})^{\frac{1}{4}}\cdot\vartheta'(0)$ und schließlich

$$\frac{Nu_x}{\left(\frac{Gr_x}{4}\right)^{\frac{1}{4}}} = -\vartheta'(0).$$

Nun muss man in langwierigen Simulationen für viele Prandtl-Zahlen den entsprechenden Wert $\vartheta'_{Pr}(0)$ wie oben im Programm durch Ausprobieren bestimmen, alle Werte auftragen und durch eine (monoton fallende) Funktion $h(Pr)$ möglichst gut approximieren. Man erhält

$$\vartheta'_{Pr}(0) = h(Pr) = -\frac{0{,}676 \cdot Pr^{\frac{1}{2}}}{(0{,}861 + Pr)^{\frac{1}{4}}} \; .$$

Warum

$$h(Pr) \sim \frac{Pr^{\frac{1}{2}}}{(\mu + Pr)^{\frac{1}{4}}}$$

gilt, wird im nächsten Kapitel ersichtlich. Für $Pr = 0{,}7$ und $Pr = 7$ ergibt sich $\vartheta'_{0{,}7}(0) = -0{,}506$ bzw. $\vartheta'_{7}(0) = -1{,}068$ und damit eine gute Übereinstimmung mit den beiden Werten von (5.11).

Eine mittlere Nusselt-Zahl ermittelt man durch Mittelung des Wärmeübergangskoeffizienten:

$$\alpha_{\mathrm{m}} = \frac{1}{x} \int_0^x \alpha(x)\, dx = -\frac{\lambda}{x} \cdot \vartheta'(0) \cdot A \int_0^x x^{-\frac{1}{4}}\, dx = -\frac{\lambda}{x} \cdot \vartheta'(0) \cdot \frac{4}{3} \cdot A x^{\frac{3}{4}} = \frac{4}{3}\alpha(x) \; . \quad (5.12)$$

Mit $x = l$ ist $Nu_{\mathrm{m}} = \frac{\alpha_{\mathrm{m}} l}{\lambda}$, $Gr_l = \frac{\gamma g l^3 (T_{\mathrm{w}} - T_\delta)}{\nu^2}$ und man erhält

$$\frac{Nu_{\mathrm{m}}}{\left(\frac{Gr_l}{4}\right)^{\frac{1}{4}}} = -\frac{4}{3}\vartheta'(0) \quad \text{oder}$$

$$\frac{Nu_{\mathrm{m}}}{\left(\frac{Gr_l}{4}\right)^{\frac{1}{4}}} = \frac{0{,}901 \cdot Pr^{\frac{1}{2}}}{(0{,}861 + Pr)^{\frac{1}{4}}} \; . \quad (5.13)$$

Diese Gleichung erfasst die Abhängigkeit der drei Kennzahlen Nu_{m}, Gr_l und Pr.

5.3 Näherung des Geschwindigkeits- und Temperaturprofils durch Polynomfunktionen

Wie auch schon in vorangehenden Kapiteln sind wir mit dem Problem konfrontiert, dass Geschwindigkeits- und Temperaturprofil nur numerisch vorliegen. Zudem besitzen wir keine Information über die jeweilige Grenzschichtdicke. Abermals müssen wir zuerst die Gleichungen (5.6) und (5.7) in eine Integralform umwandeln, dann die beiden Profile durch Polynome annähern und die entstehenden Integrale auswerten. Dies führen wir im Einzelnen aus.

Als Erstes schreiben wir die Kontinuitätsgleichung wie in Kapitel 3.6 um zu

$$v(x, y) = -\int_0^y \frac{\partial u}{\partial x}\, dy \; .$$

Diesen Ausdruck setzen wir in (5.6) ein, integrieren die Gleichung gleichzeitig von Null bis δ_S und erhalten

$$\int_0^{\delta_S}\left(u\frac{\partial u}{\partial x}\right)dy - \int_0^{\delta_S}\left(\int_0^y \frac{\partial u}{\partial x}\,dy\right)\frac{\partial u}{\partial y}\,dy - yg\int_0^{\delta_S}(T - T_\delta)\,dy - v\int_0^{\delta_S}\frac{\partial^2 u}{\partial y^2}\,dy = 0\,.$$

Das Doppelintegral lösen wir mit partieller Integration unter Beachtung, dass $u(\delta_S) = 0$.

Das ergibt nacheinander

$$\frac{1}{2}\int_0^{\delta_S}\frac{d}{dx}(u^2)\,dy - \left[u\int_0^y\frac{\partial u}{\partial x}\,dy\right]_0^{\delta_S} + \int_0^{\delta_S}\left(u\frac{\partial u}{\partial x}\right)dy - yg\int_0^{\delta_S}(T - T_\delta)\,dy - v\left(\frac{\partial u}{\partial y}\right)_W = 0\,,$$

$$\frac{1}{2}\int_0^{\delta_S}\frac{d}{dx}(u^2)\,dy + \frac{1}{2}\int_0^{\delta_S}\frac{d}{dx}(u^2)\,dy - yg\int_0^{\delta_S}(T - T_\delta)\,dy - v\left(\frac{\partial u}{\partial y}\right)_W = 0 \quad \text{und}$$

$$\frac{d}{dx}\int_0^{\delta_S}u^2\,dy - yg\int_0^{\delta_S}(T - T_{\delta_T})\,dy - v\left(\frac{\partial u}{\partial y}\right)_W = 0\,. \tag{5.14}$$

Die Energiegleichung in integraler Form liegt schon vor. Denn (5.7) ist mit (4.19) identisch. Somit übernehmen wir das Ergebnis (4.28) in der Form

$$\frac{d}{dx}\left[\int_0^{\delta_T}u(T - T_{\delta_T})\,dy\right] + k\left(\frac{\partial T}{\partial y}\right)_W = 0 \quad \text{mit} \quad k = \frac{\lambda}{\rho c_p}\,. \tag{5.15}$$

Wie man sieht, wird in (5.14) und (5.15) noch explizit zwischen δ_S und δ_T unterschieden.

Es zeigt sich, dass man $\delta_S \approx \delta_T \approx \delta$ setzen kann und der Fehler dabei relativ klein ist.

Für das Temperaturprofil setzen wir nur ein quadratisches Polynom an:

$$\vartheta(x, y) = a + b\left(\frac{y}{\delta}\right) + c\left(\frac{y}{\delta}\right)^2\,.$$

Die Randbedingungen lauten

I. $\vartheta = 1$ für $y = 0$,

II. $\vartheta = 0$ für $y = \delta$ und

III. $\dfrac{\partial \vartheta}{\partial y} = 0$ für $y = \delta$.

Man erhält $a = 1$ aus I. und das System

$$1 + b + c = 0\,,$$

$$b + 2c = 0\,.$$

Dies führt zu $b = -2$, $c = 1$ und dem Profil

$$\vartheta(x, y) = \left(1 - \frac{y}{\delta}\right)^2 = \frac{T - T_\delta}{T_W - T_\delta}\,. \tag{5.16}$$

Bemerkung. Die Auswertung von (5.7) an der Wand liefert die Bedingung $\frac{\partial^2 T}{\partial y^2} = 0$ oder $\frac{\partial^2 \vartheta}{\partial y^2} = 0$. Damit könnten wir ein Polynom 3. Grades ansetzen, aber die Rechnung liefert ein schlechteres Ergebnis. Um die Bedingung zu verwenden, müsste man für das Temperaturprofil folglich andersartige Näherungsfunktionen in Betracht ziehen.

Das Geschwindigkeitsprofil muss aufgrund der Form durch ein Polynom mindestens 3. Grades angenähert werden:

$$\frac{u}{v_0}(x, y) = a + b\left(\frac{y}{\delta}\right) + c\left(\frac{y}{\delta}\right)^2 + d\left(\frac{y}{\delta}\right)^2 .$$

Dabei ist v_0 irgendeine Bezugsgeschwindigkeit. Als Randbedingungen ergeben sich

I. $u = 0$ für $y = 0$,

II. $\dfrac{\partial^2 u}{\partial y^2} = \dfrac{\partial^2 u}{\partial y^2} = -\dfrac{yg(T_W - T_\delta)}{\nu} =: -\beta$ für $y = 0$,

III. $u = 0$ für $y = \delta$ und

IV. $\dfrac{\partial u}{\partial y} = 0$ für $y = \delta$.

Die 2. Randbedingung erhält man durch Auswerten von (5.6) an der Wand.
Aus I. folgt $a = 0$ und darauf das Gleichungssystem

$$2cv_0 = -\beta\delta^2$$
$$b + c + d = 0$$
$$b + 2c + 3d = 0 .$$

Man erhält $b = \frac{\beta\delta^2}{4v_0}$, $c = -2b$, $d = b$ und die Lösung

$$\frac{u}{v_0} = \frac{\beta\delta^2}{4v_0} \cdot \frac{y}{\delta}\left(1 - \frac{y}{\delta}\right)^2 \quad \text{oder} \quad u = \frac{\beta\delta^2}{4} \cdot \frac{y}{\delta}\left(1 - \frac{y}{\delta}\right)^2 .$$

Als dimensionsloses Profil kann man nun

$$\frac{u}{u_0} = \frac{y}{\delta}\left(1 - \frac{y}{\delta}\right)^2 \quad \text{mit} \quad u_0 = s\beta\delta^2 , \quad s \in \mathbb{R} \tag{5.17}$$

ansetzen.

Damit kann man auch die Höhe maximaler Geschwindigkeit angeben. Aus

$$\frac{\partial}{\partial y}\left(\frac{u}{u_0}\right) = \frac{1}{\delta^3}(y - \delta)(3y - \delta)$$

folgt $y_{\max} = \frac{\delta}{3}$. Die zugehörige Geschwindigkeit beträgt dann

$$u_{\max} = \frac{4}{27}u_0 . \tag{5.18}$$

Nun wird (5.16) und (5.17) in (5.14) eingesetzt. Dies führt zu

$$\frac{d}{dx}\int_0^\delta u_0^2\left[\left(\frac{y}{\delta}\right)^2\left(1-\frac{y}{\delta}\right)^4\right]dy - yg(T_W - T_\delta)\int_0^\delta\left(1-\frac{y}{\delta}\right)^2 dy$$

$$- vu_0\frac{\partial u}{\partial y}\left[\frac{y}{\delta}\left(1-\frac{y}{\delta}\right)^2\right]_W = 0$$

und

$$\frac{1}{105}\cdot\frac{d}{dx}\left(u_0^2\delta\right) - \frac{yg(T_W - T_\delta)}{3}\cdot\delta - \frac{vu_0}{\delta} = 0\,. \tag{5.19}$$

Nach dem Einsetzen von (5.16) und (5.17) in (5.15) entsteht nacheinander

$$(T_W - T_\delta)\cdot\frac{d}{dx}\left[u_0\int_0^\delta u\vartheta\,dy\right] + k(T_W - T_\delta)\cdot\left(\frac{\partial\vartheta}{\partial y}\right)_W = 0\,,$$

$$\frac{d}{dx}\left(u_0\int_0^\delta\left[\frac{y}{\delta}\left(1-\frac{y}{\delta}\right)^4\right]dy\right) + k\cdot\frac{\partial u}{\partial y}\left[\left(1-\frac{y}{\delta}\right)^2\right]_W = 0$$

und

$$\frac{1}{30}\cdot\frac{d}{dx}(u_0\delta) - \frac{2k}{\delta} = 0\,. \tag{5.20}$$

Da aufgrund von (5.17) $u_0 \sim \delta^2$, muss aus (5.20) $\frac{d}{dx}(\delta^3) \sim \delta^{-1}$ folgen. Der Ansatz $\delta(x) \sim x^n$ liefert dann $\frac{d\delta^3}{dx} \sim x^{3n-1} \sim x^{-n}$ und daraus $n = \frac{1}{4}$. Somit erhalten wir $\delta(x) = C_1\cdot x^{\frac{1}{4}}$ und $u_0(x) = C_2\cdot x^{\frac{1}{2}}$, die in (5.19) und (5.20) eingefügt werden können.

Es ergibt sich

$$\frac{1}{105}\cdot\frac{5}{4}\cdot C_1 C_2^2\cdot x^{\frac{1}{4}} - \frac{yg(T_W - T_\delta)}{3}\cdot C_1\cdot x^{\frac{1}{4}} - v\cdot\frac{C_2}{C_1}\cdot x^{\frac{1}{4}} = 0\,. \tag{5.21}$$

$$\frac{1}{30}\cdot\frac{3}{4}\cdot C_1 C_2\cdot x^{-\frac{1}{4}} - \frac{2k}{C_1}\cdot x^{-\frac{1}{4}} = 0\,. \tag{5.22}$$

Aus (5.22) erhält man $C_2 = \frac{80k}{C_1^2}$, das man in (5.21) einsetzen kann. Dies führt zu

$$\frac{1600\cdot k^2}{21\cdot C_1^3} - \frac{yg(T_W - T_\delta)}{3}\cdot C_1 - \frac{80kv}{C_1^3} = 0$$

und aufgelöst

$$C_1 = \left[\frac{\frac{1600}{7}\cdot k^2 + 240kv}{yg(T_W - T_\delta)}\right]^{\frac{1}{4}} = \left[\frac{\frac{1600}{7}\cdot\frac{k^2}{v^2} + 240\cdot\frac{k}{v}}{\frac{yg(T_W-T_\delta)}{v^2}}\right]^{\frac{1}{4}}\,.$$

Mit $\frac{k}{v} = \frac{1}{Pr}$ folgt

$$C_1 = \left[\frac{1}{Pr^2}\left(\frac{1600}{7} + 240 \cdot Pr\right)\right]^{\frac{1}{4}} \cdot \left[\frac{yg(T_W - T_\delta)}{v^2}\right]^{-\frac{1}{4}}$$

$$= 3{,}936 \cdot \left(\frac{20}{21} + Pr\right)^{\frac{1}{4}} \cdot Pr^{-\frac{1}{2}} \cdot \left[\frac{yg(T_W - T_\delta)}{v^2}\right]^{-\frac{1}{4}} \quad \text{und}$$

$$C_2 = \frac{80 \cdot \frac{v}{Pr}}{3{,}936^2 \cdot \left(\frac{20}{21} + Pr\right)^{\frac{1}{2}} \cdot Pr^{-1} \cdot \left[\frac{yg(T_W - T_\delta)}{v^2}\right]^{-\frac{1}{2}}}$$

$$= 5{,}164 \cdot \left(\frac{20}{21} + Pr\right)^{-\frac{1}{2}} \cdot [yg(T_W - T_\delta)]^{\frac{1}{2}} \ .$$

Damit folgt die Grenzschichtdicke von Geschwindigkeit und Temperatur zu

$$\delta(x) = 3{,}936 \cdot (0{,}952 + Pr)^{\frac{1}{4}} \cdot Pr^{-\frac{1}{2}} \cdot \left[\frac{yg(T_W - T_\delta)}{v^2}\right]^{-\frac{1}{4}} \cdot x^{\frac{1}{4}} \ . \tag{5.23}$$

Dies schreibt sich auch als

$$\frac{\delta(x)}{x} = 3{,}936 \cdot \frac{(0{,}952 + Pr)^{\frac{1}{4}}}{Pr^{\frac{1}{2}} \cdot Gr_x^{\frac{1}{4}}} \quad \text{oder} \quad Gr_x^{\frac{1}{4}} = \frac{3{,}936 \cdot x \cdot (0{,}952 + Pr)^{\frac{1}{4}}}{\delta \cdot Pr^{\frac{1}{2}}} \tag{5.24}$$

Aus

$$\alpha = \frac{\dot{q}_W}{T_W - T_\delta} = -\frac{1}{T_W - T_\delta} \cdot \lambda \left(\frac{\partial T}{\partial y}\right)_W = -\lambda \left(\frac{\partial \vartheta}{\partial y}\right)_W$$

folgt mit (5.16) $\alpha = \frac{2\lambda}{\delta}$. Die lokale Nusselt-Zahl beträgt $Nu_x = \frac{\alpha(x) \cdot x}{\lambda} = \frac{2x}{\delta}$. Mit (5.24) erhält man

$$\frac{Nu_x}{Gr_x^{\frac{1}{4}}} = \frac{0{,}508 \cdot Pr^{\frac{1}{2}}}{(0{,}952 + Pr)^{\frac{1}{4}}} \ .$$

Mit Hilfe von (5.12) ergibt sich endlich

$$\frac{Nu_m}{Gr_l^{\frac{1}{4}}} = \frac{0{,}678 \cdot Pr^{\frac{1}{2}}}{(0{,}952 + Pr)^{\frac{1}{4}}} \quad \text{oder} \quad \frac{Nu_m}{\left(\frac{Gr_l}{4}\right)^{\frac{1}{4}}} = \frac{0{,}958 \cdot Pr^{\frac{1}{2}}}{(0{,}952 + Pr)^{\frac{1}{4}}} \ .$$

Im Vergleich zu (5.13) ist die Abweichung klein.

Wählt man $s = \frac{7Pr}{20 + 21Pr}$, so erreicht man, dass $u_0 = C_2 \cdot x^{\frac{1}{2}}$ mit $u_0 = s\beta\delta^2$ von (5.17) übereinstimmt.

Beispiel 1. Eine 5 m hohe Hauswand wird von der Sonne bestrahlt (Abb. 5.3 links). Es bildet sich eine Lufttemperatur von $T_a = 20\,°C$ und eine Wandtemperatur von $T_W = 40\,°C$ aus. Die zugehörigen Stoffwerte der Luft bei der Bezugstemperatur 30 °C entnehmen Sie aus der Tabelle am Ende von Kapitel 4.6. Luft soll als ideales Gas behandelt werden.

a) Gesucht ist die durch freie Konvektion von der Luft auf die Wand übertragene Wärmestromdichte.

b) Führen Sie eine Wärmestrombilanz an der Außenwand durch. Berücksichtigen Sie die in a) berechnete konvektive Wärmestromdichte, die von der Wand nach innen weitergeleitete und die von der Wand nach außen abgestrahlte Wärmestromdichte. Bestimmen Sie daraus die von der Sonne einfallende Wärmestromdichte. Benutzen Sie dazu folgende Angaben:
Wanddicke und Temperatur im Innenraum betragen $d = 0,4\,\text{m}$ bzw. $T_i = 25\,°\text{C}$. Die Wärmeleitfähigkeit des Betons ist $\lambda_B = 1\,\frac{\text{W}}{\text{mK}}$ und der Wärmeübergangskoeffizient (Konvektion und Strahlung) von der Innenwand zur Luft im Innenraum beträgt $\alpha_i = 7,5\,\frac{\text{W}}{\text{m}^2\text{K}}$. Weiter ist die Wand aus hellgrauem Beton gefertigt, so dass der Emissionsgrad $\varepsilon = 0,93$ und der Absorptionsgrad $55\,\%$ betragen.

c) Bestimmen Sie die Grenzschichtdicke für $l = 1\,\text{m}$ und am Ende der Hauswand.

d) Gesucht sind die Funktionen $u_{\text{max}}(x)$, $u_{\text{mitt}}(x)$ für die maximale bzw. mittlere Geschwindigkeit in Abhängigkeit der Lauflänge x und die mittleren Geschwindigkeiten für $l = 1\,\text{m}$ und am Ende der Hauswand.

e) Bestimmen Sie das Temperaturprofil $T(x, y)$.

Lösung:

a) Für ein ideales Gas gilt $\gamma = \frac{1}{303,15\,\text{K}}$. Die Grashof-Zahl folgt gemäß Kapitel 5.2 zu

$$Gr = \frac{1}{303,15} \cdot \frac{9,81 \cdot 5^3 \cdot (313,15 - 293,15)}{(1,630 \cdot 10^{-5})^2} = 3,04 \cdot 10^{11}$$

und mit Hilfe von (5.13) erhält man $Nu_m = 356,27$. Der über einer Strecke von 5 m gemittelte Wärmeübergangskoeffizient ist dann

$$\alpha_a = \frac{Nu_m \cdot \lambda}{l} = \frac{356,27 \cdot 0,0265}{5} = 1,89\,\frac{\text{W}}{\text{m}^2\text{K}}$$

und für die Wärmestromdichte in Folge der Konvektion erhält man

$$\dot{q}_K = \alpha_a \cdot (T_{Wa} - T_a) = 1,89 \cdot (313,15 - 293,15) = 37,83\,\frac{\text{W}}{\text{m}^2}\,.$$

b) Schon im 4. Band sind Wärmeleitung und Wärmeübergänge mit einem Konvektions- und einem Strahlungsanteil behandelt worden. Aufgrund der fehlenden Grenzschichttheorie musste dabei der Wärmeübergangskoeffizient immer angegeben werden. Im selben Band finden sich auch alle Erklärungen zu den folgenden Strahlungsbegriffen und Formeln.
55 % der einfallenden Leistung $\dot{q}_S$ werden absorbiert, was die Wärmestromdichte $\dot{q}_A$ an der Außenwand erzeugt. Ein Teil $\dot{q}_R$ von $\dot{q}_A$ wird in die Umgebungsluft reflektiert und ein Teil $\dot{q}_L$ wird durch Wärmeleitung ins Innere der Wand transportiert. Die Bilanz an der Wand lautet demnach

$$\dot{q}_A + \dot{q}_K - \dot{q}_R - \dot{q}_L = 0 \quad \text{oder} \quad 0,55 \cdot \dot{q}_S + \dot{q}_K = \dot{q}_R + \dot{q}_L\,.$$

Es gilt (vgl. 4. Band)

$$\dot{q}_L = \frac{T_{Wa} - T_i}{\frac{1}{\alpha_i} + \frac{d}{\lambda_B}} = \frac{313,15 - 298,15}{\frac{1}{7,5} + \frac{0,4}{1}} = 28,13 \,\frac{W}{m^2} \; .$$

Daraus kann man noch die Temperatur T_{Wi} an der Innenwand zu $T_{Wi} = T_{Wa} -$ $\dot{q}_L \frac{d}{\lambda_B} = 28{,}75\,°C$ bestimmen.

Für die abgestrahlte Leistungsdichte der Außenwand gilt nach dem Gesetz von Stefan-Boltzmann

$$\dot{q}_R = \varepsilon \cdot \sigma \cdot \left(T_{Wa}^4 - T_a^4\right) = 0{,}93 \cdot 5{,}67 \cdot 10^{-8} \cdot (313{,}15^4 - 293{,}15^4)$$

$$= 117{,}65 \,\frac{W}{m^2}$$

mit der Konstante $\sigma = 5{,}67 \cdot 10^{-8} \frac{W}{m^2 K^4}$. Dabei wurde beachtet, dass die Umgebungsluft ihrerseits Wärmestrahlung zurück zur Wand abgibt.

Die Bilanzgleichung liefert demnach $\dot{q}_S = 196{,}28 \frac{W}{m^2}$.

Man kann noch den Wärmeübergangskoeffizienten an der Außenwand angeben. Dieser setzt sich aus dem konvektiven und dem strahlenden Teil zusammen:

$$\alpha_a = \alpha_{a,K} + \alpha_{a,R} = \frac{\dot{q}_K}{T_{Wa} - T_a} + \frac{\dot{q}_R}{T_{Wa} - T_a} = \frac{37{,}83 + 117{,}65}{20} = 7{,}77 \,\frac{W}{m^2 K} \; .$$

c) Mit (5.23) folgt $\delta(x) = 0{,}024 \cdot x^{\frac{1}{4}}$ und damit $\delta(1) = 2{,}40\,cm$ und $\delta(5) = 3{,}59\,cm$. Daran erkennt man, dass die Grenzschichtdicken bei freier Konvektion um ein Vielfaches größer als bei erzwungener Konvektion werden.

d) Aus (5.18) folgt

$$u_{max} = \frac{4}{27} u_0$$

$$= \frac{4}{27} \cdot 5{,}164 \cdot \left(\frac{20}{21} + 0{,}7134\right)^{-\frac{1}{2}} \cdot \left[\frac{1}{303{,}15\,K} \cdot 9{,}81 \cdot 20\right]^{\frac{1}{2}} \cdot x^{\frac{1}{2}} = 0{,}48 \cdot x^{\frac{1}{2}} \; .$$

Weiter gilt mit (5.17)

$$u_{mitt}(x) = \frac{1}{\delta(x)} \int_0^{\delta(x)} u(x)\,dy = \frac{u_0}{\delta} \int_0^{\delta} \left[\frac{y}{\delta}\left(1 - \frac{y}{\delta}\right)^2\right] dy = \frac{u_0}{12} = 0{,}27 \cdot x^{\frac{1}{2}} \; .$$

Damit erhält man $u_{mitt}(1) = 0{,}27\,\frac{m}{s}$, $u_{mitt}(5) = 0{,}60\,\frac{m}{s}$.

e) Gleichung (5.16) führt mit dem Ergebnis aus c) zu

$$T(x,y) = \left(1 - \frac{y}{\delta}\right)^2 \cdot (T_{Wa} - T_a) + T_a = \left(1 - 41{,}97 \cdot x^{-\frac{1}{4}} y\right)^2 \cdot 20 + 293{,}15 \; .$$

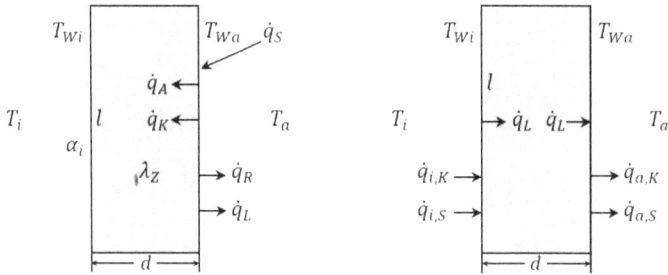

Abb. 5.3: Skizzen zu den Beispielen 1 und 2

Beispiel 2. Eine 3 m hohe und $d = 0,3$ m dicke Hauswand besitzt nachts die Außentemperatur $T_{Wa} = 5\,°C$. Die Lufttemperatur beträgt $T_a = -5\,°C$ (Abb. 5.3 rechts).

a) Wie lautet die Wärmestrombilanz an der Außen- bzw. Innenwand ohne Strahlungseffekte?

b) Berechnen Sie die Wärmestromdichte $\dot{q}_{a,K}$ an der Außenwand infolge von Konvektion.

c) Wie groß wird die Temperatur T_{Wi} an der Innenwand, falls die Leitfähigkeit der Betonwand $\lambda_B = 1,5\,\frac{W}{mK}$ beträgt.

d) Bestimmen Sie die Innentemperatur T_i, so dass die Wärmestromdichte $\dot{q}_L$ innerhalb der Mauer einzig durch die Konvektionsstromdichte $\dot{q}_{i,K}$ an der Innenwand aufrecht erhalten wird und man fordert, dass bei beiden Wandseiten mit gleichen Wärmeübergangszahlen zu rechnen ist.

e) Wiederholen Sie alle Teilaufgaben a) bis d) unter Berücksichtigung von Strahlungseffekten. Der Emissionsgrad an der Innenwand ist $\varepsilon = 0,93$. Bestimmen Sie die Innentemperatur T_i zuerst mit der Forderung gleicher Wärmeübergangszahlen und danach für den Fall, dass aufgrund eines Lecks auf der gesamten inneren Wand eine dünne Ölschicht aufliegt und dadurch der Emissionsgrad der Innenwand auf den Wert $\varepsilon = 0,55$ sinkt.

Lösung:

I. Ohne Strahlung.

a) Die Bilanzen an der Außen- bzw. Innenwand lauten $\dot{q}_{a,K} = \dot{q}_L$ bzw. $\dot{q}_{i,K} = \dot{q}_L$, woraus $\dot{q}_{a,K} = \dot{q}_{i,K}$ folgt.

b) Die Bezugstemperatur beträgt $T_B = 0\,°C$ und die entsprechenden Stoffwerte können der Tabelle am Ende von Kapitel 4.6 entnommen werden. Mit $y = \frac{1}{273,15\,K}$ erhält man

$$Gr = \frac{1}{273,15} \cdot \frac{9,81 \cdot 3^3 \cdot (278,15 - 268,15)}{(1,352 \cdot 10^{-5})^2} = 5,30 \cdot 10^{10}$$

und unter Verwendung von (5.13) $Nu_\mathrm{m} = 231{,}11$. Schließlich ergibt sich

$$\dot{q}_{\mathrm{a,K}} = \frac{Nu_\mathrm{m} \cdot \lambda \cdot (T_\mathrm{W} - T_\mathrm{a})}{l} = \frac{231{,}11 \cdot 0{,}0242 \cdot (278{,}15 - 268{,}15)}{3}$$
$$= 18{,}64 \, \frac{\mathrm{W}}{\mathrm{m}^2}$$

mit einem Wärmeübergangskoeffizienten von $\alpha_{\mathrm{a,K}} = 1{,}86 \, \frac{\mathrm{W}}{\mathrm{m}^2\mathrm{K}}$.

c) Aus $\dot{q}_{\mathrm{i,K}} = \dot{q}_\mathrm{L} = \frac{T_\mathrm{Wi} - T_\mathrm{Wa}}{\frac{d}{\lambda_\mathrm{B}}}$ folgt

$$T_\mathrm{Wi} = T_\mathrm{Wa} + \dot{q}_\mathrm{L} \cdot \frac{d}{\lambda_\mathrm{B}} = 5 + 18{,}64 \cdot \frac{0{,}3}{1{,}5} = 8{,}73 \,^\circ\mathrm{C} \,.$$

d) Da $\alpha_{\mathrm{a,K}} = \alpha_{\mathrm{i,K}}$, gilt mit $\dot{q}_{\mathrm{a,K}} = \dot{q}_{\mathrm{i,K}}$ schlicht $T_\mathrm{i} - T_\mathrm{Wi} = T_\mathrm{Wa} - T_\mathrm{a}$, woraus man $T_\mathrm{i} = 18{,}73 \,^\circ\mathrm{C}$ erhält.

II. Mit Strahlung.

a) Die Bilanzen an der Außen- bzw. Innenwand lauten $\dot{q}_{\mathrm{a,K}} + \dot{q}_{\mathrm{a,S}} = \dot{q}_\mathrm{L}$ bzw. $\dot{q}_{\mathrm{i,K}} + \dot{q}_{\mathrm{i,S}} = \dot{q}_\mathrm{L}$, woraus $\dot{q}_{\mathrm{a,K}} + \dot{q}_{\mathrm{a,S}} = \dot{q}_{\mathrm{i,K}} + \dot{q}_{\mathrm{i,S}}$ folgt.

b) Die Konvektionsstromdichte bleibt unverändert: $\dot{q}_{\mathrm{a,K}} = 18{,}64 \, \frac{\mathrm{W}}{\mathrm{m}^2}$ mit $\alpha_{\mathrm{a,K}} = 1{,}86 \, \frac{\mathrm{W}}{\mathrm{m}^2\mathrm{K}}$.

Zusätzlich erhält man

$$\dot{q}_{\mathrm{a,S}} = \varepsilon \cdot \sigma \cdot \left(T_\mathrm{Wa}^4 - T_\mathrm{a}^4 \right) = 0{,}93 \cdot 5{,}67 \cdot 10^{-8} \cdot (278{,}15^4 - 268{,}15^4) = 43{,}00 \, \frac{\mathrm{W}}{\mathrm{m}^2}$$

mit $\alpha_{\mathrm{a,S}} = 4{,}30 \, \frac{\mathrm{W}}{\mathrm{m}^2\mathrm{K}}$. Insgesamt beträgt die Wärmestromdichte

$$\dot{q}_\mathrm{a} = \dot{q}_{\mathrm{a,K}} + \dot{q}_{\mathrm{a,S}} = 61{,}64 \, \frac{\mathrm{W}}{\mathrm{m}^2} \,.$$

c) Mit $\dot{q}_\mathrm{a} = \dot{q}_\mathrm{L}$ folgt

$$T_\mathrm{Wi} = T_\mathrm{Wa} + \dot{q}_\mathrm{L} \cdot \frac{d}{\lambda_\mathrm{B}} = 5 + 61{,}64 \cdot \frac{0{,}3}{1{,}5} = 17{,}33 \,^\circ\mathrm{C} \,.$$

d) Die Forderung $\alpha_{\mathrm{a,K}} + \alpha_{\mathrm{a,S}} = \alpha_{\mathrm{i,K}} + \alpha_{\mathrm{i,S}}$ führt zu $T_\mathrm{i} = 27{,}33 \,^\circ\mathrm{C}$.

Im Fall der Ölschicht muss T_i zuerst geschätzt werden, beispielsweise $T_\mathrm{i} = 29 \,^\circ\mathrm{C}$.

Die dünne Ölschicht hat dabei auf die gesuchten Temperaturen keinen wesentlichen Einfluss.

Die Bezugstemperatur beträgt $T_\mathrm{B} = 23{,}17 \,^\circ\mathrm{C}$ und die entsprechenden Stoffwerte werden durch Interpolation mit Hilfe der Tabelle in Kapitel 4.6 bestimmt: $\nu = 1{,}565 \cdot 10^{-5} \, \frac{\mathrm{m}^2}{\mathrm{s}}$, $\lambda = 0{,}0259 \, \frac{\mathrm{W}}{\mathrm{mK}}$ und $Pr = 0{,}7153$.

Mit $\gamma = \frac{1}{296,32\,\text{K}}$ ergibt sich $Gr = 4,26 \cdot 10^{10}$ und danach mit Hilfe von (5.13) $Nu_\text{m} = 218,46$. Schließlich folgt

$$\dot{q}_{\text{i,K}} = \frac{218,46 \cdot 0,0259 \cdot (29 - 17,33)}{3} = 22,01\,\frac{\text{W}}{\text{m}^2}$$

$$\text{mit}\quad \alpha_{\text{i,K}} = \frac{22,01}{29 - 17,33} = 1,88\,\frac{\text{W}}{\text{m}^2\text{K}}$$

und

$$\dot{q}_{\text{a,S}} = \varepsilon \cdot \sigma \cdot \left(T_\text{Wa}^4 - T_\text{a}^4\right) = 0,55 \cdot 5,67 \cdot 10^{-8} \cdot (302,15^4 - 290,48^4)$$

$$= 37,89\,\frac{\text{W}}{\text{m}^2}$$

mit $\alpha_{\text{i,S}} = 3,25\,\frac{\text{W}}{\text{m}^2\text{K}}$. Die gesamte Wärmestromdichte beträgt $\dot{q}_\text{i} = \dot{q}_{\text{i,K}} + \dot{q}_{\text{i,S}} = 59,90\,\frac{\text{W}}{\text{m}^2}$, was verglichen mit dem benötigten Wert von $61,64\,\frac{\text{W}}{\text{m}^2}$ etwas zu wenig ist. Eine Wiederholung der Rechnung mit $T_\text{i} = 29,2\,°\text{C}$ liefert

$$\dot{q}_\text{i} = \dot{q}_{\text{i,K}} + \dot{q}_{\text{a,S}} = 22,48 + 38,58 = 61,06\,\frac{\text{W}}{\text{m}^2}\,,$$

was genau genug ist.

Die Wärmeübergangszahl ist dann

$$\alpha_\text{i} = \alpha_{\text{i,K}} + \alpha_{\text{i,S}} = \frac{22,48}{29,2 - 17,33} + \frac{38,58}{29,2 - 17,33} = 5,14\,\frac{\text{W}}{\text{m}^2\text{K}}\,.$$

Zum Vergleich gilt für die Außenwand

$$\alpha_\text{a} = \alpha_{\text{a,K}} + \alpha_{\text{a,S}} = 1,86 + 4,30 = 6,16\,\frac{\text{W}}{\text{m}^2\text{K}}\,.$$

Man erkennt, dass ohne Hinzunahme des Strahlungsanteils falsche Ergebnisse entstehen. Übergangszahlen in Tabellen berücksichtigen also immer Konvektions- und Strahlungseffekte.

Beispiel 3. Ein $l = 1,5\,\text{m}$ hohes Fenster ist doppelt verglast. Die Scheiben befinden sind in einem Abstand d und der Zwischenraum besteht aus Luft. Am Außenglas bildet sich eine Temperatur von $T_\text{a} = 0\,°\text{C}$ und am Innenglas eine Temperatur von $T_\text{i} = 20\,°\text{C}$ aus.

Aufgrund des Temperaturunterschieds beginnt die Luft im Spalt zu zirkulieren.

In dieser Aufgabe interessiert weniger der fließende Wärmestrom, sondern vielmehr die Dicke der sich auf der Innenseite beider Scheiben ausbildende Temperaturgrenzschicht.

Noch eine Bemerkung: Bei einer Einfachverglasung entspricht die Situation dem 2. Beispiel, wenn man dort das Mauerwerk durch die Glasscheibe ersetzt.

a) Wie dick wird die Grenzschicht auf halber Scheibenhöhe und am höchsten Punkt der Glasscheibe?

b) Nun betrachten wir den Zwischenraum auf halber Höhe. Mit δ wird die einseitige Grenzschichtdicke in dieser Höhe bezeichnet. Stellen Sie für die folgenden vier Fälle das qualitative Geschwindigkeits- und das Temperaturprofil auf dieser Höhe entlang der Scheibendicke d dar:

I. $2\delta \gg d$, II. $2\delta > d$, III. $2\delta = d$ und IV. $2\delta < d$.

Lösung:

a) Die Werte bei der Bezugstemperatur T_B = 10 °C entnimmt man der Tabelle am Ende von Kapitel 4.6. Mit $y = \frac{1}{283,15\,K}$ und Gleichung (5.23) folgt

$$\delta(x) = 3,936 \cdot (0,952 + 0,7163)^{\frac{1}{4}} \cdot 0,7163^{-\frac{1}{2}}$$
$$\cdot \left[\frac{1}{283,15} \cdot \frac{9,81 \cdot (293,15 - 273,15)}{(1,442 \cdot 10^{-5})^2} \right]^{-\frac{1}{4}} \cdot x^{\frac{1}{4}}$$
$$= 0,0220 \cdot x^{\frac{1}{4}} \,.$$

Man erhält $\delta(0,75) = 2,05$ cm und $\delta(1,5) = 2,43$ cm.

Bei einem genügend großen Zwischenraum erhält man somit drei Wärmeübergänge: zwei von der Scheibe zur Luft im Inneren und einen Übergang durch Leitung im Zentrum des Spalts.

b) Das Ergebnis aus a) zeigt, dass der Spalt etwa d = 5 cm breit sein muss, damit sich beidseits die volle Grenzschicht ausbilden kann und die Wärmeübertragung mittels Konvektion in vollem Umfang entlang der gesamten Scheibenlänge möglich ist (Abb. 5.4, III. und IV. Fall). In der Praxis hingegen gilt es, gerade dies zu vermeiden, denn je mehr Luft zirkuliert, umso schlechter ist die Isolation. Wird

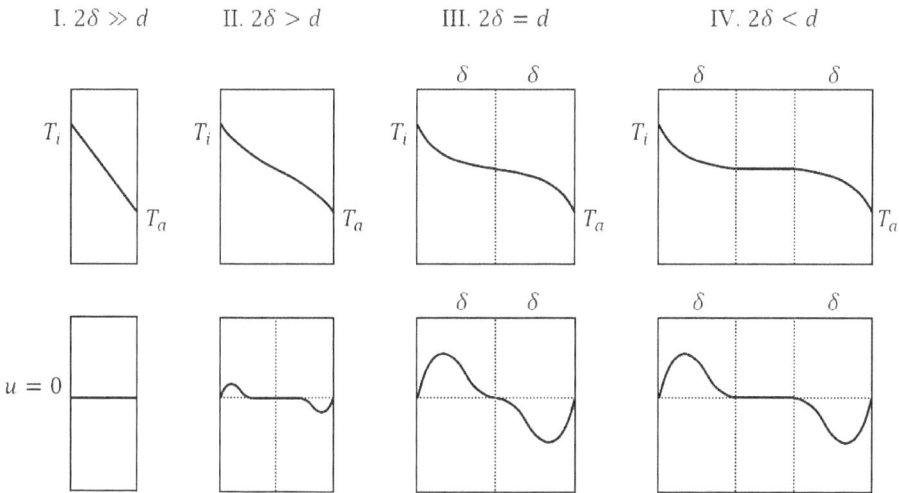

Abb. 5.4: Skizzen zu Beispiel 3

der Scheibenabstand d kleiner, dann sinkt der Konvektionswärmestrom immer weiter und für sehr kleine Zwischenräume wird die Wärme restlos durch Leitung übertragen (Abb. 5.4, I. Fall). Allzu klein darf der Abstand aber auch nicht gewählt werden, weil der Wärmestrom dann anwächst. Bei üblichen Doppelverglasungen ist $d \approx 1,5$ cm und der Zwischenraum ist mit Luft oder Argon gefüllt. Auf den Innenseiten sind die Scheiben zusätzlich mit einer dünnen lichtdurchlässigen, aber wärmereflektierenden Metallschicht versehen. Mitte der 90er Jahre des letzten Jahrhunderts entstanden auch Vakuumisoliergläser.

Aufgabe
Bearbeiten Sie die Übungen 13 und 14.

6 Turbulente Strömungen

Die Turbulenz einer Strömung blieb lange Zeit unverstanden. Es schien unmöglich, einem turbulenten Verhalten irgendeine Gesetzmäßigkeit abzuringen. Der Farbfadenversuch von Reynolds 1883 (erstmals 1854 von Hagen durchgeführt) brachte etwas Licht ins Dunkel. Aus seinen Beobachtungen erkannte Reynolds die drei wesentlichen Größen, die das Verhalten einer Strömung hauptsächlich bestimmen: die kinematische Viskosität v, die mittlere Geschwindigkeit $\bar{u}$ des Fluids und die geometrische Begrenzung, in seinem Fall der Rohrdurchmesser d. Die Kombination der drei Größen zu seiner später nach ihm benannten Reynolds-Zahl lieferten eine weitere Erkenntnis: Strömungen mit gleicher Reynolds-Zahl verhalten sich gleich. (Dies gilt freilich nur, falls die Strömung inkompressibel bleibt und keine weiteren Kräfte wirken, wie beispielsweise eine Auftriebskraft bei der freien Konvektion oder die Gewichtskraft bei einer Gerinneströmung.) Die Folgerung war, dass man eine Strömung im Labor in einem beliebigen Maßstab simulieren, das Verhalten untersuchen und die Ergebnisse auf eine reale Strömung übertragen konnte. Zudem wurde der Übergang von einer laminaren zu einer turbulenten Strömung durch Abreißen seines Farbfadens sichtbar gemacht. Er beobachte, dass mit der Turbulenz gleichzeitig eine Abnahme der mittleren Geschwindigkeit wie auch eine Zunahme des Strömungswiderstands einherging. Dem Umschlag konnte er zudem eine Zahl, die kritische Reynolds-Zahl, zuordnen.

Als Nächstes soll die turbulente Strömung gegenüber der laminaren Strömung in ihren wesentlichen Punkten abgegrenzt werden.

I. Die Turbulenz verläuft dreidimensional.
Dies erkannte bereits Reynolds. Auch wenn die Druckänderung nur in eine Richtung wirkt, erfolgen die Ausgleichsbewegungen beim Übergang zur Turbulenz in alle Raumrichtungen. Auch bei der Grenzschichtströmung sind wir der destabilisierenden Wirkung einer Druckänderung begegnet: Der Ablösepunkt und die darauf einsetzende Turbulenz wurden durch eine Druckerhöhung begünstigt.

II. Turbulenz ist örtlich und zeitlich unregelmäßig.
Zwei Strömungen mit theoretisch gleichen Anfangs- und Randbedingungen werden am selben Messort unterschiedliche Geschwindigkeiten aufweisen. An verschiedenen Orten werden die beiden gemessenen Geschwindigkeiten ebenfalls unterschiedlich groß sein.

III. Turbulenz beinhaltet Wirbel.
Die kinetische Energie wird bei der Turbulenzbildung in den großen Wirbeln gespeichert. Da diese nicht am Ort ihrer Entstehung verharren und weiterströmen, findet sowohl ein Massen- als auch ein Wirbeltransport statt: Größere Wirbel werden in kleinere zerlegt. Dadurch verlieren die Wirbel aufgrund der viskosen Reibung ihre gesamte kinetische Energie, die in Wärme dissipiert wird, bis die turbulente Strömung sich auflöst.

https://doi.org/10.1515/9783110684544-006

Bei der Strömung über eine gekrümmte Platte hatten wir gesehen, dass eine Zunahme des Drucks zur Ablösung der Grenzschicht führt und danach Turbulenz einsetzt. Ist die Wand eben, können Rauheit oder auch Störungen wie Geräusche oder Vibrationen zu einem Umschlag führen. Die Wärmeübertragung durch Konvektion zwischen Fluid und Wand spielt bei der Turbulenzentstehung ebenfalls eine Rolle. Dabei gilt: Fließt Wärme aus dem Fluid heraus, dann sinkt die Turbulenzgefahr, bei Wärmezufuhr steigt die Wahrscheinlichkeit einer Turbulenz.

6.1 Die Stabilität einer laminaren Strömung

Unseren bisherigen, mitunter auch instationären Strömungen, lag die Navier-Stokes-Gleichung zugrunde. Ihre Lösungen entsprechen in der Praxis ausnahmslos laminaren Strömungen. Schon Reynolds vermutete: Die Frage, ob eine Strömung laminar oder turbulent verläuft, hängt mit der Stabilität der zugehörigen die „Strömung beschreibenden Lösung" der Navier-Stokes-Gleichung zusammen. Zu den Anführungszeichen zwei Bemerkungen:

1. Die 13 Beispiele in Kapitel 2.1 führten jeweils zu exakten Lösungen der Navier-Stokes-Gleichung bei gegebenen Rand- und Anfangsbedingungen. Es fragt sich, ob die Lösung eindeutig ist und eine im Experiment nachzubildende Strömung beschreibt. In all diesen Beispielen ist beides der Fall, sofern die Reynolds-Zahl unterhalb einer kritischen Grenze gehalten werden kann. Dies wiederum bedingt, Störungen wie Geräusche, Vibrationen oder ganz konkret Ungleichmäßigkeiten beim Einlauf einer Rohrströmung zu minimieren. Für Reynolds-Zahlen oberhalb der kritischen Grenze kippt die Strömung in eine (stabile) turbulente über. Damit stellt die laminare Strömung als Lösung der Navier-Stokes-Gleichung nur eine mögliche Strömungsform dar. Bezüglich der Existenz hat man bisher bewiesen:

Ist $Re < Re_{krit}$ (laminar), dann gibt es eine eindeutige glatte, globale Lösung, falls das Geschwindigkeitsprofil glatt ist. Glatt bedeutet unendlich oft differenzierbar. Es dürfen somit keine Lücken, Sprungstellen oder Singularitäten auftreten. Mit global ist gemeint, dass die Lösung für alle Zeiten gilt. Dies ist für alle 13 Beispiele aus Kapitel 2.1 der Fall. Wenn man die unendlichen Reihenlösungen einiger Beispiele betrachtet, erkennt man, weshalb die Forderung nach Glätte Sinn macht.

Für $Re > Re_{krit}$ (turbulent) gibt es unter derselben Voraussetzung eine eindeutige glatte Lösung, aber sie gilt nur mehr für endliche Zeiten. Je größer Re, umso kürzer wird diese gültige Zeit. Die Suche nach der Existenz einer globalen Lösung bezeichnet man als eines der Millenniums-Probleme.

2. Es gibt noch einen anderen Aspekt turbulenter Strömung, der angesprochen werden soll. Wir betrachten irgendein Strömungsproblem, das durch die Navier-Stokes-Gleichung beschrieben werden soll. Da keine exakte Lösung existiert, stellt die numerisch ermittelte Lösung eine Approximation dar. Die Frage ist: wovon? Weil die Existenz der Navier-Stokes-Gleichung nicht gesichert ist, kann man auch nicht davon

ausgehen, dass die numerisch ermittelte Lösung, einschließlich Form-, Modell- oder Iterationsfehlern, irgendeine wirklich existierende Strömung beschreibt. Die Näherungslösung könnte ebensogut das Strömungsprofil um einen anders geformten Körper beschreiben oder sogar gar keine Strömung.

Stabilitätsfragen begegneten uns im 1. Band im Zusammenhang mit Populations- oder Epidemiemodellen. Kleine Änderungen in den Startpopulationen konnten zu nicht mehr vorhersagbaren Zuständen führen. Bei allen partiellen DGLen der folgenden Bände, wie beispielsweise der Wellengleichung, der Plattengleichung oder der Wärmeleitungsgleichung, durften Stabilitätsfragen unbeachtet bleiben, sofern Rand- und Anfangsbedingungen zu einem wohl gestellten Problem gehörten. Das bedeutet, dass eine kleine Änderung in den Bedingungen bloß eine kleine Änderung der Lösung nach sich zieht, ohne dabei die Stabilität der Lösung zu beeinträchtigen.

Als Beispiel betrachten wir ein physikalisches Pendel in Form einer dünnen Stange mit dem Drehpunkt am oberen Stangenende und einer Zusatzmasse am unteren Ende. Lenkt man das Pendel in dieser Ruhelage leicht aus, dann wird es mit der Zeit in die Anfangslage zurückkehren. Man sagt, dass die zugehörige Schwingungsgleichung asymptotisch stabil ist.

Dreht man hingegen das Pendel um 180° und hält die Masse über dem Drehpunkt, dann wird bei einer kleinen Änderung dieser Anfangslage das Pendel mit der Zeit niemals wieder in diese Position zurückkehren können. Offensichtlich ist die Lösung der zugehörigen DGL dann instabil. In diesem Fall ist das Problem nicht wohl gestellt.

Es gibt auch Trivialfälle für nicht wohl gestellte Probleme, dann nämlich, wenn beispielsweise Saiten, Balken oder Platten bis zu einem Reiß- oder Bruchpunkt gespannt oder ausgelenkt werden. Dem Phänomen der Resonanzkatastrophe liegt ähnlich dem chaotischen Verhalten von Populationen ein wohl gestelltes Problem zugrunde: Ändert man die Anregungsfrequenz, so dass diese mit einer Eigenfrequenz des angeregten Körpers übereinstimmt, dann kann eine zerstörerische Wirkung die Folge sein.

Es ist nun so, dass bei kleinen Reynolds-Zahlen eine kleine Störung ohne Folgen bleibt. Die Strömung verweilt im laminaren Zustand, weil die viskosen Kräfte die Störung ausgleichen können. Ab einer kritischen Reynolds-Zahl wird die Strömung instabil und schlägt in eine turbulente um. Es kann keine sichere Vorhersage über einen Zeitpunkt oder über das weitere Strömungsverhalten getroffen werden.

Für die instationäre Plattenströmung führte Tollmien eine Stabilitätsrechnung auf Basis der Orr-Sommerfeld-Gleichung (1907/08) für das Blasius-Profil durch (allerdings nicht mit den weiter unten benutzten Basisfunktionen). Seinen Untersuchungen liegt die Vorstellung zugrunde, dass laminare Strömungen kleine Störungen beinhalten, die bei Rohrströmungen durch den Einlauf und die Wandrauheit und bei Plattenströmungen durch Störungen der Außenströmung herrühren können. Messungen zeigen, dass zweidimensionale Strömungen (verglichen mit dreidimensionalen) schon bei kleineren Reynolds-Zahlen instabil werden.

Zur Herleitung der Orr-Sommerfeld-Gleichung betrachten wir eine zweidimensionale Plattenströmung mit dem stationären Profil $(u_0(x,y), v_0(x,y))$ und der zugehörigen Druckverteilung $p_0(x,y)$. Man nennt diese auch kurz Grundlösung. Die zeitlich abhängigen Störungsgrößen der Strömung bezeichnen wir mit $u'(x,y,t)$, $v'(x,y,t)$ und $p'(x,y,t)$. Weiter treffen wir drei Annahmen.

I. Für die erste Annahme müssen wir etwas ausholen. Im Kapitel 2.1 betrachteten wir im 1. Beispiel die Strömung zwischen zwei ruhenden parallelen Platten. Als Lösung erhielten wir (2.7), eine exakte Lösung der Navier-Stokes-Gleichung (2.2). Wie man sich leicht überzeugt, ist das Profil (2.7) auch exakte Lösung der Grenzschichtgleichung (3.10). Gleiches gilt auch für die Hagen-Poiseuille-Strömung (2.11), um noch ein weiteres Beispiel zu nennen.

Bei der Plattenströmung sieht es anders aus: Die exakte Lösung von (3.10) ist die Blasius-Lösung. (3.10) ist aber eine Näherungsgleichung von (2.2). Die Blasius-Lösung ist somit keine exakte, sondern nur eine Näherungslösung der Navier-Stokes Gleichung.

Deswegen treffen wir die Annahme, dass die exakte Lösung von (2.2) die Blasius-Lösung ist oder anders gesagt: Die Grundlösung $(u_0(x,y), v_0(x,y))$ erfüllt (3.10).

II. Bei der Plattenströmung werden die Fluidteilchen aufgrund der sich ausbildenden Grenzschicht abgelenkt. Es soll angenommen werden, dass sich die Grenzschichtdicke entlang der betrachteten Strecke nur unwesentlich ändert. Damit ändert sich die Grundströmung in Strömungsrichtung praktisch nicht, sie ist also nur von y abhängig. (Bei dem in I. erwähnten 1. Beispiel und der Hagen-Poiseuille-Strömung ist das erfüllt.) Das bedeutet $\frac{\partial u_0}{\partial x} = 0$, $v_0 = 0$ und $u_0(x,y) = u_0(y)$.

III. Die zeitlichen Änderungen u', v' und p' sollen so klein sein, dass man die Geschwindigkeitskomponenten linearisieren und Produkte von Störungen vernachlässigen kann. Damit können wir für den zeitlichen Verlauf der Strömung schreiben:

$$u = u_0 + u', \quad v = v' \quad \text{und} \quad p = p_0 + p'.$$

Die instationäre Lösung muss die instationäre Navier-Stokes-Gleichung (2.2) erfüllen. Man erhält inklusive der Kontinuitätsgleichung

$$\frac{\partial(u_0 + u')}{\partial x} + \frac{\partial v'}{\partial y} = 0$$

$$\frac{\partial(u_0 + u')}{\partial t} + (u_0 + u')\frac{\partial(u_0 + u')}{\partial x} + v'\frac{\partial(u_0 + u')}{\partial y}$$
$$+ \frac{1}{\rho} \cdot \frac{\partial(p_0 + p')}{\partial x} - \nu \left[\frac{\partial^2(u_0 + u')}{\partial x^2} + \frac{\partial^2(u_0 + u')}{\partial y^2} \right] = 0$$

$$\frac{\partial v'}{\partial t} + (u_0 + u')\frac{\partial v'}{\partial x} + v'\frac{\partial v'}{\partial y} + \frac{1}{\rho} \cdot \frac{\partial(p_0 + p')}{\partial y} - \nu \left[\frac{\partial^2 v'}{\partial x^2} + \frac{\partial^2 v'}{\partial y^2} \right] = 0$$

Da u_0 die stationäre Lösung bezeichnet, ist $\frac{\partial u_0}{\partial t}$. Weiter vernachlässigen wir nach der Annahme III. alle Produkte von Änderungen. Setzt man noch die Folgerungen aus II.

um, dann verbleibt

$$\frac{\partial u'}{\partial x} + \frac{\partial v'}{\partial y} = 0$$

$$\frac{\partial u'}{\partial t} + u_0 \frac{\partial u'}{\partial x} + v' \frac{\partial u_0}{\partial y} + \frac{1}{\rho} \cdot \frac{\partial p_0}{\partial x} + \frac{1}{\rho} \cdot \frac{\partial p'}{\partial x} - \nu \left[\frac{\partial^2 u'}{\partial x^2} + \frac{\partial^2 u_0}{\partial y^2} + \frac{\partial^2 u'}{\partial y^2} \right] = 0$$

$$\frac{\partial v'}{\partial t} + u_0 \frac{\partial v'}{\partial x} + \frac{1}{\rho} \cdot \frac{\partial p_0}{\partial y} + \frac{1}{\rho} \cdot \frac{\partial p'}{\partial y} - \nu \left[\frac{\partial^2 v'}{\partial x^2} + \frac{\partial^2 v'}{\partial y^2} \right] = 0 \qquad (6.1)$$

Nun greift die Annahme I., dass nämlich $u_0(y)$ auch Lösung der Grenzschichtgleichung (3.10) ist. Verwendet man alle Annahmen aus II., dann reduzieren sich die drei Gleichungen aus (3.10) zu $\frac{1}{\rho} \cdot \frac{\partial p}{\partial x} - \nu \frac{\partial^2 u_0}{\partial y^2} = 0$ und $\frac{\partial p_0}{\partial y} = 0$. Die erste dieser Gleichungen ist nichts anderes als die Wandbindungsgleichung (3.38). Diese Ergebnisse in das System (6.1) eingefügt, ergibt

$$\frac{\partial u'}{\partial x} + \frac{\partial v'}{\partial y} = 0$$

$$\frac{\partial u'}{\partial t} + u_0 \frac{\partial u'}{\partial x} + v' \frac{\partial u_0}{\partial y} + \frac{1}{\rho} \cdot \frac{\partial p'}{\partial x} - \nu \left[\frac{\partial^2 u'}{\partial x^2} + \frac{\partial^2 u'}{\partial y^2} \right] = 0$$

$$\frac{\partial v'}{\partial t} + u_0 \frac{\partial v'}{\partial x} + \frac{1}{\rho} \cdot \frac{\partial p'}{\partial y} - \nu \left[\frac{\partial^2 v'}{\partial x^2} + \frac{\partial^2 v'}{\partial y^2} \right] = 0$$

Schließlich kann man die Gleichungen noch an der Wand oder am Ende der Grenzschicht auswerten. In jedem Fall ist $u' = v' = 0$, was $\frac{\partial p'}{\partial x} = \frac{\partial p'}{\partial y} = 0$ nach sich zieht. Insgesamt verbleibt das System

$$\frac{\partial u'}{\partial x} + \frac{\partial v'}{\partial y} = 0$$

$$\frac{\partial u'}{\partial t} + u_0 \frac{\partial u'}{\partial x} + v' \frac{\partial u_0}{\partial y} - \nu \left[\frac{\partial^2 u'}{\partial x^2} + \frac{\partial^2 u'}{\partial y^2} \right] = 0$$

$$\frac{\partial v'}{\partial t} + u_0 \frac{\partial v'}{\partial x} - \nu \left[\frac{\partial^2 v'}{\partial x^2} + \frac{\partial^2 v'}{\partial y^2} \right] = 0 \qquad (6.2)$$

Jede Störung kann als Fourier-Reihe dargestellt werden. Wir betrachten im Weiteren nur eine einzige harmonische Schwingung mit der Wellenzahl α und der Frequenz ω. Man kann die Störgeschwindigkeiten komplexwertig einzeln als $u' = \tilde{u} \cdot e^{i(\alpha x - \omega t)}$ und $v' = \tilde{v} \cdot e^{i(\alpha x - \omega t)}$ ansetzen. Wir fassen hingegen beide Einzelstörungen in einer Stromfunktion zusammen:

$$\psi(x, y, t) = \phi(y) \cdot e^{i(\alpha x - \omega t)} . \qquad (6.3)$$

Wie schon einige Male zuvor setzen wir $u' = \frac{\partial \psi}{\partial y}$ und $v' = -\frac{\partial \psi}{\partial x}$.

Die Amplitudenfunktion $\phi(y)$ wird aufgrund von Annahme II. nur von y abhängig gewählt.

Sind $\alpha \in \mathbb{R}$ und $\omega \in \mathbb{C}$, dann ist die Störung rein zeitlich, für $\alpha \in \mathbb{C}$ und $\omega \in \mathbb{R}$ rein örtlich. Diese Begrifflichkeit soll kurz erläutert werden. Im 1. Fall wäre $\omega = \omega_F + i\omega_A$.

Dann folgt

$$\psi(x, y, t) = \phi(y) \cdot e^{i(\alpha x - \omega_F t - i\omega_A t)} \quad \text{und} \quad |\psi| = |\phi| \cdot \left| e^{i(\alpha x - \omega_F t)} \right| \cdot \left| e^{\omega_A t} \right| = |\phi| \cdot 1 \cdot \left| e^{\omega_A t} \right| .$$

Man erhält $\lim_{t \to \infty} |\psi| = 0$, falls $\omega_A < 0$. Rein zeitlich bedeutet also, dass mit der Zeit die Störung verschwindet. Die wichtige Größe ist somit ω_A, die man auch als zeitliche Anfachrate bezeichnet, und ω_F ist die Kreisfrequenz der Störung. Diese Art von Störung setzen wir im Folgenden voraus.

Der Vollständigkeit halber wäre im anderen Fall $\alpha = \alpha_F + i\alpha_A$,

$$|\psi| = |\phi| \cdot \left| e^{i(\alpha_F x - \omega t)} \right| \cdot \left| e^{-\alpha_A x} \right| = |\phi| \cdot 1 \cdot \left| e^{-\alpha_A x} \right| \to 0 ,$$

falls $\alpha_A > 0$ für $x \to \infty$ und somit ψ eine rein örtliche Störung.

Die in (6.3) definierte Stromfunktion erfüllt die Kontinuitätsgleichung (1. Gleichung des Systems (6.2)).

Beweis. Es gilt

$$u' = \frac{\partial \psi}{\partial y} = \frac{\partial \phi}{\partial y} \cdot e^{i(\alpha x - \omega t)} \quad \text{und} \quad v' = -\frac{\partial \psi}{\partial x} = -i\alpha\phi \cdot e^{i(\alpha x - \omega t)} .$$

Dann folgt

$$\frac{\partial u'}{\partial x} + \frac{\partial v'}{\partial y} = i\alpha \cdot \frac{\partial \phi}{\partial y} \cdot e^{i(\alpha x - \omega t)} - i\alpha \cdot \frac{\partial \phi}{\partial y} \cdot e^{i(\alpha x - \omega t)} = 0 . \qquad \square$$

Als Nächstes werden die Ausdrücke von u' und v' in die beiden Impulserhaltungen von (6.2) eingefügt. Das ergibt

$$-i\omega\phi' + i\alpha u_0 \phi' - i\alpha u_0' \phi - \nu[-\alpha^2 \phi' + \phi'''] = 0 \qquad (6.4)$$

$$-\alpha\omega\phi + \alpha^2 u_0 \phi - \nu[i\alpha^3 \phi - i\alpha\phi''] = 0 \qquad (6.5)$$

Gleichung (6.4) wird nach y abgeleitet und (6.5) mit $i\alpha$ multipliziert. Man erhält

$$- i\omega\phi'' + i\alpha u_0' \phi' + i\alpha u_0 \phi'' - i\alpha u_0'' \phi - i\alpha u_0' \phi' + \alpha^2 \nu\phi'' - \nu\phi'''' = 0 \quad \text{und}$$

$$- i\alpha^2 \omega\phi + i\alpha^3 u_0 \phi + \alpha^4 \nu\phi - \alpha^2 \nu\phi'' = 0 .$$

Die Subtraktion beider Gleichungen führt schließlich zur Orr-Sommerfeld-Gleichung für die Amplitudenfunktion ϕ:

$$\nu(\phi'''' - 2\alpha^2 \phi'' + \alpha^4 \phi) - i(\alpha u_0 - \omega)(\phi'' - \alpha^2 \phi) + i\alpha u_0'' \phi = 0 . \qquad (6.6)$$

Für $u_0(y) = konst.$ besitzt die Lösung die Form

$$\phi(y) = C_1 e^{k_1 y} + C_2 e^{k_2 y} + C_3 e^{k_3 y} + C_4 e^{k_4 y}$$

$$\text{mit} \quad k_{1,2} = \pm\alpha \quad \text{und} \quad k_{3,4} = \pm\sqrt{\alpha^2 + \frac{i(\alpha u_0 - \omega)}{\nu}} .$$

Für unser Problem ist dies nicht sehr hilfreich, da $u_0(y)$ durch das Blasius-Profil gegeben ist und somit alles andere als konstant ist.

Die Amplitudenfunktion setzen wir als unendliche Reihe an:

$$\phi(y) = \sum_{n=1}^{m} a_n \cdot \varphi_n(y) \,.$$

Da die Änderungen u' und v' an der Wand und am Grenzschichtrand (oder im Unendlichen) verschwinden, muss dasselbe auch für die Amplitude der Störung gelten. Das ergibt gesamthaft vier Randbedingungen

$$
\begin{aligned}
\text{I.} \quad & \phi = 0 \quad \text{und} \quad \phi' = 0 \quad \text{für} \quad y = 0 \\
\text{II.} \quad & \phi = 0 \quad \text{und} \quad \phi' = 0 \quad \text{für} \quad y = \delta \,.
\end{aligned}
\tag{6.7}
$$

Die Ergebnisse zeigen, dass es keine Rolle spielt, ob man die Bedingung II. bis zur Grenzschichtdicke oder darüber hinaus erstreckt.

Aufgrund der Darstellung von ϕ gelten die Bedingungen (6.7) auch für jedes φ_n. Den Reihenansatz für ϕ setzen wir in (6.6) ein und erhalten

$$\sum_{n=1}^{m} a_n \left[v\left(\varphi_n'''' - 2\alpha^2 \varphi_n'' + \alpha^4 \varphi_n \right) - i(\alpha u_0 - \omega)\left(\varphi_n'' - \alpha^2 \varphi_n \right) + i\alpha u_0'' \varphi_n \right] = 0 \quad \text{oder}$$

$$\sum_{n=1}^{m} a_n \Big[v\left(\varphi_n'''' - 2\alpha^2 \varphi_n'' + \alpha^4 \varphi_n \right) - i\alpha u_0 \varphi_n''$$
$$+ i\alpha^3 u_0 \varphi_n + i\omega \varphi_n'' - i\alpha^2 \omega \varphi_n + i\alpha u_0'' \varphi_n \Big] = 0 \,.$$

Multiplikation mit φ_k und anschließende Integration über y von Null bis δ liefert

$$\sum_{n=1}^{m} a_n \left[v\left(\int_0^\delta \varphi_n'''' \varphi_k \, dy - 2\alpha^2 \int_0^\delta \varphi_n'' \varphi_k \, dy + \alpha^4 \int_0^\delta \varphi_n \varphi_k \, dy \right) - i\alpha \int_0^\delta u_0 \varphi_n'' \varphi_k \, dy \right.$$

$$\left. + i\alpha^3 \int_0^\delta u_0 \varphi_n \varphi_k \, dy + i\omega \int_0^\delta \varphi_n'' \varphi_k \, dy - i\alpha^2 \omega \int_0^\delta \varphi_n \varphi_k \, dy + i\alpha \int_0^\delta u_0'' \varphi_n \varphi_k \, dy \right] = 0 \,.$$

$$\tag{6.8}$$

Einige Integrale werden mit Hilfe partieller Integration und (6.7) umgeformt:

1. $\displaystyle \int_0^\delta \varphi_n'' \varphi_k \, dy = \left[\varphi_n' \varphi_k \right]_0^\delta - \int_0^\delta \varphi_n' \varphi_k' \, dy = -\int_0^\delta \varphi_n' \varphi_k' \, dy \,.$

2. $\displaystyle \int_0^\delta \varphi_n'''' \varphi_k \, dy = \left[\varphi_n''' \varphi_k \right]_0^\delta - \int_0^\delta \varphi_n''' \varphi_k' \, dy = -\left[\varphi_n'' \varphi_k' \right]_0^\delta + \int_0^\delta \varphi_n'' \varphi_k'' \, dy = \int_0^\delta \varphi_n'' \varphi_k'' \, dy \,.$

3. $\displaystyle \int_0^\delta u_0 \varphi_n'' \varphi_k \, dy = \left[\varphi_n' u_0 \varphi_k \right]_0^\delta - \int_0^\delta \varphi_n' (u_0 \varphi_k)' \, dy = -\int_0^\delta \varphi_n' u_0' \varphi_k \, dy - \int_0^\delta \varphi_n' u_0 \varphi_k' \, dy \,.$

4. $\displaystyle \int_0^\delta u_0'' \varphi_n \varphi_k \, dy = \left[u_0' \varphi_n \varphi_k \right]_0^\delta - \int_0^\delta u_0' (\varphi_n \varphi_k)' \, dy = -\int_0^\delta u_0' \varphi_n' \varphi_k \, dy - \int_0^\delta u_0' \varphi_n \varphi_k' \, dy \,.$

Damit schreibt sich (6.8) als

$$\sum_{n=1}^{m} a_n \left[\nu \left(\int_0^\delta \varphi_n'' \varphi_k'' \, dy + 2\alpha^2 \int_0^\delta \varphi_n' \varphi_k' \, dy + \alpha^4 \int_0^\delta \varphi_n \varphi_k \, dy \right) + i\alpha \int_0^\delta \varphi_n' \varphi_k' u_0 \, dy \right.$$
$$\left. - i\alpha \int_0^\delta \varphi_n \varphi_k' u_0' \, dy + i\alpha^3 \int_0^\delta \varphi_n \varphi_k u_0 \, dy - i\omega \int_0^\delta \varphi_n' \varphi_k' \, dy - i\alpha^2 \omega \int_0^\delta \varphi_n \varphi_k \, dy \right] = 0 \,.$$

Weiter zusammengefasst erhält man

$$\sum_{n=1}^{m} \nu a_n \left[\int_0^\delta \varphi_n'' \varphi_k'' \, dy + \left(2\alpha^2 - \frac{i\omega}{\nu} \right) \int_0^\delta \varphi_n' \varphi_k' \, dy + \left(\alpha^4 - \frac{i\alpha^2 \omega}{\nu} \right) \int_0^\delta \varphi_n \varphi_k \, dy \right.$$
$$\left. + \frac{i\alpha}{\nu} \int_0^\delta \varphi_n' \varphi_k' u_0 \, dy - \frac{i\alpha}{\nu} \int_0^\delta \varphi_n \varphi_k' u_0' \, dy + \frac{i\alpha^3}{\nu} \int_0^\delta \varphi_n \varphi_k u_0 \, dy \right] = 0 \,.$$

Nun ersetzen wir $y = \delta s$ und beachten, dass $dy = \delta \cdot ds$. Es folgt

$$\sum_{n=1}^{m} \nu a_n \left[\frac{1}{\delta^3} \int_0^1 \varphi_n'' \varphi_k'' \, ds + \left(2\alpha^2 - \frac{i\omega}{\nu} \right) \frac{1}{\delta} \int_0^1 \varphi_n' \varphi_k' \, ds + \left(\alpha^4 - \frac{i\alpha^2 \omega}{\nu} \right) \delta \int_0^1 \varphi_n \varphi_k \, ds \right.$$
$$\left. + \frac{i\alpha}{\nu} \cdot \frac{1}{\delta} \int_0^1 \varphi_n' \varphi_k' u_0 \, ds - \frac{i\alpha}{\nu} \cdot \frac{1}{\delta} \int_0^1 \varphi_n \varphi_k' u_0' \, ds + \frac{i\alpha^3}{\nu} \delta \int_0^1 \varphi_n \varphi_k u_0 \, ds \right] = 0 \,.$$

Multiplikation mit δ^3 und erweitern mit der Außenströmung liefert

$$\sum_{n=1}^{m} \nu a_n \left[\int_0^1 \varphi_n'' \varphi_k'' \, ds + \left(2\alpha^2 \delta^2 - \frac{i\omega \delta^2}{\nu} \right) \int_0^1 \varphi_n' \varphi_k' \, ds \right.$$
$$+ \left(\alpha^4 \delta^4 - \frac{i\omega \delta^2}{\nu} \alpha^2 \delta^2 \right) \int_0^1 \varphi_n \varphi_k \, ds + i\alpha\delta \cdot \frac{u_\delta \cdot \delta}{\nu} \int_0^1 \varphi_n' \varphi_k' \frac{u_0}{u_\delta} \, ds$$
$$\left. - i\alpha\delta \cdot \frac{u_\delta \cdot \delta}{\nu} \int_0^1 \varphi_n \varphi_k' \frac{u_0'}{u_\delta} \, ds + i\alpha^3 \delta^3 \cdot \frac{u_\delta \cdot \delta}{\nu} \int_0^1 \varphi_n \varphi_k \frac{u_0}{u_\delta} \, ds \right] = 0 \,.$$

Mit $Re = \frac{u_\delta \cdot \delta}{\nu}$ und der normierten Wellenzahl $\beta := \alpha\delta$ schreibt sich die Gleichung zu

$$\sum_{n=1}^{m} \nu a_n \left[\overbrace{B_{kn} + 2\beta^2 C_{kn} + \beta^4 D_{kn} + i\beta Re(E_{kn} - F_{kn}) + i\beta^3 Re \cdot G_{kn}}^{H_{kn}} \right.$$
$$\left. \underbrace{- \frac{\omega_{kn} \cdot \delta^2}{\nu} (i C_{kn} - i\beta^2 D_{kn})}_{J_{kn}} \right] = 0 \quad \text{für} \quad k = 1, 2, \dots, m \,.$$

mit

$$B_{kn} = \int_0^1 \varphi_n'' \varphi_k'' \, ds \,, \quad C_{kn} = \int_0^1 \varphi_n' \varphi_k' \, ds \,, \quad D_{kn} = \int_0^1 \varphi_n \varphi_k \, ds \,,$$

$$E_{kn} = \int_0^1 \varphi_n' \varphi_k' \frac{u_0}{u_\delta} \, ds \,, \quad F_{kn} = \int_0^1 \varphi_n \varphi_k' \frac{u_0'}{u_\delta} \, ds \quad \text{und} \quad G_{kn} = \int_0^1 \varphi_n \varphi_k \frac{u_0}{u_\delta} \, ds \,. \quad (6.9)$$

Das Gleichungssystem entspricht einem Eigenwertproblem für die Größe $\frac{\omega \cdot \delta^2}{\nu}$. Die zugehörige Matrizengleichung besitzt die Gestalt

$$\begin{pmatrix} H_{11} & \cdots & H_{1m} \\ \vdots & \ddots & \vdots \\ H_{m1} & \cdots & H_{mm} \end{pmatrix} \begin{pmatrix} a_1 \\ \vdots \\ a_m \end{pmatrix} = \frac{\omega \cdot \delta^2}{\nu} \cdot \begin{pmatrix} J_{11} & \cdots & J_{1m} \\ \vdots & \ddots & \vdots \\ J_{m1} & \cdots & J_{mm} \end{pmatrix} \begin{pmatrix} a_1 \\ \vdots \\ a_m \end{pmatrix} . \quad (6.10)$$

Nun gilt es, passende Basisfunktionen φ_n zu finden. Hierzu zuerst eine kleine Vorbereitung: Soll (6.6) im Unendlichen ausgewertet werden, dann beachtet man, dass $\nu = 0$, $u_0 = u_\delta$ und damit $u_0' = 0$ gilt. Aus (6.6) wird dann $\phi'' - \alpha^2 \phi$ mit der allgemeinen Lösung $\phi(y) = C_1 e^{-\alpha y} + C_2 e^{\alpha y}$. Mit $C_2 = 0$ erreicht man die beiden notwendigen Randbedingungen $\phi = 0$ und $\phi' = 0$.

Auf der Suche nach geeigneten Basisfunktionen stößt man beispielsweise auf $\varphi_n(s) = \tanh^2(ns) \cdot e^{-\alpha \delta s}$. Diese Funktionen erfüllen sämtliche vier Randbedingungen (6.7). Zusätzlich wird die Orr-Sommerfeld-Gleichung $\phi'' - \alpha^2 \phi$ im Unendlichen gelöst, weil $\tanh(ns) \to 1$ für $s \to \infty$ und $n \in \mathbb{N}$. Exakte Lösung von (6.6) sind die Funktionen $\varphi_n(s)$ aber nicht. Leider sind die so gewählten Funktionen für eine Spektralzerlegung ungeeignet, weil sie mit wachsendem n fast nicht mehr voneinander zu unterscheiden und somit nicht mehr linear unabhängig voneinander sind. Als Alternative verwendet man beispielsweise die Funktionsschar $\varphi_n(s) = [\cos(ns) - \cos((n+1)s)] \cdot e^{-\alpha \delta s}$. Diese Basisfunktionen genügen ebenfalls den vier Randbedingungen (6.7), aber weder die Orr-Sommerfeld-Gleichung im Unendlichen noch (6.6) wird durch sie exakt gelöst. Trotzdem liefern sie bessere Ergebnisse bei der numerischen Auswertung.

Schließlich fehlt noch das Profil der Grundlösung $u_0(s)$. Da wir vorausgesetzt haben, dass sich diese Geschwindigkeitsverteilung auch in der Grenzschicht ausprägt, wählen wir den Verlauf gemäss Pohlhausen zu $\frac{u_0}{u_\delta}(s) = s(2 - 2s^2 + s^3) + \frac{\lambda}{6} s(1-s)^3$ mit λ als Parameter. Für $\lambda = 0$ entspricht das Profil der Näherung des Blasius-Profils für die Plattenströmung.

Leider bedarf es sehr vieler Basisfunktionen, um die Eigenwerte von (6.10) mit hinreichender Genauigkeit zu bestimmen. Bei 20 Basisfunktionen müsste man 1260 Integrale (6.9) berechnen. Bei festem β muss man Re so lange variieren, bis einer der 20 komplexen Eigenwerte erstmals reell wird. Die restlichen Eigenwerte besitzen dann alle einen negativen Realteil und die zugehörigen Anfachungen sind also allesamt gedämpft. Für weitere Werte von β muss die Rechnung wiederholt werden.

Die Werte von β werden noch mit der Verdrängungsdicke δ_1 von $\beta = \alpha\delta$ auf $\beta_1 = \alpha\delta_1$ umgerechnet. Für das Blasius-Profil gilt unter Verwendung von (3.21) und (3.25) $\delta_1 = \frac{1,714}{4,89}\delta \approx 0,35 \cdot \delta$. Die Reynolds-Zahl wird dann ebenfalls gebildet zu $Re_{\delta_1} = \frac{u_\delta\delta_1}{\nu}$.

Tollmiens 1929 durchgeführte Rechnungen lieferten $Re_{\delta_1,\text{krit}} = 420$ und $\beta_{1,\text{krit}} = 0,36$. Die Umrechnung auf die Lauflänge geschieht mit (3.25).

Es folgt

$$Re_{\delta_1} = \frac{u_\delta\delta_1}{\nu} = 1,714\frac{u_\delta}{\nu}\sqrt{\frac{\nu \cdot x}{u_\delta}} = 1,714\sqrt{\frac{u_\delta \cdot x}{\nu}} = 1,714\sqrt{Re_x} \quad \text{und}$$

$$Re_x = \left(\frac{Re_{\delta_1}}{1,714}\right)^2 .$$

Der Wert von Tollmien liefert $Re_{x,\text{krit}} = 6 \cdot 10^4$. Mit der Definition der Wellenzahl $\alpha = \frac{2\pi}{\lambda}$ ergibt dies eine minimale Wellenlänge

$$\lambda_{\min} = \frac{2\pi}{\beta_{1,\text{krit}}} \cdot \delta_1 = \frac{2\pi}{0,36} \cdot 0,35 \cdot \delta = 6,11 \cdot \delta .$$

Gehen wir von einer durchschnittlichen 5 mm dicken Grenzschicht aus, dann hätte man etwa $\lambda_{\min} \approx 3,5$ cm. Die zugehörige maximale Frequenz für das Medium Luft folgt zu $f_{\max} \approx 9800$ Hz. Dieser Wert liegt im Obertonbereich einer menschlichen Stimme.

Das Ergebnis wurde 1940 von Schlichting verbessert (Abb. 6.1 links, die Indifferenzkurve ist derjenigen von Schlichting nachempfunden). Seine Auswertungen ergaben $Re_{\delta_1} = 575$ oder $Re_l = 1,1 \cdot 10^5$ mit $\beta_{1,\text{krit}} = 0,24$ und demnach

$$\lambda_{\min} = \frac{2\pi}{\beta_{1,\text{krit}}} \cdot \delta_1 = \frac{2\pi}{0,24} \cdot 0,35 \cdot \delta = 9,18 \cdot \delta .$$

Mit $\delta = 5$ mm ist $\lambda_{\min} \approx 4,6$ cm und $f_{\max} \approx 3737$ Hz. In den 60er Jahren des letzten Jahrhunderts wurde erstmals die Lösung der Orr-Sommerfeld-Gleichung mit numerischen Methoden möglich. Typische Werte liegen bei $Re_{\delta_1} = 630$. Die Wellenlängen sind mit einigen Zentimetern relativ groß. Man nennt sie Tollmien-Schlichting-Wellen.

Die bestimmten Reynolds-Zahlen stellen einen Wert möglicher Anfachung dar. Zwischen diesem Wert und dem erfolgten Umschlag liegt der Übergangsbereich. Es ist möglich, Geräusche und Vibrationen so gering zu halten, dass eine laminare Strömung bis zu $Re = 10^6$ aufrecht erhalten werden kann.

Schlichting, Ulrich und später Pretsch (1941) führten zudem Stabilitätsrechnungen mit einem von Null verschiedenen Druckgradienten $\frac{\partial p}{\partial x}$ durch. Da die Außenströmung der Grenzschicht den Druck aufprägt, lässt sich der Einfluss des Druckgradienten auf die kritische Reynolds-Zahl durch das Profil der Außenströmung allein erfassen. Speziell für Keilströmungen ist die Außenströmung eine Funktion des Keilströmungsexponenten m oder des Pohlhausen-Parameters λ. Durch Variation erhält man eine von λ abhängige kritische Reynolds-Zahl.

Die durchgeführten Rechnungen bestätigen, dass ein Druckanstieg die Strömungsablösung fördert sowie den Umschlag stark begünstigt, und die kritische Reynolds-Zahl somit absinkt. Trägt man $\log(Re_{\delta_1})$ gegenüber λ bzw. $\frac{\partial p}{\partial x}$ auf, so ergibt sich

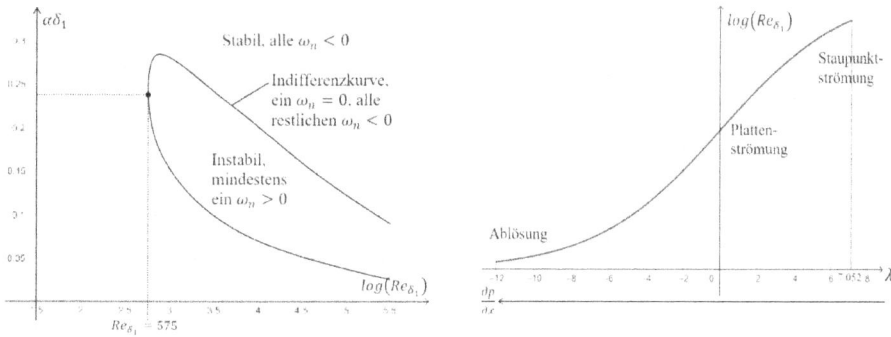

Abb. 6.1: Skizzen zur Indifferenzkurve und zum Einfluss des Druckgradienten auf die kritische Reynolds-Zahl

die in Abb. 6.1 rechts dargestellte Kurve. Dabei gilt: Mit wachsendem Druckgradienten wird das Geschwindigkeitsprofil innerhalb der Grenzschicht steiler und der zugehörige Pohlhausen-Parameter sowie die kritische Reynolds-Zahl kleiner. Bei fallendem Druckgradienten flacht das Geschwindigkeitsprofil ab, was größeren Pohlhausen-Parametern und größeren kritischen Reynolds-Zahlen entspricht.

6.2 Die Beschreibung der Turbulenz

Die instationären Navier-Stokes-Gleichungen gelten sowohl für laminare als auch turbulente Strömungen. Für die numerische Simulation einer turbulenten Strömung müssen sowohl die Zeitschritte wie auch die Raumauflösung ausgesprochen fein gewählt werden, so dass es für ein kleines Strömungsgebiet einer Milliarde Gitterpunkte bedarf und damit Datenmengen von mehreren Gigabytes anfallen. Der Grund dafür liegt darin, dass Wirbel im Bereich von $0,1$ mm existieren und außerdem die Anzahl Gitterpunkte mit Re^3 wächst. Mittlerweile gibt es zwar Rechner, die das leisten, aber die Rechenzeit kann Monate in Anspruch nehmen.

In der Praxis interessiert weniger der zeitliche Verlauf des Geschwindigkeitsprofils, sondern vielmehr der gemittelte Verlauf und letztlich die zu erwartende Spannung an der umströmten Oberfläche. Deswegen wird eine turbulente Strömung immer noch mit Hilfe eines Turbulenzmodells und der Reynolds-Gleichungen (gemittelte Navier-Stokes-Gleichungen) beschrieben. Eine Bedingung stellen wir indes an die betrachtete turbulente Strömung: Sie soll im Mittel zeitlich stationär sein, das heißt, die Änderung der massgeblichen Größen soll um einen zeitlich konstanten Mittelwert schwanken (Abb. 6.2 links). Dabei ist $f(\vec{r}, t)$ die an einem festen Ort $(\vec{r}, t) = (x, y, z, t)$ gemessene Größe. Mit $f'(\vec{r}, t)$ wird die zeitliche Abweichung des Mittelwerts $\overline{f}(\vec{r})$ bezeichnet.

Physikalische Größen können auf verschiedene Arten gemittelt werden. Wir verwenden die zeitliche Mittelung nach Reynolds. Sie bietet den Vorteil, dass der Mittelwert danach zeitunabhängig ist.

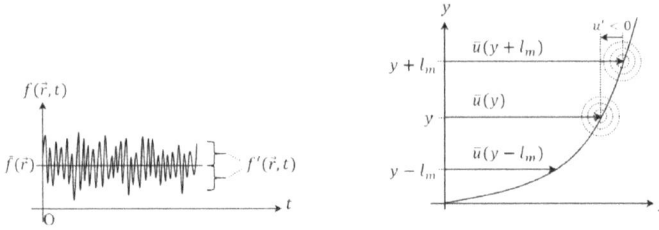

Abb. 6.2: Skizzen zur Turbulenz

Zur Bestimmung des Mittelwerts einer Größe f kann man bei einer Versuchsanlage in $k = 1, \ldots, n$ Zeitschritten Δt die Größe $f_k(\vec{r}, t)$ messen. Die Werte werden mit Δt multipliziert, addiert und durch die gesamte Zeitspanne dividiert:

$$\bar{f}(\vec{r}) \approx \frac{1}{n \cdot \Delta t} \sum_{k=1}^{n} f_k(\vec{r}, t) \cdot \Delta t \,.$$

Im besten Fall beobachtet man unendlich lange:

$$\bar{f}(\vec{r}) = \lim_{n \to \infty} \frac{1}{n \cdot \Delta t} \sum_{k=1}^{n} f_k(\vec{r}, t) \cdot \Delta t \quad \text{oder} \quad \bar{f}(\vec{r}) = \lim_{T \to \infty} \frac{1}{T} \int_{0}^{T} f(\vec{r}, t) \cdot dt \,.$$

Es seien f und g zwei messbare Größen, $\bar{f}, \bar{g}$ ihre Mittelwerte und f', g' ihre Abweichungen (immer am Ort $\vec{r}$ und zur Zeit t gemessen, im Folgenden weglassen).

Aufgrund der Integrationsregeln ergeben sich unmittelbar folgende Rechenregeln:

I. $\overline{f \pm g} = \bar{f} \pm \bar{g}.$

II. $\overline{a \cdot g} = a \cdot \bar{g}$ für $a = konst.$ Insbesondere ist dann $\overline{\bar{f} \cdot g} = \bar{f} \cdot \bar{g}.$

III. $\overline{\frac{\partial f}{\partial x}} = \frac{\partial \bar{f}}{\partial x}.$ Da x unabhängig von t ist, können Integration und Ableitung vertauscht werden.

IV. $\overline{f'} = 0.$ Aus $f' = f - \bar{f}$ folgt $\overline{f'} = \overline{f - \bar{f}} = \bar{f} - \bar{f} = 0.$ Insbesondere ist dann $\overline{\bar{f} \cdot g'} = \bar{f} \cdot \overline{g'} = 0.$

V. $\overline{f \cdot g} = \overline{(\bar{f} + f') \cdot (\bar{g} + g')} = \overline{\bar{f} \cdot \bar{g}} + \overline{\bar{f} \cdot g'} + \overline{f' \cdot \bar{g}} + \overline{f' \cdot g'} = \bar{f} \cdot \bar{g} + \overline{f' \cdot g'}.$

6.3 Die Reynolds-Gleichungen

Ziel dieses Kapitels ist es, die Navier-Stokes-Gleichungen mit Hilfe der obigen fünf Regeln zeitlich zu mitteln. Die drei Geschwindigkeitskomponenten inklusive des Drucks werden in einen zeitlich gemittelten und einen zeitlich davon abweichenden Teil zerlegt:

$$u = \overline{u} + u' , \quad v = \overline{v} + v' , \quad w = \overline{w} + w' , \quad p = \overline{p} + p' .$$

Zuerst soll die Kontinuitätsgleichung gemittelt werden. Es gilt

$$\frac{\partial u}{\partial x} + \frac{\partial v}{\partial y} + \frac{\partial w}{\partial z} = \frac{\partial(\overline{u} + u')}{\partial x} + \frac{\partial(\overline{v} + v')}{\partial y} + \frac{\partial(\overline{w} + w')}{\partial z} = 0 .$$

Die zeitliche Mittelung ergibt

$$\overline{\frac{\partial(\overline{u} + u')}{\partial x}} + \overline{\frac{\partial(\overline{v} + v')}{\partial y}} + \overline{\frac{\partial(\overline{w} + w')}{\partial z}} = \frac{\partial(\overline{u} + \overline{u'})}{\partial x} + \frac{\partial(\overline{v} + \overline{v'})}{\partial y} + \frac{\partial(\overline{w} + \overline{w'})}{\partial z}$$

$$= \frac{\partial \overline{u}}{\partial x} + \frac{\partial \overline{v}}{\partial y} + \frac{\partial \overline{w}}{\partial z} = 0 .$$

Insbesondere folgt daraus

$$\frac{\partial u'}{\partial x} + \frac{\partial v'}{\partial y} + \frac{\partial w'}{\partial z} = 0 . \tag{6.11}$$

Dies entspricht der 1. Gleichung im System (6.2), die wir schon im Zusammenhang mit der Stabilität einer laminaren Strömung hergeleitet hatten.

Für die Impulserhaltung der Navier-Stokes-Gleichung (2.2) in x-Richtung erhält man ohne den Gravitationsterm

$$\frac{\partial(\overline{u} + u')}{\partial t} + \overline{u}\frac{\partial \overline{u}}{\partial x} + \overline{u}\frac{\partial u'}{\partial x} + u'\frac{\partial \overline{u}}{\partial x} + u'\frac{\partial u'}{\partial x} + \overline{v}\frac{\partial \overline{u}}{\partial y} + \overline{v}\frac{\partial u'}{\partial y} + v'\frac{\partial \overline{u}}{\partial y} + v'\frac{\partial u'}{\partial y}$$

$$+ \overline{w}\frac{\partial \overline{u}}{\partial z} + \overline{w}\frac{\partial u'}{\partial z} + w'\frac{\partial \overline{u}}{\partial z} + w'\frac{\partial u'}{\partial z} + \frac{1}{\rho} \cdot \frac{\partial(\overline{p} + p')}{\partial x}$$

$$- \nu \left[\frac{\partial^2(\overline{u} + u')}{\partial x^2} + \frac{\partial^2(\overline{u} + u')}{\partial y^2} + \frac{\partial^2(\overline{u} + u')}{\partial z^2} \right] = 0 .$$

Die zeitliche Mittelung führt zu

$$\frac{\partial \overline{u}}{\partial t} + \overline{u}\frac{\partial \overline{u}}{\partial x} + \overline{u'\frac{\partial u'}{\partial x}} + \overline{v}\frac{\partial \overline{u}}{\partial y} + \overline{v'\frac{\partial u'}{\partial y}} + \overline{w}\frac{\partial \overline{u}}{\partial z} + \overline{w'\frac{\partial u'}{\partial z}}$$

$$+ \frac{1}{\rho} \cdot \frac{\partial \overline{p}}{\partial x} - \nu \left[\frac{\partial^2 \overline{u}}{\partial x^2} + \frac{\partial^2 \overline{u}}{\partial y^2} + \frac{\partial^2 \overline{u}}{\partial z^2} \right] = 0 . \tag{6.12}$$

Aufgrund der Produktregel und (6.11) gilt

$$\frac{\partial(u')^2}{\partial x} + \frac{\partial(u'v')}{\partial y} + \frac{\partial(u'w')}{\partial z} = 2u'\frac{\partial u'}{\partial x} + u'\frac{\partial v'}{\partial y} + u'\frac{\partial w'}{\partial z} + v'\frac{\partial u'}{\partial y} + w'\frac{\partial u'}{\partial z}$$

$$= u'\frac{\partial u'}{\partial x} + v'\frac{\partial u'}{\partial y} + w'\frac{\partial u'}{\partial z} .$$

Damit lässt sich (6.12) schreiben als

$$\frac{\partial \overline{u}}{\partial t} + \overline{u}\frac{\partial \overline{u}}{\partial x} + \overline{v}\frac{\partial \overline{u}}{\partial y} + \overline{w}\frac{\partial \overline{u}}{\partial z} + \frac{\partial \overline{(u')^2}}{\partial x} + \frac{\partial \overline{(u'v')}}{\partial y} + \frac{\partial \overline{(u'w')}}{\partial z}$$

$$+ \frac{1}{\rho}\cdot\frac{\partial \overline{p}}{\partial x} - \nu\left[\frac{\partial^2 \overline{u}}{\partial x^2} + \frac{\partial^2 \overline{u}}{\partial y^2} + \frac{\partial^2 \overline{u}}{\partial z^2}\right] = 0\,.$$

Die Impulserhaltungen in die beiden anderen Richtungen ergeben sich analog. Nehmen wir die Gewichtskraft wieder hinzu, dann folgen die Reynolds-Gleichungen bis auf die Kontinuitätsgleichung zu

$$\frac{\partial \overline{u}}{\partial t} + \overline{u}\frac{\partial \overline{u}}{\partial x} + \overline{v}\frac{\partial \overline{u}}{\partial y} + \overline{w}\frac{\partial \overline{u}}{\partial z} + \frac{1}{\rho}\cdot\frac{\partial \overline{p}}{\partial x}$$

$$+ \frac{\partial}{\partial x}\left[\overline{(u')^2} - \nu\frac{\partial \overline{u}}{\partial x}\right] + \frac{\partial}{\partial y}\left[\overline{u'v'} - \nu\frac{\partial \overline{u}}{\partial y}\right] + \frac{\partial}{\partial z}\left[\overline{u'w'} - \nu\frac{\partial \overline{u}}{\partial z}\right] - g_x = 0$$

$$\frac{\partial \overline{v}}{\partial t} + \overline{u}\frac{\partial \overline{v}}{\partial x} + \overline{v}\frac{\partial \overline{v}}{\partial y} + \overline{w}\frac{\partial \overline{v}}{\partial z} + \frac{1}{\rho}\cdot\frac{\partial \overline{p}}{\partial y}$$

$$\text{(6.13)}$$

$$+ \frac{\partial}{\partial x}\left[\overline{u'v'} - \nu\frac{\partial \overline{v}}{\partial x}\right] + \frac{\partial}{\partial y}\left[\overline{(v')^2} - \nu\frac{\partial \overline{v}}{\partial y}\right] + \frac{\partial}{\partial z}\left[\overline{v'w'} - \nu\frac{\partial \overline{v}}{\partial z}\right] - g_y = 0$$

$$\frac{\partial \overline{w}}{\partial t} + \overline{u}\frac{\partial \overline{w}}{\partial x} + \overline{v}\frac{\partial \overline{w}}{\partial y} + \overline{w}\frac{\partial \overline{w}}{\partial z} + \frac{1}{\rho}\cdot\frac{\partial \overline{p}}{\partial z}$$

$$+ \frac{\partial}{\partial x}\left[\overline{u'w'} - \nu\frac{\partial \overline{w}}{\partial x}\right] + \frac{\partial}{\partial y}\left[\overline{v'w'} - \nu\frac{\partial \overline{w}}{\partial y}\right] + \frac{\partial}{\partial z}\left[\overline{(w')^2} - \nu\frac{\partial \overline{w}}{\partial z}\right] - g_z = 0\,.$$

Man erkennt, dass Produkte von Änderungen durch Mittelung bestehen bleiben.

Auch wenn man also nur an den Mittelwerten der Geschwindigkeitskomponenten $\overline{u}, \overline{v}, \overline{w}$ interessiert ist, bedarf es dennoch aller Abweichungen u', v', w' an jedem Ort und zu jeder Zeit! Das ist im Moment noch sehr ernüchternd.

Eine Möglichkeit, das Problem anzugehen, besteht in der Durchführung einer Messung.

Greifen wir dazu irgendeinen Reibungsterm heraus: $\nu\frac{\partial \overline{u}}{\partial y} - \overline{u'v'}$ mit $\overline{u'v'} < 0$. Der 1. Term beschreibt die Impulsübertragung von größeren Geschwindigkeiten an kleinere (multipliziert man noch mit der Dichte, dann erhält man die Spannung). Aufgrund der Turbulenz wird die Impulsübertragung zusätzlich gefördert ($-\overline{u'v'} > 0$). Deswegen ersetzt man die (molekulare) Viskosität durch eine (viel größere) Viskosität, die dieser vergrößerten Molekülvermischung Rechnung trägt. Man schreibt

$$\nu\frac{\partial \overline{u}}{\partial y} - \overline{u'v'} =: \nu_t \frac{\partial \overline{u}}{\partial y}$$

und nennt ν_t die Wirbelviskosität.

Diese muss in einer Rinne im Labor durch Auswerten von

$$\nu_t = \nu - \frac{\overline{u'v'}}{\frac{\partial \overline{u}}{\partial y}}$$

bestimmt werden.

Dazu muss man in einer Messreihe die Abweichungen u', v', w' in alle drei Raumrichtungen mit Hilfe einer Sonde in kleinen Zeitabschnitten erfassen, sämtliche Produkte bilden und zeitlich mitteln.

Da die Wirbelviskosität bei voller Turbulenz bei Weitem überwiegt ($\nu_t \gg \nu$), ist

$$\nu_t \approx -\frac{\overline{u'v'}}{\frac{\partial \overline{u}}{\partial y}} \; .$$

Dabei wird auch davon ausgegangen, dass ν_t für alle möglichen Produkte gleich ist:

$$\nu_t \approx -\frac{\overline{u'v'}}{\frac{\partial \overline{u}}{\partial y}} \approx -\frac{\overline{u'w'}}{\frac{\partial \overline{u}}{\partial z}} \approx -\frac{\overline{v'w'}}{\frac{\partial \overline{u}}{\partial z}} \approx \ldots \; .$$

Ersetzt man alle entsprechenden Ausdrücke in (6.13) mit dieser einen Wirbelviskosität, so erhält man Reynolds-Gleichungen inklusive der Kontinuitätsgleichung in ihrer üblichen Form

$$\frac{\partial \overline{u}}{\partial x} + \frac{\partial \overline{v}}{\partial y} + \frac{\partial \overline{w}}{\partial z} = 0$$

$$\frac{\partial \overline{u}}{\partial t} + \overline{u}\frac{\partial \overline{u}}{\partial x} + \overline{v}\frac{\partial \overline{u}}{\partial y} + \overline{w}\frac{\partial \overline{u}}{\partial z} + \frac{1}{\rho}\cdot\frac{\partial \overline{p}}{\partial x} - \frac{\partial}{\partial x}\left(\nu_t\frac{\partial \overline{u}}{\partial x}\right) - \frac{\partial}{\partial y}\left(\nu_t\frac{\partial \overline{u}}{\partial y}\right)$$
$$- \frac{\partial}{\partial z}\left(\nu_t\frac{\partial \overline{u}}{\partial z}\right) - g_x = 0$$

$$\frac{\partial \overline{v}}{\partial t} + \overline{u}\frac{\partial \overline{v}}{\partial x} + \overline{v}\frac{\partial \overline{v}}{\partial y} + \overline{w}\frac{\partial \overline{v}}{\partial z} + \frac{1}{\rho}\cdot\frac{\partial \overline{p}}{\partial y} - \frac{\partial}{\partial x}\left(\nu_t\frac{\partial \overline{v}}{\partial x}\right) - \frac{\partial}{\partial y}\left(\nu_t\frac{\partial \overline{v}}{\partial y}\right) \qquad (6.14)$$
$$- \frac{\partial}{\partial z}\left(\nu_t\frac{\partial \overline{v}}{\partial z}\right) - g_y = 0$$

$$\frac{\partial \overline{w}}{\partial t} + \overline{u}\frac{\partial \overline{w}}{\partial x} + \overline{v}\frac{\partial \overline{w}}{\partial y} + \overline{w}\frac{\partial \overline{w}}{\partial z} + \frac{1}{\rho}\cdot\frac{\partial \overline{p}}{\partial z} - \frac{\partial}{\partial x}\left(\nu_t\frac{\partial \overline{w}}{\partial x}\right) - \frac{\partial}{\partial y}\left(\nu_t\frac{\partial \overline{w}}{\partial y}\right)$$
$$- \frac{\partial}{\partial z}\left(\nu_t\frac{\partial \overline{w}}{\partial z}\right) - g_z = 0 \; .$$

Die Reynolds-Gleichungen sind zeitgemittelte Navier-Stokes-Gleichungen. Wenn Letztere die Momentangeschwindigkeiten einer Strömung beschreiben, so gilt dies bei (6.14) für die mittleren Geschwindigkeiten. Bei bekannter Wirbelviskosität stellt (6.14) ein System aus vier Gleichungen mit den vier Unbekannten $\overline{u}$, $\overline{v}$, $\overline{w}$, $\overline{p}$ dar, das numerisch gelöst werden kann.

6.4 Der Mischungsweg von Prandtl

Obwohl die Wirbelviskosität experimentell bestimmt werden kann, bleibt die Frage bestehen, ob es nicht doch möglich ist, die Produktänderungen durch irgendwelche Mittelwerte anzunähern, um so die durch die Turbulenz aufgerissene Informations-lücke zu schließen und damit auch die Wirbelviskosität berechenbar zu machen. Man nennt dies das „Schließungsproblem". An diesem Punkt setzt die Idee eines Turbulenzmodells an. Prandtl stellte sich die Turbulenz in Paketen, bestehend aus Ballen mit unterschiedlichem Durchmesser l_m, vor. Sie bewegen sich zufällig wie Gas-teilchen, bis sie durch Vermischung mit anderen Fluidballen ihre Struktur verlieren (Abb. 6.2 rechts).

Zur Einfachheit stellen wir uns die Platte in x- sowie in z-Richtung unendlich aus-gedehnt vor, so dass wir von der partiellen zur totalen Ableitung nach y übergehen können. Wenn ein Fluidballen beispielsweise eine Bewegung nach oben um die Stre-cke l_m erfährt, dann steigt die mittlere Geschwindigkeitskomponente in y-Richtung von $\overline{v}$ auf $\overline{v} + v'$ mit $v' > 0$ bei gleichbleibendem Impuls in x-Richtung. Gleichzeitig besitzt dann der Fluidballen eine kleinere Geschwindigkeit gegenüber derjenigen im neuen Gebiet, in das er verschoben wurde. Für die Geschwindigkeitskomponente des Ballens in x-Richtung gilt dann $\overline{u}(y) - \overline{u}(y + l_m) = u' < 0$. Für kleine l_m kann man auch $\frac{d\overline{u}}{dy} \sim -\frac{u'}{l_m}$ oder $u' \sim -l_m \frac{d\overline{u}}{dy}$ schreiben, was die linerare Näherung der Taylor-Entwick-lung

$$\overline{u}(y + l_m) = \overline{u}(y) + l_m \cdot \frac{d\overline{u}}{dy} + \frac{l_m^2}{2} \cdot \frac{d^2\overline{u}}{dy^2} + \cdots$$

darstellt.

Dringt ein Fluidballen in y-Richtung kommend in die Fluidschicht ein, so weichen die verdrängten Fluidballen seitlich aus. Deswegen folgerte Prandtl, dass sowohl u' als auch v' dieselbe Dimension besitzen müssen:

$$|v'| \sim l_m |\frac{d\overline{u}}{dy}| \,.$$

Zusammen erhält man $\overline{u'v'} = -l_m^2 |\frac{d\overline{u}}{dy}| \frac{d\overline{u}}{dy}$. Das Proportionalitätszeichen ist durch ein Gleichheitszeichen ersetzt worden, weil l_m gar noch nicht genauer aufgeschlüsselt wurde und der Mischungsweg damit eine eventuelle Proportionalitätskonstante be-inhaltet. Daraus folgt

$$\nu_t(y) = l_m^2 \left| \frac{d\overline{u}}{dy} \right| \,. \tag{6.15}$$

Das Betragszeichen stellt sicher, dass $-\frac{d\overline{u}}{dy}$ und $\overline{u'v'}$ dasselbe Vorzeichen besitzen. Ziel ist es immer noch, die Wirbelviskosität zu bestimmen. Das Problem ist zwar wie-der verlagert, aber diesmal auf die Erfassung einer Länge l_m, die im besten Fall un-abhängig vom Geschwindigkeitsprofil $\frac{d\overline{u}}{dy}$ ist. Gleichung (6.15) macht nochmals deut-lich, dass die (lokale) Wirbelviskosität vom (lokalen) Geschwindigkeitsgradienten be-stimmt wird.

6.5 Geschwindigkeitsprofile einer Plattenströmung

Im Folgenden betrachten wir die parallele stationäre Anströmung einer unendlich (was totale Ableitung in y-Richtung gestattet) ausgedehnten ebenen Platte. Durch Störungen wird die Strömung turbulent. Es sollen nun sowohl das Geschwindigkeitsprofil der viskosen Unterschicht als auch die Profile in der turbulenten Grenzschicht ermittelt werden.

Wir lassen die x-Achse des Koordinatensystems mit der Strömungsrichtung zusammenfallen. Die y-Achse wählen wir senkrecht dazu und z sei die Breitenrichtung. Dann ist $\overline{v} = \overline{w} = 0$ (aber $v' \neq 0$, $w' \neq 0$, Schwankungen sind erlaubt). Zudem ist dann $\frac{d\overline{u}}{dx} = \frac{d\overline{u}}{dz} = 0$. Somit verbleibt von Gleichung (6.13) nur der Impuls in x-Richtung,

$$\frac{d}{dy}\left(\nu\frac{d\overline{u}}{dy} - \overline{u'v'}\right) = 0 \,. \tag{6.16}$$

Dabei sehen wir von einem möglichen Druckgradienten innerhalb der Grenzschicht ab und für eine horizontale Platte entfällt auch der Einfluss der Gravitation ($g_x = g\sin\alpha = 0$).

Aus (6.16) folgt dann $\nu\frac{d\overline{u}}{dy} - \overline{u'v'} = konst$. Multipliziert mit der Dichte, ergibt das $\rho\nu\frac{d\overline{u}}{dy} - \rho\overline{u'v'} = konst$. Die Terme besitzen die Einheit einer Spannung. Die Konstante nennen wir τ_W und erhalten

$$\tau_W = \rho\nu\frac{d\overline{u}}{dy} - \rho\overline{u'v'} \,. \tag{6.17}$$

Dies können wir auch als $\tau_W = \overline{\tau} + \tau'$ schreiben. Dabei bezeichnet der 1. Term die mittlere Wandschubspannung und der 2. Term gibt den Einfluss der Mischbewegung auf diese Spannung wieder. Man bezeichnet dies auch als Reynolds-Spannungen oder turbulente Scheinspannungen. In Gleichung (6.17) ersetzen wir den 2. Term durch den Mischungswegansatz (6.15) nach Prandtl, was zu

$$\tau_W = \rho\nu\frac{d\overline{u}}{dy} + \rho l_m^2 \left|\frac{d\overline{u}}{dy}\right|\frac{d\overline{u}}{dy}$$

führt.

In Wandnähe ist der Mischungsweg Null und damit auch die Reynolds-Spannungen. Es verbleibt die Spannung aufgrund der Zähigkeit. Dabei wird der Gradient $\frac{d\overline{u}}{dy}$ groß, dies aber erst innerhalb einer kleinen Schicht, der viskosen Unterschicht. Diese blieb bis anhin unerwähnt und wird somit eingeführt. Sie macht etwa 3–5 % der gesamten Grenzschichtdicke aus. Der zweite Term kann dann vernachlässigt werden. Entfernt man sich von der Wand, so sinkt der Einfluss der Zähigkeit, der Quotient $\frac{d\overline{u}}{dy}$ ist klein aber die Mischungsweglänge steigt an und damit auch die Reynolds-Spannungen. In diesem Fall ist der zweite Term maßgebend.

1. Viskose Unterschicht

Innnerhalb dieser Schicht kann die viskose Schubspannung nahezu als konstant gleich der Wandschubspannung gesetzt werden: $\tau_W = \rho \nu \frac{du}{dy}$. Die Division durch die Dichte ergibt $\frac{\tau_W}{\rho} = \nu \frac{du}{dy}$. Beide Seiten besitzen die Einheit einer Geschwindigkeit im Quadrat, so dass wir (vgl. 5. Band) die sogenannte Wandschubspannungsgeschwindigkeit als

$$u_* := \sqrt{\frac{\tau_W}{\rho}}$$

definieren können. Man erhält $\frac{du}{dy} = \frac{u_*^2}{\nu}$, also eine Konstante. Aufgrund der Haftbedingung $u(y = 0) = 0$ folgt das lineare Profil $u(y) = \frac{u_*^2}{\nu} y$. Dimensionslos schreibt es sich als

$$\frac{u(y)}{u_*} = \frac{u_* y}{\nu} . \tag{6.18}$$

Dabei wurde offenbar mit der viskosen Länge $l_\nu = \frac{\nu}{u_*}$ entdimensioniert, so dass aus (6.18) auch $\frac{u(y)}{u_*} = \frac{y}{l_\nu}$ wird. Definiert man

$$u_+(y) := \frac{u(y)}{u_*} \quad \text{und} \quad y_+ := \frac{y}{l_\nu} ,$$

so lautet das Profil der viskosen Unterschicht in knapper Form

$$u_+ = y_+ . \tag{6.19}$$

Der Gültigkeitsbereich beträgt $0 < \frac{y}{l_\nu} < 5$. Zusätzlich kann man noch die Rauheit innerhalb dieser Schicht beachten. Ob eine Strömung aufgrund der Rauheit turbulent wird, hängt davon ab, ob die Unebenheiten der Wand die viskose Unterschicht durchstoßen, also vom Verhältnis der Rauheit und der viskosen Länge: $\frac{k}{l_\nu}$. Über einer rauhen Wand kann sich demnach keine viskose Unterschicht ausbilden. Das Kriterium für den Übergang einer glatten zu einer rauhen Wand geben wir an, sobald das Profil der Innenzone vorliegt.

2. Turbulente Innenzone

Wir betrachten nochmals die Wirbelviskosität (6.15). An diesem Punkt setzt Prandtl mit einem Ansatz für die wandnahe Turbulenz ein. Der Mischungsweg wird als proportional zum Wandabstand angenommen: $l_m = \kappa y$. Nahe an der Wand sind die möglichen Wirbeldurchmesser klein. Erst mit wachsendem Wandabstand können sich größere Durchmesser ausbilden. Die sogenannte Von-Kàrmàn-Konstante κ wurde experimentell zu $\kappa = 0,4$ bestimmt. Damit erhält man

$$\nu_t(y) = \kappa^2 y^2 \left| \frac{d\overline{u}}{dy} \right| .$$

Nun betrachten wir die Schubspannung τ in einer Schicht mit dem Abstand y zur Wand. Diese ist eigentlich abhängig vom Abstand y zur Wand. Da aber die größten Geschwindigkeitsunterschiede hauptsächlich in Wandnähe auftreten, kann man in guter Näherung $\tau = \tau_W$ setzen. Unter Verwendung von (6.15) folgt

$$\tau = \tau_W = \rho \nu_t \left| \frac{d\overline{u}}{dy} \right| = \rho \kappa^2 y^2 \left(\frac{d\overline{u}}{dy} \right)^2 .$$

Mit Hilfe der weiter oben eingeführten Wandschubspannung, $\tau_W = \rho u_*^2$, erhält man $\left| \frac{d\overline{u}}{dy} \right| = \frac{u_*}{\kappa} \cdot \frac{1}{y}$ und die Integration liefert

$$\frac{\overline{u}(y)}{u_*} = \frac{1}{\kappa} \cdot \ln y + C_1 . \tag{6.20}$$

Zudem folgt auch, falls u_* vorliegt,

$$\nu_t(y) = \kappa^2 y^2 \cdot \frac{u_*}{\kappa} \cdot \frac{1}{y} = \kappa u_* y . \tag{6.21}$$

Damit kann man bei gemessener Geschwindigkeit u_* die Wirbelviskosität in (6.14) durch $\nu_t = \kappa u_* y$ ersetzen und die Strömung modellieren. Etwas gröber ist auch eine Mittelung denkbar

$$\overline{\nu}_t = \frac{1}{b-a} \int_a^b \kappa u_* y \, dy = \frac{\kappa u_*}{2(b-a)}(b^2 - a^2) = \frac{\kappa u_*(a+b)}{2} .$$

Die Grenzen a und b sind dann je nach Oberflächenbeschaffenheit gesetzt.

Aus (6.15) wird deutlich, dass die Wirbelviskosität stark vom Geschwindigkeitsgradienten abhängt. Bei einer glatten Wand ist dies in der viskosen Unterschicht der Fall. Deswegen würde man für eine Mittelung die Grenzen der turbulenten Innenzone verwenden: $a = 30 l_\nu$ und $b = 500 l_\nu$ (vgl. (6.25)), was $\overline{\nu}_t = 265 \kappa u_* l_\nu = 106\nu$ ergibt. Daran sieht man, um wieviel größer die Wirbelviskosität gegenüber der molekularen (innerhalb der turbulenten Innenzone) wächst.

Die rauhe Wand mit $a = \frac{k}{30}$ und $b = 500 l_\nu$ liefert

$$\overline{\nu}_t = \frac{\kappa u_* \left(\frac{k}{30} + 500 \frac{\nu}{u_*} \right)}{2} = 100\nu + \frac{u_* k}{150} .$$

Diese Audrücke für $\overline{\nu}_t$ könnte man wiederum in (6.14) anstelle von ν_t ersetzen.

Solange die Sohlreibung groß (u_* groß) und/oder die Geschwindigkeitsgradienten klein bleiben (vgl. (6.15), Streuung klein), liefert die Mittelung innerhalb des betrachteten Bereichs ein sinnvolles Maß für die Wirbelviskosität.

Nun wenden wir uns wieder Gleichung (6.20) zu. Wie schon bei der viskosen Unterschicht soll anstelle des Abstands die dimensionslose Länge $y_+ = \frac{y}{l_\nu}$ verwendet werden. Dazu schreibt man mit Hilfe einer anderen Konstanten

$$\frac{\overline{u}(y)}{u_*} = \frac{1}{\kappa} \cdot \ln\left(\frac{y}{l_\nu}\right) + C \,. \tag{6.22}$$

In Kurzform erhält man

$$u_+(y) = \frac{1}{\kappa} \cdot \ln(y_+) + C \,. \tag{6.23}$$

Um die Konstante C zu bestimmen, müssen wir den Übergang von viskoser Unterschicht und der darüber liegenden turbulenten Schicht (= Innenzone) betrachten. Abermals sind Messungen notwendig, um die Grenze zwischen den Gültigkeitsbereichen beider Profile zu ziehen. Den Übergang bestimmt man bei einem Wandabstand von

$$\delta_{\text{vis}} = 11{,}64 \cdot l_\nu \,. \tag{6.24}$$

Die Gleichungen (6.19) und (6.23) wertet man an dieser Grenze aus und erhält

$$y_+ = \frac{1}{\kappa} \cdot \ln(y_+) + C \,, \quad 11{,}64 = \frac{1}{\kappa} \cdot \ln(11{,}64) + C$$

und schließlich

$$C = 11{,}64 - 2{,}5 \cdot \ln(11{,}64) = 5{,}5 \,.$$

Damit erhält man das logarithmische Wandgesetz:

$$\frac{\overline{u}(y)}{u_*} = 2{,}5 \cdot \ln\left(\frac{y}{l_\nu}\right) + 5{,}5 \,. \tag{6.25}$$

Messungen zeigen, dass die Gültigkeit etwa für $30 < \frac{y}{l_\nu} < 500$ gewährleistet ist. Dem Übergangsbereich $5 < \frac{y}{l_\nu} < 30$ kann kein eindeutiges Geschwindigkeitsprofil zugeordnet werden.

Bevor das Profil für rauhe Wände hergeleitet wird, werfen wir nochmals einen Blick auf die Gleichung (6.16) bzw. den x-Impuls von (6.14), diesmal einschließlich der Schwerkraft, d. h.

$$\frac{d}{dy}\left(\nu\frac{d\overline{u}}{dy} - \overline{u'v'}\right) - g\sin\alpha = 0 \quad \text{oder} \quad -\frac{d}{dy}\left(\nu_t\frac{d\overline{u}}{dy}\right) - g\sin\alpha = 0 \,. \tag{6.26}$$

Setzt man den Mischungsweg (6.15) ein, so folgt

$$\frac{d}{dy}\left[\kappa^2 y^2 \left(\frac{d\overline{u}}{dy}\right)^2\right] + g\sin\alpha = 0 \,.$$

Nun entdimensionieren wir wie bei der viskosen Unterschicht und der turbulenten Innenzone unter Verwendung von $u_+ = \frac{u}{u_*}$ und $y_+ = \frac{y}{l_\nu}$.

Es gilt

$$\frac{d\overline{u}}{dy} = u_* \cdot \frac{du_+}{dy} = u_* \cdot \frac{du_+}{dy_+} \cdot \frac{dy_+}{dy} = u_* \cdot \frac{du_+}{dy_+} \cdot \frac{1}{l_\nu} = \frac{u_*}{l_\nu} \cdot \frac{du_+}{dy_+} \quad \text{und}$$

$$\frac{d}{dy} = \frac{d}{dy_+} \cdot \frac{dy_+}{dy} = \frac{1}{l_\nu} \cdot \frac{d}{dy_+} .$$

Eingesetzt folgt

$$\frac{1}{l_\nu} \cdot \frac{d}{dy_+} \left[\kappa^2 (l_\nu y_+)^2 \cdot \left(\frac{u_*}{l_\nu} \cdot \frac{du_+}{dy_+} \right)^2 \right] + g \sin \alpha = 0 ,$$

$$u_*^2 \cdot \frac{d}{dy_+} \left[\kappa^2 y_+^2 \left(\frac{du_+}{dy_+} \right)^2 \right] + g l_\nu \sin \alpha = 0 ,$$

$$\frac{u_*}{u_*} \frac{l_\nu}{l_\nu} \cdot \frac{d}{dy_+} \left[\kappa^2 y_+^2 \left(\frac{du_+}{dy_+} \right)^2 \right] + \frac{g l_\nu}{u_*^2} \sin \alpha = 0 ,$$

$$\frac{\nu}{u_* \cdot l_\nu} \cdot \frac{d}{dy_+} \left[\kappa^2 y_+^2 \left(\frac{du_+}{dy_+} \right)^2 \right] + \frac{g l_\nu}{u_*^2} \sin \alpha = 0$$

und schließlich

$$\frac{1}{Re_{l_\nu}} \cdot \frac{d}{dy_+} \left[\kappa^2 y_+^2 \left(\frac{du_+}{dy_+} \right)^2 \right] + \frac{1}{Fr^2} \sin \alpha = 0 .$$

Dabei wurde die vor allem bei Gerinneströmungen wichtige Froude-Zahl mit der viskosen Länge und der Sohlschubspannung gebildet:

$$Fr = \frac{u_*}{\sqrt{g l_\nu}} = \sqrt{\frac{u_*^2}{g l_\nu}} = \sqrt{\frac{u_*^3}{g \nu}} .$$

Es besteht aber ein wichtiger Unterschied zu den bisherigen Kennzahlbildungen, denn die so gebildete Reynolds-Zahl beträgt $Re_{l_\nu} = \frac{u_* \cdot l_\nu}{\nu} = \frac{\nu}{\nu} = 1$! Man könnte sich die Reynolds-Zahl auch irgendwie anders gebildet denken, beispielsweise mit Hilfe der Wassertiefe oder einer endlichen Platten- oder Gerinnelänge, aber entscheidend ist: Wird die Reynolds-Zahl (und die Froude-Zahl) auf die oben beschriebene Weise gebildet, dann beträgt sie Eins. Folglich entstehen, unabhängig davon, ob eine Plattenströmung, eine Rohrströmung (Froude-Zahl hat keinen Einfluss) oder eine Gerinneströmung vorliegt, immer die Geschwindigkeitsprofile (6.18) und (6.25). Deshalb ist das Profil universell und der Verlauf wird durch Messungen bestätigt. Es gibt noch einen weiteren Unterschied: In einer laminaren Grenzschicht bilden sich (bloß) ähnliche, also ortsabhängige Profile aus. Bei Turbulenz bleiben die Geschwindigkeitsprofile, bei konstanten hydraulischen Bedingungen, entlang des gesamten Wegs bestehen.

Nun kommen wir zur Rauheit. Ist die Platte rauh, so werten wir Gleichung (6.20) auf der Höhe der Rauheit $y = k$ aus. Die zugehörige mittlere Geschwindigkeit bezeichnen wir vorerst als $\overline{u}_k$ und schreiben $C_1 = \frac{\overline{u}_k}{u_*} - 2{,}5 \cdot \ln k$. Mit Hilfe von Experimenten bestimmt man $\frac{\overline{u}_k}{u_*} = 8{,}5$ und erhält

$$\frac{\overline{u}}{u_*} = 2{,}5 \cdot \ln\left(\frac{y}{k}\right) + 8{,}5 . \tag{6.27}$$

Die untere Grenze des Gültigkeitsbereichs wird durch $\overline{u} = 0$ und einen zugehörigen Wandabstand y_0 bestimmt. Man erhält $\ln(\frac{y_0}{k}) = -\frac{8,5}{2,5}$ und daraus $y_0 \approx \frac{k}{30}$. Hieran sieht man, dass die untere Schranke von der Rauheit der Wand abhängt. Demnach kann man (6.27) auch schreiben als

$$\frac{\overline{u}}{u_*} = 2,5 \cdot \ln\left(\frac{y}{y_0}\right). \tag{6.28}$$

Unterhalb des logarithmischen Profils existiert weder ein Übergangsbereich noch eine viskose Unterschicht.

Nun sind wir in der Lage, eine glatte gegenüber einer rauhen Wand zu charakterisieren. Dazu müssen die maßgebenden Vergleichslängen l_v und y_0 der glatten bzw. rauhen Wand miteinander verglichen werden. Wir schreiben (6.25) als

$$\frac{\overline{u}}{u_*} = 2,5 \cdot \ln\left(\frac{y}{l_v}\right) + 2,5 \cdot \ln(9) = 2,5 \cdot \ln\left(\frac{9y}{l_v}\right) = 2,5 \cdot \ln\left(\frac{9u_*}{v}\right).$$

Der Vergleich mit (6.28) liefert $\frac{30}{k} = \frac{9u_*}{v}$ und folglich

$$Re_k := \frac{u_* \cdot k}{v} = 3,33. \tag{6.29}$$

Die linke Seite der Gleichung entspricht einer Reynolds-Zahl. Man nennt sie Korn-Reynolds-Zahl. Damit erhält man das Ergebnis, dass eine Wand als hydraulisch glatt gilt, falls $Re_k < 3,33$, und als hydraulisch rauh, wenn $Re_k > 3,33$ ist.

Gleichung (6.29) entspricht auch $k = 3,33 \cdot l_v$.

Schließlich kann man noch angeben, in welcher Tiefe man die Geschwindigkeit u_* messen sollte. Dazu muss $\frac{\overline{u}(y)}{u_*} = 2,5 \cdot \ln(\frac{9y}{l_v}) = 1$ sein, was bei $y = \frac{l_v}{9}e^{0,4}$ oder $y = \frac{k}{30}e^{0,4}$ erreicht wird.

Rauheit und Sandrauheit

Spätestens an dieser Stelle bedarf es einer Klärung zwischen dem Begriff der Rauheit k und der effektiven Korn- oder Sandrauheit k_s. Wir rechneten bisher, und werden es in diesem Band auch weiterhin so handhaben, mit einer repräsentativen Rauheit k. Diese entspricht nicht der eigentlichen Größe der Unebenheiten. Eine Oberfläche wie die Sohle eines Gewässers kann relativ einheitlich aus Sand oder Kies mit demselben Korndurchmesser d bestehen oder sie kann aus Kies, Steinen und Schutt verschiedener Größe bestehen. Je inhomogener die Zusammensetzung, umso schwieriger ist es, der Oberfläche einen einheitlichen Korndurchmesser zuzuordnen. Man greift dazu einige räpresentative Durchmesser wie beispielsweise d_{30}, d_{60} oder d_{90} heraus. Der Index bezeichnet dabei den Durchmesser in mm. Danach bildet man den Mittelwert d_m inklusive der jeweiligen Häufigkeit. Messungen haben ergeben, dass der Zusammenhang $k \approx 3,25 \cdot d_\text{m}$ besteht.

Neben der eigentlichen Kornrauheit, kann man noch die sich wiederholenden Unebenheiten, wie beispielsweise die Rippel am Meeresboden, beachten. Diese sogenannte Formrauheit müsste man, falls vorhanden, mit der Kornrauheit zu einer Gesamtrauheit zusammenfügen.

3. Turbulente Außenzone

Je weiter man die turbulente Grenzschicht in positiver y-Richtung durchschreitet, umso kleiner wird der Einfluss der Viskosität. Setzen wir die nächste Grenze am Übergang zwischen turbulenter Innenzone und Außenströmung (Geschwindigkeit $u = u_\infty$) und bezeichnen mit $y = \delta_t$ den äußersten Rand der neuen Zone, so folgt aus (6.19) $\frac{u_\infty}{u_*} = 2,5 \cdot \ln \delta_t + C$ und daraus

$$\frac{u_\infty - \overline{u}(y)}{u_*} = -2,5 \cdot \ln\left(\frac{y}{\delta_t}\right) \, .$$

Allerdings muss das Ergebnis modifiziert werden, da aus der Außenströmung ständig nichtturbulente Fluidteilchen beigemischt werden. Dieser Effekt vergrößert das Geschwindigkeitsprofil mit wachsendem y und beeinflusst etwa 85 % der äußeren turbulenten Grenzschicht. Um dies zu berücksichtigen, fügt man eine empirisch bestimmte „Nachlauffunktion" hinzu. Insgesamt erhält man

$$\frac{u_\infty - \overline{u}(y)}{u_*} = -2,5 \cdot \ln\left(\frac{y}{\delta_t}\right) + 2,75 \cdot \cos^2\left(\frac{\pi}{2} \cdot \frac{y}{\delta_t}\right) \, . \tag{6.30}$$

Da die Rauheit hier keine Rolle spielt, kann man (6.30) auch für eine rauhe Platte verwenden. Messungen bestätigen die Umrechnung $\delta_t \approx 3333,33 \cdot l_v$, so dass man die Gültigkeit von (6.30) anstelle von $\frac{y}{l_v} > 500$ auch durch $0,15 < \frac{y}{\delta_t} < 1$ angeben kann. Näherungsweise kann anstelle von (6.30) ebenfalls das Profil

$$\frac{\overline{u}(y)}{u_\infty} = \left(\frac{y}{\delta_t}\right)^{\frac{1}{7}}$$

(u_∞ ist die Geschwindigkeit der Außenströmung) verwendet werden, das wir aus dem 5. Band im Zusammenhang mit Rohrströmungen kennengelernt haben (Beweis Kapitel 6.7). Die folgende Tabelle wird ergänzt durch das bekannte Geschwindigkeitsprofil einer laminaren Strömung bis vor dem Umschlag in Turbulenz. In Abbildung 6.3 sind die verschiedenen Zonen dargestellt. Es bezeichnen

δ_l: Grenzschichtdicke der laminaren Strömung

δ_t: Grenzschichtdicke der turbulenten Strömung

u_*: Wandschubspannungsgeschwindigkeit

u_∞: Geschwindigkeit der Außenströmung

l_v: Viskose Länge

Zone	Geschwindigkeitsprofil	Gültigkeitsbereich
Laminare Grenzschicht	$\dfrac{u}{u_{\delta_{vis}}} = \dfrac{y}{\delta_{vis}}\left(2 - 2\left(\dfrac{y}{\delta_l}\right)^2 + \left(\dfrac{y}{\delta_l}\right)^3\right)$	Bis zum Umschlag
	Turbulente glatte Strömung, $Re_k < 3{,}33$	
Viskose Unterschicht	$\dfrac{u}{u_*} = \dfrac{y}{l_v}$	$0 < \dfrac{y}{l_v} < 5$
Übergangsbereich	–	$5 < \dfrac{y}{l_v} < 30$
Turbulente Innenzone	$\dfrac{\overline{u}}{u_*} = 2{,}5 \cdot \ln\left(\dfrac{y}{l_v}\right) + 5{,}5$	$30 < \dfrac{y}{l_v} < 500$
Turbulente Außenzone	$\dfrac{u_\infty - \overline{u}}{u_*} = -2{,}5\cdot\ln\left(\dfrac{y}{\delta_t}\right) + 2{,}75\cdot\cos^2\left(\dfrac{\pi}{2}\cdot\dfrac{y}{\delta_t}\right)$ oder $\dfrac{\overline{u}}{u_\infty} = \left(\dfrac{y}{\delta_t}\right)^{\frac{1}{7}}\ \left(10^5 < Re_{\delta_t} < 10^7\right)$	$\dfrac{y}{l_v} > 500$ oder $0{,}15 < \dfrac{y}{\delta_t} < 1$
Außenströmung	$u = u_\infty$	$y \geq \delta_t$
	Turbulente raue Strömung, $Re_k > 3{,}33$	
Turbulente Innenzone	$\dfrac{\overline{u}}{u_*} = 2{,}5\cdot\ln\left(\dfrac{y}{y_0}\right)$ mit $y_0 = \dfrac{k}{30}$	$y \geq \dfrac{k}{30}$

Abb. 6.3: Skizze zu den Strömungszonen

Beispiel 1. Eine Flussbett besitzt die Rauheit $k = 0{,}001$ m. Weiter ist $u_* = 2\cdot10^{-3}\frac{m}{s}$ und $v = 10^{-6}\frac{m^2}{s}$.
a) Bildet sich an der Sohle eine viskose Unterschicht aus?
b) Wenn ja, wie sieht das zugehörige Geschwindigkeitsprofil aus und wie groß ist die mittlere Fließgeschwindigkeit auf der Höhe $y = k$?

c) Bestimmen Sie das über der viskosen Unterschicht liegende Geschwindigkeits-profil der turbulenten Innenzone, dessen Gültigkeitsbereich und die Fließge-schwindigkeit an der unteren Grenze des Gültigkeitsbereichs.

d) Nun sei $k = 0,02$ m. Welches Geschwindigkeitsprofil bildet sich aus?

e) Welches ist der Gültigkeitsbereich des Profils aus d) und wie groß ist die Geschwin-digkeit auf der Höhe $y = k$?

Lösung:

a) Das Kriterium für eine glatte oder rauhe Wand wird durch (6.29) bestimmt. Wir bilden

$$Re_k := \frac{u_* \cdot k}{\nu} = \frac{2 \cdot 10^{-3} \cdot 0,001}{10^{-6}} = 2 < 3,33 \,.$$

Damit ist die Wand glatt und eine viskose Unterschicht existiert.

b) Das Profil besitzt nach (6.18) die Gestalt

$$\frac{u(y)}{u_*} = \frac{y}{l_v} \quad \text{oder} \quad u(y) = \frac{2 \cdot 10^{-3}}{0,5 \cdot 10^{-3}} \cdot y = 4y \,.$$

Daraus folgt

$$u(k) = 4k = 0,004 \,\frac{\text{m}}{\text{s}} \,.$$

c) Gleichung (6.25) liefert

$$\frac{\overline{u}(y)}{u_*} = 2,5 \cdot \ln\left(\frac{y}{l_v}\right) + 5,5 = 2,5 \cdot \ln\left(\frac{9y}{l_v}\right) \quad \text{oder} \quad \overline{u}(y) = 5 \cdot 10^{-3} \cdot \ln\left(\frac{9y}{l_v}\right)$$

Streng genommen ist der Gültigkeitsbereich auf $30 < \frac{y}{l_v} < 500$, $30l_v < y < 500l_v$ oder $0,015 \,\text{m} < y < 0,25 \,\text{m}$ beschränkt. Man kann die Gültigkeit aber in guter Näherung auch auf die Außenzone ausweiten. Schließlich ist noch

$$\overline{u}(30l_v) = 5 \cdot 10^{-3} \cdot \ln\left(\frac{9 \cdot 30l_v}{l_v}\right) = 0,028 \,\frac{\text{m}}{\text{s}} \,.$$

d) Eine viskose Unterschicht existiert in diesem Fall nicht. Nach (6.28) gilt

$$\frac{\overline{u}}{u_*} = 2,5 \cdot \ln\left(\frac{30y}{k}\right) \quad \text{oder} \quad \overline{u}(y) = 2,5u_* \cdot \ln(1500y) \,.$$

Dabei ist u_* nicht identisch mit demjenigen Wert der glatten Wand, sondern man müsste u_* wieder vorgeben. Die Geschwindigkeit u_* lässt sich nur über eine di-rekte Messung oder mit Hilfe einer Geschwindigkeitsmessung in einer Tiefe y be-stimmen.

e) Das Profil aus d) ist gültig für $y \geq \frac{k}{30} = 6,66 \cdot 10^{-4}$ m und man erhält

$$\overline{u}(k) = 2,5u_* \cdot \ln(30) = 8,50 \cdot u_* \,.$$

Messung der Sohlschubspannung

In Wandnähe sind die Verwirbelungen praktisch Null, so dass $\tau_B \approx \overline{\tau} = \rho u_*^2$ gilt. Man misst in diesem Fall direkt die Sohlschubspannungsgeschwindigkeit. Aufwendiger ist es, etwas weiter von der Wand weg die Turbulenzverteilung, d. h. die Schwankungen u' und v', und damit die Sohlschubspannung über $\tau_W \approx \tau' = -\rho \overline{u'v'}$ zu ermitteln.

Meistens bestimmt man ungeachtet der Bodenbeschaffenheit die gesuchte Spannung, indem man in den Boden auf Federn gelagerte Teile einsetzt, die direkt die zur Auslenkung benötigten Kräfte und damit die Spannung messen. Neben diesen direkten Methoden existieren indirekte Messmethoden, die das Geschwindigkeitsprofil messen und diese je nach Wandbeschaffenheit mittels (6.18), (6.25) oder (6.28) auswerten.

6.6 Geschwindigkeitsprofile einer Rohrströmung

Die Übersicht aus dem vorherigen Kapitel lässt sich mit einigen Anpassungen fast gänzlich übernehmen. Bei einer Rohrströmung bezeichnet die „Außenzone" den Rohrkern. Wir wollen zusätzlich eine Unterscheidung bezüglich der Beschaffenheit des Rohrs treffen.

1. Viskose Unterschicht. Das lineare Gesetz (6.18) kann man inklusive des Gültigkeitsbereichs übernehmen. Weiter gelten dieselben Aussagen bezüglich der Rauheit.

2. Turbulente Wandzone. Hier gilt ebenfalls (6.25), aber mit dem Gültigkeitsbereich $30 < \frac{y}{l_v} < 10^5$.

Zudem gelten dieselben Aussagen bezüglich der Rauheit und es können (6.27) und (6.28) für den Bereich $\frac{k}{30} < y < 0,15 \cdot R$ übernommen werden.

3. Turbulente Kernzone. Dazu wird Gleichung (6.19) im Rohrzentrum für $y = R$ und $u = \overline{u}_{max}$ ausgewertet. Das ergibt $C_1 = \frac{\overline{u}_{max}}{u_*} - 2,5 \cdot \ln R$ und damit

$$\frac{\overline{u}_{max} - \overline{u}}{u_*} - 2,5 \cdot \ln\left(\frac{y}{R}\right) . \tag{6.31}$$

Die Gleichung ist für den Kernbereich $\frac{y}{l_v} < 0,15$ gültig. Einer Korrektur mit einer Nachlauffunktion wie bei der Plattenströmung bedarf es nicht, weil im Zentrum immer eine voll ausgebildete Strömung besteht. Die untere Grenze des Gültigkeitsbereichs wird durch $\overline{u} = 0$ bestimmt. Da die Rauheit hier keine Rolle spielt, kann man (6.31) für ein rauhes Rohr verwenden.

Ergänzt wird die folgende Tabelle durch das Profil einer laminaren Strömung vor dem Umschlag. Es bezeichnen

y: Abstand von der Wand
R: Rohrradius
r: Abstand vom Rohrzentrum

Zone	Geschwindigkeitsprofil	Gültigkeitsbereich
	$\dfrac{u}{u_{max}} = 1 - \left(\dfrac{r}{R}\right)^2$, laminare Strömung	Bis zum Umschlag
	Turbulente glatte Strömung, $Re_k < 3{,}33$	
Viskose Unterschicht	$\dfrac{u}{u_*} = \dfrac{y}{l_v}$	$0 < \dfrac{y}{l_v} < 5$
Übergangsbereich	–	$5 < \dfrac{y}{l_v} < 30$
Turbulente Wandzone	$\dfrac{\overline{u}}{u_*} = 2{,}5 \cdot \ln\left(\dfrac{y}{l_v}\right) + 5{,}5$	$30 < \dfrac{y}{l_v} < 10^5$
Turbulente Kernzone	$\dfrac{\overline{u}_{max} - \overline{u}}{u_*} = -2{,}5 \cdot \ln\left(\dfrac{y}{R}\right)$	$y > 0{,}15 \cdot R$
	Turbulente rauhe Strömung, $Re_k > 3{,}33$	
Turbulente Wandzone	$\dfrac{\overline{u}}{u_*} = 2{,}5 \cdot \ln\left(\dfrac{y}{y_0}\right)$ mit $y_0 = \dfrac{k}{30}$	$\dfrac{k}{30} < y < 0{,}15 \cdot R$
Beliebige Zone	$\dfrac{\overline{u}}{\overline{u}_{max}} = \left(1 - \dfrac{r}{R}\right)^{\frac{1}{n}}$, $n = 6, 7, 8, \ldots$	Beliebig

Das Potenzgesetz der letzten Tabellenzeile beweisen wir im nächsten Kapitel.

6.7 Reibungswiderstand und Grenzschichtdicke der Rohrströmung

I. Der Reibungswiderstand

Wir betrachten das turbulente Geschwindigkeitsprofil in der Kernzone:

$$\frac{\overline{u}_{max} - \overline{u}_{Rohr}}{u_*} = -2{,}5 \cdot \ln\left(\frac{y}{R}\right) .$$

Da $y = R - r$, folgt $\frac{y}{R} = 1 - \frac{r}{R}$, so dass daraus

$$\overline{u} = \overline{u}_{max} + 2{,}5 u_* \cdot \ln\left(1 - \frac{r}{R}\right)$$

wird. Als Nächstes berechnen wir die örtlich gemittelte Geschwindigkeit $\overline{u}_{Rohr}$. Um diese besser von der zeitlichen Mittelung zu unterscheiden, definieren wir $\overline{u}_{Rohr} =: c$. Mit dem Volumenstrom $\dot{V}$ gilt

$$c = \frac{\dot{V}}{\pi R^2} = \frac{1}{\pi R^2} \int_0^R 2\pi r \cdot \overline{u}(r) \, dr$$

$$= \frac{2\overline{u}_{max}}{R^2} \int_0^R r \, dr + 5 u_* \int_0^R \frac{r}{R^2} \cdot \ln\left(1 - \frac{r}{R}\right) dr .$$

Das 1. Integral ergibt $\overline{u}_{max}$.

Bis auf den Faktor $5u_*$ lautet das 2. Integral $\int_0^1 x \cdot \ln(1-x)\,dx$ mit $\frac{r}{R} = x$. Eine weitere Substitution, $z = 1 - x$, führt zu

$$\int_0^1 x \cdot \ln(1-x)\,dx = -\int_1^0 (1-z) \cdot \ln z \cdot dz$$

$$= \int_0^1 (1-z) \cdot \ln z \cdot dz \,.$$

Partielle Integration zerlegt das neue Integral in

$$\int_0^1 (1-z) \cdot \ln z \cdot dz = \left[\left(z - \frac{z^2}{2}\right)\ln z\right]_0^1 - \int_0^1 \left(z - \frac{z^2}{2}\right) \cdot \frac{1}{z} \cdot dz \,.$$

Der Wert des letzten Integrals beträgt

$$\int_0^1 \left(1 - \frac{z}{2}\right) dz = \left[z - \frac{z^2}{4}\right]_0^1 = \frac{3}{4} \,.$$

Es fehlt noch die Auswertung von $[(z - \frac{z^2}{2})\ln z]_0^1$.

An der Stelle $z = 1$ erhält man Null. Für $z = 0$ ergibt sich mit der Regel von de L'Hôspital

$$\lim_{z \to 0} \frac{\ln z}{\frac{2}{2z - z^2}} = \lim_{z \to 0} \frac{\frac{1}{z}}{-\frac{2(2-2z)}{(2z - z^2)^2}} = \lim_{z \to 0} \frac{z(2-z)^2}{-4(1-z)} = 0 \,.$$

Insgesamt erhalten wir

$$c = \overline{u}_{\max} + 5u_* \cdot \left(-\frac{3}{4}\right) \quad \text{oder} \quad \frac{c}{u_*} - \frac{\overline{u}_{\max}}{u_*} = 3,75 \,. \tag{6.32}$$

Die Gleichung gibt den Wert an, um den sich die mittlere Geschwindigkeit im Mittel von der maximalen Geschwindigkeit im Zentrum relativ zur Schubspannungsgeschwindigkeit unterscheidet.

Der gemessene Unterschied beträgt hingegen 4,07. Die Abweichung zum theoretischen Wert ist damit zu begründen, dass wir das Geschwindigkeitsprofil der turbulenten Kernzone bis auf die Wandzone ausgeweitet haben.

In einem nächsten Schritt sollen die für die Reibungskräfte an der Wand massgeblichen Größen, die Wandschubspannung und die damit verknüpfte Rohrreibungszahl λ eingebracht werden. Die Schubspannung einer laminaren Strömung hatten wir mit dem Newton'schen Ansatz $\tau(r) = \eta \frac{\partial u}{\partial r}$ modelliert. Das zugehörige Geschwindigkeitsprofil (2.11)

$$u(r) = -\frac{R^2}{4\eta} \cdot \frac{\Delta p_V}{l} \cdot \left[1 - \left(\frac{r}{R}\right)^2\right]$$

eingesetzt, ergibt $\tau_{lam}(r) = \frac{\Delta p_V}{l} \cdot \frac{r}{2}$. Dabei ist Δp_V der Druckverlust auf einer Strecke l. Für den turbulenten Fall können wir kein ähnliches Ergebnis für das Profil und somit für die Abnahme der Schubspannung im Rohrinnern mit der Wandsschubspannung heranziehen (das zugehörige 1/7-Profil soll ja hergeleitet werden).

In Analogie kann man auch hier an der Wand ansetzen:

$$\overline{\tau}_{W,tur} = \frac{\Delta p_V}{l} \cdot \frac{R}{2} . \tag{6.33}$$

Aber im Inneren ist

$$\overline{\tau}_{tur}(r) \neq \frac{\Delta p_V}{l} \cdot \frac{r}{2} .$$

Schreiben wir ebenfalls in Analogie zum laminaren Fall $\overline{\tau}_{W,tur} = \rho u_*^2$, so erhalten wir an der Wand $\Delta p_V = \frac{2 l \rho u_*^2}{R}$. Da noch kein Geschwindigkeitsprofil vorliegt, mit dessen Hilfe wir die Schubspannung in jedem Abstand zur Wand darstellen können, gehen wir den Umweg über den Druckverlust, den wir ebenfalls mit dem Ansatz von Weisbach erfassen können.

Es gilt (vgl. 5. Band)

$$\Delta \overline{p}_V = \lambda_t \frac{l}{d} \rho \frac{c^2}{2} . \tag{6.34}$$

Daraus erhalten wir $\lambda \frac{l \rho c^2}{4R} = \frac{2 l \rho u_*^2}{R}$ (Index t weggelassen) und schließlich

$$\lambda = 8 \left(\frac{u_*}{c} \right)^2 . \tag{6.35}$$

Diese Gleichung in (6.32) eingefügt, ergibt

$$\sqrt{\frac{8}{\lambda_t}} = \frac{\overline{u}_{max}}{u_*} - 3,75 . \tag{6.36}$$

Weiter wird (6.25) im Zentrum ausgewertet und l_v durch $\frac{v}{u_*}$ ersetzt. Dies führt zu $\frac{\overline{u}_{max}}{u_*} = 2,5 \cdot \ln(\frac{R u_*}{v}) + 5,5$. Diesen Ausdruck fügen wir in (6.36) ein und erhalten

$$\sqrt{\frac{8}{\lambda}} = 2,5 \cdot \ln \left(\frac{R u_*}{v} \right) + 5,5 - 3,75 . \tag{6.37}$$

Danach schreiben wir $\frac{R u_*}{v}$ als

$$\frac{u_*}{c} \cdot \frac{c \cdot 2R}{2v} = \frac{u_*}{c} \cdot \frac{c \cdot d}{v} \cdot \frac{1}{2} = \sqrt{\frac{\lambda}{8}} \cdot Re_d \cdot \frac{1}{2} = Re_d \sqrt{\lambda} \cdot \frac{1}{4\sqrt{2}} .$$

Dies wird (6.37) einverleibt, was zu

$$\frac{1}{\sqrt{\lambda}} = \frac{2,5}{\sqrt{8}} \cdot \ln \left(Re \sqrt{\lambda} \cdot \frac{1}{4\sqrt{2}} \right) + \frac{1,75}{\sqrt{8}}$$

(Index d weggelassen) führt.

Weiter vereinfacht, erhält man

$$\frac{1}{\sqrt{\lambda}} = \frac{2,5}{\sqrt{8}} \cdot \ln(Re\sqrt{\lambda}) + \frac{2,5}{\sqrt{8}} \cdot \ln\left(\frac{1}{4\sqrt{2}}\right) + \frac{1,75}{\sqrt{8}}$$

und

$$\frac{1}{\sqrt{\lambda}} = 0,883 \cdot \ln(Re\sqrt{\lambda}) - 1,53 + 0,62 \, .$$

Umgerechnet auf den Zehner-Logarithmus wird daraus

$$\frac{1}{\sqrt{\lambda}} = -2 \cdot \log_{10}\left(\frac{1}{Re\sqrt{\lambda}}\right) - 2 \cdot \log_{10}(20,35) + 1,75 \, .$$

Die Werte $20,35$ bzw. $1,75$ werden durch experimentell bestimmte Werte angepasst:

$$\frac{1}{\sqrt{\lambda}} = -2 \cdot \log_{10}\left(\frac{1}{Re\sqrt{\lambda}}\right) - 2 \cdot \log_{10}(18,7) + 1,74 \, .$$

Für hydraulisch glatte Rohre erhält man somit

$$\frac{1}{\sqrt{\lambda}} = 1,74 - 2 \cdot \log_{10}\left(\frac{18,7}{Re\sqrt{\lambda}}\right) \, . \tag{6.38}$$

Da λ nur implizit gegeben ist, fand Blasius die Näherungsformel

$$\lambda \approx \frac{0,316}{Re_d^{\frac{1}{4}}} \, . \tag{6.39}$$

Ist das Rohr hydraulisch rauh, dann ziehen wir das zugehörige Geschwindigkeitsprofil (6.27) heran. Ausgewertet im Zentrum, folgt daraus $\frac{\overline{u}_{max}}{u_*} = 2,5 \cdot \ln(\frac{R}{k}) + 8,5$. In diesem Fall schreibt sich (6.32) nacheinander als

$$\frac{c}{u_*} = 2,5 \cdot \ln\left(\frac{R}{k}\right) + 8,5 - 3,75 \, ,$$

$$\sqrt{\frac{8}{\lambda}} = 2,5 \cdot \ln\left(\frac{R}{k}\right) + 4,75 \, ,$$

$$\frac{1}{\sqrt{\lambda}} = \frac{2,5}{\sqrt{8}} \cdot \ln\left(\frac{R}{k}\right) + \frac{4,75}{\sqrt{8}} \, ,$$

$$\frac{1}{\sqrt{\lambda}} = 0,883 \cdot \ln\left(\frac{R}{k}\right) + 1,68 \quad \text{und}$$

$$\frac{1}{\sqrt{\lambda}} = -2 \cdot \log_{10}\left(\frac{k}{R}\right) + 1,68 \, .$$

Mit einer kleiner Korrektur aufgrund von Messergebnissen folgt

$$\frac{1}{\sqrt{\lambda}} = 1,74 - 2 \cdot \log_{10}\left(\frac{2k}{d}\right) \, . \tag{6.40}$$

Die Kombination von (6.38) mit (6.40) führt schließlich zur Formel von Colebrook-White

$$\frac{1}{\sqrt{\lambda}} = 1,74 - 2 \cdot \log_{10}\left(\frac{2k}{d} + \frac{18,7}{Re\sqrt{\lambda}}\right) \, . \tag{6.41}$$

Mit der Näherungsformel von Blasius (6.39) kann man auch die Reibungskraft $F_{W,\text{tur}}$ explizit angeben. Es gilt mit (6.33)

$$F_{W,\text{tur}} = \overline{\tau}_W \cdot 2\pi R l = \frac{\Delta \overline{p}_V}{l} \cdot \frac{R}{2} \cdot 2\pi R l = \Delta \overline{p}_V \cdot \pi R^2 \,.$$

Die Gleichung stellt nichts anderes als die Gleichgewichtsbedingung für eine stationäre Rohrströmung dar. In diesem Fall muss das Produkt aus der Wandspannung und dem benetzten Umfang gleich groß wie das Produkt aus Druckverlust und Querschnittsfläche sein. Mit (6.34) und (6.39) erhält man daraus weiter

$$F_{W,\text{tur}} = \lambda \frac{l}{2R} \rho \frac{c^2}{2} \cdot \pi R^2 = \lambda \frac{\pi \rho R l c^2}{4} \,. \tag{6.42}$$

Den Ausdruck von (6.39) eingesetzt, liefert

$$\frac{0,316}{Re^{\frac{1}{4}}} \cdot \frac{\pi}{4} l\rho R c^2 = \frac{0,316 \cdot \pi}{4} \cdot \frac{\rho^{-\frac{1}{4}} \cdot c^{-\frac{1}{4}} (2R)^{-\frac{1}{4}}}{\eta^{-\frac{1}{4}}} \cdot l\rho R c^2$$

und schließlich

$$F_{W,\text{tur}} = 0,209 \cdot \rho \cdot v^{\frac{1}{4}} \cdot R^{\frac{3}{4}} \cdot l \cdot c^{\frac{7}{4}} \,. \tag{6.43}$$

Einerseits wird die Rohrreibungszahl selber als Reibungswiderstandsbeiwert bezeichnet, anderseits benutzt man die Bezeichnung im Zusammenhang mit der üblichen Schreibweise $F_W = \frac{1}{2} c_W \rho A c^2$. Mit $A = 2\pi R l$ (benetzte Oberfläche) folgt $F_W = c_W \pi \rho R l c^2$ und der Vergleich mit (6.42) liefert $\lambda = 4 c_W$. Dieser Zusammenhang gilt sowohl für laminare wie auch turbulente Strömungen.

II. Das 1/7-Potenzprofil einer turbulenten Rohrströmung

Ausgangspunkt ist die Gleichung (6.43). Wir dividieren sie durch die benetzte Fläche $A = 2\pi R l$ und erhalten die Wandschubspannung

$$\overline{\tau}_W = \frac{F_W}{A} = \frac{0,209}{2\pi} \cdot \rho \cdot v^{\frac{1}{4}} \cdot R^{-\frac{1}{4}} \cdot c^{\frac{7}{4}} \,. \tag{6.44}$$

Das Geschwindigkeitsprofil soll durch eine Potenzfunktion der Art $\overline{u}(r) = \overline{u}_{\max} \cdot (\frac{y}{R})^n$ mit $y = R - r$ und einem unbekannten n angenähert werden. Aus $\overline{u}_{\max} = \overline{u} \cdot R^n \cdot y^{-n}$ und $\overline{u}_{\max} = \alpha \cdot c$ mit $\alpha \in \mathbb{R}$ folgt $\alpha \cdot c = \overline{u} \cdot R^n \cdot y^{-n}$. Diese Gleichung potenzieren wir mit $\frac{7}{4}$ und erhalten

$$c^{\frac{7}{4}} = \alpha^{-\frac{7}{4}} \cdot \overline{u}^{\frac{7}{4}} \cdot R^{\frac{7n}{4}} \cdot y^{-\frac{7n}{4}} \,.$$

Eingesetzt in (6.44) folgt

$$\overline{\tau}(y) = \frac{0,209}{2\pi} \cdot \alpha^{-\frac{7}{4}} \cdot \rho \cdot v^{\frac{1}{4}} \cdot R^{\frac{7n-1}{4}} \cdot y^{-\frac{7n}{4}} \cdot \overline{u}^{\frac{7}{4}} \,. \tag{6.45}$$

Dabei haben wir angenommen, dass Gleichung (6.44) außer an der Wand ebenfalls für einen Wandabstand y Gültigkeit behält. Dies angenommen, haben Prandtl und von Kàrmàn zusätzlich die Annahme getroffen, dass die Schubspannung unabhängig vom Radius sein sollte. Dann muss in (6.45) aber $\frac{7n-1}{4} = 0$ sein, was $n = \frac{1}{7}$ nach sich zieht. Insgesamt folgt das turbulente Profil zu

$$\overline{u}(r) = \overline{u}_{\max} \cdot \left(1 - \frac{r}{R}\right)^{\frac{1}{7}} . \tag{6.46}$$

Für die örtlich gemittelte Geschwindigkeit erhält man

$$c = \frac{1}{\pi R^2} \int_0^R 2\pi r \cdot \overline{u}(r) \cdot dr$$

$$\frac{2 \cdot \overline{u}_{\max}}{R^2} \int_0^R r \cdot \overline{u}(r) \cdot dr = 2 \cdot \overline{u}_{\max} \int_0^1 x \cdot (1 - x)^{\frac{1}{7}} \cdot dx$$

mit $x = \frac{r}{R}$ und daraus

$$c = \frac{49}{60} \overline{u}_{\max} . \tag{6.47}$$

Der Gültigkeitsbereich von (6.46) ist identisch mit demjenigen der Näherungsformel (6.39), nämlich $Re < 10^5$. Eine Unschönheit beinhaltet das 1/7-Profil anscheinend: Die Auswertung der Spannung an der Wand ergibt einen unendlich großen Wert. Dies ist aber nicht weiter schlimm, da die viskose Unterschichtsdicke, $\frac{y}{l_v} = 5$, die untere Grenze des Gültigkeitsbereichs darstellt.

III. Die Grenzschichtdicke

Die viskose Unterschicht bildet sich nur langsam unterhalb der turbulenten Strömung aus in der wandnahen Zone aus. Deshalb kann eine eindeutige Dicke der viskosen Unterschicht δ_{vis} nicht angegeben werden. Wie schon mit (6.24) angegeben, ist $\delta_{\mathrm{vis}} = 11,64 \cdot l_v$.

Dies ergibt sich natürlich auch als Schnittpunkt von (6.18) mit (6.25), aber das ist kein Beweis, da das Profil von (6.25) mit Hilfe der Messung (6.24) erst hergeleitet wurde.

Die viskose Dicke wird umgeschrieben zu

$$\delta_{\mathrm{vis}} = 11,64 \cdot \frac{v}{u_*} = 11,64 \cdot v \sqrt{\frac{\rho}{\tau_{\mathrm{W}}}} .$$

Zuerst quadrieren wir die Gleichung und dividieren sie anschließend durch d^2. Dies führt zu

$$\frac{\delta_{\mathrm{vis}}^2}{d^2} = 11,64^2 \cdot \frac{v^2}{d^2} \cdot \frac{\rho}{\tau_{\mathrm{W}}} . \tag{6.48}$$

Die Wandspannung lässt sich nicht mit Hilfe der Definition $\tau_W = \eta \cdot \frac{d\overline{u}}{dr}\big|_W$ ausdrücken, weil, wie schon erwähnt, der Wert an der Wand unendlich groß wird. Hingegen verwenden wir wieder (6.33) und (6.34) und finden

$$\tau_W = \frac{\Delta p_V}{l} \cdot \frac{d}{4} = \frac{\lambda}{4} \rho c^2 \;. \tag{6.49}$$

Dies fügen wir in (6.48) ein:

$$\frac{\delta_{vis}^2}{d^2} = 11{,}64^2 \cdot \frac{v^2}{d^2} \cdot \frac{4\rho}{\lambda \rho c^2} = \frac{4 \cdot 11{,}64^2}{\lambda} \cdot \frac{1}{Re_d^2} \;.$$

Schließlich wird noch die Näherung (6.39) eingesetzt und man erhält

$$\frac{\delta_{vis}^2}{d^2} = \frac{4 \cdot 11{,}64^2}{0{,}316} \cdot \frac{Re_d^{\frac{1}{4}}}{Re_d^2} \quad \text{oder} \quad \frac{\delta_{vis}}{d} = \frac{41{,}40}{Re_d^{\frac{7}{8}}} \;. \tag{6.50}$$

6.8 Reibungswiderstand und Grenzschichtdicke der Plattenströmung

I. Die Grenzschichtdicke

Mit Gleichung (3.41) hatten wir die Impulserhaltung innerhalb der laminaren Grenzschicht in integraler Form hergeleitet. Die Gleichung gilt auch für Strömungen innerhalb einer turbulenten Grenzschicht, sofern das Profil innerhalb derselben bekannt ist. Im Fall einer Plattenströmung ist die Außenströmung $u_\delta = u_\infty = konst.$ und deshalb $u_\delta' = 0$. Es verbleibt dann

$$\tau_W(x) = \rho u_\infty^2 \cdot \delta_2'(x) = \rho u_\infty^2 \frac{d}{dx} \left[\int_0^\delta \frac{\overline{u}}{u_\infty} \left(1 - \frac{\overline{u}}{u_\infty} \right) dy \right] \;. \tag{6.51}$$

Die Impulsverlustdicke wir dabei gemäss (3.23) verwendet. Es stellt sich noch die Frage nach dem Geschwindigkeitsprofil. Eine Aufteilung in eine laminare Unterschicht und eine turbulente Zone wäre denkbar. Prandtl überträgt hingegen das 1/7-Potenzprofil der Rohrströmung auf die Plattenströmung, indem er die maximale Geschwindigkeit $\overline{u}_{max}$ mit der Außenströmung u_∞, den Rohrradius R mit der turbulenten Grenzschichtdicke $\delta_{tur}(x)$ und schließlich die Differenz $R - r$ mit dem Wandabstand y identifiziert. Aus der Gleichung (6.46) $\frac{\overline{u}}{\overline{u}_{max}} = \left(\frac{R-r}{R}\right)^{\frac{1}{7}}$ der Rohrströmung wird nun

$$\frac{\overline{u}}{u_\infty} = \left(\frac{y}{\delta} \right)^{\frac{1}{7}}$$

für die Plattenströmung.

Aus (6.51) wird

$$\tau_W(x) = \rho u_\infty^2 \frac{d}{dx}\left[\int_0^\delta \left(\frac{y}{\delta}\right)^{\frac{1}{7}}\left(1 - \left(\frac{y}{\delta}\right)^{\frac{1}{7}}\right) dy\right] = \rho u_\infty^2 \frac{d}{dx}\left[\frac{7y}{8}\cdot\left(\frac{y}{\delta}\right)^{\frac{8}{7}} - \frac{7y}{9}\cdot\left(\frac{y}{\delta}\right)^{\frac{9}{7}}\right]_0^\delta$$

$$= \rho u_\infty^2 \frac{d}{dx}\left(\frac{7\delta}{8} - \frac{7\delta}{9}\right) = \rho u_\infty^2 \cdot \frac{7}{72}\cdot\frac{d\delta_{tur}}{dx}\,. \tag{6.52}$$

Für die Wandspannung verwenden wir (6.49), woraus mit (6.39) und (6.47)

$$\tau_W = \frac{0{,}316}{8\cdot Re_d^{\frac{1}{4}}}\cdot\rho\cdot\left(\frac{49}{60}\right)^2\cdot\overline{u}_{max}^2$$

wird. Die weitere Verrechnung ergibt

$$\tau_W = \frac{0{,}316}{8}\cdot\left(\frac{49}{60}\right)^2\cdot\rho\cdot\overline{u}_{max}^2\cdot\left(\frac{\nu}{c\cdot d}\right)^{\frac{1}{4}} = \frac{0{,}316}{8}\cdot\left(\frac{49}{60}\right)^2\cdot\rho\cdot\overline{u}_{max}^2\cdot\left(\frac{\nu}{c\cdot d}\right)^{\frac{1}{4}}$$

oder

$$\tau_W = \frac{0{,}316}{8}\cdot\left(\frac{49}{60}\right)^2\cdot\rho\cdot\overline{u}_{max}^2\cdot\frac{1}{2^{\frac{1}{4}}}\cdot\left(\frac{60}{49}\right)^{\frac{1}{4}}\cdot\left(\frac{\nu}{\overline{u}_{max}\cdot R}\right)^{\frac{1}{4}}$$

$$= 0{,}023\cdot\rho\cdot u_\infty^2\cdot\left(\frac{\nu}{u_\infty\cdot\delta_{tur}}\right)^{\frac{1}{4}}\,. \tag{6.53}$$

Im letzten Schritt wurde wieder $\overline{u}_{max}$ mit u_∞ und R mit δ_{tur} identifiziert.

Der Vergleich von (6.52) mit (6.53) liefert $\frac{d\delta}{dx} = 0{,}240\cdot(\frac{\nu}{u_\infty\cdot\delta})^{\frac{1}{4}}$ und danach $\delta^{\frac{1}{4}}\cdot d\delta = 0{,}240\cdot(\frac{\nu}{u_\infty})^{\frac{1}{4}}\, dx$. Die Integration führt mit $\delta(0) = 0$ nacheinander auf

$$\frac{4}{5}\cdot\delta^{\frac{5}{4}} = 0{,}240\cdot\left(\frac{\nu}{u_\infty}\right)^{\frac{1}{4}} x\,,$$

$$\delta = 0{,}381\cdot\left(\frac{\nu}{u_\infty}\right)^{\frac{1}{5}} x^{\frac{4}{5}}\,,$$

$$\frac{\delta}{x} = 0{,}381\cdot\left(\frac{\nu}{u_\infty x}\right)^{\frac{1}{5}}$$

und schließlich

$$\frac{\delta}{x} = \frac{0{,}381}{Re_x^{\frac{1}{5}}}\,. \tag{6.54}$$

II. Der Reibungswiderstand

Aus $\tau_W(x) = \frac{1}{2}c_f(x)\rho u_\infty^2$ erhält man mit Hilfe von (6.52) und (6.54) den lokalen Reibungsbeiwert

$$c_f(x) = \frac{2\cdot\tau_W(x)}{\rho u_\infty^2} = \frac{14}{72}\cdot\frac{d\delta}{dx} = 0{,}047\cdot\left(\frac{\nu}{u_\infty\cdot\delta}\right)^{\frac{1}{4}} = 0{,}047\cdot\left(\frac{\nu\cdot Re_x^{\frac{1}{5}}}{u_\infty\cdot 0{,}381\cdot x}\right)^{\frac{1}{4}}$$

$$= \frac{0{,}047}{0{,}381^{\frac{1}{4}}}\cdot\left(\frac{\nu\cdot u_\infty^{\frac{1}{5}}\cdot x^{\frac{1}{5}}}{u_\infty\cdot x\cdot\nu^{\frac{1}{5}}}\right)^{\frac{1}{4}} = 0{,}059\cdot\left(\left[\frac{\nu}{u_\infty\cdot x}\right]^{\frac{4}{5}}\right)^{\frac{1}{4}} = \frac{0{,}059}{Re_x^{\frac{1}{5}}}\,. \tag{6.55}$$

Der Widerstand an einer Platte mit Breite b und Länge dx an der Stelle x beträgt $dF_W(x) = \tau_W(x) \cdot dA = \tau_W(x) \cdot b \cdot dx$. Für den gesamten Widerstand entlang der Strecke l ergibt sich mit (6.55)

$$F_W = b \int_0^l \tau_W(x) \cdot dx = 0{,}030 \cdot b \cdot \rho u_\infty^2 \int_0^l \frac{1}{Re_x^{\frac{1}{5}}} \cdot dx = 0{,}030 \cdot b \cdot \rho u_\infty^2 \cdot \left(\frac{\nu}{u_\infty}\right)^{\frac{1}{5}} \cdot \frac{5}{4} \cdot l^{\frac{4}{5}}$$

und schließlich

$$F_{W,\text{tur}} = 0{,}037 \cdot b \cdot \rho \cdot \nu^{\frac{1}{5}} \cdot u_\infty^{\frac{9}{5}} \cdot l^{\frac{4}{5}} \; . \tag{6.56}$$

Der Faktor 0,030 wird dabei in Folge von Messungen auf 0,037 korrigiert, weil damit bessere Übereinstimmung mit der Theorie erzielt wird.

Da der Umschlag zur turbulenten Strömung nicht schon an der Vorderkante der Platte eintritt, ist die vorhin durchgeführte Integration eigentlich falsch. Der Fehler nimmt mit der laminaren Lauflänge l_{lam} zu. Um das zu berücksichtigen, überlegen wir uns zuerst, dass man den Ort des Umschlags und somit l_{lam} kennt, falls die kritische Reynolds-Zahl Re_{krit} für die jeweilige Strömung angegeben werden kann. Man versieht somit den über das Intervall $[0, x]$ gemittelten Reibungsbeiwert mit einem von Re_{krit} abhängigen Korrekturglied.

Im Einzelnen berechnen wir

$$\overline{c_f}(x) = \frac{1}{x} \int_0^x \frac{0{,}059}{Re_x^{\frac{1}{5}}} \, dx = \frac{0{,}059}{x} \cdot \left(\frac{\nu}{u_\infty}\right)^{\frac{1}{5}} \int_0^x x^{-\frac{1}{5}} \, dx$$

$$= \frac{0{,}059}{x} \cdot \left(\frac{\nu}{u_\infty}\right)^{\frac{1}{5}} \cdot \frac{5}{4} \cdot x^{\frac{4}{5}} = 0{,}074 \cdot \left(\frac{\nu}{u_\infty x}\right)^{\frac{1}{5}} = \frac{0{,}074}{Re_x^{\frac{1}{5}}} = \frac{5}{4} \cdot c_f(x) \; .$$

Prandtl schlägt die Korrektur dieses Wertes als

$$\overline{c_f}(x) = \frac{0{,}074}{Re_x^{\frac{1}{5}}} - \frac{A(Re_{\text{krit}})}{Re_x}$$

vor. Dabei ist A eine von Re_{krit} abhängige Zahl.

Der gesamte Reibungswiderstand (laminar und turbulent) auf einer Lauflänge l lautet dann

$$F_{W,\text{lam+tur}} = \frac{1}{2} b \rho u_\infty^2 \cdot \left(\frac{0{,}074}{Re_l^{\frac{1}{5}}} - \frac{A(Re_{\text{krit}})}{Re_l}\right) \; . \tag{6.57}$$

Falls l_{lam} gegenüber der turbulenten Lauflänge l_{tur} vernachlässigt werden kann, dann braucht man diese Korrektur nicht anzuwenden.

Die folgende Tabelle erfasst einige Messwerte der Zahl A für die entsprechende kritische Reynolds-Zahl.

Re_{krit}	10^5	$3 \cdot 10^5$	$5 \cdot 10^5$	10^6	$3 \cdot 10^6$
A	350	1050	1700	3300	8700

Daraus lassen sich Zwischenwerte mit Hilfe einer quadratischen Interpolation gewinnen:

$$Re_{\text{krit}} = 0{,}008 \cdot A^2 + 277 \cdot A + 2342 \,. \tag{6.58}$$

Es gibt Formeln für (6.57) und (6.58), die zusätzlich die Rauheit der Oberfläche berücksichtigen. Somit gelten die eben genannten Gleichungen nur für glatte Oberflächen. Zudem könnte man die gesamten Rechnungen als Alternative zum 1/7-Profil auch mit dem zugehörigen logarithmischen Geschwindigkeitsprofil der turbulenten Innenzone durchführen.

Schließlich fügen wir eine Übersicht einschließlich der laminaren Strömung bei, welche die Grenzschichtdicken und die Reibungskräfte enthält. Für die Platte meint die Reibungskraft immer die auf einer Seite wirkende Kraft. Es bezeichnen

ρ: Dichte

η: Dynamische Viskosität

ν: Kinematische Viskosität

R: Rohrradius

d: Rohrdurchmesser

c: Mittlere Rohrgeschwindigkeit

l: Plattenlänge

b: Plattenbreite

u_∞: Geschwindigkeit der Außenströmung

δ_{lam}: Grenzschichtdicke der laminaren Strömung

δ_{vis}: Grenzschichtdicke der viskosen Unterschicht

δ_{tur}: Grenzschichtdicke der turbulenten Strömung

Re_d: Reynolds-Zahl gebildet mit dem Rohrdurchmesser d

Re_x: Reynolds-Zahl gebildet mit der Lauflänge x

Re_l: Reynolds-Zahl gebildet mit der Länge l

Strömung	Begrenzung	Reibungswiderstand	Grenzschichtdicke
Laminar	Rohr	$F_{\text{W,lam}} = 8\pi \cdot \eta \cdot c \cdot l$	$\dfrac{\delta_{\text{lam}}}{x} = \dfrac{4{,}89}{\sqrt{Re_x}}, x = d$
	Platte	$F_{\text{W,lam}} = 0{,}662 \cdot b \cdot \rho \cdot v^{\frac{1}{2}} \cdot u_\infty^{\frac{3}{2}} \cdot l^{\frac{1}{2}}$	
Turbulent	Rohr	$F_{\text{W,tur}} = 0{,}209 \cdot \rho \cdot v^{\frac{1}{4}} \cdot R^{\frac{3}{4}} \cdot c^{\frac{7}{4}} \cdot l$	$\dfrac{\delta_{\text{vis}}}{x} = \dfrac{41{,}40}{Re_x^{\frac{7}{8}}}, x = d$
	Platte	$F_{\text{W,tur}} = 0{,}037 \cdot b \cdot \rho \cdot v^{\frac{1}{5}} \cdot u_\infty^{\frac{9}{5}} \cdot l^{\frac{4}{5}}$ oder $F_{\text{W,lam+tur}} = \dfrac{1}{2} b\rho u_\infty^2 \cdot \left(\dfrac{0{,}074}{Re_l^{\frac{1}{5}}} - \dfrac{A(Re_{\text{krit}})}{Re_l} \right)$	$\dfrac{\delta_{\text{tur}}}{x} = \dfrac{0{,}381}{Re_x^{\frac{1}{5}}}, x = d$

Beispiel 1. Durch eine nicht scharfkantige Öffnung eines langen glatten Rohrs mit dem Radius $R = 5\,\text{cm}$ sollen 20 Liter Wasser pro Sekunde fließen (Abb. 6.4 links). Die Stoffwerte des Wassers sind $\rho = 1000\,\frac{\text{kg}}{\text{m}^3}$ und $\nu = 1,5 \cdot 10^{-6}\,\frac{\text{m}^2}{\text{s}}$. Zudem beträgt die kritische Reynolds-Zahl

$$Re_{\text{krit}} = 5 \cdot 10^5\,.$$

a) Wie groß ist die Strömungsgeschwindigkeit?
b) Welche gemittelte, maximale Geschwindigkeit $\bar{u}_{\text{max}}$ entsteht im Rohr?
c) Bestimmen Sie die Lauflänge l_{lam} der laminaren Strömung und die Dicke der zugehörigen Grenzschicht am Ende dieser Lauflänge.
d) Bevor die Strömung im gesamten Rohr turbulent wird, benötigt sie einen Anlaufweg l_a. Die Länge dieses Wegs wird durch das Berühren der turbulenten Grenzschichten im Zentrum der Röhre bestimmt. Wie groß wird l_a?
e) Bestimmen Sie den Reibungswiderstand pro Länge aufgrund der Turbulenz alleine.
f) Wie dick wird die unter der turbulenten Grenzschicht liegende laminare Unterschicht?
g) Berechnen Sie die Rohrreibungszahl λ und mit deren Hilfe die Wandschubspannungsgeschwindigkeit u_*.

Lösung:
a) Es gilt

$$c = \frac{\dot{V}}{\pi R^2} = \frac{20 \cdot 10^{-3}}{\pi \cdot 0,05^2} = 2,55\,\frac{\text{m}}{\text{s}}\,.$$

b) Aus Gleichung (6.47) folgt

$$\bar{u}_{\text{max}} = \frac{60}{49}c = 3,12\,\frac{\text{m}}{\text{s}}\,.$$

c) Mit $Re_{\text{krit}} = \frac{c \cdot l_{\text{lam}}}{\nu}$ erhält man

$$l_{\text{lam}} = \frac{Re_{\text{krit}} \cdot \nu}{c} = \frac{5 \cdot 10^5 \cdot 1,5 \cdot 10^{-6}}{2,55} = 29,45\,\text{cm}\,.$$

Damit liefert Gleichung (3.21)

$$\delta_{\text{lam}} = \frac{4,89 \cdot l_{\text{lam}}}{\sqrt{Re_{\text{krit}}}} = 2,03\,\text{mm}\,.$$

d) Die turbulente Grenzschicht wächst gemäss Gleichung (6.54). Daraus erhält man die Bestimmungsgleichung

$$R = \frac{\delta_{\text{tur}}}{2} \quad \text{oder} \quad 0,05 = \frac{0,381 \cdot x}{\left(\frac{2,55 \cdot x}{1,5 \cdot 10^{-6}}\right)^{\frac{1}{5}}}$$

und daraus $l_a = 2,85\,\text{m}$. Von der Rohröffnung gemessen, ergibt sich $l_{\text{total}} = l_{\text{lam}} + l_a = 3,15\,\text{m}$.

e) Mit Hilfe von (6.43) folgt

$$\frac{F_W}{l} = 0{,}209 \cdot \rho \cdot v^{\frac{1}{4}} \cdot R^{\frac{3}{4}} \cdot c^{\frac{7}{4}} = 3{,}97 \,\text{N}\,.$$

f) Nach (6.50) gilt

$$\delta_{\text{vis}} = \frac{41{,}4 \cdot 0{,}1}{\left(\frac{2{,}55 \cdot 0{,}1}{1{,}5 \cdot 10^{-6}}\right)^{\frac{7}{8}}} = 0{,}11 \,\text{mm}\,.$$

g) Die Colebrook-White-Gleichung (6.41) ergibt für $k = 0$ und $Re = Re_{\text{krit}}$ den Wert $\lambda = 0{,}0132$. Aus (6.35) folgt $u_* = 0{,}10\,\frac{\text{m}}{\text{s}}$.

Beispiel 2. Zur Simulation des Reibungswiderstands an einem Tragflügel wird eine dünne rechteckige Platte der Länge $l = 2\,\text{m}$ und der Breite $b = 10\,\text{m}$ einseitig mit Luft der Geschwindigkeit $u = 200\,\frac{\text{km}}{\text{h}}$ angeströmt. Die Stoffdaten der Luft betragen $\rho = 1{,}21\,\frac{\text{kg}}{\text{m}^3}$ und $v = 15 \cdot 10^{-6}\,\frac{\text{m}^2}{\text{s}}$. Die kritische Reynolds-Zahl liegt mit $Re_{\text{krit}} = 4 \cdot 10^5$ vor.

a) Kann die Strömung als inkompressibel betrachtet werden?
b) Wie groß werden die laminaren und turbulenten Lauflängen l_{lam} und l_{tur}?
c) Bestimmen Sie den gesamten Reibungswiderstand.

Lösung:

a) Nach der Bemerkung am Ende von Kapitel 3.2 ist dies zulässig, falls $Ma < 0{,}3$. Mit einer Schallgeschwindigkeit von $c \approx 340\,\frac{\text{m}}{\text{s}}$ erhält man $Ma = \frac{u}{c} = 0{,}16$, also ist die Strömung inkompressibel.

b) Es gilt

$$l_{\text{lam}} = \frac{Re_{\text{krit}} \cdot v}{u} = \frac{4 \cdot 10^5 \cdot 15 \cdot 10^{-6}}{55{,}55} = 10{,}8\,\text{cm} \quad \text{und} \quad l_{\text{tur}} = l - l_{\text{lam}} = 1{,}89\,\text{m}\,.$$

c) Aus (3.30) erhält man

$$F_{W,\text{lam}} = 0{,}662 \cdot 10 \cdot 1{,}21 \cdot \sqrt{15 \cdot 10^{-6}} \cdot 55{,}55^{1,5} \cdot 0{,}108^{0,5} = 4{,}22\,\text{N}\,.$$

(6.56) liefert

$$F_{W,\text{tur}} = 0{,}037 \cdot 10 \cdot 1{,}21 \cdot (15 \cdot 10^{-6})^{0,2} \cdot 55{,}55^{1,8} \cdot 1{,}89^{0,8} = 111{,}75\,\text{N}\,.$$

Man erhält gesamthaft $F_W = F_{W,\text{lam}} + F_{W,\text{tur}} = 115{,}97\,\text{N}$.

Bemerkung. Da $l_{\text{lam}} \ll l_{\text{tur}}$, ist keine Korrektur mit (6.57) vonnöten.

Beispiel 3. Eine quadratische Platte mit der Kantenlänge $l = 1\,\text{m}$ und der Dicke $h = 1\,\text{cm}$ wird mit der Geschwindigkeit $u = 2\,\frac{\text{m}}{\text{s}}$ horizontal durch ein Wasserbecken gezogen. Die Stoffwerte des Wassers sind $\rho = 1000\,\frac{\text{kg}}{\text{m}^3}$, $v = 1{,}4 \cdot 10^{-6}\,\frac{\text{m}^2}{\text{s}}$ und die kritische Reynolds-Zahl beträgt $Re_{\text{krit}} = 4 \cdot 10^5$.

a) Bestimmen Sie die laminare und turbulente Lauflänge.
b) Wie groß wird der gesamte Reibungswiderstand? Verwenden Sie dazu (3.30) und (6.56) und korrigieren Sie gegebenenfalls das Ergebnis mit Hilfe von (6.57). Der Formwiderstand soll unbeachtet bleiben.

Nun wird dieselbe Platte mit der Kraft $F = 200\,$N durch das Wasser gezogen.

c) Geben Sie die laminare und die turbulente Lauflänge als Funktion der unbekannten Geschwindigkeit u an, falls keine Ablösung der turbulenten Grenzschicht entlang der Platte erfolgt.
d) Mit welcher maximalen Geschwindigkeit u kann die Platte ohne Ablösung der turbulenten Grenzschicht bewegt werden?
e) Wiederholen Sie die Teilaufgabe d) für den Fall, dass sich die turbulente Grenzschicht praktisch am Ende der Platte ablöst und berücksichtigen Sie nun zusätzlich den Formwiderstand, indem Sie mit einem Druckbeiwert von $c_D = 0{,}6$ rechnen.
f) Berechnen Sie die laminaren Lauflängen für die ermittelten Geschwindigkeiten in d) und e).

Lösung:

a) Man erhält $l_\text{lam} = \frac{Re_\text{krit}\cdot v}{u} = 0{,}28\,$m und demnach $l_\text{tur} = l - l_\text{lam} = 0{,}72\,$m.
b) Aus (3.30) folgt

$$F_\text{W,lam} = 0{,}662 \cdot 1 \cdot 1000 \cdot \sqrt{1{,}4 \cdot 10^{-6}} \cdot 2^{1,5} \cdot 0{,}28^{0,5} \cdot 2 = 2{,}34\,\text{N}$$

und gemäss (6.56) gilt

$$F_\text{W,tur} = 0{,}037 \cdot 1 \cdot 1000 \cdot (1{,}4 \cdot 10^{-6})^{0,2} \cdot 2^{1,8} \cdot 0{,}72^{0,8} \cdot 2 = 13{,}37\,\text{N}\,.$$

Gesamthaft ergibt das $F_\text{W} = F_\text{W,lam} + F_\text{W,tur} = 15{,}71\,$N. Da l_lam einen relativ großen Teil der gesamten Länge ausmacht, muss der Wert unter Benutzung von (6.57) korrigiert werden. Zuerst bestimmt man $A(Re_\text{krit})$. Die Interpolationsgleichung (6.58) liefert $A = 1380$.
Damit erhält man

$$F_\text{W,lam+tur} = \frac{1}{2} \cdot 1 \cdot 1000 \cdot 2^2 \left[\frac{0{,}074}{\left(\frac{2\cdot 1}{1{,}4\cdot 10^{-6}}\right)^{0,2}} - \frac{1380}{\frac{2\cdot 1}{1{,}4\cdot 10^{-6}}} \right] \cdot 2 = 13{,}52\,\text{N}\,.$$

c) Es gilt

$$l_\text{lam} = \frac{4 \cdot 10^5 \cdot 1{,}4 \cdot 10^{-6}}{u} = \frac{0{,}56}{u}\,, \qquad l_\text{tur} = l - l_\text{lam} = 1 - \frac{0{,}56}{u}\,.$$

d) Gleichung (3.30) liefert

$$F_\text{W,lam} = 0{,}662 \cdot 1 \cdot 1000 \cdot \sqrt{1{,}4 \cdot 10^{-6}} \cdot u^{1,5} \cdot \left(\frac{0{,}56}{u}\right)^{0,5} \cdot 2$$

und aus (6.56) folgt

$$F_{W,tur} = 0,037 \cdot 1 \cdot 1000 \cdot (1,4 \cdot 10^{-6})^{0,2} \cdot u^{1,8} \cdot \left(1 - \frac{0,56}{u}\right)^{0,8} \cdot 2 \ .$$

Die Bedingung $F_{W,lam} + F_{W,tur} = 200\,N$ führt zu $u = 7,82\,\frac{m}{s}$.

e) Die turbulente Lauflänge kann beibehalten werden, da die Ablösung praktisch am Ende der Platte erfolgt. Der Formwiderstand beträgt gemäss (3.1)

$$F_D = \frac{1}{2}c_D\rho \cdot bh \cdot u^2 = \frac{1}{2}0,6 \cdot 1000 \cdot 1 \cdot 0,01 \cdot u^2 = 3u^2 \ .$$

Aus $F_{W,lam} + F_{W,tur} + F_D = 200\,N$ erhält man $u = 5,56\,\frac{m}{s}$.

f) Mit $l_{lam} = \frac{0,56}{u}$ folgen die Lauflängen $l_{lam} = 7,16\,cm$ resp. $l_{lam} = 10,07\,cm$.

Beispiel 4. Ein Tiefseeboot besitzt die Form einer Kugel mit Radius $R = 1\,m$ und bewegt sich mit der Geschwindigkeit $u = 0,25\,\frac{m}{s}$ (Abb. 6.4 rechts). Die Stoffwerte des Meerwassers sind

$$\rho = 1025\,\frac{kg}{m^3} \quad \text{und} \quad \nu = 1,4 \cdot 10^{-6}\,\frac{m^2}{s} \ .$$

a) Bestimmen Sie die Reynolds-Zahl Re_d, gebildet mit dem Kugeldurchmesser.

b) Welcher laminaren Lauflänge l_{lam} und welchem Mittelpunktswinkel α_{lam} entspricht Re_d?

c) Bei der in a) bestimmten Reynolds-Zahl löst die turbulente Strömung für $\alpha_{tur} = 135°$ ab.
   Wie groß ist demnach die turbulente Lauflänge l_{tur}?

d) Gesucht ist die Antriebsleistung des Motors, um den gesamten Widerstand zu überwinden. Rechnen Sie mit einem Druckbeiwert von $c_D = 0,09$ (vgl. Abb. 3.1).

Abb. 6.4: Skizzen zu den Beispielen 1 und 4

Lösung:

a) Man erhält

$$Re_d = \frac{u \cdot d}{\nu} = \frac{0,25 \cdot 2}{1,4 \cdot 10^{-6}} = 3,57 \cdot 10^5 \,.$$

b) Es gilt $l_{lam} = d = 2$ m. Das entspricht

$$\alpha_{lam} = \frac{2}{\pi} \cdot 180° \approx 114,59° \,.$$

c) Die zugehörige Lauflänge ergibt sich zu

$$l_{tur} = \frac{3}{4}\pi - 2 = 0,36 \,\text{m} \,.$$

d) In Gleichung (3.30) und (6.56) taucht die Breite b auf. Dies muss man für die Kugeloberfläche umrechnen.

Die Fläche A einer Kugelkappe wie auch einer Kugelschicht berechnet man mittels $A = 2\pi R h$. Dabei ist h die zugehörige Teilstrecke des Durchmessers (siehe Abb. 6.4 rechts)

Für die laminare Lauflänge ist demnach b derart gesucht, dass $l_{lam} \cdot b = 2\pi R h$ gilt.

Mit $h_{lam} = |\cos(\alpha)| + R = |\cos(2)| + 1 = 1,42$ m folgt

$$b_{lam} = \frac{2\pi R \cdot h_{lam}}{l_{lam}} = 4,45 \,\text{m} \,.$$

Analog zu l_{tur} findet man

$$h_{tur} = \left|\cos\left(\frac{3}{4}\pi\right)\right| + 1 - 1,42 = 0,29 \,\text{m}$$

und aus $l_{tur} \cdot b = 2\pi R h$ folgt

$$b_{tur} = \frac{2\pi R \cdot h_{tur}}{l_{tur}} = 5,13 \,\text{m} \,.$$

So erhalten wir

$$F_{W,lam} = 0,662 \cdot b_{lam} \cdot \rho \sqrt{\nu} \cdot u^{1,5} \cdot l_{lam}^{0,5}$$
$$= 0,662 \cdot 4,45 \cdot 1025 \cdot \sqrt{1,4 \cdot 10^{-6}} \cdot 0,25^{1,5} \cdot 2^{0,5} = 0,63 \,\text{N}$$

und

$$F_{W,tur} = 0,037 \cdot b_{tur} \cdot \rho \cdot \nu^{0,2} \cdot u^{1,8} \cdot l_{tur}^{0,8}$$
$$= 0,037 \cdot 5,13 \cdot 1025 \cdot (1,4 \cdot 10^{-6})^{0,2} \cdot 0,25^{1,8} \cdot 0,36^{0,8} = 0,47 \,\text{N} \,.$$

Der Formwiderstand schließlich folgt nach (3.1) zu

$$F_D = \frac{1}{2} c_D \rho \cdot \pi R^2 \cdot u^2 = \frac{1}{2} \cdot 0,09 \cdot 1025 \cdot \pi \cdot 1^2 \cdot 0,25^2 = 9,07 \,\text{N} \,.$$

Gesamthaft hat man $F_W = F_{W,lam} + F_{W,tur} + F_D = 10,17$ N und die Leistung folgt zu

$$P = F_W \cdot u = 10,17 \cdot 0,25 = 2,54 \,\text{W} \,.$$

Beispiel 5. Segelboote besitzen am Rumpf einen Kiel (Abb. 6.5 links). Dieser hat die Form eines Trapezes mit $h = 1$ m Tiefe und einer oberen und unteren Breite von $0,5$ m resp. $0,25$ m. Wir behandeln die Umströmung des Kiels wie die einer dünnen Platte. Das Boot segelt mit einer Geschwindigkeit von $u = 10\,\frac{m}{s}$. Die Stoffwerte des Salzwassers sind $\rho = 1025\,\frac{kg}{m^3}$ und $v = 1,4 \cdot 10^{-6}\,\frac{m^2}{s}$. Durch Messung sei bekannt, dass dieses Profil eine kritische Reynolds-Zahl von $Re_{krit} = 4 \cdot 10^5$ zulässt, bevor die Strömung turbulent wird.

a) Bestimmen Sie die Lauflänge l_{lam} der laminaren Strömung und die zugehörige Grenzschichtdicke am Ende dieser Lauflänge.

Für die weiteren Teilaufgaben treffen wir die Annahme, dass die nach der Lauflänge l_{lam} einsetzende turbulente Strömung sich entlang der restlichen Lauflänge des Kiels nicht ablöst.

b) Bestimmen Sie die turbulente Grenzschichtdicke $\delta_{tur}(h)$ in Abhängigkeit der Wassertiefe h (von unten gemessen) und insbesondere die Grenzschichtdicke am oberen Kielrand.

c) Wie groß wird der gesamte Widerstand? Zur Berechnung des Formwiderstands nehmen wir an, dass der Kiel in Strömungsrichtung spitz zuläuft, aber eine durchschnittliche Dicke von $d = 5$ cm aufweist. Rechnen Sie zudem mit einem entsprechenden Druckbeiwert von $c_D = 0,2$.

Lösung:

a) Es gilt $l_{lam} = \frac{Re_{krit} \cdot v}{u} = 5,6$ cm. Dies ist die maximal mögliche Lauflänge entlang der Kielkontur vor dem Umschlag zu einer turbulenten Strömung.

Die zugehörige Grenzschichtdicke an dieser Stelle wäre unter Verwendung von (3.21)

$$\delta_{lam} = \frac{4,89 \cdot l_{lam}}{\sqrt{Re_{krit}}} = 0,43\text{ mm}.$$

b) Die turbulente Lauflänge l_{tur} ergibt sich aus der Differenz $l_{tur} = l(h) - l_{lam}$, wobei gilt: $l(h) = 0,25h + 0,25$. Mit Gleichung (6.54) erhält man

$$\delta_{tur}(h) = l_{tur} \cdot \frac{0,381}{(Re_{l_{tur}})^{\frac{1}{5}}} = l_{tur}(h) \cdot \frac{0,381}{\left(\frac{10 \cdot l_{tur(h)}}{v}\right)^{\frac{1}{5}}} = \frac{0,381 \cdot (0,25h + 0,194)}{\left(\frac{10 \cdot (0,25h + 0,194)}{v}\right)^{\frac{1}{5}}}.$$

Insbesondere ist

$$\delta_{tur}(1) = \frac{0,381 \cdot 0,444}{\left(\frac{10 \cdot 0,444}{1,4 \cdot 10^{-6}}\right)^{\frac{1}{5}}} = 8,45\text{ mm}.$$

c) Für den Reibungswiderstand $F_{W,lam}$, den die laminare Strömung auf beiden Seiten des Kiels ausübt, nehmen wir Gleichung (3.30). Diese liefert

$$F_{W,lam} = 0,662 \cdot b\rho\sqrt{v} \cdot u^{1,5} \cdot l_{lam}^{0,5} \cdot 2$$
$$= 0,662 \cdot 1 \cdot 1025 \cdot \sqrt{1,4 \cdot 10^{-6}} \cdot 10^{1,5} \cdot 0,056^{0,5} \cdot 2 = 12,02\text{ N}.$$

Der Reibungswiderstand $F_{W,tur}$ aufgrund des Umschlags in eine turbulente Strömung lautet gemäss (6.56) (dh entspricht der Breite b) $dF_{W,tur} = 0,037 \cdot \rho \cdot v^{0,2} \cdot u^{1,8} \cdot l(h)^{0,8} \cdot dh \cdot 2$. Dann folgt

$$F_{W,tur} = 0,037 \cdot \rho \cdot v^{0,2} \cdot u^{1,8} \int_0^1 (0,25h + 0,194)^{0,8}\, dh \cdot 2 = 128,94\,\text{N}\,.$$

Es fehlt noch der Formwiderstand:

$$F_D = \frac{1}{2} c_D \rho \cdot d \cdot l \cdot u^2 = \frac{1}{2} \cdot 0,2 \cdot 1025 \cdot 0,05 \cdot 1 \cdot 10^2 = 512,50\,\text{N}\,.$$

Gesamthaft hätte man $F_W = F_{W,lam} + F_{W,tur} + F_D = 653,46\,\text{N}$.

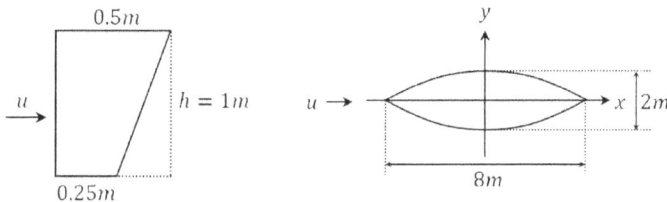

Abb. 6.5: Skizzen zu den Beispielen 5 und 6

Beispiel 6. Nach heftigen Regenfällen führt ein 10 m tiefer Fluss Hochwasser. Die Fließgeschwindigkeit u ist von der Wassertiefe h abhängig und beträgt $u(h) = 0,05h^2$ (von der Sohle gemessen).

Die Stoffwerte des Wassers sind $\rho = 1000\ \frac{\text{kg}}{\text{m}^3}$ und $v = 1,4 \cdot 10^{-6} \frac{\text{m}^2}{\text{s}}$ und die kritische Reynolds-Zahl beträgt $Re_{krit} = 4 \cdot 10^5$. Ein linsenförmiger Pfeiler (Abb. 6.5 rechts). wird vom Fluss umströmt, ohne dass sich die entstehende turbulente Grenzschicht entlang der gesamten Pfeilerkontur ablöst.
a) Wie lautet die Funktionsgleichung zur Beschreibung der Pfeilerkontur?
b) Bestimmen Sie die Bogenlänge auf einer Seite des Pfeilers.
c) In welcher Wassertiefe setzt entlang der Pfeilerkontur erstmals eine turbulente Strömung ein?
d) Berechnen Sie den gesamten Reibungswiderstand.

Lösung:
a) Die Funktion lautet $f(x) = -\frac{1}{16}x^2 + 1$.
b) Für die Bogenlänge erhält man

$$l_B = 2 \int_0^4 \sqrt{1 + f'(x)^2} = 2 \int_0^4 \sqrt{1 + \frac{x^2}{64}} = 8,32\,\text{m}\,.$$

c) Zuerst bestimmt man diejenige Geschwindigkeit u_{krit}, bei der erstmals die laminare Lauflänge kürzer als die Bogenlänge l_B wird:

$$u_{krit} = \frac{Re_{krit} \cdot v}{l_B} = \frac{4 \cdot 10^5 \cdot 1,4 \cdot 10^{-6}}{8,32} = 0,07\ \frac{m}{s}\ .$$

Die zugehörige Tiefe folgt aus $0,07 = 0,05 h^2$ zu $h_{krit} = 1,16$ m.

d) Für $h > h_{krit}$ berechnet sich die laminare Lauflänge mittels

$$l_{lam}(h) = \frac{Re_{krit} \cdot v}{u(h)} = \frac{11,2}{h^2}\ .$$

Damit erhalten wir

$$dF_{W,lam} = dF_{W,lam_1} + dF_{W,lam_2}$$
$$= 0,662 \cdot dh \cdot \rho \cdot \sqrt{v} \cdot u(h)^{1,5} \cdot l_B^{0,5} \cdot 2$$
$$+ 0,662 \cdot dh \cdot \rho \cdot \sqrt{v} \cdot u(h)^{1,5} \cdot l_{lam}^{0,5}(h) \cdot 2$$

und somit

$$F_{W,lam} = 0,662 \cdot 1000 \cdot \sqrt{1,4 \cdot 10^{-6}} \cdot \int_0^{1,16} (0,05 h^2)^{1,5}\, dh \cdot 8,32^{0,5} \cdot 2$$

$$+ 0,662 \cdot 1000 \cdot \sqrt{1,4 \cdot 10^{-6}} \cdot \int_{1,16}^{10} \left[(0,05 h^2)^{1,5} \cdot \left(\frac{11,2}{h^2} \right)^{0,5} \right] dh \cdot 2$$

$$= 0,02\,N + 19,51\,N = 19,53\,N\ .$$

Weiter gilt

$$dF_{W,tur} = 0,037 \cdot dh \cdot \rho \cdot v^{0,2} \cdot u(h)^{1,8} \cdot (l_B - l_{lam}(h))^{0,8} \cdot 2$$

und damit

$$F_{W,tur} = 0,037 \cdot 1000 \cdot (1,4 \cdot 10^{-6})^{0,2}$$

$$\cdot \int_{1,16}^{10} \left[(0,05 h^2)^{1,8} \cdot \left(8,32 - \frac{11,2}{h^2} \right)^{0,8} \right] dh \cdot 2$$

$$= 1051,09\,N\ .$$

Der gesamte Reibungswiderstand folgt zu $F_W = 1070,62$ N. Dabei ist der laminare Beitrag völlig vernachlässigbar.

Aufgabe
Bearbeiten Sie die Übungen 15 bis 18.

6.9 Die Mittelung der Energierhaltung

Analog zur Impulserhaltung, die durch zeitliche Mittelung zu den Reynolds-Gleichungen führte, soll nun die Energieerhaltung (4.13) zeitlich gemittelt werden. Zu den Größen $u = \bar{u} + u'$, $v = \bar{v} + v'$, $w = \bar{w} + w'$, $p = \bar{p} + p'$ gesellt sich noch $T = \bar{T} + T'$. Ein Balken bezeichnet den über einen Zeitraum gemittelten Wert und der Strich die (kleine) Änderung gegenüber dem Mittelwert. Setzt man die Ausdrücke in die linke Seite von (4.13) ein, so verbleibt nach der Mittelung

$$\rho c_p \left(\frac{\partial \bar{T}}{\partial t} + \bar{u}\frac{\partial \bar{T}}{\partial x} + \overline{u'\frac{\partial T'}{\partial x}} + \bar{v}\frac{\partial \bar{T}}{\partial y} + \overline{v'\frac{\partial T'}{\partial y}} + \bar{w}\frac{\partial \bar{T}}{\partial z} + \overline{w'\frac{\partial T'}{\partial z}} \right)$$

$$- \left(\frac{\partial \bar{p}}{\partial t} + \bar{u}\frac{\partial \bar{p}}{\partial x} + \overline{u'\frac{\partial p'}{\partial x}} + \bar{v}\frac{\partial \bar{p}}{\partial y} + \overline{v'\frac{\partial p'}{\partial y}} + \bar{w}\frac{\partial \bar{p}}{\partial z} + \overline{w'\frac{\partial p'}{\partial z}} \right) - \lambda \left(\frac{\partial^2 \bar{T}}{\partial x^2} + \frac{\partial^2 \bar{T}}{\partial y^2} + \frac{\partial^2 \bar{T}}{\partial z^2} \right).$$

Einsetzen der Ausdrücke auf der rechten Seite, dem Dissipationsterm, liefert

$$= \eta \left\{ 2 \left[\left(\frac{\partial \bar{u}}{\partial x} + \frac{\partial u'}{\partial x} \right)^2 + \left(\frac{\partial \bar{v}}{\partial y} + \frac{\partial v'}{\partial y} \right)^2 + \left(\frac{\partial \bar{w}}{\partial z} + \frac{\partial w'}{\partial z} \right)^2 \right] + \left(\frac{\partial \bar{u}}{\partial y} + \frac{\partial u'}{\partial y} + \frac{\partial \bar{v}}{\partial x} + \frac{\partial v'}{\partial x} \right)^2 \right.$$

$$\left. + \left(\frac{\partial \bar{u}}{\partial z} + \frac{\partial u'}{\partial z} + \frac{\partial w}{\partial x} + \frac{\partial w'}{\partial x} \right)^2 + \left(\frac{\partial \bar{v}}{\partial z} + \frac{\partial v'}{\partial z} + \frac{\partial \bar{w}}{\partial y} + \frac{\partial w'}{\partial y} \right)^2 \right\}.$$

Alle Klammerausdrücke werden zuerst ausmultipliziert, dann wird gemittelt. Zusammen erhält man

$$\rho c_p \left(\frac{\partial \bar{T}}{\partial t} + \bar{u}\frac{\partial \bar{T}}{\partial x} + \overline{u'\frac{\partial T'}{\partial x}} + \bar{v}\frac{\partial \bar{T}}{\partial y} + \overline{v'\frac{\partial T'}{\partial y}} + \bar{w}\frac{\partial \bar{T}}{\partial z} + \overline{w'\frac{\partial T'}{\partial z}} \right)$$

$$- \left(\frac{\partial \bar{p}}{\partial t} + \bar{u}\frac{\partial \bar{p}}{\partial x} + \overline{u'\frac{\partial p'}{\partial x}} + \bar{v}\frac{\partial \bar{p}}{\partial y} + \overline{v'\frac{\partial p'}{\partial y}} + \bar{w}\frac{\partial \bar{p}}{\partial z} + \overline{w'\frac{\partial p'}{\partial z}} \right)$$

$$- \lambda \left(\frac{\partial^2 \bar{T}}{\partial x^2} + \frac{\partial^2 \bar{T}}{\partial y^2} + \frac{\partial^2 \bar{T}}{\partial z^2} \right).$$

$$= \eta \left\{ 2 \left[\left(\frac{\partial \bar{u}}{\partial x} \right)^2 + \overline{\left(\frac{\partial u'}{\partial x} \right)^2} + \left(\frac{\partial \bar{v}}{\partial y} \right)^2 + \overline{\left(\frac{\partial v'}{\partial y} \right)^2} + \left(\frac{\partial \bar{w}}{\partial z} \right)^2 + \overline{\left(\frac{\partial w'}{\partial z} \right)^2} \right] + \left(\frac{\partial \bar{u}}{\partial y} \right)^2 \right.$$

$$+ 2\frac{\partial \bar{u}}{\partial y} \cdot \frac{\partial \bar{v}}{\partial x} + \left(\frac{\partial \bar{v}}{\partial x} \right)^2 + \overline{\left(\frac{\partial u'}{\partial y} \right)^2} + 2\overline{\frac{\partial u'}{\partial y} \cdot \frac{\partial v'}{\partial x}} + \overline{\left(\frac{\partial v'}{\partial x} \right)^2} + \left(\frac{\partial \bar{u}}{\partial z} \right)^2$$

$$+ 2\frac{\partial \bar{u}}{\partial z} \cdot \frac{\partial \bar{w}}{\partial x} + \left(\frac{\partial \bar{w}}{\partial x} \right)^2 + \overline{\left(\frac{\partial u'}{\partial z} \right)^2} + 2\overline{\frac{\partial u'}{\partial z} \cdot \frac{\partial w'}{\partial x}} + \overline{\left(\frac{\partial w'}{\partial x} \right)^2} + \left(\frac{\partial \bar{v}}{\partial z} \right)^2$$

$$\left. + 2\frac{\partial \bar{v}}{\partial z} \cdot \frac{\partial \bar{w}}{\partial y} + \left(\frac{\partial \bar{w}}{\partial y} \right)^2 + \overline{\left(\frac{\partial v'}{\partial z} \right)^2} + 2\overline{\frac{\partial v'}{\partial z} \cdot \frac{\partial w'}{\partial y}} + \overline{\left(\frac{\partial w'}{\partial y} \right)^2} \right\}. \qquad (6.59)$$

Gleichung (6.59) kann numerisch ausgewertet werden. Viel wichtiger sind in der Praxis die Nusselt- und Übergangszahlen vom Fluid auf einen Festkörper, um den Wärmeverlust bestimmen zu können.

6.10 Die Nusselt-Zahl bei laminarer und turbulenter Strömung

Für die Anströmung einer Platte, eine Rohrströmung und die Umströmung eines Zylinders sollen die zugehörigen empirisch oder teilweise empirisch ermittelten Formeln zusammentragen werden.

1. Anströmung einer Platte

a) Laminare Strömung. In diesem Fall liegt die Nusselt-Zahl mit der untersten Gleichung der Schar (4.61) vor. Die Gleichung deckt den wichtigsten Prandtl-Bereich ab. Wir wiederholen sie an dieser Stelle nochmals:

$$Nu_{m,lam} = 0{,}662 \cdot Re_l^{\frac{1}{2}} \cdot Pr^{\frac{1}{3}} \cdot \left(\frac{Pr}{Pr_W}\right)^{0,25}$$

für $0{,}6 \leq Pr \leq 2000$ und $Re < 10^5$.

b) Turbulente Strömung. Nach Petukhov und Popov gilt

$$Nu_{m,tur} = \frac{0{,}037 \cdot Re^{0,8} \cdot Pr}{1 + 2{,}443 \cdot Re^{-0,1} \cdot \left(Pr^{\frac{2}{3}} - 1\right)} \cdot \left(\frac{Pr}{Pr_W}\right)^{0,25}$$

$$\text{für} \quad 0{,}6 \leq Pr \leq 2000 \quad \text{und} \quad 5 \cdot 10^5 < Re < 10^7 \,. \tag{6.60}$$

c) Übergangsbereich. Nach Gnielinski kann derjenige Bereich, der nicht klar einer laminaren oder turbulenten Strömung zugeordnet werden kann, durch die Nusselt-Zahl $Nu_m = \sqrt{Nu_{m,lam}^2 + Nu_{m,tur}^2}$ charakterisiert werden. Insbesondere darf der Gültigkeitsbereich auf $10 < Re < 10^7$ erweitert werden.

2. Rohrströmung

In diesem Zusammenhang wählen wir ξ für Rohrreibungszahl, weil λ schon belegt ist.

a) Laminare Strömung. Bei anlaufender laminarer Strömung gilt

$$Nu_{m,lam} = \left[3{,}66^3 + 0{,}7^3 + \left\{\left(Re_d \cdot Pr \cdot \frac{d}{l}\right)^{\frac{1}{3}} - 0{,}7\right\}^3\right]^{\frac{1}{3}} \cdot \left(\frac{Pr}{Pr_W}\right)^{0,11}$$

für $Pr \geq 0{,}1$ und $Re < 2300$. Bei voll ausgebildeter laminarer Strömung gilt $l \to \infty$ und damit

$$Nu_{m,lam} = 3{,}66 \cdot \left(\frac{Pr}{Pr_W}\right)^{0,11} \,. \tag{6.61}$$

b) Turbulente Strömung. Bei voll ausgebildeter turbulenter Strömung gilt nach Gnielinski

$$Nu_{m,tur} = \frac{\frac{\xi}{8} \cdot Re_d \cdot Pr}{1 + 12{,}7 \cdot \sqrt{\frac{\xi}{8}} \cdot \left(Pr^{\frac{2}{3}} - 1\right)} \cdot \left(1 + \left(\frac{d}{l}\right)^{\frac{2}{3}}\right) \cdot \left(\frac{Pr}{Pr_W}\right)^{0,11}$$

für

$$0{,}1 \leq Pr \leq 1000 \quad \text{und} \quad 10^4 < Re < 10^6 \, . \tag{6.62}$$

Die Rohrreibungszahl über $\xi = (1{,}8 \cdot \log_{10} Re_d - 1{,}5)^{-2}$ (nach Konakov) oder (6.41) bestimmt werden kann.

c) Übergangsbereich. Gnielinski schlägt für den Bereich $2300 < Re < 10^4$ vor:

$$Nu_m = (1 - \gamma) \cdot Nu_{m,\text{lam}}(Re_d = 2300) + \gamma \cdot Nu_{m,\text{tur}}\left(Re_d = 10^4\right) \, . \tag{6.63}$$

Die einzelnen Nusselt-Zahlen werden mit den Grenzwert-Reynolds-Zahlen des Übergangsbereichs gebildet und die Gewichtung gemäss $\gamma = \frac{Re_d - 2300}{10^4 - 2300}$.

3. Zylinderumströmung

Es gelten sämtliche Formeln und Gültigkeitsbereiche wie bei der Plattenströmung bis auf die Bestimmung der Nusselt-Zahl im Übergangsbereich. Diese sollte geschehen gemäss

$$Nu_m = 0{,}3 + \sqrt{Nu_{m,\text{lam}}^2 + Nu_{m,\text{tur}}^2} \, .$$

Beispiel 1. Ein veraltetes Hausdach der Länge $l = 6\,\text{m}$ und Breite $b = 4\,\text{m}$ besteht lediglich aus einer dünnen Holzkonstruktion mit aufgelegten $d = 2\,\text{cm}$ dicken Dachziegeln aus Ton der Wärmeleitfähigkeit $\lambda_D = 1\,\frac{\text{W}}{\text{mK}}$. (Wir fassen dabei die Dachziegel als durchgehende Platte auf und vernachlässigen die Wärmeleitung der Holzkonstruktion.) Weiter ist die Wärmeübergangszahl des Innenraums auf die Ziegel mit $\alpha_i = 35\,\frac{\text{W}}{\text{m}^2\text{K}}$ gegeben.

a) An einem warmen Tag beträgt die Temperatur innen wie außen 25 °C. Plötzlich weht ein etwas kälterer Wind mit der Geschwindigkeit $u = 10\,\frac{\text{m}}{\text{s}}$ und der Temperatur $T_a = 15$ °C parallel zur Längsseite des Dachs. Welcher Wärmestrom $\dot{Q}_{ia}$ fließt vom Innenraum an die Umgebungsluft?

b) Um das Dach zu isolieren, wird unterhalb der Ziegel eine $s = 10\,\text{cm}$ dicke Glaswollmatte mit der Wärmeleitfähigkeit $\lambda_I = 0{,}035\,\frac{\text{W}}{\text{mK}}$ befestigt. Wie groß wird nun $\dot{Q}_{ia}$?

Lösung:

a) Die Stoffwerte müssen bei einer Bezugstemperatur von 20 °C gebildet werden. Die Tabelle am Ende von Kapitel 4.6 liefert $\nu = 1{,}535 \cdot 10^{-5}\,\frac{\text{m}^2}{\text{s}}$, $\lambda = 0{,}0257\,\frac{\text{W}}{\text{mK}}$ und $Pr = 0{,}7148$.
Weiter erhält man $Re_d = \frac{u \cdot l}{\nu} = \frac{10 \cdot 6}{1{,}535 \cdot 10^{-5}} = 3{,}909 \cdot 10^6$. Gleichung (6.60) ergibt dann

$$Nu_{m,\text{tur}} = \frac{0{,}037 \cdot (3{,}909 \cdot 10^6)^{0{,}8} \cdot 0{,}7148}{1 + 2{,}443 \cdot (3{,}909 \cdot 10^6)^{-0{,}1} \cdot \left(0{,}7148^{\frac{2}{3}} - 1\right)} = 5563{,}61 \, .$$

Daraus folgt

$$\alpha_a = \frac{Nu_{m,\text{tur}} \cdot \lambda}{l} = \frac{5563{,}61 \cdot 0{,}0257}{6} = 23{,}83\,\frac{\text{W}}{\text{m}^2\text{K}} \, .$$

Für den Wärmestrom muss man beachten, dass die Wärme von innen durch die Ziegel nach außen fließt. Damit sind zwei Wärmeübergänge und eine Wärmeleitung beteiligt. Nach dem 4. Band gilt für die Platte:

$$\dot{Q}_{ia} = \frac{A \cdot (T_i - T_a)}{\frac{1}{\alpha_i} + \frac{d}{\lambda_D} + \frac{1}{\alpha_a}} \cdot$$

Dabei ist A die Austauschfläche, in unserem Fall die Dachfläche $A = l \cdot b$. Damit ergibt sich

$$\dot{Q}_{ia} = \frac{6 \cdot 4 \cdot (25 - 15)}{\frac{1}{35} + \frac{0,02}{1} + \frac{1}{23,83}} = 2650,94 \,\text{W} \,.$$

b) Zur Berechnung des neuen Wärmestroms müssen wir lediglich die Isolation dazwischenschalten:

$$\dot{Q}_{ia} = \frac{A \cdot (T_i - T_a)}{\frac{1}{\alpha_i} + \frac{s}{\lambda_I} + \frac{d}{\lambda_D} + \frac{1}{\alpha_a}} = \frac{6 \cdot 4 \cdot (25 - 15)}{\frac{1}{35} + \frac{0,1}{0,035} + \frac{0,02}{1} + \frac{1}{23,83}} = 81,42 \,\text{W} \,.$$

Beispiel 2. Durch ein Kupferrohr der Länge $l = 50\,\text{m}$ mit einem Durchmesser $d = 0,2\,\text{m}$ und einer konstanten Temperatur von $T_W = 190\,°\text{C}$ fließt Wasserdampf der Temperatur $T_\infty = 210\,°\text{C}$. Die Stoffwerte des Wasserdampfs bei der Bezugstemperatur von $200\,°\text{C}$ betragen $v = 3,51 \cdot 10^{-5}\,\frac{\text{m}^2}{\text{s}}$, $\lambda = 0,033\,\frac{\text{W}}{\text{mK}}$ und $Pr = 0,947$. Zusätzlich ist $Pr_W = 0,950$ bei $190\,°\text{C}$.

Eigentlich ändert sich die Dichte mit der Temperatur, so dass die Prandtl-Zahl nicht konstant bleibt. Dieser Umstand soll aber nicht berücksichtigt werden. Die Geschwindigkeit des Wasserdampfs beträgt

a) $u = 0,2\,\frac{\text{m}}{\text{s}}$,
b) $u = 2,5\,\frac{\text{m}}{\text{s}}$,
c) $u = 1\,\frac{\text{m}}{\text{s}}$.

Bestimmen Sie in jedem Fall die Reynolds-Zahl, die Rohrreibungszahl, die Nusselt-Zahl und schließlich den Wärmestrom hin zur Wand, bei voll ausgebildeter Fließart.

d) Das Kupferrohr ist $2\,\text{mm}$ dick und steht ohne Isolation im direkten Austausch mit einer Umgebungsluft von $T_a = 20\,°\text{C}$. Die Wärmeleitfähigkeit von Kupfer ist $\lambda_K = 380\,\frac{\text{W}}{\text{mK}}$. Der Wärmeübergangskoeffizient von der Luft zum Rohr beträgt $\alpha_a = 35\,\frac{\text{W}}{\text{m}^2\text{K}}$. Zeigen Sie für den Fall b), dass die dargestellte Situation zu einer Rohrtemperatur von etwa $T_W = 190°\text{C}$ führt.

Lösung:
a) $Re_d = \frac{u \cdot d}{v} = \frac{0,2 \cdot 0,2}{3,51 \cdot 10^{-5}} = 1140$, laminar. Bei voll ausgebildeter laminarer Strömung gilt nach (6.61)

$$Nu_{m,lam} = 3,66 \cdot \left(\frac{0,947}{0,950}\right)^{0,11} = 3,659 \,.$$

Aus $\dot{q}_W = \frac{\dot{Q}}{A} = \frac{\dot{Q}}{2\pi Rl}$, $\alpha = \frac{\dot{q}_w}{T_\infty - T_W}$ und $Nu = \frac{\alpha \cdot d}{\lambda}$ folgt

$$\dot{Q} = Nu_{m,\text{lam}} \cdot \lambda(T_\infty - T_W) \cdot \pi \cdot l = 3{,}659 \cdot 0{,}033 \cdot 20 \cdot \pi \cdot 50 = 379{,}31\,\text{W}\,.$$

b) $Re_d = 14.245$, turbulent. Bei voll ausgebildeter turbulenter Strömung erhält man mit Hilfe von $\xi = (1{,}8 \cdot \log_{10} Re_d - 1{,}5)^{-2}$ oder (6.41) $\xi = 0{,}028$ und unter Verwendung von (6.62)

$$Nu_{m,\text{tur}} = \frac{\frac{0{,}028}{8} \cdot 14.245 \cdot 0{,}947}{1 + 12{,}7 \cdot \sqrt{\frac{0{,}028}{8}} \cdot \left(0{,}947^{\frac{2}{3}} - 1\right)} \cdot \left(1 + \left(\frac{0{,}2}{50}\right)^{\frac{2}{3}}\right) \cdot \left(\frac{0{,}947}{0{,}950}\right)^{0{,}11} = 50{,}1\,.$$

Daraus folgt

$$\dot{Q} = Nu_{m,\text{tur}} \cdot \lambda(T_\infty - T_W) \cdot \pi \cdot l = 50{,}1 \cdot 0{,}033 \cdot 20 \cdot \pi \cdot 50 = 5193{,}49\,\text{W}\,.$$

c) $Re_d = 5698$. Übergangsbereich. Zuerst werden $Nu_{m,\text{lam}}(Re_d = 2300)$ mit (6.61) und $Nu_{m,\text{tur}}(Re_d = 10^4)$ mit (6.62) gebildet. Man erhält $Nu_{m,\text{lam}}(Re_d = 2300) = 3{,}73$ bzw. $Nu_{m,\text{tur}}(Re_d = 10^4) = 38{,}60$ mit $\xi = 0{,}031$. Gleichung (6.63) liefert

$$\gamma = \frac{Re_d - 2300}{10^4 - 2300} = \frac{5698 - 2300}{10^4 - 2300} = 0{,}44$$

und damit

$$Nu_m = (1 - \gamma)Nu_{m,\text{lam}} + \gamma Nu_{m,\text{tur}} = 0{,}56 \cdot 3{,}73 + 0{,}44 \cdot 38{,}60 = 19{,}07\,.$$

Der Wärmestrom beträgt dann

$$\dot{Q} = Nu_m \cdot \lambda(T_\infty - T_W) \cdot \pi \cdot l$$
$$= 19{,}07 \cdot 0{,}033 \cdot 20 \cdot \pi \cdot 50 = 1977{,}22\,\text{W}\,.$$

d) Da Kupfer ein sehr guter Wärmeleiter ist, wird sich die Temperatur von T_{Wi} und T_{Wa} auf dem Weg durch die Kupferschicht praktisch nicht ändern. Für die Wärmeübergangszahl erhält man

$$\alpha_i = \frac{Nu_{m,\text{tur}} \cdot d}{\lambda} = \frac{50{,}1 \cdot 0{,}2}{0{,}033} = 303{,}6\,.$$

Der Wärmestrom mit zwei Wärmeübergangszahlen α_i, α_a und einer Wärmeleitung durch eine Zylinderwand berechnet sich mittels (vgl. 4. Band)

$$\dot{Q} = \frac{2\pi l r_a (T_i - T_a)}{\frac{1}{\alpha_i} + \frac{r_2}{\lambda_k} \cdot \ln\left(\frac{r_2}{r_1}\right) + \frac{1}{\alpha_a}} = \frac{2\pi \cdot 50 \cdot 0{,}102(483{,}15 - 293{,}15)}{\frac{1}{303{,}6} + \frac{0{,}102}{380} \cdot \ln\left(\frac{0{,}102}{0{,}1}\right) + \frac{1}{35}} = 1{,}91 \cdot 10^5\,\text{W}\,.$$

Dabei ist der Betrag des mittleren Terms im Nenner vernachlässigbar klein. Für die Temperatur $T_{Wi} \approx T_{Wa} = T_W$ ist

$$\dot{Q} = \frac{2\pi l r_a (T_W - T_a)}{\frac{1}{\alpha_a}} \quad \text{oder}$$

$$T_W = T_a + \frac{\dot{Q}}{2\pi l r_a \alpha_a} = 20 + \frac{1{,}91 \cdot 10^5\,\text{W}}{2\pi \cdot 50 \cdot 0{,}102 \cdot 35} = 190{,}33\,^\circ\text{C}\,.$$

Bemerkung. Für weitere Aufgaben dieser Art, einschließlich der Anwendung auf Wärmeüberträger, siehe 4. Band.

Beispiel 3. Eine $l = 100\,\text{m}$ lange Erdölleitung mit dem Durchmesser $d = 0,4\,\text{cm}$ verläuft in einer gewissen Wassertiefe am Boden einer 100 m breiten Bucht. Die Geschwindigkeit und Temperatur des Öls betragen $u_{\ddot{\text{O}}l} = 2\,\frac{\text{m}}{\text{s}}$ bzw. $T_{\ddot{\text{O}}l} = 30\,°\text{C}$. Aufgrund der Enge der Bucht sind die Gezeitenströme auch am Boden etwas spürbar. Bei Ebbe entsteht am Boden eine Strömungsgeschwindigkeit $u_W = 0,1\,\frac{\text{m}}{\text{s}}$ senkrecht zum Rohr. Die Wassertemperatur ist dabei konstant $T_W = 10\,°\text{C}$. Folgende Daten bezüglich der Temperatur $T_B = 20\,°\text{C}$ liegen vor:

$$\nu_{\ddot{\text{O}}l} = 2,60 \cdot 10^{-6}\,\frac{\text{m}^2}{\text{s}}\,, \quad \lambda_{\ddot{\text{O}}l} = 0,14\,\frac{\text{W}}{\text{mK}} \quad \text{und} \quad Pr_{\ddot{\text{O}}l} = 34,6 \quad \text{bzw.}$$

$$\nu_W = 10^{-6}\,\frac{\text{m}^2}{\text{s}}\,, \quad \lambda_W = 0,60\,\frac{\text{W}}{\text{mK}} \quad \text{und} \quad Pr_W = 6,99\,.$$

Gesucht ist der gesamte Wärmestrom vom Öl hin zum Wasser während der beschriebenen Situation. Dabei kann der Korrekturfaktor $K = 1$ gesetzt werden.

Lösung: Der gesamte Wärmestrom setzt sich aus zwei Teilströmen $\dot{Q}_{\text{I}}$ und $\dot{Q}_{\text{II}}$ zusammen, die sich nicht beeinflussen.

I. Für die Ölströmung bestimmen wir $Re_d = \frac{u_{\ddot{\text{O}}l} \cdot d}{\nu_{\ddot{\text{O}}l}} = 3,077 \cdot 10^6$ und daraus $\xi = 0,0144$.
    Gleichung (6.62) liefert $Nu_{\text{m,tur,}\ddot{\text{O}}l} = 3178,9$. Daraus erhält man

$$\dot{Q}_{\text{I}} = Nu_{\text{m,tur,}\ddot{\text{O}}l} \cdot \lambda_{\ddot{\text{O}}l} \cdot \Delta T \cdot \pi \cdot l = 2,796 \cdot 10^6\,\text{W}\,.$$

II. Für die Wasserströmung wird mit Hilfe der Lauflänge $l = \pi d$ die Reynolds-Zahl zu $Re_l = \frac{u_W \cdot \pi d}{\nu_W} = 1,257 \cdot 10^6$ ermittelt. Gleichung (6.60) liefert $Nu_{\text{m,tur,W}} = 1033,1$ und daraus erhält man

$$\dot{Q}_{\text{II}} = Nu_{\text{m,tur,W}} \cdot \lambda_W \cdot \Delta T \cdot \pi \cdot d = 15.578,86\,\text{W}\,.$$

Insgesamt folgt der gesamte Wärmestrom zu

$$\dot{Q}_{\text{Total}} = \dot{Q}_{\text{I}} + \dot{Q}_{\text{II}} = 2,812 \cdot 10^6\,\text{W}\,.$$

Aufgabe
Bearbeiten Sie die Übung 19.

6.11 Die Aufteilung der Energieerhaltung

In diesem Kapitel soll die vollständige Energiebilanz einer Rohrströmung aufgestellt werden, um sie mit den Ergebnissen des 4. und 5. Bands zu verknüpfen. Konkret geht es darum, die Bernoulli-Gleichung in die neue Energiebilanz einzubetten. Zudem soll diese auch den weiter oben in vielfacher Weise berechneten Wärmestrom aufgrund der Reibung beinhalten. Schließlich wollen wir allfällige Wärmeleitung bei einer Rohrströmung miteinbeziehen.

Eigentlich liegt die gesuchte Gleichung mit (4.12) schon vor, aber die einzelnen Energieterme wurden anders zusammengefasst (siehe dazu die 2. Bemerkung am Ende des Systems (6.69) und (6.70)).

1. Rohstoffe wie Erdöl und Erdgas, aber auch Wasser werden über lange Rohre transportiert. Druckunterschiede bringen das Fluid in Bewegung. Die einsetzende Strömung führt Druck-, kinetische und, falls das Rohr nicht horizontal verläuft, auch potentielle Energie mit sich.

   Diese drei Energieteile fasst man zum mechanischen Energieteil zusammen.

   Die zugehörige Energieerhaltung wird mit der vorerst reibungsfreien kompressiblen Bernoulli-Gleichung in der Druckform formuliert:

   $$\int \frac{dp}{\rho(p)} + \frac{1}{2}u^2 + gh = konst.$$

   Multipliziert man die Gleichung mit dem Massenstrom $\dot{m}$, so erhält man

   $$\dot{R} = \dot{m} \int \frac{dp}{\rho(p)} + \frac{1}{2}\dot{m}u^2 + \dot{m}gh = konst. \qquad (6.64)$$

2. Auf dem Weg durch ein Rohr wird sich das Fluid an der Berandung, an Nahtstellen, Ventilen, Krümmungen und Abzweigungen reiben und damit erwärmen. Man kann diese Hindernisse wie kleine Wärmequellen auffassen, welche die Temperatur des Fluids und der Bauteile weiter erhöhen. Nehmen wir die Temperaturen T_1 und T_2 in den Bezugspunkten 1 und 2, dann transportiert die Strömung aufgrund der Temperaturdifferenz $T_2 - T_1$ nicht nur Masse, sondern auch Wärme der Größe

   $$\dot{U} = c_p \cdot \dot{m} \cdot \Delta T. \qquad (6.65)$$

   Die zugehörige spezifische Wärmekapazität muss dabei für einen Bezugsdruck $p = \frac{p_1 + p_2}{2}$ gebildet werden. Die Fluidtemperatur wird bei ausgebildeter Strömung radialsymmetrisch hin zur Rohrwand abfallen. Die Rohrtemperatur selber kann aufgrund der eben beschriebenen Temperaturerhöhung mit zurückgelegter Strecke also nicht ganz auf einer konstanten Temperatur gehalten werden. Die Temperaturänderung bleibt aber klein.

3. Steht das Fluid mit der Umgebung im Austausch, so fließt Wärme zu oder ab, je nachdem, ob es sich um eine Erhitzung oder eine Kühlung handelt. Der sich einstellende Wärmestrom entspricht demjenigen im Zusammenhang mit der Nusselt-Zahl des vorigen Kapitels. Im Fall einer Rohrströmung gilt die Wärme als zu- oder

abgeführt, sobald die Wärme das Fluid oder das betrachtete Kontrollvolumen verlässt und an das Rohr übergeben wird. Bezogen auf den Massenstrom schreiben wir dafür

$$\dot{Q} = \dot{m} \cdot q \quad \text{mit} \quad q = \frac{\dot{Q}}{\dot{m}} . \tag{6.66}$$

4. Schließlich kann man einen Verbraucher anschließen, wie zum Beispiel eine Turbine.

   In diesem Fall wird Leistung über die Welle an die Turbine abgegeben.

   Umgekehrt kann man aufgrund des Druckverlusts entlang der Transportstrecke im Fall einer Flüssigkeit eine Pumpe und im Fall eines Gases einen Verdichter anschließen, um den treibenden Druck zu erhöhen und so die Strömung auch für lange Strecken zu gewährleisten. In diesem Fall muss die Apparatur den Massenstrom aufsaugen, verdichten und wieder ausstoßen. Dafür muss Leistung aufgenommen werden. In beiden Fällen wird sogenannte technische Arbeit verrichtet.

Zur Klärung des Begriffs holen wir etwas aus. In der Thermodynamik unterscheidet man zwischen einem geschlossenen und einem offenen System. Einem geschlossenen System kann nur Energie in Form von Wärme oder Arbeit (und Strahlung) zu- oder abgeführt werden, aber keine Masse. Beispielsweise verrichtet ein Kolben Volumenänderungsarbeit W_{Vol} an der Luft, die in einem Zylinder eingeschlossen ist. Drückt man die Luft zusammen, so leistet man Kompressionsarbeit $W_{\text{Vol}} = -\int_{V_1}^{V_2} p(V) \, dV$ (positiv bei Kompression, da $V_2 < V_1$). Expandiert die Luft wieder, so wird Energie frei, die Luft gibt Arbeit an den Kolben ab. Ist das System nahezu vollständig isoliert (adiabat), dann verlässt keine Wärme den Zylinder und die gesamte Arbeit erhöht die innere Energie. Bei einer weniger starken Isolation wird ein Teil der verrichteten Arbeit als Wärme abgeführt.

Bei einem offenen System findet zusätzlich noch ein Massenstrom statt, weil das zu verdichtende Volumen erst zur Verfügung gestellt und nach der Kompression wieder freigegeben werden muss. Ein Kompressor benötigt somit im Vergleich zur Volumenänderungsarbeit des Kolbens alleine zwei zusätzliche Arbeitsvorgänge. Die Arbeit überträgt der Kompressor dem Fluid dabei kontinuierlich. Man bezeichnet sie als technische Arbeit W_t. Auch hier kann man das Gehäuse des Apparats isolieren, so dass zwar keine Wärme abgeführt wird, aber die Reibung an den Lagern oder der Verwirbelung des Gases wird einen Teil der Energie dissipieren. Deswegen kann man die technische Arbeit in einen reversiblen und einen dissipierten Teil zerlegen: Arbeit $W_t = W_{t,\text{rev}} + W_{t,\text{diss}}$. Diese Zerlegung gilt natürlich für alle Strömungsmaschinen und legt damit deren Wirkungsgrad $\eta = \frac{W_{t,\text{rev}}}{W_t}$ fest.

Es gilt nun die Größe $W_{t,\text{rev}}$ zu berechnen.

Zuerst wird das Volumen V_1 mit dem Druck p_1 angesaugt. Dies ist ein isobarer Prozess, weil der Gesamtdruck sich aufgrund des kleinen Zusatzraums des Kompressors nur unmerklich ändert. Die zugehörige Arbeit $W_1 = -p_1 V_1$ ist negativ, weil sie von der Luft am Kolben verrichtet wird. Die Energie wird vom Druck in der Luft selber aufgebracht. Danach wird bei der (nicht mehr isobaren) Kompression Arbeit der Größe $W_{Vol} = -\int_{V_1}^{V_2} p(V)\,dV$ an der Luft verrichtet. Trotz des Vorzeichens ist $W_V > 0$ aufgrund von $V_2 < V_1$. Im letzten Schritt wird die verdichtete Luft hinausgeschoben. Es wird ebenfalls Arbeit an der Luft der Größe $W_2 = p_2 V_2$ verrichtet und wieder findet dieser Vorgang analog zum Ansaugen isobar statt.

In dieser Abfolge erhält man

$$W_{t,rev} = -p_1 V_1 - \int_{V_1}^{V_2} p\,dV + p_2 V_2\,.$$

Dies soll noch kompakter geschrieben werden. Dazu betrachten wir die Produktregel in der Form $d(pV) = dp\,V + p\,dV$. Die bestimmte Integration ergibt

$$\int_{p_1 V_1}^{p_2 V_2} d(pV) = \int_{p_1}^{p_2} V\,dp + \int_{V_1}^{V_2} p\,dV\,,$$

$$p_2 V_2 - p_1 V_1 = \int_{p_1}^{p_2} V\,dp + \int_{V_1}^{V_2} p\,dV \quad \text{und} \quad W_{t,rev} = \int_{p_1}^{p_2} V\,dp\,.$$

Die technische Arbeit unterscheidet sich von der Volumenänderungsarbeit um die beiden zusätzlichen Verschiebungsarbeiten. Gesamthaft hat man

$$W_t = \int_{p_1}^{p_2} V\,dp + W_{t,diss}\,.$$

Auf den Massenstrom bezogen ist $\dot{m} \cdot w_t = \dot{W}_t = P_t$ oder

$$\dot{m} \cdot w_t = \dot{m} \cdot (w_{t,rev} + w_{t,diss}) \qquad (6.67)$$

Der Zusammenhang zwischen technischer Arbeit und Volumenänderungsarbeit lässt sich auch graphisch herstellen (Abb. 6.6). Rechnet man zum Integral unter Kurve von V_1 bis V_2 (Volumenänderungsarbeit) den Flächeninhalt $p_2 V_2$ (punktiert) dazu und subtrahiert von der Summe den Flächeninhalt $p_1 V_1$ (gestrichelt), so erhält man den Flächeninhalt der grau markierten Fläche, die den Betrag der technischen Arbeit repräsentiert.

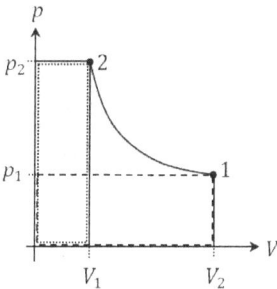

Abb. 6.6: Skizze zur technischen Arbeit

Bevor wir zur Gesamtenergiebilanz schreiten, sollen die eben genannten Arbeitsarten für die Kompression von Luft durchgerechnet werden.

Beispiel. Es sollen $1,5\,\mathrm{m}^3$ Luft innerhalb von 120 Sekunden von 1 bar auf 4 bar komprimiert werden.

Die Luft fassen wir dabei als ideales Gas auf.

a) Bestimmen Sie zuerst eine Formel für die Arbeitsbeträge W_{Vol}, $W_{\mathrm{t,rev}}$ bei gegebener Verschiebungsarbeit $W_{\mathrm{Ver}} := -p_1 V_1 + p_2 V_2$ und bestätigen Sie $W_{\mathrm{t,rev}} = W_{\mathrm{Vol}}$, falls die Verdichtung isotherm verläuft.

b) Wie groß wird die im Fall a) aufzubringende technische Leistung des Kompressors?

c) Wiederholen Sie die Aufgabenteile a) und b) für den Fall einer adiabaten Verdichtung.

Lösung:

a) Für zwei beliebige Zustände gilt $p_1 V_1 = p_2 V_2$.
Man erhält

$$W_{\mathrm{Vol}} = -\int_{V_1}^{V_2} p(V)\,dV = -p_1 V_1 \int_{V_1}^{V_2} \frac{dV}{V} = -p_1 V_1 \ln\left(\frac{V_2}{V_1}\right).$$

$$= -p_1 V_1 \ln\left(\frac{p_1}{p_2}\right) = p_1 V_1 \ln\left(\frac{p_2}{p_1}\right).$$

Weiter gilt

$$W_{\mathrm{t,rev}} = \int_{p_1}^{p_2} V(p)\,dp = p_1 V_1 \int_{p_1}^{p_2} \frac{dp}{p} = p_1 V_1 \ln\left(\frac{p_2}{p_1}\right).$$

Da aufgrund der Isothermie $W_{\mathrm{Ver}} = -p_1 V_1 + p_2 V_2 = 0$ gilt, folgt $W_{\mathrm{Vol}} = W_{\mathrm{t,rev}}$.

b) Es ergibt sich $W_{\mathrm{t,rev}} = p_1 V_1 \ln(\frac{p_2}{p_1}) = 10^5 \cdot 1{,}5 \cdot \ln(\frac{4}{1}) = 2{,}08 \cdot 10^5\,\mathrm{J}$ und damit $P_{\mathrm{t,rev}} = \frac{W_{\mathrm{t,rev}}}{\Delta t} = 1{,}73\,\mathrm{kW}$. Diese Leistung muss der Luft zugeführt werden.

c) Für zwei beliebige Zustände gilt $p_1 V_1^k = p_2 V_2^k$ (Poisson-Gleichung, vgl. 5. Band) mit dem Adiabatenexponenten $\kappa = 1{,}4$ für Luft.
Man erhält

$$W_{\mathrm{Vol}} = -\int_{V_1}^{V_2} p(V)\,dV = -p_1 V_1^k \int_{V_1}^{V_2} \frac{dV}{V^\kappa} = -\frac{p_1 V_1^k}{1-\kappa}\left[V_2^{1-k} - V_1^{1-k}\right].$$

$$= \frac{p_1 V_1}{\kappa-1} V_1^{k-1}\left[V_2^{1-k} - V_1^{1-k}\right] = \frac{p_1 V_1}{\kappa-1}\left[\left(\frac{V_2}{V_1}\right)^{1-\kappa} - 1\right] = \frac{p_1 V_1}{\kappa-1}\left[\left(\frac{p_1}{p_2}\right)^{\frac{1-\kappa}{\kappa}} - 1\right]$$

$$= \frac{p_1 V_1}{\kappa-1}\left[\left(\frac{p_2}{p_1}\right)^{\frac{\kappa-1}{\kappa}} - 1\right].$$

Weiter gilt

$$W_{t,rev} = \int_{p_1}^{p_2} V(p)\, dp = p_1^{\frac{1}{k}} V_1 \int_{p_1}^{p_2} \frac{dp}{p^{\frac{1}{k}}} = p_1^{\frac{1}{k}} V_1 \frac{\kappa}{\kappa-1}\left[p_2^{\frac{\kappa-1}{\kappa}} - p_1^{\frac{\kappa-1}{\kappa}} \right]$$

$$= \frac{\kappa}{\kappa-1} p_1 V_1 p_1^{\frac{1-\kappa}{\kappa}} \left[p_2^{\frac{\kappa-1}{\kappa}} - p_1^{\frac{\kappa-1}{\kappa}} \right] = \frac{\kappa p_1 V_1}{\kappa-1}\left[\left(\frac{p_2}{p_1}\right)^{\frac{\kappa-1}{\kappa}} - 1 \right].$$

Schließlich folgt noch

$$W_{Ver} = -p_1 V_1 + p_2 V_2 = -p_1 V_1 + p_1 V_1 \left(\frac{p_2 V_2}{p_1 V_1} \right)$$

$$= p_1 V_1 \left[\frac{p_2 V_2}{p_1 V_1} - 1 \right] = p_1 V_1 \left[\frac{p_2}{p_1}\left(\frac{p_1}{p_2}\right)^{\frac{1}{k}} - 1 \right] = p_1 V_1 \left[\left(\frac{p_2}{p_1}\right)^{\frac{\kappa-1}{\kappa}} - 1 \right].$$

Der Vergleich liefert

$$W_{t,rev} = W_{Vol} + W_{Ver}.$$

Die einzelnen Arbeitsbeiträge sind $W_{Vol} = 1{,}82 \cdot 10^5$ J, $W_{Ver} = 0{,}73 \cdot 10^5$ J und $W_{t,rev} = 2{,}55 \cdot 10^5$ J. Die zu erbringende Leistung ist $P_{t,rev} = \frac{W_{t,rev}}{\Delta t} = 2{,}13$ kW. Diese ist höher als bei der isothermen Kompression, weil die dabei erzeugte Wärme nicht mit der Umgebung ausgetauscht werden kann.

In der Praxis lässt sich weder eine vollständig isotherme noch eine vollständig adiabate Kompression realisieren. Im 1. Fall muss die Lufttemperatur noch während der Kompression gekühlt werden. Dies kann mit einer Be- und Entlüftung der Apparatur, aber auch durch ein Kühlbad geschehen. Bei adiabatem Betrieb erwärmen sich die Bauteile sehr stark und mechanische Schäden sind vorhersehbar. Es ist möglich, die entstehende Wärme in einem Zusatzbehälter aufzufangen. Häufiger kommt die annähernd isotherme Kompression mit Luftkühlung zum Einsatz, wobei die Kühlung in mehreren Kompressorstufen erfolgt. Die abgeführte Wärme wird dabei nicht verwertet.

Wenn man demnach annähernd isotherme Kompression voraussetzt, dann ist der Wert $W_{t,rev}$ in b) zu tief und der Wert $W_{t,rev}$ in c) zu hoch. Da Isothermie einfach Adiabasie für $\kappa = 1$ bedeutet, wählt man zur Arbeits- und Leistungsberechnung von Kompressoren einen Zwischenwert, den sogenannten Polytropenexponenten. Nehmen wir den Mittelwert $\kappa = 1{,}2$, so ergibt sich im obigen Beispiel der Wert $W_{t,rev} = 2{,}33 \cdot 10^5$ J.

Die Dissipation der entlang einer Rohrströmung platzierten Apparate erzeugen jeweils einen lokalen Wärmeverlust. Im Vergleich dazu findet der Reibungsverlust entlang der Rohrströmung kontinuierlich statt. Kompressoren befinden sich oberhalb, aber auch unterhalb der Erdoberfläche in Stollen und seit einigen Jahren nicht mehr auf Plattformen an der Wasseroberfläche, sondern am Meeresboden.

Nun zur Leistungsbilanz. Die einzelnen Terme (6.64)–(6.67) ergeben

$$\dot{R} + \dot{U} + \dot{W}_t + \dot{Q} = 0 \quad \text{oder} \quad \dot{m}\int \frac{dp}{\rho(p)} + \frac{1}{2}\dot{m}u^2 + \dot{m}gh + c_p\dot{m}\Delta T + \dot{m}w_t + \dot{m}q = 0.$$

Die Division durch den Massenstrom führt zu

$$\int \frac{dp}{\rho(p)} + \frac{1}{2}u^2 + gh + c_p\Delta T - w_t - q = 0. \tag{6.68}$$

Die einzelnen Terme (wieder mit der Masse multipliziert) bezeichnen in dieser Reihenfolge die Verschiebearbeit des Drucks, die kinetische Energie, die potentielle Energie, die innere Energie, die mechanische Arbeit und die zu- oder abgeführte Wärmeenergie.

Gleichung (6.68) lässt sich in zwei Teilbilanzen zerlegen. Es folgt das System

$$\text{Mechanische Teilbilanz:} \quad \int \frac{dp}{\rho(p)} + \frac{1}{2}u^2 + gh - w_t + \varphi_{\text{diss}} = 0$$

$$\text{Thermische Teilbilanz:} \quad c_p\Delta T - \varphi_{\text{diss}} - q = 0.$$

Ist das transportierte Medium inkompressibel, so kann die konstante Dichte vor das Integral gezogen werden und man erhält

$$\text{Mechanische Teilbilanz:} \quad \frac{p_1}{\rho} + \frac{1}{2}u_1^2 + gh_1 = \frac{p_2}{\rho} + \frac{1}{2}u_2^2 + gh_2 - w_t + \varphi_{\text{diss}} \tag{6.69}$$

$$\text{Thermische Teilbilanz:} \quad c_pT_1 = c_pT_2 - \varphi_{\text{diss}} - q \tag{6.70}$$

Die technische Arbeit w_t muss dabei dem mechanischen Energieanteil zugeschrieben werden.

In (6.69) und (6.70) entsteht zusätzlich ein spezifischer Dissipationsterm, nämlich $m \cdot \varphi_{\text{diss}} = \phi_{\text{diss}}$. Dieser beschreibt die Umwandlung von mechanischer Energie in Wärme. Deswegen kann die Dissipation nicht in der Gesamtbilanz (6.68) auftauchen (rein mathematisch aufgrund der verschiedenen Vorzeichen). Folglich gilt (6.70) unabhängig davon, ob $\varphi_{\text{diss}} = 0$ oder $\varphi_{\text{diss}} \neq 0$ ist.

Bemerkungen. 1. Die SI-Einheit der Teilbeträge in (6.69) und (6.70) ist $[\frac{m^2}{s^2}]$. Besser ist es, sich diese Größen als Arbeit pro Masse oder als eine Leistung pro Massenstrom vorzustellen (vgl. (6.66)).

2. Wie schon am Kapitelanfang erwähnt, stellt das System (6.69) und (6.70) gegenüber der Energiebilanz (4.12) nichts Neues dar. Es wurden lediglich Energieteile anders geordnet und zusammengefasst. Beispielsweise gilt nun mit dortiger Notation $d\dot{E} = 0$, weil es sich jetzt um eine stationäre Strömung handelt. Der Term $d\dot{G}$

entspricht in unserer jetzigen Bilanz dem Term

$$c_p T_1 + \frac{1}{2} u_1^2 - \left(c_p T_2 + \frac{1}{2} u_2^2 \right)$$

(auch Änderung der Enthalpie genannt). Weiter kann man den Betrag $d\dot{D}$ mit $\frac{p_1}{\rho} - \frac{p_2}{\rho}$ identifizieren. Der Änderung $d\dot{Q}$ entspricht in unserem System q. Schließlich wird die Dissipation $d\dot{L}$ mit φ_{diss} gleichgesetzt. Die Änderung der potentiellen Energie $g(h_1 - h_2)$ taucht in (4.12) nicht auf, da es sich um eine erzwungene Konvektion handelte. Erst bei der natürlichen Konvektion findet dieser Term ebenfalls Eingang in die Energiebilanz. Letztlich kann (4.12) wie im System (6.69) und (6.70) noch explizit um eine eventuelle technische Arbeit w_t erweitert werden, beispielsweise eine Welle, die von der Konvektionsströmung angetrieben wird.

Folgend einige Spezialfälle zum System (6.69) und (6.70):
1. Es gilt $w_t = 0$ und $q = 0$. Letzteres bedeutet, dass kein Wärmeaustausch mit der Umgebung stattfindet, die Strömung somit vollständig abiabat verläuft. Wird zusätzlich eine reibungslose Strömung, also $\varphi_{\text{diss}} = 0$ gefordert, dann ergibt (6.70) schlicht $T_1 = T_2$ und (6.69) stellt die reibungslose Bernoulli-Gleichung einer idealisierten Strömung dar.
2. Es gilt $w_t = 0$, $q = 0$ und $\varphi_{\text{diss}} \neq 0$. Gleichung (6.69) wird zur reibungsbehafteten Bernoulli-Gleichung. Dabei führt die Reibung zu einem Druckverlust, den man mit Hilfe des Ansatzes von Weisbach (6.34) bestimmen kann. Da die Strömung wiederum adiabat verläuft, ergibt (6.70) $\varphi_{\text{diss}} = c_p(T_2 - T_1)$ oder $Q_{\text{diss}} = c_p m(T_2 - T_1)$ und die gesamte entstandene Wärme erhöht die innere Energie und damit die Temperatur des Fluids.
3. Es gilt $w_t = 0$, $q \neq 0$ und $\varphi_{\text{diss}} \neq 0$. Aus (6.69) entsteht abermals die reibungsbehaftete Bernoulli-Gleichung. Das Rohr ist nicht vollständig isoliert und ein Teil oder die gesamte im Fluid gespeicherte Wärme kann mit der Umgebung ausgetauscht werden. Gleichung (6.70) behält ihre Gestalt.

Da mechanische Energie in Wärme umgewandelt werden kann, hat die Änderung der mechanischen Bilanz (6.69) einen Einfluss auf die thermische Bilanz (6.70). Umgekehrt haben Änderungen thermischer Größen (beispielsweise die Fluidtemperatur selbst) oder Änderungen der thermischen Randbedingungen (beispielsweise adiabater oder isothermer Betrieb) keine Auswirkungen auf die mechanische Bilanz. Insbesondere bleibt die Dissipation gleich hoch.

Zum Gleichungssystem (6.69) und (6.70) gesellt sich noch die Kontinuitätsgleichung, die wir nicht vergessen dürfen. Für inkompressible Fluide lautet sie $A_1 u_1 = A_2 u_2$, falls das Rohr seinen Querschnitt ändert. Bei konstantem Querschnitt verbleibt $u_1 = u_2$. Insbesondere bedeutet dies, dass die Strömung beim Durchlauf durch eine Pumpe oder einen Kompressor nicht etwa beschleunigt wird, sondern die Apparatur baut lediglich einen neuen Druckunterschied auf. Für kompressible Fluide schreibt sich die Kontinuitätsgleichung zu $A_1 \rho_1 u_1 = A_2 \rho_1 u_2$.

Beispiel 1. Durch ein horizontal verlegtes Rohr der Länge $l = 100$ m mit einem Durchmesser $d = 0,2$ m fließt Wasser der Temperatur $T = 10\,°C$ mit einer Geschwindigkeit von $u = 0,75\,\frac{m}{s}$. Die Stoffwerte sind $v = 1,30 \cdot 10^{-6}\frac{m^2}{s}$ und $\rho = 999,7\,\frac{kg}{m^3}$.

a) Bestimmen Sie die Reynolds-Zahl Re_d, die Rohrreibungszahl ξ und den durch die Reibung entstandenen Druckverlust Δp_V.

b) Wie sieht die mechanische Energiebilanz aus?

c) Welcher Widerstandskraft F_W entspricht der Druckunterschied aus a)?

d) Zeigen Sie, dass die in c) bestimmte Widerstandskraft derjenigen von (6.43) entspricht.

e) Das bestehende Rohr ist nun 5 km lang. In welcher maximalen Entfernung vom Einlauf müsste eine Pumpe installiert werden, damit bei einem Einlaufdruck von $p_1 = 1,1$ bar der Mindestdruck von $p_2 = 0,5$ bar nicht unterschritten wird?

Lösung:

a) Es gilt

$$Re_d = \frac{u \cdot d}{v} = \frac{0,75 \cdot 0,2}{1,30 \cdot 10^{-6}} = 1,15 \cdot 10^5 \,.$$

Gleichung (6.41) liefert $\xi = 0,0175$.

Den Druckverlust berechnet man mit Hilfe von (6.34): $\Delta p_V = \xi \cdot \frac{l}{d} \cdot \rho \cdot \frac{u^2}{2}$.

Man erhält

$$\Delta p_V = 0,0175 \cdot \frac{100}{0,2} \cdot 999,7 \cdot \frac{0,75^2}{2} = 2457,65\,\text{Pa}\,.$$

b) Gleichung (6.69) reduziert sich aufgrund von $u_1 = u_2 = u$ (Kontinuitätsgleichung) und $h_1 = h_2$ zu $p_1 = p_2 + \Delta p_V$.

c) Aus $\Delta p_V = \frac{F_W}{A}$ folgt

$$F_W = \Delta p_V \cdot \pi R^2 = 2457,65 \cdot \pi \cdot 0,1^2 = 77,21\,\text{N}\,.$$

d) Es gilt

$$F_{W,tur} = 0,209 \cdot \rho \cdot v^{\frac{1}{4}} \cdot R^{\frac{3}{4}} \cdot l \cdot c^{\frac{7}{4}}$$

$$= 0,209 \cdot 999,7 \cdot (1,30 \cdot 10^{-6})^{\frac{1}{4}} \cdot 0,1^{\frac{3}{4}} \cdot 100 \cdot 0,75^{\frac{7}{4}} = 75,83\,\text{N} \approx F_W\,.$$

e) Mit b) folgt $p_1 - p_2 = \xi \cdot \frac{l}{d} \cdot \rho \cdot \frac{u^2}{2}$ und daraus

$$l = \frac{2d(p_1 - p_2)}{\xi \cdot \rho \cdot u^2} = \frac{2 \cdot 0,2(1,1 \cdot 10^5 - 0,5 \cdot 10^5)}{0,0175 \cdot 999,7 \cdot 0,75^2} = 2,44\,\text{km}\,.$$

Beispiel 2. Ein horizontales Rohr der Länge $l = 400\,\text{m}$ mit einem Durchmesser $d = 0,2\,\text{m}$ wird von Wasser mit einer Temperatur von $T_i = 40\,°\text{C}$ und der Geschwindigkeit $u = 3\,\frac{\text{m}}{\text{s}}$ durchflossen.

a) Das Rohr sei vollständig isoliert. Demnach werden die Stoffgrößen bezüglich der Temperatur 40 °C und 3 bar gebildet (Der Druckwert ergibt sich aus dem Druckverlust, der etwa bei 2,5 bar liegen wird, so dass man einen Startdruck von beispielsweise $p_1 = 5\,\text{bar}$ ansetzen könnte. Die Stoffwerte bleiben für kleine Druckänderungen praktisch unverändert). Es gilt demnach $\nu = 0,658 \cdot 10^{-6}\,\frac{\text{m}^2}{\text{s}}$, $\rho = 992,3\,\frac{\text{kg}}{\text{m}^3}$, $c_p = 4,178 \cdot 10^3\,\frac{\text{J}}{\text{kg·K}}$ und $\lambda = 0,631\,\frac{\text{W}}{\text{mK}}$. Bestimmen Sie die Reynolds-Zahl Re_d, die Rohrreibungszahl ξ und den Druckverlust Δp_V.

b) Wir nehmen an, dass die gesamte durch Reibung entstandene Wärme vom Wasser aufgenommen wird. Wie sieht die thermische Bilanz aus, welche maximale Temperaturerhöhung des Wassers ergibt sich daraus und wie groß wird der zugehörige Wärmestrom in Fließrichtung?

c) Nun sei das Rohr frei von jeglicher Isolation und im direkten Austausch mit einer Umgebungsluft von $T_a = 20\,°\text{C}$. Da die Angleichung der Wassertemperatur an die Umgebungstemperatur sehr lange dauert, bleiben alle Stoffgrößen für die betrachtete Strecke unverändert. Bestimmen Sie daraus den Wärmeübergangskoeffizienten α_i zwischen dem Wasser und der Rohrwand. Vernachlässigen Sie dabei den Korrekturfaktor K in der (6.61) und setzen Sie schlicht $Pr_W = Pr$.

d) Die Rohrwand sei 2 mm dick und aus Kupfer, das eine Wärmeleitfähigkeit von $\lambda_K = 380\,\frac{\text{W}}{\text{mK}}$ besitzt. Die Übergangszahl der Luft und dem Rohr nehmen wir zu $\alpha_a = 35\,\frac{\text{W}}{\text{m}^2\text{K}}$ an.
Welcher Wärmestrom $\dot{Q}_{ia}$ vom Wasser hin zur Umgebungsluft stellt sich ein? (Rechnen Sie dabei mit einer konstanten Fluidtemperatur $T_i = 40°$ weiter.)

e) Bestimmen Sie mit Hilfe des Ergebnis aus d) die Temperatur der Rohrwand $T_W \approx T_{Wi} \approx T_{Wa}$. Dabei kann die Wärmeleitung innerhalb des Rohrmantels vernachlässigt werden (eigentlich auch im Aufgabenteil d), vgl. auch Kapitel 6.10, Beispiel 1d).

f) Stellen Sie die thermische Energiebilanz auf und berechnen Sie daraus die Temperaturerhöhung des Wassers in Fließrichtung.

g) Wir nehmen an, die in f) bestimmte Temperaturänderung würde aufgrund des konstanten Wärmestroms $\dot{Q}_{ia}$ so weiterverlaufen. Nach welcher Rohrstrecke s wäre der Temperaturausgleich des Wassers mit der Umgebungsluft vollzogen? Wieso ist die Annahme und damit das Ergebnis falsch?

Lösung:
a) Es gilt
$$Re_d = \frac{3 \cdot 0,2}{0,658 \cdot 10^{-6}} = 9,12 \cdot 10^5\,.$$
Aus (6.41) folgt $\xi = 0,0118$ und mit (6.34) erhält man
$$\Delta p_V = 0,0118 \cdot \frac{400}{0,2} \cdot 992,3 \cdot \frac{3^2}{2} = 1,06\,\text{bar}\,.$$

b) Da kein Wärmeaustausch zwischen dem Wasser und der Umgebung (und auch nicht mit dem Rohr selber) stattfindet, ist $q = 0$ und (6.70) reduziert sich zu $c_p T_1 = c_p T_2 - \varphi_{\text{diss}}$ oder $c_p \Delta T = \varphi_{\text{diss}}$. Die gesamte Dissipationswärme erhöht die innere Energie des Wassers (und eigentlich auch des Rohrs). Die Dissipation führt zu dem in a) berechneten Druckunterschied. Der Vergleich mit (6.69) liefert $\varphi_{\text{diss}} = \frac{\Delta p_V}{\rho}$ und damit

$$c_p \rho \Delta T = \Delta p_V \quad \text{oder} \quad \Delta T = \frac{\Delta p_V}{\rho \cdot c_p} = \frac{1{,}06 \cdot 10^5}{992{,}3 \cdot 4{,}178 \cdot 10^3} = 0{,}03 \text{ K}.$$

Der zugehörige Wärmestrom in Fließrichtung beträgt dann

$$\dot{\phi} = \Delta p_V \cdot \dot{V} = \Delta p_V \cdot A \cdot u = 1{,}06 \cdot 10^5 \cdot \pi \cdot 0{,}1^2 \cdot 3 = 9967 \text{ W}.$$

c) Die Prandtl-Zahl ergibt sich zu

$$Pr = \frac{\nu \cdot \rho \cdot c_p}{\lambda} = \frac{0{,}658 \cdot 10^{-6} \cdot 992{,}3 \cdot 4{,}178 \cdot 10^3}{0{,}631} = 4{,}32.$$

Mit Gleichung (6.61) folgt $Nu_{\text{m,tur}} = 3246$ und daraus

$$\alpha_i = \frac{Nu_{\text{m,tur}} \cdot \lambda}{d} = \frac{3246 \cdot 0{,}631}{0{,}2} = 10.242 \frac{\text{W}}{\text{m}^2\text{K}}.$$

d) Gemäss 4. Band gilt für den Wärmestrom mit zwei Wärmeübergangszahlen α_i, α_a und einer Wärmeleitung durch eine Zylinderwand

$$\dot{Q}_{ia} = \frac{2\pi l r_a (T_i - T_a)}{\frac{1}{\alpha_i} + \frac{r_a}{\lambda_K} \cdot \ln\left(\frac{r_a}{r_i}\right) + \frac{1}{\alpha_a}} = \frac{2\pi \cdot 400 \cdot 0{,}102 (40 - 20)}{\frac{1}{10.242} + \frac{0{,}102}{380} \cdot \ln\left(\frac{0{,}102}{0{,}1}\right) + \frac{1}{35}}$$

$$= 1{,}78803 \cdot 10^5 \text{ W}.$$

e) Aus $\dot{Q}_{ia} = \dot{Q}_{Wa} = \frac{2\pi l r_a (T_W - T_a)}{\frac{1}{\alpha_a}}$ folgt

$$T_W = \frac{\dot{Q}_{ia}}{2\pi l r_a \alpha_a} + T_a = \frac{1{,}79 \cdot 10^5}{2\pi \cdot 400 \cdot 0{,}102 \cdot 35} + 20 = 39{,}93\,°\text{C}.$$

f) Gleichung (6.70) ergibt $c_p \Delta T = -\varphi_{\text{diss}} - q$. Im Aufgabenteil d) und e) haben wir mit einer konstanten Fluidtemperatur T_i weitergerechnet. Dies stimmt eigentlich nicht, denn aufgrund der Dissipation steigt T_i leicht, im besten Fall um $0{,}03$ K. Nehmen wir an, dass das Wasser diese innere Energie bis am Ende der 400 m speichern und erst dann austauschen würde (was natürlich absurd ist), dann hätte man $\varphi_{\text{diss}} = \Delta p_V \cdot \rho$ und $q = \frac{\dot{Q}_{ia}}{\dot{m}}$. Weiter folgt

$$\varphi_{\text{diss}} = \frac{1{,}06 \cdot 10^5}{992{,}3} = 106{,}57 \frac{\text{W}}{\frac{\text{kg}}{\text{s}}} \quad \text{und}$$

$$q = \frac{\dot{Q}_{ia}}{\rho \cdot A \cdot u} = \frac{1{,}79 \cdot 10^5}{992{,}3 \cdot \pi \cdot 0{,}1^2 \cdot 3} = 1911{,}52 \frac{\text{W}}{\frac{\text{kg}}{\text{s}}}.$$

Nach 400 m wird damit effektiv

$$q_{\text{eff}} = 2018,46 \, \frac{\text{W}}{\frac{\text{kg}}{\text{s}}}$$

an die Umgebung abgegeben.

Die thermische Bilanz ergibt $4178 \cdot \Delta T = -2018,46$ und daraus $\Delta T = -0,48$ K.
Der Betrag von q_{eff} ist etwas zu hoch. Man müsste schon im Aufgabenteil d) mit einer über die ganze Strecke gemittelten Fluidtemperatur von $T_{\text{i}} = 40 + \frac{0,03}{2} = 40,015$ °C rechnen. Das ergäbe

$$\dot{Q}_{\text{ia}} = 1,78938 \cdot 10^5 \text{ W}, \, T_{\text{W}} = 39,94 \text{ °C}, \, q_{\text{eff}} = 1913,32 \, \frac{\text{W}}{\frac{\text{kg}}{\text{s}}} \, ,$$

die Bilanz $c_p \Delta T = -q_{\text{eff}}$ und daraus $\Delta T = -0,46$ K.

g) Wenn auf 400 m die Rohrwandtemperatur um 0,46 K sinkt, dann wird sie auf einer Strecke von $s = \frac{20}{0,46} \cdot 400 = 17,47$ km um 20 K gesunken sein.
Die Annahme eines konstanten Wärmestroms $\dot{Q}_{\text{ia}}$ beruht auf der Annahme einer gleichbleibenden Rohrwandtemperatur. Diese wird sich aber mit zunehmender Strecke ändern, bis im Grenzwert Rohr und Luft dieselbe Temperatur besitzen. Genau gesehen dauert dieser Prozess unendlich lange. Im Grenzfall ist $\Delta T = 0$ und $\varphi_{\text{diss}} = -q$. Dann wird nur noch die dissipierte Energie an die Umgebung abgegeben. Unser Beispiel stellt somit eine Wärmestrommittelung über eine Strecke von 400 m dar. Wird das Rohr in den Erdboden verlegt, dann läuft der Temperaturausgleich viel schneller ab.

Instationäre Wärmeströme

Spätestens nach dem eben besprochenen 2. Beispiel bedarf es eines Querverweises zum 4. Band im Zusammenhang mit dem erwähnten Temperaturausgleich. Sämtliche bisher besprochenen und auch nachfolgende Rechnungen gehen von einem stationären Wärmestrom aus. Eigentlich handelt es sich dabei (wie schon im besagten Beispiel erwähnt) um einen über die betrachtete Strecke gemittelten Wärmestrom. Dieser ist zeitabhängig und kommt im Temperaturausgleich zum Erliegen. Zeitabhängige Wärmeströme sind im 4. Band für die Platte, den Zylinder und die Kugel bei drei verschiedenen Randbedingungen vollständig gelöst worden. Nehmen wir als Beispiel eine Rohrströmung mit Fluidkühlung, bei der also die Innentemperatur höher als die Außentemperatur ist.

Gelingt es, die Rohrwandtemperatur (nahezu) konstant zu halten, $T_{\text{W}} = konst.$, dann handelt es sich um eine sogenannte Dirichlet-Randbedingung und der zeitliche Ausgleich verläuft entsprechend wie im 4. Band dargestellt. Bei einer Newton-Randbedingung wird das Rohr ohne jegliche Isolation der Umgebungstemperatur ausgesetzt. Schließlich kann zwischen Umgebung und Fluid ein (nahezu) konstanter Wärmestrom angesetzt werden. In diesem Fall hat man es mit einer Neumann-Randbedingung zu tun. Ist der Wärmestrom Null, so entspricht dies einer adiabaten Wand.

6.12 Gasströmungen in Rohren

Vieles dazu wurde schon im 5. Band hergeleitet und angewandt. Der Druckverlust Δp_V lässt sich bei einem Gas aufgrund der relativ starken Temperaturabhängigkeit der Dichte nicht unmittelbar mit (6.34) bestimmen. Man muss den Druckunterschied zuerst für eine infinitesimale Strecke dl betrachten. Deswegen kann auch die Bernoulli-Gleichung inklusive Druckverlust nicht angewandt werden, sondern wir müssen zum Ursprung, zur reibungsbehafteten Euler-Gleichung zurück. Diese gibt die Bilanz für ein infinitesimales Volumen wieder. Sie lautet (5. Band) $dp+\rho u\cdot du+\rho g\cdot dh+\rho\cdot dp_V = 0$. Für ein Gas kann $\rho g \cdot dh \approx 0$ gesetzt werden, so dass $\frac{dp}{\rho} + u \cdot du + dp_V = 0$ verbleibt. Mit dem Ansatz von Weisbach erhält man

$$\frac{dp}{\rho} + u \cdot du + \xi\frac{dl}{d} \cdot \frac{u^2}{2} = 0 \, . \tag{6.71}$$

Innerhalb einer infinitesimalen Strecke ist sowohl die Dichte als auch die Geschwindigkeit u konstant. Es braucht also keine Mittelung entlang der Laufstrecke dl (natürlich sind die Geschwindigkeiten aber wie immer bezüglich des Durchmessers gemittelt, d. h. vom Zentrum hin zur Wand). Das Gas sei ideal und die Zustandsänderung verlaufe adiabatisch mit dem Adiabatenexponenten κ. Im Fall der Isothermie ist dann $\kappa = 1$. Die Poisson-Gleichung für einen beliebigen Zustand lautet $pV^\kappa = konst.$ oder $\frac{p}{\rho^\kappa} = konst.$ Daraus folgt

$$\rho = \rho_1 p_1^{-\frac{1}{\kappa}} p^{\frac{1}{\kappa}} \, ,$$

falls der Index 1 einem Anfangszustand entspricht. Die Kontinuitätsgleichung $\rho u = konst.$ führt zu

$$u = u_1 p_1^{\frac{1}{\kappa}} p^{-\frac{1}{\kappa}}$$

und folglich

$$du = -\frac{1}{\kappa} u_1 p_1^{\frac{1}{\kappa}} p^{-\frac{1}{\kappa}-1} \, dp \, .$$

Weiter ergibt sich

$$u \cdot du = -\frac{u_1^2}{\kappa} p_1^{\frac{2}{\kappa}} p^{-\frac{2}{\kappa}-1} \, dp \, .$$

Gleichung (6.71) schreibt sich dann als

$$\frac{p_1^{\frac{1}{\kappa}} \, dp}{\rho_1 p^{\frac{1}{\kappa}}} - \frac{u_1^2}{\kappa} p_1^{\frac{2}{\kappa}} p^{-\frac{2}{\kappa}-1} \, dp + \xi\frac{dl}{2d}\left(u_1 p_1^{\frac{1}{\kappa}} p^{-\frac{1}{\kappa}}\right)^2 = 0 \, .$$

Die Division durch $(u_1 p_1^{\frac{1}{\kappa}} p^{-\frac{1}{\kappa}})^2$ liefert

$$\frac{p_1^{-\frac{1}{\kappa}}}{\rho_1 u_1^2} \cdot p^{\frac{1}{\kappa}} \, dp - \frac{1}{\kappa} \cdot \frac{dp}{p} + \xi\frac{dl}{2d} = 0 \, .$$

Diese Gleichung entspricht der reibungsbehafteten Euler-Gleichung für Gase mit adiabater Zustandsänderung. Nach einer Integration,

$$\frac{p_1^{-\frac{1}{\kappa}}}{\rho_1 u_1^2} \int_{p_1}^{p_2} p^{\frac{1}{\kappa}} \, dp - \frac{1}{\kappa} \int_{p_1}^{p_2} \frac{dp}{p} + \frac{\xi}{2d} \int_0^l dl \, ,$$

erhält man die Bernoulli-Gleichung für inkompressible, reibungsbehaftete Fluide mit adiabater Zustandsänderung

$$\frac{\kappa}{\kappa+1} \cdot \frac{p_1^{-\frac{1}{\kappa}}}{\rho_1 u_1^2} \left(p_2^{\frac{\kappa+1}{\kappa}} - p_1^{\frac{\kappa+1}{\kappa}} \right) - \frac{1}{\kappa} \cdot \ln\left(\frac{p_2}{p_1}\right) + \frac{\xi l}{2d} = 0 \, . \tag{6.72}$$

Beispiel. Durch ein Rohr der Länge $l = 1$ km mit einem Durchmesser $d = 0,2$ m strömt Wasserdampf der Temperatur $T = 400\,°C$ mit einer Anfangsgeschwindigkeit $u_1 = 24\,\frac{m}{s}$ und einem Anfangsdruck von $p_1 = 25$ bar. Die Stoffwerte des Wasserdampfs sind bei einem Druck von 24 bar ermittelt und betragen $\rho_1 = 7,981\,\frac{kg}{m^3}$ und $\nu_1 = 3,056 \cdot 10^{-5}\,\frac{m^2}{s}$. Zusätzlich nehmen wir eine Rauheit von $k = 0,1$ mm an. Bestimmen Sie den Druckverlust

a) für den isothermen Betrieb unter Vernachlässigung der kinetischen Energieänderung,

b) für den isothermen Betrieb unter Einbezug der kinetischen Energieänderung,

c) für den adiabaten Betrieb unter Vernachlässigung der kinetischen Energieänderung,

d) für den adiabaten Betrieb unter Einbezug der kinetischen Energieänderung.

e) Berechnen Sie im Fall d) die maximal mögliche Temperaturerhöhung und den Wärmestrom in Fließrichtung, falls $c_p = 2,230 \cdot 10^3\,\frac{J}{kg \cdot K}$ beträgt.

Lösung:

a) In diesem Fall kann man $\kappa = 1$ setzen und erhält aus (6.72) die Gleichung

$$\frac{p_2^2 - p_1^2}{2\rho_1 u_1^2 p_1} - \ln\left(\frac{p_2}{p_1}\right) + \frac{\xi l}{2d} = 0 \, . \tag{6.73}$$

Die Änderung der kinetischen Energie wird nicht beachtet. Aus (6.73) wird dann

$$\frac{p_2^2 - p_1^2}{\rho_1 u_1^2 p_1} + \frac{\xi l}{d} = 0 \, . \tag{6.74}$$

Da die Geschwindigkeit u_2 nach einer Strecke von 1 km unbekannt ist, starten wir die Iteration mit $\bar{u} = u_1 = 24\,\frac{m}{s}$. Dann folgt

$$Re_d = \frac{u_1 \cdot d}{\nu_1} = \frac{24 \cdot 0,2}{3,056 \cdot 10^{-5}} = 1,571 \cdot 10^6 \, .$$

Mit (6.41) erhält man $\xi = 0,01928$. Dies in (6.74) eingefügt, ergibt

$$p_2 = 2.267.640\,\text{Pa} \, .$$

Aus der Kontinuitätsgleichung folgt $u_2 = u_1 \frac{p_1}{p_2} = 26{,}46 \frac{\text{m}}{\text{s}}$ und damit die neue Durchschnittsgeschwindigkeit

$$\overline{u} = \frac{u_1 + u_2}{2} = \frac{24 + 26{,}46}{2} = 25{,}23 \frac{\text{m}}{\text{s}}$$

für den nächsten Iterationsschritt. Für die Reynolds-Zahl wird dabei die kinematische Viskosität beibehalten und dafür der eine oder andere zusätzliche Iterationsschritt in Kauf genommen. Man erhält $Re_d = \frac{\overline{u} \cdot d}{v_1} = 1{,}651 \cdot 10^6$, $\xi = 0{,}01918$ und $p_2 = 2.268.907\,\text{Pa}$, dann $p_2 = 2.268.899\,\text{Pa}$ und im nächsten Schritt die Bestätigung dieses Werts.

Somit ist $p_2 = 22{,}97\,\text{bar}$ und der gesuchte Druckunterschied $\Delta p_V = p_1 - p_2 = 2{,}31\,\text{bar}$.

b) Die Änderung der kinetischen Energie wird mit einbezogen. Somit gilt es (6.73) zu lösen.

Die Startwerte sind diejenigen von a), nämlich $Re_d = 1{,}571 \cdot 10^6$ und $\xi = 0{,}01928$. Dies in (6.73) eingefügt, ergibt $p_2 = 2.267.145\,\text{Pa}$. Die nächsten beiden Iterationsschritte liefern $p_2 = 2.268.417\,\text{Pa}$, $p_2 = 2.268.410\,\text{Pa}$ und im darauffolgenden Schritt folgt die Bestätigung des letzten Werts. Also beträgt der Unterschied zu a) lediglich 489 Pa.

c) Für einen adiabaten Betrieb bedarf es des Adiabatenexponenten. In unserem Fall beträgt er $\kappa = 1{,}29$. Wieder vernachlässigen wir vorerst die Änderung der kinetischen Energie.

Dann gilt es

$$\frac{1{,}29}{2{,}29} \cdot \frac{p_1^{-\frac{1}{1{,}29}}}{\rho_1 u_1^2} \left(p_2^{\frac{2{,}29}{1{,}29}} - p_1^{\frac{2{,}29}{1{,}29}} \right) + \frac{\xi l}{2d} = 0$$

zu lösen. Die ersten beiden Startgrößen $Re_d = 1{,}571 \cdot 10^6$ und $\xi = 0{,}01928$ ergeben, eingesetzt in obige Gleichung, den Druck $p_2 = 2.270.193\,\text{Pa}$, in den nächsten beiden Schritten $p_2 = 2.271.416\,\text{Pa}$, $p_2 = 2.271.409\,\text{Pa}$ und im darauffolgenden die Bestätigung des letzten Werts. Somit ist $p_2 = 22{,}71\,\text{bar}$ und der gesuchte Druckunterschied $\Delta p_V = p_1 - p_2 = 2{,}29\,\text{bar}$. Der Unterschied der Druckänderung zum isothermen Fall a) beträgt 2502 Pa.

d) Mit Einbezug der kinetischen Energieänderung muss (6.72) gelöst werden. Man erhält nacheinander $p_2 = 2.269.822\,\text{Pa}$, $p_2 = 2.271.050\,\text{Pa}$, $p_2 = 2.271.043\,\text{Pa}$ und die Bestätigung des letzten Werts. Die mittlere Geschwindigkeit ist $\overline{u} = 25{,}21 \frac{\text{m}}{2}$. Der Unterschied zu c) beträgt lediglich 366 Pa.

Die Berechnung zeigt, dass man zur Druckverlustrechnung die Änderung der kinetischen Energie vernachlässigen kann und in einem etwas größeren Rahmen auch die Randbedingung der Strömung.

e) Es gilt $\Delta T = \frac{\Delta p_V}{\rho \cdot c_p}$. In unserem Fall ist $c_p = 2{,}230 \cdot 10^3 \; \frac{J}{kg \cdot K}$ und man erhält

$$\Delta T = \frac{231.633\,\text{Pa}}{7{,}981 \cdot 2{,}230 \cdot 10^3} = 12{,}98\,\text{K}\,.$$

Der zugehörige Wärmestrom in Fließrichtung beträgt dann

$$\dot{\phi} = \Delta p_V \cdot \dot{V} = \Delta p_V \cdot A \cdot \overline{u} = 228.957 \cdot \pi \cdot 0{,}1^2 \cdot 25{,}21 = 4{,}57 \cdot 10^6\,\text{W}\,.$$

Aufgabe
Bearbeiten Sie die Übung 20.

7 Turbulente Gerinneströmungen

Wir werden den Abfluss einer turbulenten Gerinneströmung in einer Näherung als Grenzschichtströmung entlang einer Platte auffassen und damit viele schon gewonnene Ergebnisse übertragen können. Dazu gehören die Geschwindigkeitsprofile der turbulenten Plattenströmung (6.18) und (6.25). Zum Vergleich soll noch das laminare Profil hinzugefügt werden. Es liegt mit Gleichung (2.19) schon vor. Man erhält folgende Übersicht:

Fließart	Geschwindigkeitsprofil	Gültigkeitsbereich
Laminar	$\dfrac{u}{u_*} = \dfrac{u_*}{v} \cdot y \cdot \left(1 - \dfrac{y}{2h}\right)$	$0 \leq y \leq h$
Turbulent glatt, $Re_k < 3{,}33$	$\dfrac{\bar{u}}{u_*} = 2{,}5 \cdot \ln\left(\dfrac{9y}{l_v}\right)$	$30 < \dfrac{y}{l_v} < 500$, als Näherung $\dfrac{y}{l_v} \geq 500$
Turbulent rauh, $Re_k > 3{,}33$	$\dfrac{\bar{u}}{u_*} = 2{,}5 \cdot \ln\left(\dfrac{30y}{k}\right)$	$y \geq \dfrac{k}{30}$

Bemerkung. Das laminare Profil in der Übersicht wandelt man ausgehend von

$$u(y) = \frac{g \sin \alpha}{2v} \cdot y(2h - y)$$

mit Hilfe von (7.5) um zu

$$u(y) = \frac{u_*^2}{2vh} \cdot y(2h - y).$$

Es ist üblich, zur Unterscheidung zwischen laminarer und turbulenter Gerinneströmung die Reynolds-Zahl mit Hilfe der mittleren Geschwindigkeit und dem hydraulischen Radius zu bilden, also $Re_{r_H} = \frac{\bar{u} \cdot r_H}{v}$. Bei einer Rohrströmung liegt der Umschlag bei einer kritischen Reynolds-Zahl von $Re_{d,\text{krit}} = \frac{\bar{u} \cdot d}{v} = 2300$. Setzt man $d = d_H$, so entspräche das $Re_{r_H,\text{krit}} = \frac{\bar{u} \cdot d}{4v} = 575$ für ein Gerinne. Aufgrund der vielfältigen Gerinnequerschnitte und des sich damit gegenüber einer Rohrströmung ändernden Geschwindigkeitsprofils schwankt die kritische Reynolds-Zahl bei Gerinneströmungen. Es gilt etwa $500 \leq Re_{r_H,\text{krit}} \leq 2000$.

Die Navier-Stokes-Gleichungen bzw. Reynolds-Gleichungen gelten auch für Gerinneströmungen, zu deren Charakterisierung es zweier Kennzahlen bedarf: der Reynolds- und der Froude-Zahl. Erstere entscheidet darüber, ob eine Strömung laminar oder turbulent und Letztere ob die Fließart strömend oder schiessend verläuft (beispielsweise vor und nach einem Wehr). Bei einer laminaren Gerinneströmung überwiegen sowohl die Zähigkeit als auch die Schwerkraft gegenüber der Trägheitskraft (vgl. dazu Beispiel 4 in Kapitel 2.1 und Gleichung (2.17)), so dass beide Kennzahlen in die Beschreibung der Strömung einfließen. In diesem Fall erhält man sehr kleine Geschwindigkeiten wie vor einem Wehr und/oder kleine Wassertiefen wie bei einem

https://doi.org/10.1515/9783110684544-007

Abfluss nach einem Regenschauer oder der fortlaufenden Verschmierung einer geneigten Platte mit einer zähen Flüssigkeit. Im Allgemeinen kann man von einer turbulenten Strömung ausgehen, in der die Trägheitskraft die dominierende Kraft darstellt und sich der Einfluss der Viskosität bekanntlich auf einen Grenzschichtbereich beschränkt. In diesem Fall stellt die für die Charakterisierung maßgebende Größe die Froude-Zahl dar (vgl. 5. Band). Mit der Annahme eines breiten Gerinnes lauten die Kennzahlen $Re_h = \frac{\overline{u} \cdot h}{\nu}$ und $Fr = \frac{\overline{u}}{\sqrt{g \cdot h}}$.

7.1 Die Wirbelviskosität und Sohlschubspannung einer Gerinneströmung

Neben der Wassertiefe und der Geschwindigkeit, spielt bei Gerinneströmungen die Spannung an der Sohle, die Sohlschubspannung τ_B, eine wichtige Rolle (vgl. Kapitel 6.5). Diese entspricht der Wandreibung τ_W bei einer Rohr- oder Plattenströmung.

In einem natürlichen Flussbett kann an ihrer Größe abgelesen werden, ob sich Sediment zu bewegen beginnt. Eine stationäre Gerinneströmung gestattet es normalerweise, die Geschwindigkeitsänderungen in seitlicher z-Richtung und in Strömungsrichtung x zu vernachlässigen, so dass nur der Geschwindigkeitsgradient in vertikaler y-Richtung maßgebend ist:

$$\tau_{xy}(y) = \rho \nu_t(y)\frac{d\overline{u}}{dy} \ . \tag{7.1}$$

(Wir ersetzen die partielle Ableitung durch die totale, falls das Gerinne sehr breit und sehr lang ist.) Die Sohlschubspannung ist umso größer ist, je steiler das Geschwindigkeitsprofil von der Sohle ansteigt. Damit ist die Berechnung von τ_{xy} auf die Bestimmung des Geschwindigkeitsprofils und die Ermittlung der Wirbelviskosität ν_t verlagert. Bis hierhin stellen die Aussagen nichts Neues dar. Der Unterschied zur Plattenströmung besteht nun darin, dass bei einem Gerinne durch die Wassertiefe eine natürliche obere Grenze gegeben ist, woraus zwangsweise folgen muss, dass die Wirbelviskosität, verglichen mit der theoretisch unendlich mit dem Wandabstand anwachsenden Wirbelviskosität bei der Platte, zur Oberfläche hin auf Null absinken muss. Demnach wird auch die Mischungsweglänge eine andere Form erhalten. Selbstverständlich kann ν_t auch bei einem Gerinne über eine Messung, wie am Ende von Kapitel 6.3 beschrieben, ermittelt werden. Gesucht ist aber eine Formel in Analogie zu derjenigen der Platte (6.21).

Die Reynolds-Gleichungen (6.14) reduzieren sich in diesem Fall (Strömungsrichtung x, vertikale Richtung y, Breitenrichtung z) und $\vec{g} = (g \cdot \sin\alpha, -g \cdot \cos\alpha, 0)$ zu

$$-\frac{d}{dy}\left(\nu_t \frac{d\overline{u}}{dy}\right) - g\sin\alpha = 0 \tag{7.2}$$

$$\frac{1}{\rho} \cdot \frac{d\overline{p}}{dy} + g\cos\alpha = 0 \ . \tag{7.3}$$

Dieses System gilt sowohl für eine Rohr-, Platten- oder Gerinneströmung. Nehmen wir Normalabfluss an, also eine gleichbleibende Wassertiefe, so kann man bei einem Gerinne (7.3) von der Sohle bis zu einer Tiefe h integrieren (beim Rohr würde h dem Rohrradius R entsprechen, bei der Platte gibt es keine Entsprechung). Man erhält

$$\int_{\overline{p}_h}^{\overline{p}(y)} d\overline{p} = -\rho g \cos \alpha \int_h^y dy$$

und daraus $\overline{p}(y) - \overline{p}_h = -\rho g \cos \alpha (y - h)$. Dabei muss h nicht zwangsweise mit der Wassertiefe zusammenfallen. Sinnvoll ist es, h so zu wählen, dass der gemittelte Referenzdruck $\overline{p}_h$ in dieser Tiefe bekannt ist. Wichtiger ist, dass man $\overline{p}(y) = \overline{p}_h + \rho g \cos \alpha (h - y)$ entnimmt, dass bei einer turbulenten Rohr- oder Gerinneströmung mit Normalabfluss wie bei der laminaren Gerinneströmung der gemittelte Druck hydrostatisch verläuft.

Um (7.2) aufzuschlüsseln, holen wir etwas aus. Eine Möglichkeit, die Sohlschubspannung zu bestimmen, hatten wir im 5. Band hergeleitet. Sie besteht darin, die über der Sohle befindliche Wassermenge als starre Säule zu behandeln. Die Wassermasse würde dann wie ein fester Körper auf einer schiefen Ebene heruntergleiten. Aus $\frac{F_R}{F_G} = \sin \alpha \approx \tan \alpha = J$ erhält man

$$\tau_B = \frac{F_R}{A} = \frac{F_G \cdot J}{A} = \frac{mgJ}{A} = \frac{\rho AhgJ}{A} = \rho ghJ . \tag{7.4}$$

Die auf diese Weise über die gemessene Sohlneigung bestimmte Sohlschubspannung, auch Schleppspannung genannt, ist zulässig für ein relativ breites Gerinne. Dabei genügt die Bedingung $b \geq 5h$. Danach würde die gesamte Bewegungsenergie nur an der Sohle verloren gehen. Tatsache ist aber, dass kinetische Energie auch aufgrund der Viskosität des Fluids (in der Schleppspannung taucht diese ja gar nicht auf), der inneren Reibung der Fluidteilchen untereinander und zusätzlich durch Turbulenzen dissipiert wird. Aus der Schleppspannung entnimmt man $\frac{\tau_B}{\rho} \approx gh \sin \alpha$ und mit Hilfe der Definition der Sohlschubspannungsgeschwindigkeit gilt

$$u_*^2 \approx gh \sin \alpha . \tag{7.5}$$

Weiter setzen wir (7.1) und (7.5) in (7.2) ein und erhalten

$$\frac{1}{\rho} \cdot \frac{d\tau_{xy}(y)}{dy} + \frac{u_*^2}{h} = 0 .$$

Die Integration von einer Tiefe y bis zur Wassertiefe h zusammen mit der Randbedingung $\tau_{xy}(h) = 0$ liefert

$$\int_{\tau_{xy}(y)}^{0} d\tau_{xy} = -\frac{\rho u_*^2}{h} \int_y^h dy , \quad -\tau_{xy}(y) = -\frac{\rho u_*^2}{h}(h - y)$$

und schließlich

$$\tau_{xy}(y) = \rho u_*^2 \left(1 - \frac{y}{h}\right) \quad \text{oder} \quad \tau_{xy}(y) = \tau_B \left(1 - \frac{y}{h}\right) . \tag{7.6}$$

Diese lineare Spannungsverteilung ist identisch mit derjenigen einer laminaren Gerinneströmung. Die linke Seite von (7.6) können wir abermals durch (7.1) ausdrücken, was zu $v_t(y)\frac{d\overline{u}}{dy} = u_*^2(1 - \frac{y}{h})$ führt. Unter der Annahme, dass das logarithmische Geschwindigkeitsprofil (6.20) Gültigkeit besitzt, ist

$$\left|\frac{d\overline{u}}{dy}\right| = \frac{u_*}{\kappa} \cdot \frac{1}{y} ,$$

woraus die gesuchte Formel zur rechnerischen Ermittlung der Wirbelviskosität folgt:

$$v_t(y) = \kappa u_* y \left(1 - \frac{y}{h}\right) . \tag{7.7}$$

Dieses Ergebnis kann für die Simulation einer Gerinneströmung mit Hilfe von (6.14) verwendet werden. Im Gegensatz zur Linearität (6.21) der Platte und des Rohrs, besitzt (7.7) einen parabelförmigen Verlauf. Gleichung (6.15) liefert den Zusammenhang mit dem Mischungsweg. Aus $v_t(y) = l_m^2 |\frac{d\overline{u}}{dy}|$ folgt mit Hilfe von (6.20)

$$\kappa u_* y \left(1 - \frac{y}{h}\right) = l_m^2 \cdot \frac{u_*}{\kappa} \cdot \frac{1}{y}$$

und schließlich

$$l_m(y) = \kappa y \sqrt{1 - \frac{y}{h}} . \tag{7.8}$$

Für eine Darstellung wählen wir keine Normierung, sondern ein konkretes Beispiel. Kurz vor der Mittleren Brücke bei Basel ist der Rhein etwa $h = 5$ m tief. Die Sohlschubspannungsgeschwindigkeit schwankt zwischen $0,3 \leq u_* \leq 0,9$. Für einen Mittelwert von $u_* = 0,5\,\frac{m}{s}$ ergibt das die Verteilung $v_t(y) = \frac{y}{5}(1 - \frac{y}{5})$ (Abb. 7.1 links) mit einem maximalen Wert von (Abb. 7.1 rechts)

$$v_{t,max} = 0,25\,\frac{m^2}{s} \quad \text{und} \quad l_m(y) = \frac{2y}{5}\sqrt{1 - \frac{y}{5}} .$$

In beiden Abbildungen ist eine Abnahme sowohl der Wirbelviskosität und folglich auch des Mischungswegs hin zur freien Oberfläche ersichtlich. Im Zentrum hingegen besitzen die Wirbel etwas mehr Platz, um sich zu vergrößern.

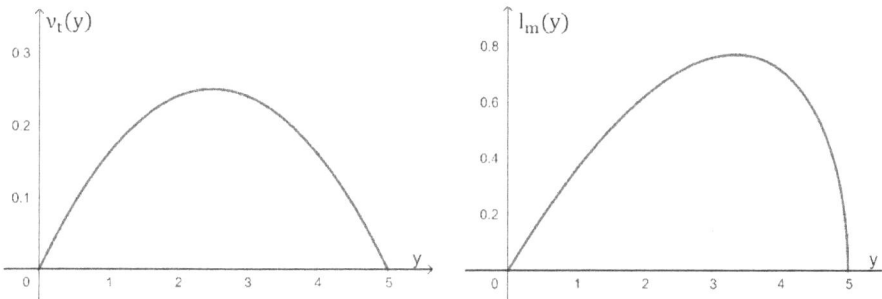

Abb. 7.1: Graphen zu (7.7) und (7.8)

Wie auch bei der Platte kann man eine Mittelung von (7.7), diesmal über die Wassertiefe, vornehmen:

$$\bar{v}_t = \frac{1}{h}\kappa u_* \int\limits_0^h y\left(1 - \frac{y}{h}\right) dy = \frac{\kappa u_*}{h}\left(\frac{h^2}{2} - \frac{h^3}{3h}\right) = \frac{\kappa u_* h}{6} \,. \tag{7.9}$$

Unser Zahlenbeispiel liefert dafür $\bar{v}_t = 0{,}17\ \frac{m^2}{s}$, was sich ebenfalls für eine Simulation mit (6.14) eignen würde, solange die Sohlreibung groß und/oder die Geschwindigkeitsgradienten klein bleiben.

Die Sohlschubspannung selber kann man auch bei einem Gerinne nicht über die Definition ermitteln, sei es in unmittelbarer Wandnähe bei glatter Oberfläche ($\tau_B \approx \rho u_*^2 = \rho v\frac{du}{dy}$, Reynolds-Spannungen vernachlässigbar, v ist die molekulare Viskosität), sei es etwas weiter von der (glatten oder rauhen) Wand entfernt ($\tau_B \approx \rho v_t\frac{du}{dy}$, Zähigkeit vernachlässigbar), es läuft doch immer auf eine Messung der Geschwindigkeit u_* hinaus. Gleichung (7.7) hilft diesbezüglich ebenfalls nicht weiter.

Hingegen bietet sich beim Gerinne die Möglichkeit, bei bekannter Sohlneigung mit Hilfe von (7.4) die Sohlschubspannung zu ermitteln. Zudem bestehen weiterhin die am Ende von Kapitel 6.5 beschriebenen Messmethoden und die indirekten Methoden über die Auswertung des Geschwindigkeitsprofils (vgl. anschließendes Beispiel).

Man könnte auf die Idee kommen, Gleichung (6.56) zur Berechnung von τ_B heranzuziehen. Das wäre aber falsch, weil sämtliche Geschwindigkeitsprofile und die daraus resultierenden Widerstände aus den Kapiteln 6.5–6.8 ohne Berücksichtigung der Gravitation hergeleitet wurden.

Beispiel 1. Bei einer turbulenten hydraulisch rauhen Gerinneströmung sollen die Rauheit und die Sohlschubspannungsgeschwindigkeit über zwei Messungen ermittelt werden. Auf 1 m Sohlhöhe herrscht die Geschwindigkeit $0{,}75\ \frac{m}{s}$ und in 5 m Höhe die Geschwindigkeit $1\ \frac{m}{s}$.

a) Bestimmen Sie daraus das logarithmische Geschwindigkeitsprofil gemäss (6.28).
b) Wie groß werden Sohlschubspannung und Rauheit, falls $\rho = 10^3\ \frac{kg}{m^3}$ ist?
c) In welcher Höhe beträgt die Geschwindigkeit u_*?

Lösung:
a) Aus dem Gleichungssystem $0{,}75 = 2{,}5u_* \cdot \ln(\frac{1}{y_0})$ und $1 = 2{,}5u_* \cdot \ln(\frac{5}{y_0})$ folgt durch Division mit $2{,}5u_*$ nacheinander

$$\frac{4}{3}\ln\left(\frac{1}{y_0}\right) = \ln\left(\frac{5}{y_0}\right)\,,$$

$$\ln\left(\frac{1}{y_0}\right)^{\frac{4}{3}} = \ln\left(\frac{5}{y_0}\right)\,,$$

$$\left(\frac{1}{y_0}\right)^{\frac{4}{3}} = \frac{5}{y_0}\,,$$

$$y_0^{\frac{1}{3}} = \frac{1}{5}$$

und schließlich

$$y_0 = 5^{-3} = 0{,}008\,\text{m}\,.$$

Eingesetzt in einer der beiden Gleichungen, erhält man $1 = 2{,}5u_* \cdot \ln(5^4)$ und daraus

$$u_* = \frac{1}{10 \cdot \ln 5} = 0{,}062\,\frac{\text{m}}{\text{s}}\,.$$

Insgesamt folgt

$$\bar{u}(y) = 2{,}5u_* \cdot \ln\left(\frac{y}{y_0}\right) = 0{,}155 \cdot \ln(125y)\,.$$

b) Es gilt $\tau_B = \rho u_*^2 = 10^3 \cdot 0{,}062^2 = 3{,}86\,\frac{\text{N}}{\text{m}^2}$ und $k = 30y_0 = 0{,}24\,\text{m}$.

c) Dafür muss $2{,}5 \cdot \ln(\frac{y}{y_0}) = 1$ gelten, was für $y = y_0 \cdot e^{0{,}4} = 0{,}01\,\text{m}$ der Fall ist.

Eine weitere Möglichkeit, nebst der Schleppspannungsbeziehung, die Sohlschub-spannung zu bestimmen, ergibt sich aus der endlichen Wassertiefe, die im Gegensatz zur Plattenströmung, eine Tiefenmittelung sinnvoll erscheinen lässt. Dazu wird das Profil (6.28), $\frac{\bar{u}}{u_*} = 2{,}5 \cdot \ln(\frac{y}{y_0})$, über den Gültigkeitsbereich von y_0 bis zu einer Tiefe h gemittelt (Tiefenmittelung). Dabei bezeichnet h nicht zwangsweise die Wassertiefe. Auf jeden Fall entfällt damit die Abhängigkeit der Geschwindigkeit mit dem Wandab-stand y. (Der erste Querbalken über der Fließgeschwindigkeit bezeichnet die zeitliche Mittelung und der zweite Balken die Tiefenmittelung.)

Man erhält

$$\bar{\bar{u}} = \frac{2{,}5u_*}{h - y_0} \cdot \int_{y_0}^{h} \ln\left(\frac{y}{y_0}\right)\,dy = \frac{2{,}5u_*}{h - y_0} \cdot \left[y \cdot \ln\left(\frac{y}{y_0}\right) - y\right]_{y_0}^{h}$$

$$= \frac{2{,}5u_*}{h - y_0} \cdot \left[h \cdot \ln\left(\frac{h}{y_0}\right) - h + y_0\right] = 2{,}5u_* \cdot \left[\frac{h}{h - y_0} \cdot \ln\left(\frac{h}{y_0}\right) - 1\right]\,.$$

Da $y_0 \ll h$, können wir dafür

$$\bar{\bar{u}} \approx 2{,}5u_* \cdot \left[\ln\left(\frac{h}{y_0}\right) - 1\right] = 2{,}5u_* \cdot \ln\left(\frac{h}{e \cdot y_0}\right)$$

schreiben. Offenbar wird diese Geschwindigkeit in der Höhe $y = \frac{h}{e} = 0{,}37h$ erreicht. Damit haben wir den Bezugspunkt $y = y_0 e^{0{,}4}$ der Geschwindigkeit u_* auf den Be-zugspunkt $y = 0{,}37h$ der Geschwindigkeit $\bar{\bar{u}}$ verschoben.

Fügt man noch $y_0 = \frac{k}{30}$ ein, so erhält man

$$\bar{\bar{u}} = 2{,}5u_* \cdot \ln\left(\frac{11{,}04 \cdot h}{k}\right)\,.$$

Die Näherung von vorhin ($h - y_0 \approx h$) gleicht man durch einen Wert von 12 aus, was zu

$$\bar{\bar{u}} = 2{,}5u_* \cdot \ln\left(\frac{12 \cdot h}{k}\right)$$

führt.

Die Gerinneströmung der Tiefe h kann man sich als eine Strömung der Tiefe $0,37\,h$ ersetzt denken, die auf dieser Ersatzhöhe durchwegs mit der Geschwindigkeit $\overline{\overline{u}}$ fließt.

Damit kann die Sohlschubspannungsgeschwindigkeit bei vorhandener gemittelter Geschwindigkeit, die beispielsweise mit Messung des Durchflusses vorliegt, bestimmt werden. Für die Sohlschubspannung ergibt sich die Formel von Nikuradse:

$$\tau_B = \rho u_*^2 = \frac{0,16 \cdot \rho}{\left[\ln\left(\frac{12 \cdot h}{k}\right)\right]^2} \overline{\overline{u}}^2 \ . \tag{7.10}$$

Will man die Rauheit bis auf die Korngrößen aufschlüsseln, dann wäre $k = 3,25 \cdot d_m$ mit dem mittleren Korndurchmesser d_m zu setzen. Es gibt weitere tiefengemittelte Formeln. Bei allen fließt die mittlere Geschwindigkeit quadratisch ein, wie es bei einem Oberflächen- oder Luftwiderstand üblich ist.

Die Formel (7.1) ist ungültig für Wasserwellen, weil diese gegenüber einem Gerinne ganz andere Charakteristika besitzen, beispielsweise was den Massentransport oder das Geschwindigkeitsprofil betrifft (vgl. 5. Band, Airy-Wellen).

7.2 Die universelle Fließformel einer Gerinneströmung

Bei laminaren Gerinneströmungen entstehen sehr kleine Wassertiefen und/oder sehr kleine Fließgeschwindigkeiten mit dem zugehörigen Profil (2.19). Eine Tiefenmittelung ergibt für die stationäre Strömung

$$\overline{u} = \frac{g\sin\alpha}{2hv} \cdot \int_0^h (2hy - y^2)\, dy = \frac{g\sin\alpha}{2hv} \cdot \left(h^3 - \frac{h^3}{3}\right) = \frac{gh^2\sin\alpha}{3v} \ .$$

Setzt man noch $\sin\alpha \approx \tan\alpha = J$, so folgt (wie schon im 5. Band hergeleitet) die Fließformel bei Normalabfluss für laminare Gerinne zu $\overline{u} = \frac{gh^2 J}{3v}$. Im Allgemeinen sind Gerinneströmungen turbulent. Für den stationären Fall hatten wir im 5. Band drei Fließformeln besprochen. Es sind dies die Formeln von de Chézy, Gauckler/Manning/Strickler und Weisbach. Sie lauten in dieser Reihenfolge $\overline{u} = C\sqrt{d_H \cdot J_E}$,

$$\overline{u} = k_{Str} \cdot \left(\frac{d_H}{4}\right)^{\frac{2}{3}} \cdot \sqrt{J_E} \quad \text{und} \tag{7.11}$$

$$\overline{u} = \sqrt{\frac{2g}{\lambda}} \cdot \sqrt{d_H \cdot J_E} \ . \tag{7.12}$$

Dabei bezeichnet d_H den hydraulischen Durchmesser, J_E das Energiegefälle und C, k_{Str}, λ sind Beiwerte bzw. Reibungszahlen. Bei Normalabfluss wird J_E dem Sohlgefälle gleichgesetzt.

Wir richten im Folgenden unser Augenmerk auf letztere zwei Fließformeln. Die Rohrreibungszahl λ wird durch die Colebrook-White-Gleichung (6.41) bestimmt, wobei für ein Gerinne der Durchmesser d des Rohrs durch den hydraulischen Durchmesser

$d_H = \frac{4A}{U}$ ersetzt wird. Dabei bezeichnet A den Gerinnequerschnitt und U den benetzten Umfang. Entsprechend wird die Reynoldszahl ebenfalls mit Hilfe von d_H gebildet:

$$Re_{d_H} = \frac{\overline{u} \cdot d_H}{\nu} .$$

Im 5. Band wurden die Reynolds-Zahl und die Gleichungen (6.41) und (7.12) immer getrennt voneinander belassen, was zu längeren Iterationen bei bestimmten Fragestellungen führte. Nehmen wir als Beispiel den Fall, dass d_H, k, ν, $J_E = J_S = J$ bekannt sind und $\overline{u}$ zu ermitteln ist. Bisher musste man für $\overline{u}$ einen Startwert schätzen und damit Re_{d_H} bestimmen. Mit (6.41) ergibt sich ein Wert für λ, den man in (7.12) einsetzt und ein neues $\overline{u}$ erhält. Diese Schritte führt man so lange durch, bis die Werte in etwa konstant bleiben.

Das Ziel soll nun sein, eine Formel herzuleiten, die aus den vier genannten Größen die mittlere Geschwindigkeit direkt ermittelt. Dazu schreiben wir (6.41) um zu

$$\frac{1}{\sqrt{\lambda}} = -2 \cdot \log_{10}(0,135) - 2 \cdot \log_{10}\left(\frac{18,7}{Re_{d_H}\sqrt{\lambda}} + \frac{2k}{d_H}\right) \quad \text{und}$$

$$\frac{1}{\sqrt{\lambda}} = -2 \cdot \log_{10}\left(\frac{2,51}{Re_{d_H}\sqrt{\lambda}} + \frac{k}{3,71 \cdot d_H}\right) . \tag{7.13}$$

Weiter folgt mit (7.12)

$$Re_{d_H} = \frac{\overline{u} \cdot d_H}{\nu} = \sqrt{\frac{2g}{\lambda}} \cdot \frac{d_H}{\nu} \cdot \sqrt{d_H \cdot J_E} \quad \text{und} \tag{7.14}$$

$$Re_{d_H}\sqrt{\lambda} = \frac{\sqrt{2g}}{\nu} \cdot d_H \cdot \sqrt{d_H \cdot J_E} . \tag{7.15}$$

Aus (7.15) erhält man

$$\frac{1}{\sqrt{\lambda}} = \frac{\overline{u}}{\sqrt{2g \cdot d_H \cdot J_E}} .$$

Diese Identität zusammen mit (7.15) wird der Gleichung (7.13) einverleibt und führt zu

$$\overline{u} = -2 \cdot \log_{10}\left(\frac{2,51 \cdot \nu}{d_H\sqrt{2g \cdot d_H \cdot J_E}} + \frac{k}{3,71 \cdot d_H}\right)\sqrt{2g \cdot d_H \cdot J_E} .$$

Noch gilt diese Gleichung nur für Rohre. Charakteristisch dafür sind die Formfaktoren $f_g = 2,51$ und $f_r = 3,71$, die offenbar eine Maß für die Glattheit bzw. Rauheit des Rohrs darstellen. Ermutigt aufgrund guter Ergebnisse, wurde versucht, unter Beibehaltung der Gleichung lediglich die Formfaktoren für vom Kreis abweichende Querschnitte anzupassen – mit Erfolg.

Damit lautet die universelle Fließformel

$$\overline{u} = -2 \cdot \log_{10}\left(\frac{f_g \cdot \nu}{d_H\sqrt{2g \cdot d_H \cdot J_E}} + \frac{k}{f_r \cdot d_H}\right)\sqrt{2g \cdot d_H \cdot J_E} . \tag{7.16}$$

Für einige Gerinnequerschnitte sind die zugehörigen Formfaktoren in nachstehender Tabelle zusammengetragen:

Querschnittsform	f_g	f_r
Rechteck $b = h$	2,80	3,45
Rechteck $b = 2h$	2,90	3,30
Rechteck $b = 4h$	2,95	3,23
Rechteck $b \rightarrow \infty$	3,05	3,05
Kreisrohr	2,51	3,71
Halbkreis mit $h = \frac{d}{2}$	2,70	3,60
Trapez (Mittelwerte)	2,90	3,16

Wenn wir die Fließformel (7.11) betrachten, so erkennen wir, dass die Rauheit k nicht explizit erscheint, sondern im Stricklerbeiwert k_{Str} enthalten ist. Es gibt Tabellen, denen man für alle möglichen Oberflächenbeschaffenheiten den jeweilig passenden Wert k_{Str} entnehmen kann. Das Ziel ist es deshalb, k_{Str} und k miteinander zu verknüpfen. Dazu schreiben wir (7.11) als

$$k_{Str} = \bar{u} \cdot \left(\frac{d_H}{4}\right)^{-\frac{2}{3}} \cdot J_E^{-\frac{1}{2}} \,,$$

ersetzen $\bar{u}$ durch (7.12) und erhalten

$$k_{Str} = \sqrt{\frac{2g}{\lambda}} \cdot \sqrt{d_H \cdot J_E} \cdot \left(\frac{d_H}{4}\right)^{-\frac{2}{3}} \cdot J_E^{-\frac{1}{2}} = \sqrt{\frac{2g}{\lambda}} \cdot \sqrt{d_H} \cdot \left(\frac{d_H}{4}\right)^{-\frac{2}{3}} \,. \tag{7.17}$$

Weiter gehen wir von genügend großen Reynolds-Zahlen aus, so dass in (7.13) der erste Term in der Klammer gegenüber dem zweiten Term vernachlässigt werden kann. Daraus entsteht

$$\frac{1}{\sqrt{\lambda}} = -2 \cdot \log_{10}\left(\frac{k}{3,71 \cdot d_H}\right) \,. \tag{7.18}$$

Die rechte Seite dieser Gleichung kann man durch $0,184^{-\frac{1}{2}} \cdot (\frac{k}{d_H})^{-\frac{1}{6}}$ „recht gut" approximieren. Die Potenz ist so gewählt, dass nach dem Einsetzen von (7.17) der hydraulische Durchmesser d_H entfällt. Im Einzelnen setzt man (7.18) in (7.17) unter Verwendung der Approximation ein und erhält

$$k_{Str} = \frac{0,184^{-\frac{1}{2}} \cdot \sqrt{2g}}{4^{-\frac{2}{3}}} \cdot \frac{1}{k^{\frac{1}{6}}} \cdot d_H^{\frac{1}{6}} \cdot d_H^{\frac{1}{2}} \cdot d_H^{-\frac{2}{3}} \approx \frac{26}{k^{\frac{1}{6}}} \,.$$

Zusammen mit (7.11) folgt

$$\bar{u} = \frac{26}{k^{\frac{1}{6}}} \cdot \left(\frac{d_H}{4}\right)^{\frac{2}{3}} \cdot \sqrt{J_E} \tag{7.19}$$

Die oben als „recht gut" bezeichnete Übereinstimmung ist gewährleistet, falls sowohl k als auch d_H groß sind. Deswegen muss der Gültigkeitsbereich von (7.19) auf

$$35\frac{m^{\frac{1}{3}}}{s} \le k_{Str} \le 65\frac{m^{\frac{1}{3}}}{s} \quad \text{bzw.} \quad 0,004\,\text{m} \le k \le 0,168\,\text{m}$$

beschränkt werden.

Beispiel 1. Gegeben ist ein Trapezgerinne mit einer Sohlbreite $b = 3$ m, einer gleichbleibenden Wassertiefe $h = 1$ m und einer Wasserspiegelbreite $a = 5$ m. Sohlneigung und Rauheit betragen $J = 0,002$ bzw. $k = 0,01$ m. Die kinematische Viskosität (des Wassers) ist $v = 1,3 \cdot 10^{-6} \frac{m^2}{s}$.

Gesucht ist die mittlere Fließgeschwindigkeit bei Normalabfluss mit Hilfe von
a) Gleichung (7.19)
b) Gleichung (7.16).

Lösung: Die Querschnittsfläche beträgt $A = \frac{a+b}{2} \cdot h = \frac{5+3}{2} \cdot 1 = 4\,m^2$ und der benetzte Umfang $U = 3 + 2\sqrt{2}$. Damit ergibt sich der hydraulische Durchmesser zu

$$d_H = \frac{4A}{U} = 2,75\,m\,.$$

a) Gleichung (7.19) liefert

$$\bar{u} = \frac{26}{0,01^{\frac{1}{6}}} \cdot \left(\frac{2,75}{4}\right)^{\frac{2}{3}} \cdot \sqrt{0,002} = 1,95\,\frac{m}{s}\,.$$

b) Die Formwerte entnimmt man aus der Tabelle zu $f_g = 2,90$ und $f_r = 3,16$. Eingesetzt in (7.16) erhält man

$$\bar{u} = -2 \cdot \log_{10}\left(\frac{2,90 \cdot 1,3 \cdot 10^{-6}}{2,75 \cdot \sqrt{2 \cdot 9,81 \cdot 2,75 \cdot 0,002}} + \frac{0,01}{3,16 \cdot 2,75}\right)$$
$$\cdot \sqrt{2 \cdot 9,81 \cdot 2,75 \cdot 0,001}$$
$$= 1,93\,\frac{m}{s}\,.$$

Beispiel 2. Durch eine Rechteckrinne der Breite $b = 4$ m und der Rauheit $k = 0,02$ m fließt Wasser mit einer mittleren Geschwindigkeit $\bar{u} = 1\,\frac{m}{s}$ und einer kinematischen Viskosität von $v = 1,3 \cdot 10^{-6} \frac{m^2}{s}$. Die Wassertiefe bleibt dabei konstant $h = 1$ m. Bestimmen Sie die zugehörige Sohlneigung dieses Abflusses mit Hilfe von
a) Gleichung (7.19)
b) Gleichung (7.16).

Lösung: Für den hydraulischen Durchmesser erhält man

$$d_H = \frac{4bh}{b + 2h} = \frac{4 \cdot 4 \cdot 1}{4 + 2 \cdot 1} = 2,67\,m\,.$$

Die unveränderliche Wassertiefe weist auf einen Normalabfluss hin.
a) Aus (7.19) folgt

$$1 = \frac{26}{0,02^{\frac{1}{6}}} \cdot \left(\frac{2,67}{4}\right)^{\frac{2}{3}} \cdot \sqrt{J}$$

und daraus $J = 0,00069$.

b) Die zugehörigen Formwerte werden der obigen Tabelle entnommen und Gleichung (7.16) liefert

$$1 = -2 \cdot \log_{10}\left(\frac{2,95 \cdot 1,3 \cdot 10^{-6}}{2,67 \cdot \sqrt{2 \cdot 9,81 \cdot 2,67 \cdot J}} + \frac{0,02}{3,23 \cdot 2,67}\right)\sqrt{2 \cdot 9,81 \cdot 2,67 \cdot J}$$

und damit $J = 0,00069$

Beispiel 3. Durch eine Rechteckrinne der Breite $b = 20\,\text{m}$, der Rauheit $k = 0,04\,\text{m}$ und einer Sohlneigung $J = 0,001$ fließt durchschittlich $Q = 100\,\frac{m^3}{s}$ Wasser mit einer kinematischen Viskosität von $v = 1,3 \cdot 10^{-6}\,\frac{m^2}{s}$. Bestimmen Sie die sich bei Normalabfluss einstellende Wassertiefe h mit Hilfe von
a) Gleichung (7.19)
b) Gleichung (7.16)
c) Gleichung (7.10).

Lösung: Aufgrund der großen Breite gegenüber der (noch unbekannten) Höhe, kann man der Einfachheit halber $d_H = \frac{4bh}{b+2h} \approx 4h$ setzen, wobei die Aufgabe auch mit dem genauen d_H zu bewerkstelligen ist. Weiter gilt für den Abfluss $Q = A\bar{u} = bh\bar{u}$, also $\bar{u} = \frac{Q}{bh}$.
a) Gleichung (7.19) liefert

$$\frac{Q}{bh} = \frac{26}{k^{\frac{1}{6}}} \cdot h^{\frac{2}{3}} \cdot \sqrt{J}, \qquad \frac{Q \cdot k^{\frac{1}{6}}}{26 \cdot b\sqrt{J}} = h^{\frac{5}{3}}$$

und damit eine explizite Formel für die Wassertiefe

$$h = \left(\frac{Q \cdot k^{\frac{1}{6}}}{26 \cdot b\sqrt{J}}\right)^{\frac{3}{5}}.$$

Man erhält $h = 2,141\,\text{m}$.
b) Die zugehörigen Formparameter können in diesem Fall $f_g = f_r = 3,05$ gesetzt werden.
Mit (7.16) folgt die Bestimmungsgleichung zu

$$\frac{Q}{20 \cdot h} = -2 \cdot \log_{10}\left(\frac{3,05 \cdot 1,3 \cdot 10^{-6}}{4h \cdot \sqrt{2 \cdot 9,81 \cdot 4h \cdot 0,001}} + \frac{0,04}{3,05 \cdot 4h}\right)$$
$$\cdot \sqrt{2 \cdot 9,81 \cdot 4h \cdot 0,001}.$$

Es ergibt sich eine Wassertiefe von $h = 2,157\,\text{m}$.
c) Benutzt man die Schleppspannung (7.4), so folgt mit (7.10) die Gleichung

$$\rho g h J = \frac{0,16 \cdot \rho}{\left[\ln\left(\frac{12 \cdot h}{k}\right)\right]^2}\bar{u}^2$$

und daraus die Bestimmungsgleichung

$$ghJ = \frac{0,16}{\left[\ln\left(\frac{12 \cdot h}{k}\right)\right]^2} \cdot \frac{Q^2}{b^2 h^2}$$

und für unser Beispiel

$$9,81 \cdot 0,001 \cdot h = \frac{0,16}{\left[\ln\left(\frac{12 \cdot h}{0,04}\right)\right]^2} \cdot \frac{100^2}{20^2 h^2} \cdot$$

Man erhält $h = 2,137$ m.

Aufgabe
Bearbeiten Sie die Übungen 21 und 22.

7.3 Die Windschubspannung

In diesem und den nächsten beiden Kapiteln soll der Einfluss der Windschubspannung an der Wasseroberfläche auf das Strömungsverhalten des darunter liegenden Wassers untersucht werden. Dazu betrachten wir die zugehörigen Geschwindigkeitsprofile der Luft $\bar{u}_L(y)$ und des Wassers $\bar{u}_W(y)$ ohne Wind (Abb. 7.2, durchgezogene Linien). Wasser und Wind tauschen an ihrer gemeinsamen Grenzfläche laufend Impulse aus, weswegen nicht nur die Geschwindigkeit, sondern auch die Spannung und damit der Geschwindigkeitsgradient an dieser Grenze gleich groß sein müssen (Abb. 7.2, gestrichelte Linien). Der Geschwindigkeitsgradient ist zwar klein, aber verschwindet nicht, sonst wäre die Spannung Null (Abb. 7.2, punktierte Linien). Schließlich nimmt das Wasserprofil die Gestalt $\bar{u}_{WL}(y)$ an. Dabei wird im Fall gleichgerichteter Strömungsgeschwindigkeiten der Wasserspiegel fallen, ansonsten steigen.

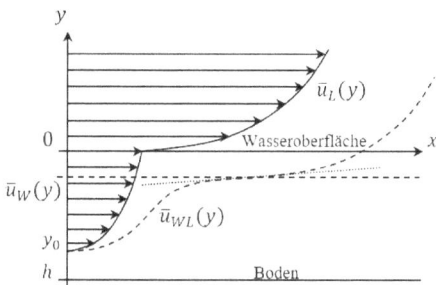

Abb. 7.2: Skizze zum Windeinfluss

Vorerst konzentrieren wir uns auf das Windprofil alleine. Die Luftströmung kann man als Grenzschichtströmung zur Wasseroberfläche auffassen. Dann wird das darüberliegende Luftprofil eine logarithmische Form besitzen, die wir als

$$\frac{\overline{u}_L(y)}{u_{*,L}} = 2,5 \cdot \ln\left(\frac{y}{y_{0,L}}\right)$$

ansetzen können. Dabei bezeichnen $u_{*,L}$ und $y_{0,L}$ die Windschubspannungsgeschwindigkeit und die untere Gültigkeitsgrenze. Im Unterschied zur konstanten Sohlrauheit, ist die Rauheit an der Wasseroberfläche von der Windgeschwindigkeit und damit von $u_{*,L}$ abhängig. Bei kleinen Windgeschwindigkeiten wird die Oberfläche gekräuselt, bei größerem $\overline{u}_L(y)$ entstehen hohe Wellen (Wäre die Wasseroberfläche absolut fest, dann würde sich schlicht eine Plattengrenzschichtströmung ausbilden.) An dieser Stelle muss man auf Messungen zurückgreifen, die folgenden Zusammenhang liefern:

$$y_{0,L} = a \cdot \frac{u_{*,L}^2}{g} \quad \text{mit} \quad a = 0,01 - 0,03 \,. \tag{7.20}$$

Die Zahl a nennt man Charnock-Konstante. Je weiter man sich von der Küste entfernt, umso kleiner werden die Werte von a. Damit erhält man

$$\frac{\overline{u}_L(y)}{u_{*,L}} = 2,5 \cdot \ln\left(\frac{g \cdot y}{a \cdot u_{*,L}^2}\right) \,. \tag{7.21}$$

Um $u_{*,L}$ zu bestimmen, muss die Geschwindigkeit in irgendeiner Höhe ausgewertet werden. Üblicherweise geschieht dies auf 10 m über dem Boden (oder in unserem Fall über der Wasseroberfläche). Dazu verwendet man die Abkürzung u_{10}. Liegt $u_{*,L}$ mit (7.21) vor, dann beträgt die Windschubspannung $\tau_L = \rho_L \cdot u_{*,L}^2$. Dies gilt nur, falls das darunterliegende Wasser als ruhend betrachtet wird (siehe dazu das weiter unten folgende Beispiel).

Im Grenzfall $u_{10} = 0$ muss $u_{*,L}$ ebenfalls Null ergeben. Dieses Ergebnis müsste auch (7.21) liefern. Bis auf den Faktor $2,5$ gilt

$$\lim_{u_{*,L}\to 0} u_{*,L} \cdot \ln\left(\frac{g \cdot 10}{a \cdot u_{*,L}^2}\right) = -2 \lim_{u_{*,L}\to 0} u_{*,L} \cdot \ln(u_{*,L}) = -2 \lim_{u_{*,L}\to 0} \frac{\ln(u_{*,L})}{\frac{1}{u_{*,L}}}$$

$$= 2 \lim_{u_{*,L}\to 0} \frac{\frac{1}{u_{*,L}}}{\frac{1}{u_{*,L}^2}} = 2 \lim_{u_{*,L}\to 0} u_{*,L} = 0 \,.$$

Dabei wurde im vorletzten Schritt die Regel von Bernoulli-L'Hôspital angewendet.

Um die implizite Abhängigkeit von $u_{*,L}$ in (7.21) aufzuheben, setzt man eine direkte Abhängigkeit der Windschubspannung mit dem Quadrat der Relativgeschwindigkeit $u_{10} - \overline{u}$ zwischen Wind und Wasser an:

$$\tau_L = \rho_L \cdot c_L \cdot (u_{10} - \overline{u}) \cdot |u_{10} - \overline{u}| \,. \tag{7.22}$$

Dabei ist c_L ein Widerstandsbeiwert und das einmalige Betragzeichen berücksichtigt die unter Umständen verschiedenen Vorzeichen von u_{10} und $\bar{u}$.

Folgende Beiwerte können verwendet werden:

$$c_L = \begin{cases} 0{,}565 \cdot 10^{-3} & \text{für} \quad u_{10} \leq 5 \, \tfrac{m}{s} \\ (0{,}137 \cdot u_{10} - 0{,}12) \cdot 10^{-3} & \text{für} \quad 5 \, \tfrac{m}{s} \leq u_{10} \leq 19{,}2 \, \tfrac{m}{s} \\ 2{,}513 \cdot 10^{-3} & \text{für} \quad u_{10} \geq 19{,}2 \, \tfrac{m}{s} \end{cases} \qquad (7.23)$$

Für kleine Windgeschwindigkeiten bis $5 \, \tfrac{m}{s}$ treten praktisch keine Wellen auf, weswegen c_L konstant ist. Ab Geschwindigkeiten über $19{,}2 \, \tfrac{m}{s}$ ist der Beiwert ebenfalls konstant, weil die Wellen nicht weiter anwachsen, sondern zu brechen beginnen. Graphisch besitzt c_L eine Stufenform, die man auch durch eine hyperbolische Funktion $c_L(u_{10}) = 0{,}565 \cdot 10^{-3} + 0{,}974 \cdot 10^{-3} \cdot [1 + \tanh(\tfrac{u_{10}}{6} - 2)]$ approximieren kann.

Beispiel 1. Ein Wind der Geschwindigkeit $u_{10} = 15 \, \tfrac{m}{s}$ bläst über einen Fluss mit der Geschwindigkeit $u_W = 4 \, \tfrac{m}{s}$. Zudem ist die Konstante $a = 0{,}015$ zur Berechnung der unteren Windprofilgrenze gegeben. Die Dichte der Luft beträgt $\rho_L = 1{,}21 \, \tfrac{kg}{m^3}$.
a) Wie lautet das Geschwindigkeitsprofil der Windströmung?
b) Bestimmen Sie aus dem Ergebnis von a) die Windschubspannung und vergleichen Sie das Resultat mit Hilfe von (7.22) und (7.23).
c) Setzen Sie für die untere Windprofilgrenze $y_{0,L}$ wie beim Geschwindigkeitsprofil im Wasser den Wert $\tfrac{k}{30}$ ein, falls k die Rauheit bezeichnet. Wie groß wäre die Auslenkung der Wasseroberfläche, wenn man diese mit der Rauheit gleichsetzt?

Lösung:
a) Gleichung (7.21) liefert

$$\frac{15}{u_{*,L}} = 2{,}5 \cdot \ln\left(\frac{9{,}81 \cdot 10}{0{,}015 \cdot u_{*,L}^2}\right),$$

woraus $u_{*,L} = 0{,}61 \, \tfrac{m}{s}$ folgt.
Das Windprofil lautet demnach

$$\bar{u}_L(y) = 2{,}5 \cdot u_{*,L} \cdot \ln\left(\frac{g \cdot y}{a \cdot u_{*,L}^2}\right) = 1{,}537 \cdot \ln(1729{,}96 \cdot y).$$

b) Nach Definition ist $\tau_L = \rho_L \cdot u_{*,L}^2 = 1{,}21 \cdot 0{,}42^2 = 0{,}46 \, \tfrac{N}{m^2}$. Zum Vergleich liefern (7.22) und (7.23)

$$\tau_L = 1{,}21 \cdot (0{,}137 \cdot 15 - 0{,}12) \cdot 10^{-3} \cdot (15 - 4)^2 = 0{,}28 \, \frac{N}{m^2}.$$

Der Unterschied erklärt sich daraus, dass $u_{*,L}$ bei einer Absolutgeschwindigkeit $u_{10} = 15 \, \tfrac{m}{s}$, also einer ruhenden Wasseroberfläche, bestimmt wurde. Deswegen muss (7.21) nochmals für $\bar{u}_L(10) = u_{10} - u_W = 11 \, \tfrac{m}{s}$ ermittelt werden, woraus $u_{*,L} = 0{,}42 \, \tfrac{m}{s}$ und $\tau_L = 0{,}21 \, \tfrac{N}{m^2}$ entsteht.

c)   Aus $y_{0,L} = \frac{k}{30}$ folgt mit (7.20)

$$\frac{k}{30} = 0{,}015 \cdot \frac{0{,}42^2}{9{,}81}$$

und daraus $k = 8\,\text{mm}$.

Aufgabe
Bearbeiten Sie die Übung 23.

7.4 Die Wassertiefe einer Gerinneströmung unter Windeinfluss

Wir greifen ein Kontrollvolumen des Gerinnes mit Länge l und konstanter Breite b heraus und führen eine Impulsbilanz durch (Abb. 7.3). Die zeitliche Änderung des Impulses ist definiert als die Summe aller am Kontrollvolumen angreifenden Kräfte. Diese setzen sich zusammen aus dem ein- und austretenden Impuls, der antreibenden Gewichtskraft, der bremsenden Reibungskraft an der Sohle und der vorwärtstreibenden Windkraft. Solange noch kein Normalabfluss vorliegt, sind die Querschnittsflächen A_1 und A_2 senkrecht zur Mittellinie gewählt. Zusätzlich ist zu beachten, dass die Gewichtskraftkomponente und das Energiegefälle mit dem Winkel β gebildet werden muss. Man erhält $\frac{dI}{dt} = \dot{I}_{\text{ein}} - \dot{I}_{\text{aus}} + F_G \sin\beta - F_R + F_L$. Für kleine Winkel ist $\sin\beta \approx \tan\beta = J_\beta = J_E$ (Energiegefälle) was zu $\frac{dI}{dt} = \dot{I}_{\text{ein}} - \dot{I}_{\text{aus}} + F_G \cdot J_E - \tau_B \cdot A_M + \tau_L \cdot A_L$ führt. Die Reibung beschreiben wir durch den Ansatz von Weisbach mit einer (örtlich) gemittelten Geschwindigkeit $\bar{u}_M = \frac{u_1 + u_2}{2}$ und einer gemittelten Querschnittsfläche $A_M = \frac{A_1 + A_2}{2}$.

Die antreibende Windkraft wirkt entlang der Wasseroberfläche $A_L = l \cdot b$. Mit Gleichung (7.22) folgt dann

$$\frac{dI}{dt} = \rho_W A_1 u_1^2 - \rho_W A_2 u_2^2 + mgJ_E - \lambda \frac{l}{d_H} \rho_W \frac{\bar{u}_M \cdot |\bar{u}_M|}{2} \cdot A_M$$

$$+ \rho_L c_L A_L (u_{10} - \bar{u}_M) \cdot |u_{10} - \bar{u}_M| . \tag{7.24}$$

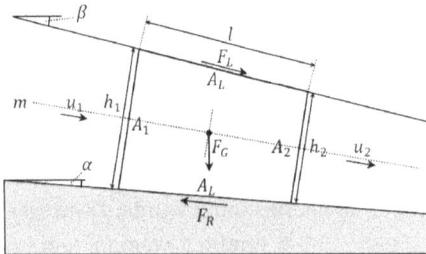

Abb. 7.3: Skizze zur Impulsbilanz mit Windeinfluss

Für einen stationären gleichförmigen Abfluss entspricht J_E dem Sohlgefälle $J_\alpha = J_S$, $h_1 = h_2$ und damit $A_1 = A_2 = A_M = A$. Aus der Kontinuitätsgleichung, $A_1 u_1 = A_2 u_2$, folgt auch die örtliche Konstanz der Fließgeschwindigkeit $u_1 = u_2 = \overline{u}$ und damit die Gleichung

$$\rho_W g \cdot A \cdot l \cdot J_S - \frac{\lambda}{d_H} \rho_W \cdot A \cdot l \cdot \frac{\overline{u} \cdot |\overline{u}|}{2} + \rho_L \cdot c_L \cdot A_L \cdot (u_{10} - \overline{u}) \cdot |u_{10} - \overline{u}| = 0 \,.$$

Für ein breites Gerinne kann $d_H \approx 4h$ gesetzt werden und weiter erhält man über einen Volumenvergleich $A_L \cdot h = A \cdot l$. Dies erzeugt die Gleichung

$$\rho_W g \cdot A \cdot l \cdot J_S - \frac{\lambda}{4h} \rho_W \cdot A \cdot l \cdot \frac{\overline{u} \cdot |\overline{u}|}{2} + \rho_L \cdot c_L \cdot \frac{A \cdot l}{h} \cdot (u_{10} - \overline{u}) \cdot |u_{10} - \overline{u}| = 0$$

und folglich

$$\rho_W g h \cdot J_S - \frac{\lambda}{8} \rho_W \cdot \overline{u} \cdot |\overline{u}| + \rho_L \cdot c_L \cdot (u_{10} - \overline{u}) \cdot |u_{10} - \overline{u}| = 0 \,. \tag{7.25}$$

Gleichung (7.25) lässt sich auch kurz schreiben als

$$\rho_W g h J_S - \tau_B + \tau_L = 0 \,. \tag{7.26}$$

Sie gibt den Zusammenhang zwischen der Schleppspannung, der Sohlschubspannung und der Windschubspannung bei Normalabfluss wieder. Die Vorzeichen von τ_B und τ_L werden erst durch die Strömungs- und Windrichtung bestimmt.

Drückt man die mittlere Geschwindigkeit $\overline{u}$ mit dem Durchfluss Q aus, $\overline{u} = \frac{Q}{b \cdot h}$, so geht (7.25) über in

$$\rho_W g h J_S - \frac{\lambda}{8} \rho_W \cdot \frac{Q}{b \cdot h} \cdot \left| \frac{Q}{b \cdot h} \right| + \rho_L \cdot c_L \cdot \left(u_{10} - \frac{Q}{b \cdot h} \right) \cdot \left| u_{10} - \frac{Q}{b \cdot h} \right| = 0$$

und schließlich

$$g J_S h^3 - \frac{\lambda}{8b^2} \cdot Q \cdot |Q| + \frac{\rho_L}{\rho_W} \cdot c_L \cdot h^2 \cdot \left(u_{10} - \frac{Q}{b \cdot h} \right) \cdot \left| u_{10} - \frac{Q}{b \cdot h} \right| = 0 \,. \tag{7.27}$$

Für eine Darstellung wählen wir $J_S = 0{,}0001$, $b = 2\,\text{m}$, $\lambda = 0{,}03$, $Q = 0{,}1\,\frac{\text{m}^3}{\text{s}}$, $\rho_L = 1{,}21\,\frac{\text{kg}}{\text{m}^3}$ und $\rho_W = 10^3\,\frac{\text{kg}}{\text{m}^3}$. Die Windgeschwindigkeit variieren wir zwischen $-30\,\frac{\text{m}}{\text{s}} \leq u_{10} \leq 30\,\frac{\text{m}}{\text{s}}$ und bestimmen die sich einstellende Wassertiefe sowohl mit als auch ohne Wind. Die Differenz $h_{\text{mit Wind}} - h_{\text{ohne Wind}} = h_{\text{Stau}}$ nennt man Windstau. Die Wassertiefe ohne Windeinfluss kann man aus $g J_S h^3 - \frac{\lambda}{8b^2} \cdot Q \cdot |Q| = 0$ explizit mit

$$h_{\text{ohne Wind}} = \sqrt[3]{\frac{\lambda \cdot Q^2}{8b^2 g J_S}}$$

angeben. Man erhält $h_{\text{ohne Wind}} = 0{,}212$ m. Da der Beiwert c_{L} von der Windgeschwindigkeit abhängt, muss dieser mit Hilfe der Übersicht (7.23) angepasst werden. Die Auswertung ergibt die nachstehende Tabelle:

u_{10} $[\frac{m}{s}]$	$h_{\text{mit Wind}}$ [m]	$h_{\text{ohne Wind}}$ [m]	h_{Stau} [m]
−30	0,652	0,212	0,441
−25	0,481	0,212	0,268
−20	0,357	0,212	0,145
−15	0,281	0,212	0,069
−10	0,239	0,212	0,027
−5	0,219	0,212	0,007
0	0,212	0,212	0
5	0,206	0,212	−0,006
10	0,173	0,212	−0,039
15	0,123	0,212	−0,089
20	0,087	0,212	−0,125
25	0,071	0,212	−0,141
30	0,060	0,212	−0,152

Graphisch erhält man den in Abb. 7.4 festgehaltenen Verlauf.

Für die beiden maximalen Windgeschwindigkeiten und für fehlenden Wind geben wir die entsprechenden mittleren Fließgeschwindigkeiten an. Mit $\overline{u} = \frac{Q}{b \cdot h}$ erhält man

$$\overline{u}_{-30} = \frac{0{,}1}{2 \cdot 0{,}652} = 0{,}08 \, \frac{m}{s} \, , \quad \overline{u}_{0} = \frac{0{,}1}{2 \cdot 0{,}212} = 0{,}25 \, \frac{m}{s} \quad \text{und}$$

$$\overline{u}_{30} = \frac{0{,}1}{2 \cdot 0{,}060} = 0{,}83 \, \frac{m}{s} \, .$$

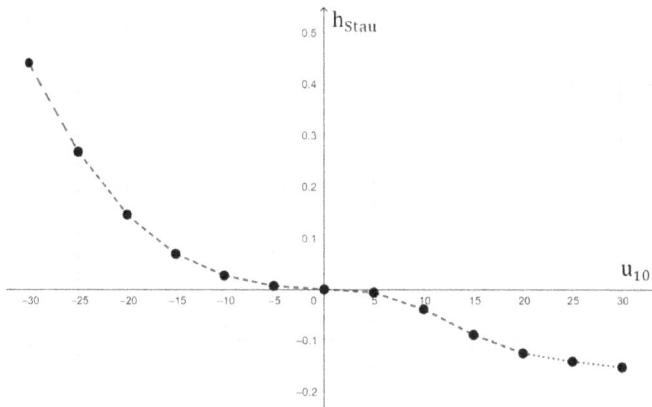

Abb. 7.4: Verlauf des Windstaus bei veränderlicher Windgeschwindigkeit

Beispiel 1. Berechnen Sie den Spannungsunterschied einer Windströmung von $u_{10} = 15\,\frac{\text{m}}{\text{s}}$ auf die Wasseroberfläche eines Gerinnes, falls das Gerinne praktisch ruht und anderseits mit $\overline{u} = 3\,\frac{\text{m}}{\text{s}}$ in die gleiche Richtung wie der Wind strömt. Die Dichte der Luft beträgt $\rho_L = 1{,}21\,\frac{\text{kg}}{\text{m}^3}$.

Lösung: Bei einem ruhenden Gerinne liefert (7.22) $\tau_{L,0} = \rho_L \cdot c_L \cdot u_{10}^2$ und für das mitbewegte Gerinne $\tau_{L,1} = \rho_L \cdot c_L \cdot (u_{10} - \overline{u})^2$. Der Spannungsunterschied beträgt dann unter Verwendung von (7.23)

$$\Delta\tau = \tau_{L,0} - \tau_{L,1} = \rho_L \cdot c_L \cdot \left[u_{10}^2 - (u_{10} - \overline{u})^2\right]$$

$$= \rho_L \cdot (0{,}137 \cdot u_{10} - 0{,}12) \cdot 10^{-3} \cdot \left[u_{10}^2 - (u_{10} - \overline{u})^2\right]$$

$$= 1{,}21 \cdot (0{,}137 \cdot 15 - 0{,}12) \cdot 10^{-3} \cdot [15^2 - (15 - 2)^2] = 0{,}13\,\frac{\text{N}}{\text{m}^2}$$

Beispiel 2. Welche Gerinnegeschwindigkeit erzeugt bei einer Windströmung von $u_{10} = 15\,\frac{\text{m}}{\text{s}}$ eine Oberflächenspannung von $\tau_L = \pm 0{,}20\,\frac{\text{N}}{\text{m}^2}$, wenn sich Gerinne und Wind in dieselbe Richtung bewegen? Die Dichte der Luft beträgt $\rho_L = 1{,}21\,\frac{\text{kg}}{\text{m}^3}$.

Lösung: Gleichung (7.22) in der Form $0{,}2 = 1{,}21 \cdot (0{,}137 \cdot u_{10} - 0{,}12) \cdot (15 - \overline{u})^2$ liefert beide Lösungen. Man erhält $\overline{u}_1 = 1{,}59\,\frac{\text{m}}{\text{s}}$ ($\overline{u}_1 < u_{10}$, $\tau_L > 0$, Spannung wirkt in Strömungsrichtung) und $\overline{u}_2 = 22{,}41\,\frac{\text{m}}{\text{s}}$ ($\overline{u}_2 > u_{10}$, $\tau_L < 0$, Spannung wirkt in Gegenrichtung).

Aufgabe
Bearbeiten Sie die Übung 24.

7.5 Das Geschwindigkeitsprofil einer Gerinneströmung unter Windeinfluss

Betrachten wir nochmals den Verlauf der Schubspannung innerhalb des Gerinnes, so besagt Gleichung (7.6), dass die Spannung von der Sohle bis zur Wasseroberfläche vom Wert der Sohlschubspannung τ_B linear auf Null abfällt. Nehmen wir nun eine Windströmung hinzu, so besteht kein Grund zum Zweifel, dass das Spannungsprofil ebenfalls linear von τ_B bis zum Windschubspannungswert τ_L absinkt. Diese Behauptung wollen wir bestätigen.

Beweis. Dazu schreiben wir die Impulsgleichung (7.2) unter abermaliger Verwendung von $\sin\alpha \approx \tan\alpha = J_E$ in der Form $-\frac{d}{dy}(\nu_t \frac{d\overline{u}}{dy}) - gJ_E = 0$. Die folgenden Rechenschritte sind Kapitel 7.1 nachempfunden. Mit Hilfe von (7.1) wird daraus

$$\frac{1}{\rho_W} \cdot \frac{d\tau_{xy}(y)}{dy} + gJ_E = 0\,.$$

Nun flicht man Gleichung (7.26) bei Normalabfluss ein, was zu

$$\frac{d\tau_{xy}(y)}{dy} + \frac{\tau_B - \tau_L}{h} = 0$$

führt. Mit der Randbedingung $\tau_{xy}(h) = \tau_L$ wird integriert:

$$\int_{\tau_{xy}(y)}^{\tau_L} d\tau_{xy} = -\frac{\tau_B - \tau_L}{h} \int_y^h dy \ .$$

Die Auswertung ergibt $\tau_L - \tau_{xy}(y) = -\frac{\tau_B - \tau_L}{h}(h - y)$, $\tau_{xy}(y) = (\tau_B - \tau_L)(1 - \frac{y}{h}) + \tau_L$ und schließlich

$$\tau_{xy}(y) = \tau_B \left(1 - \frac{y}{h}\right) + \tau_L \cdot \frac{y}{h} \ . \tag{7.28}$$

Damit ist die Linearität gezeigt. □

Die linke Seite von (7.28) wird ersetzt durch (7.1) und der darin enthaltene Ausdruck für die Wirbelviskosität durch (7.7). Dann erhält man $\tau_{xy}(y) = \kappa \rho_W u_* y (1 - \frac{y}{h}) \cdot \frac{d\overline{u}}{dy}$.

Gleichung (7.28) schreibt sich zu

$$\kappa \rho_W u_* y \left(1 - \frac{y}{h}\right) \cdot \frac{d\overline{u}}{dy} = \tau_B \left(1 - \frac{y}{h}\right) + \tau_L \cdot \frac{y}{h} \ .$$

Aufgelöst ergibt sich

$$\frac{d\overline{u}}{dy} = \frac{2{,}5 \cdot \tau_B}{\rho_W u_*} \cdot \frac{1}{y} + \frac{2{,}5 \cdot \tau_L}{\rho_W u_*} \cdot \frac{1}{h - y} \ .$$

Diese Gleichung integrieren wir von der unteren Gültigkeitsgrenze y_0 bis zu einer Höhe y.

Wir erhalten

$$\overline{u}(y) = \frac{2{,}5 \cdot \tau_B}{\rho_W u_*} \cdot \int_{y_0}^y \frac{dy}{y} + \frac{2{,}5 \cdot \tau_L}{\rho_W u_*} \cdot \int_{y_0}^y \frac{dy}{h - y}$$

und danach

$$\overline{u}(y) = \frac{2{,}5 \cdot \tau_B}{\rho_W u_*} \cdot \ln\left(\frac{y}{y_0}\right) - \frac{2{,}5 \cdot \tau_L}{\rho_W u_*} \cdot \ln\left(\frac{h - y}{h - y_0}\right) \ . \tag{7.29}$$

Die auftretende Spannungsgeschwindigkeit u_* kann nicht mit derjenigen ohne Wind identifiziert werden. Die Windschubspannung wird sich innerhalb der gesamten Flüssigkeitssäule bemerkbar machen. Als Maß für die vorhandenen Spannungen hängt sie sowohl von τ_B als auch von τ_L ab. Messungen bestätigen den Zusammenhang

$$\rho_W u_*^2 = |\tau_B| + |\tau_L| \ . \tag{7.30}$$

Damit wird aus (7.29)

$$\frac{\overline{u}(y)}{u_*} = \frac{2{,}5 \cdot \tau_B}{|\tau_B| + |\tau_L|} \cdot \ln\left(\frac{y}{y_0}\right) - \frac{2{,}5 \cdot \tau_L}{|\tau_B| + |\tau_L|} \cdot \ln\left(\frac{h - y}{h - y_0}\right)$$

und danach

$$\frac{\overline{u}(y)}{u_*} = \frac{2{,}5 \cdot \tau_B}{|\tau_B| + |\tau_L|} \cdot \ln\left(\frac{y}{y_0}\right) - \frac{2{,}5 \cdot \tau_L}{|\tau_B| + |\tau_L|} \cdot \ln\left[\frac{h}{h - y_0}\left(1 - \frac{y}{h}\right)\right] . \tag{7.31}$$

Da $y_0 \ll h$, kann der Quotient $\frac{h}{h-y_0} = 1$ gesetzt werden. Man kann (7.31) auch nur mit den zwei Spannungen ausdrücken, wenn man die Wassertiefe der Bedingung (7.26) entnimmt. Man erhält

$$h = \frac{\tau_B - \tau_L}{\rho_W g J_S}$$

und in (7.31) eingefügt

$$\frac{\overline{u}(y)}{u_*} = \frac{2{,}5 \cdot \tau_B}{|\tau_B| + |\tau_L|} \cdot \ln\left(\frac{y}{y_0}\right) - \frac{2{,}5 \cdot \tau_L}{|\tau_B| + |\tau_L|} \cdot \ln\left(1 - \frac{\rho_W g J_S}{\tau_B - \tau_L} \cdot y\right) . \tag{7.32}$$

Ersetzt man schließlich noch u_* gemäss (7.30), so folgt

$$\overline{u}(y) = \sqrt{\frac{|\tau_B| + |\tau_L|}{\rho_W}} \cdot \left\{ \frac{2{,}5 \cdot \tau_B}{|\tau_B| + |\tau_L|} \cdot \ln\left(\frac{y}{y_0}\right) - \frac{2{,}5 \cdot \tau_L}{|\tau_B| + |\tau_L|} \cdot \ln\left(1 - \frac{\rho_W g J_S}{\tau_B - \tau_L} \cdot y\right) \right\} \tag{7.33}$$

Wiederum kann $y_0 = \frac{k}{30}$ mit der Rauheit k ersetzt werden.

Beispiel. Für eine Darstellung könnte man natürlich zwei Werte für die Spannungen vorgeben. Wir bringen hingegen die Profile in Zusammenhang mit der in Kapitel 7.4 aufgeführten Tabelle, zumal die Tiefe h die sich einstellende Wassertiefe bei Normalabfluss bezeichnet.

Dazu wählen wir zwei Windgeschwindigkeiten $u_{10+} = 10\,\frac{m}{s}$ und $u_{10-} = -10\,\frac{m}{s}$, eine in Strömungs- und eine in Gegenrichtung. Zusätzlich geben wir dieselben Größen wie in Kapitel 7.4 zur Bestimmung der Wassertiefe bei Normalabfluss vor: $J_S = 0{,}0001$, $b = 2\,m$, $\lambda = 0{,}03$, $Q = 0{,}1\,\frac{m^3}{s}$, $\rho_L = 1{,}21\,\frac{kg}{m^3}$ und $\rho_W = 10^3\,\frac{kg}{m^3}$. Die zugehörigen Wassertiefen sind dann $h_+ = 0{,}173\,m$ bzw. $h_- = 0{,}239\,m$.

Im Fall von u_{10+} erhält man für die mittlere Strömungsgeschwindigkeit

$$\overline{u} = \frac{Q}{b \cdot h} = \frac{0{,}1}{2 \cdot 0{,}173} = 0{,}289\,\frac{m}{s} .$$

Daraus lassen sich mit (7.26) die einzelnen Spannungen vergleichen. Es ergibt sich

$$\tau_{Schlepp} = \rho_W g h \cdot J_S = 1000 \cdot 9{,}81 \cdot 0{,}173 \cdot 0{,}0001 = 0{,}170\,\frac{N}{m^2} ,$$

$$\tau_B = \frac{\lambda}{8} \rho_W \cdot \overline{u}^2 = \frac{0{,}03}{8} \cdot 1000 \cdot 0{,}289^2 = 0{,}313\,\frac{N}{m^2} \quad \text{und}$$

$$\tau_L = \rho_L \cdot c_L \cdot (u_{10} - \overline{u})^2 = 1{,}21 \cdot (0{,}137 \cdot 10 - 0{,}12) \cdot 10^{-3} \cdot (10 - 0{,}289)^2$$
$$= 0{,}143\,\frac{N}{m^2} .$$

Mit Hilfe von (7.25) lassen sich die Werte kontrollieren: $0{,}170 - 0{,}313 + 0{,}143 = 0$.

Für u_{10-} ergeben sich $\bar{u} = \frac{0.1}{2\cdot0.239} = 0,209 \, \frac{\text{m}}{\text{s}}$. Daraus folgen

$$\tau_{\text{Schlepp}} = 1000 \cdot 9,81 \cdot 0,239 \cdot 0,0001 = 0,234 \, \frac{\text{N}}{\text{m}^2} \, ,$$

$$\tau_{\text{B}} = \frac{0,03}{8} \cdot 1000 \cdot 0,209^2 = 0,164 \, \frac{\text{N}}{\text{m}^2} \quad \text{und}$$

$$\tau_{\text{L}} = 1,21 \cdot 0,565 \cdot 10^{-3} \cdot (10 - 0,209)^2 = -0,071 \, \frac{\text{N}}{\text{m}^2} \, .$$

Die Kontrolle liefert $0,234 - 0,164 - 0,071 \approx 0$ (Rundungsfehler von h).

Zum Vergleich bestimmen wir die Spannungen ohne Wind. Die Wassertiefe beträgt $h = 0,212 \, \text{m}$ und man erhält $\bar{u} = \frac{0.1}{2\cdot0.212} = 0,236 \, \frac{\text{m}}{\text{s}}$. Damit folgt

$$\tau_{\text{Schlepp}} = \tau_{\text{B}} = 0,208 \, \frac{\text{N}}{\text{m}^2} \, .$$

Nun wenden wir uns den Geschwindigkeitsprofilen im Wasser zu. Im Fall von u_{10+} erhält man $u_* = \sqrt{\frac{|\tau_{\text{B}}|+|\tau_{\text{L}}|}{\rho_{\text{w}}}} = \sqrt{\frac{0,313+0,143}{1000}} = 0,021 \, \frac{\text{m}}{\text{s}}$. Zusätzlich wählen wir noch $k = 1 \, \text{cm}$, was zu $y_0 = \frac{1}{3000} \, \text{m}$ führt.

Zuerst setzen wir die entsprechenden Werte für u_{10+} in (7.33) ein und erhalten

$$\bar{u}_+(y) = 0,021 \cdot \left\{ \frac{2,5 \cdot 0,313}{0,456} \cdot \ln(3000y) \right.$$
$$\left. - \frac{2,5 \cdot 0,143}{0,456} \cdot \ln\left(1 - \frac{1000 \cdot 9,81 \cdot 0,0001}{0,170} \cdot y\right)\right\}$$

$$\bar{u}_+(y) = 0,053 \cdot \left\{ \frac{313}{456} \cdot \ln(3000y) - \frac{143}{456} \cdot \ln\left(1 - \frac{981}{170} \cdot y\right)\right\} \, . \tag{7.34}$$

Dasselbe für u_{10-} ergibt

$$u_* = \sqrt{\frac{|\tau_{\text{B}}| + |\tau_{\text{L}}|}{\rho_{\text{W}}}} = \sqrt{\frac{0,164 + 0,071}{1000}} = 0,015 \, \frac{\text{m}}{\text{s}}$$

und folglich

$$\bar{u}_-(y) = 0,015 \cdot \left\{ \frac{2,5 \cdot 0,164}{0,235} \cdot \ln(3000y) \right.$$
$$\left. + \frac{2,5 \cdot 0,071}{0,235} \cdot \ln\left(1 - \frac{1000 \cdot 9,81 \cdot 0,0001}{0,235} \cdot y\right)\right\} \quad \text{und}$$

$$\bar{u}_-(y) = 0,038 \cdot \left\{ \frac{164}{235} \cdot \ln(3000y) + \frac{71}{235} \cdot \ln\left(1 - \frac{981}{235} \cdot y\right)\right\} \, . \tag{7.35}$$

Zum Vergleich stellen wir den beiden Profilen noch das Profil ohne Wind gegenüber. Gleichung (7.33) reduziert sich wie bekannt zu

$$\bar{u}(y) = \sqrt{\frac{\tau_{\text{B}}}{\rho_{\text{W}}}} \cdot 2,5 \cdot \ln\left(\frac{y}{y_0}\right) \, .$$

Mit $\sqrt{\frac{\tau_B}{\rho_W}} = 0,014\,\frac{m}{s}$ erhält man

$$\overline{u}(y) = 0,036 \cdot \ln(3000y)\,. \qquad\qquad (7.36)$$

Die drei Profile (7.34)–(7.36) sind in Abb. 7.5 festgehalten.

Aus der Abbildung lassen sich die absoluten Geschwindigkeiten $\overline{u}$ in jeder Tiefe y ablesen.

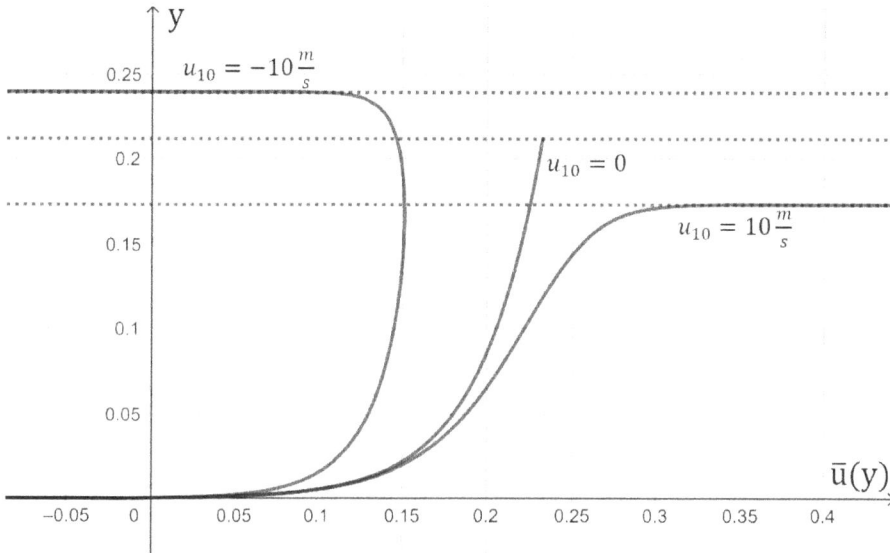

Abb. 7.5: Graphen von (7.34)–(7.36)

Aufgabe
Bearbeiten Sie die Übung 25.

7.6 Der Windstau an Ufern und Küsten

Die bisherigen Gerinneströmungen verliefen immer parallel zum Ufer oder zur Küste. Nun betrachten wir Strömungen, die senkrecht auf eine natürliche Begrenzung treffen. Künstliche Wehre oder Dämme mit einer Sohle aus festem Material kommen zwar auch in Frage, aber bei diesen stellt sich die Frage nach einem Sedimenttransport durch die auftretende Zirkulationsströmung nicht, so dass die Sohle unangetastet bleibt. Wir betrachten dazu das Ufer oder die Küste eines Gewässers ohne Eigenströmung. Hingegen soll ein wehender Wind das Wasser senkrecht zur Küste vor sich her treiben (Abb. 7.6).

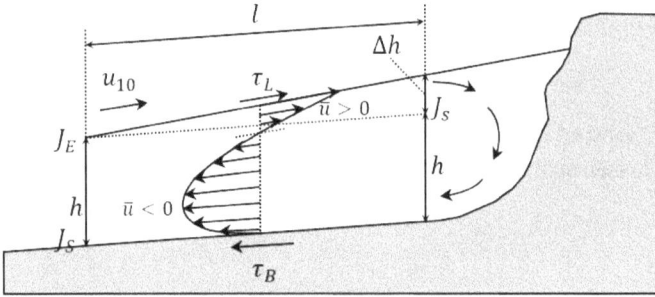

Abb. 7.6: Skizze zum Windstau an einer Küste

Ist die Böschung genügend hoch, so dass sie nicht überflutet werden kann, dann stellt sich nach einer gewissen Zeit, unter der Annahme eines mit konstanter Geschwindigkeit sich fortbewegenden Windes, ein stationärer Strömungszustand ein. Dabei wird der Wasserspiegel hin zum Ufer offensichtlich ansteigen. Zudem muss das anfallende Wasser in tieferen Schichten und insbesondere an der Sohle wieder abgeführt werden, wodurch auch Sediment weggespült wird. Auf diese Weise können ganze Strandabschnitte verschwinden und beispielsweise als Sandbänke anderswo wieder auftauchen. Mit großem Energieaufwand fördern Pumpen den Sand aus dem offenen Meer und transportieren ihn wieder an die Küste.

Winde ändern laufend ihre Richtung und Stärke. Für unser Modell wählen wir eine Windströmung entlang der Strecke l mit konstanter Geschwindigkeit u_{10}. Die Wassertiefe h wird durch den Punkt bestimmt, an dem der Wind an der Wasseroberfläche angreift. In einem stationären Zustand bildet sich das eingezeichnete Strömungsprofil aus, das in ähnlicher Form entlang der gesamten Strecke l besteht. Die Zunahme der Wassertiefe oder der Windstau Δh wird mit der Länge l ansteigen. Der Windstau wird durch das Energiegefälle oder die Oberflächenneigung J_E bestimmt.

Die erwähnte Zirkulationsströmung erfassen wir damit, dass die über die (nahezu) gesamte Wassertiefe gemittelte Strömungsgeschwindigkeit Null sein soll:

$$\int_{y_0}^{h} \overline{u}(y)\, dy = 0 \,.$$

Angewandt auf Gleichung (7.29) ergibt das nacheinander

$$\frac{2,5 \cdot \tau_{\mathrm{B}}}{\rho_{\mathrm{W}} u_*} \cdot \int_{y_0}^{h} \ln\left(\frac{y}{y_0}\right) dy - \frac{2,5 \cdot \tau_{\mathrm{L}}}{\rho_{\mathrm{W}} u_*} \cdot \int_{y_0}^{h} \ln\left(\frac{h-y}{h-y_0}\right) dy = 0 \,,$$

$$\tau_{\mathrm{B}} \cdot \int_{y_0}^{h} \ln\left(\frac{y}{y_0}\right) dy - \tau_{\mathrm{L}} \cdot \int_{y_0}^{h} \ln\left(\frac{h-y}{h-y_0}\right) dy = 0 \,,$$

$$\tau_{\mathrm{B}} \cdot \left[y \cdot \ln\left(\frac{h}{y_0}\right) - y \right]_{y_0}^{h} - \tau_{\mathrm{L}} \cdot \left[(y-h) \cdot \ln\left(\frac{h-y}{h-y_0}\right) - y \right]_{y_0}^{h} = 0$$

und

$$\tau_B \cdot \left[h \cdot \ln\left(\frac{h}{y_0}\right) - h + y_0 \right] - \tau_L \cdot [y_0 - h] = 0 \,. \tag{7.37}$$

Dabei wurde im zweiten Summanden der schon im Kapitel 7.3 bestimmte Grenzwert $\lim_{x\to 0} x \cdot \ln(x) = 0$ benutzt.

Geichung (7.37) liefert den Zusammenhang

$$\tau_B = -\frac{h - y_0}{h \cdot \left[\ln\left(\frac{h}{y_0}\right) - 1 \right] + y_0} \cdot \tau_L \,. \tag{7.38}$$

Der Zähler ist in jedem Fall positiv. Wir zeigen kurz, dass es der Nenner ebenfalls ist.

Beweis. Aus $h \cdot [\ln(\frac{h}{y_0}) - 1] + y_0 \geq 0$ folgt

$$\ln\left(\frac{h}{y_0}\right) \geq 1 - \frac{y_0}{h} \,.$$

Wir setzen $x := \frac{h}{y_0}$ und müssen zeigen, dass $1 - \frac{1}{x} \leq \ln x$ gilt. Zusätzlich leiten wir noch eine obere Schranke her. Bricht man die Expontialreihe vorzeitig ab, dann erhält man $e^x \geq 1 + x$ für $x \in \mathbb{R}$. Ersetzt man x durch $\ln x$, so folgt daraus $e^{\ln x} \geq 1 + \ln x$ und damit

$$\ln x \leq x - 1 \quad \text{für} \quad x \in \mathbb{R}^+ \,. \tag{7.39}$$

Weiter gilt $\ln(\frac{1}{x}) = -\ln x$, woraus nach der Ersetzung von $\frac{1}{x}$ anstelle von x für (7.39) $-\ln x = \ln(\frac{1}{x}) \leq \frac{1}{x} - 1$, schließlich $\ln x \geq 1 - \frac{1}{x}$ für $x \in \mathbb{R}^+$ und damit die Behauptung folgt. Insgesamt hat man $1 - \frac{1}{x} \leq \ln x \leq x - 1$ für $x \in \mathbb{R}^+$. $\qquad\square$

Gleichung (7.38) besagt, dass es bei dieser Art Strömung genügt, eine der beiden Schubspannungen (bei vorhandener Tiefe und Rauheit) zu kennen, um die andere zu ermitteln. Damit lässt sich Gleichung (7.31) mit einer Spannung allein schreiben.

Da es sich um eine Zirklationsströmung handelt, ist $\rho_W A_1 u_1^2 - \rho_W A_2 u_2^2 = 0$, weil der einfließennde Impuls dem ausfließenden entspricht und zudem kehrt die Richtung der Sohlschubspannung am Boden um. Man erhält

$$\rho_W g h J_E + \tau_B + \tau_L = 0 \,. \tag{7.40}$$

Im Unterschied zum Normalabfluss ist somit die Sohlneigung durch die Oberflächenneigung zu ersetzen. Dies leuchtet auch ein, denn der Wind trägt auch bei horizontalem Boden Wasser an die Küste. Setzt man

$$\alpha := -\frac{h - y_0}{h \cdot \left[\ln\left(\frac{h}{y_0}\right) - 1 \right] + y_0} \,,$$

so schreibt sich (7.33) als

$$\overline{u}(y) = \sqrt{\frac{|\tau_B| + |\tau_L|}{\rho_W}} \cdot \left\{ \frac{2{,}5 \cdot \tau_B}{|\tau_B| + |\tau_L|} \cdot \ln\left(\frac{y}{y_0}\right) - \frac{2{,}5 \cdot \tau_L}{|\tau_B| + |\tau_L|} \cdot \ln\left(1 - \frac{\rho_W g J_E}{-\tau_B - \tau_L} \cdot y\right) \right\}.$$

$$\overline{u}(y) = \sqrt{\frac{|-\alpha \cdot \tau_L| + |\tau_L|}{\rho_W}} \cdot \left\{ -\frac{2{,}5 \cdot \alpha \cdot \tau_L}{|-\alpha \cdot \tau_L| + |\tau_L|} \cdot \ln\left(\frac{y}{y_0}\right) \right.$$
$$\left. - \frac{2{,}5 \cdot \tau_L}{|-\alpha \cdot \tau_L| + |\tau_L|} \cdot \ln\left(1 - \frac{\rho_W g J_E}{\alpha \cdot \tau_L - \tau_L} \cdot y\right) \right\}$$

oder

$$\overline{u}(y) = \sqrt{\frac{(\alpha + 1)|\tau_L|}{\rho_W}} \cdot \left\{ -\frac{2{,}5 \cdot \alpha}{\alpha + 1} \cdot \ln\left(\frac{y}{y_0}\right) - \frac{2{,}5}{\alpha + 1} \cdot \ln\left(1 - \frac{\rho_W g J_E}{(\alpha - 1)\tau_L} \cdot y\right) \right\} \quad (7.41)$$

Beispiel 1. Wir nehmen an, dass sich in der Nähe eines Ufers eine Wassertiefe von $h = 0{,}5$ m einstellt.

Weiter sei $u_{10} = 15\,\frac{m}{s}$, $k = 1$ cm, $\rho_L = 1{,}21\,\frac{kg}{m^3}$ und $\rho_W = 10^3\,\frac{kg}{m^3}$ gegeben. Dann folgt $y_0 = \frac{k}{30} = \frac{1}{3000}$ m und mit (7.38)

$$\tau_B = -\frac{0{,}5 - 3{,}33 \cdot 10^{-4}}{0{,}5 \cdot [\ln(1500) - 1] + 3{,}33 \cdot 10^{-4}} \cdot \tau_L = -0{,}158 \cdot \tau_L.$$

Die mittlere Geschwindigkeit ist Null, so dass die Windschubspannung selbst einen Wert von $\tau_L = 1{,}21 \cdot (0{,}137 \cdot 15 - 0{,}12) \cdot 10^{-3} \cdot (15 - 0)^2 = 0{,}527\,\frac{N}{m^2}$ annimmt.

Daraus folgt $\tau_B = -0{,}158 \cdot 0{,}527 = -0{,}083\,\frac{N}{m^2}$ und mit (7.40) die Oberflächenneigung des Wassers zu

$$J_E = -\frac{\tau_B + \tau_L}{\rho_W g h} = -\frac{-0{,}083 + 0{,}527}{1000 \cdot 9{,}81 \cdot 0{,}5} = -9{,}1 \cdot 10^{-5}.$$

Bisher hatten wir Gerinnegefälle mit einem Pluszeichen belegt, weshalb hier konsequenterweise ein Minuszeichen bei einem Anstieg entsteht.

Gleichung (7.31) liefert das Geschwindigkeitsprofil

$$\frac{\overline{u}(y)}{u_*} = \frac{-2{,}5 \cdot 0{,}158 \cdot 0{,}527}{1{,}158 \cdot |0{,}527|} \cdot \ln(3000y) - \frac{2{,}5 \cdot 0{,}527}{1{,}158 \cdot |0{,}527|} \cdot \ln(1 - 2y)$$

und daraus (Abb. 7.7)

$$\frac{\overline{u}(y)}{u_*} = -0{,}341 \cdot \ln(3000y) - 2{,}159 \cdot \ln(1 - 2y). \quad (7.42)$$

Aus $\overline{u}(y) = 0$ erhält man den Umkehrpunkt der Strömungsrichtung in einer Tiefe von $0{,}332$ m. Auf zwei Drittel der gesamten Wassertiefe findet somit eine Rückströmung statt.

Die maximale Rückströmgeschwindigkeit ergibt sich mittels $\frac{d\overline{u}(y)}{dy} = 0$ in einer Tiefe von $0{,}068$ m.

Abb. 7.7: Graph von (7.42)

Das Beispiel soll verallgemeinert werden. Gleichung (7.40) liefert $J_E = -\frac{\tau_B + \tau_L}{\rho_W g h}$. Setzt man das Ergebnis (7.38) ein, so folgt

$$J_E = -\frac{\tau_L}{\rho_W g h} \cdot \left(1 - \frac{h - y_0}{h \cdot \left[\ln \left(\frac{h}{y_0} \right) - 1 \right] + y_0} \right).$$

Fügt man noch die Windschubspannung gemäss (7.22) ein, so entsteht

$$J_E = -\frac{\rho_L \cdot c_L}{\rho_W g} \cdot u_{10}^2 \cdot \frac{1}{h} \cdot \left(1 - \frac{h - y_0}{h \cdot \left[\ln \left(\frac{h}{y_0} \right) - 1 \right] + y_0} \right). \tag{7.43}$$

Damit lässt sich das Oberflächengefälle als Funktion der Windgeschwindigkeit und der Wassertiefe direkt berechnen.

Beispiel 2. Gegeben sind die Werte $k = 1\,\text{cm}$, $\rho_L = 1,21\,\frac{\text{kg}}{\text{m}^3}$ und $\rho_W = 10^3\,\frac{\text{kg}}{\text{m}^3}$. Wieder folgt $y_0 = \frac{1}{3000}\,\text{m}$.

Für die Wassertiefe nehmen wir $h = 0,5\,\text{m}$, $1\,\text{m}$, $2\,\text{m}$ und variieren die Windgeschwindigkeit $u_{10} = 10\,\frac{\text{m}}{\text{s}}$, $20\,\frac{\text{m}}{\text{s}}$, $30\,\frac{\text{m}}{\text{s}}$, $40\,\frac{\text{m}}{\text{s}}$, $50\,\frac{\text{m}}{\text{s}}$. Die Beiwerte c_L entnimmt man wieder (7.23).

Man erhält die in folgender Tabelle festgehaltenen Werte für die Oberflächenneigung:

u_{10} $\left[\frac{\text{m}}{\text{s}}\right]$	10	20	30	40	50
$\lvert J_{E,0,5}\rvert$ $[10^{-5}]$	2,66	4,37	9,83	17,48	27,31
$\lvert J_{E,1}\rvert$ $[10^{-5}]$	1,35	2,21	4,98	8,86	13,84
$\lvert J_{E,2}\rvert$ $[10^{-5}]$	0,68	1,12	2,52	4,48	7,00

Die Tabellenwerte veranschaulichen wir noch in einer Graphik (Abb. 7.8).

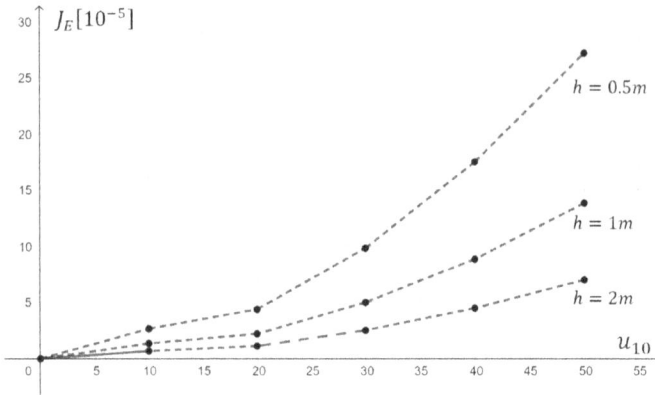

Abb. 7.8: Graph von (7.43)

Aus den Tabellenwerten und Abb. 7.8 wird ersichtlich, dass die Oberflächenneigung und damit der Windstau sich bei gleicher Windgeschwindigkeit etwa umgekehrt proportional zur Wassertiefe verhalten. Dabei besitzen tiefere Wasserstände einen größeren Windstau als höhere bei gleicher Windgeschwindigkeit. Es ist damit einfacher, Flachwasser durch Wind aufzustauen.

Nimmt man $u_{10} = 50 \, \frac{m}{s}$ und $h = 1$ m, so ergibt der Tabellenwert $J_{E,1} = 13,84 \cdot 10^{-5}$.

Auf einer Länge von $l = 1000$ m erhält man mittels $J_E = \frac{\Delta h}{l}$ einen Windstau von

$$\Delta h = l \cdot J_E = 1000 \cdot 13,84 \cdot 10^{-5} = 13,84 \, \text{cm} \,.$$

Aufgabe
Bearbeiten Sie die Übung 26.

7.7 Das Querprofil der Geschwindigkeit

Bisher arbeiteten wir mit stationären Gerinnegeschwindigkeiten $\overline{u}$, die über den gesamten Gerinnequerschnitt A gemittelt waren. Über die Messung des Durchflusses Q kann $\overline{u}$ aus $Q = A\overline{u}$ bestimmt werden. Das bedeutet, dass es sich bei $\overline{u}$ eigentlich um eine zeitlich tiefen- und eine zeitlich breitengemittelte Geschwindigkeit handelt. Gleichung (7.10) beinhaltet beispielsweise eine zweifach gemittelte Geschwindigkeit nach Nikuradse. Im Wasserwesen ist es wichtig, die Strömungsverhältnisse quer zu einem Fluss zu kennen, damit man die Stellen mit starker Strömung und diejenigen mit kleinen Fließgeschwindigkeiten kennt.

Für ein sehr breites Gerinne mit niedrigem Wasserstand und horizontaler Sohle kann man von einem über die gesamte Breite einheitlichen logarithmischen Profil und somit von einer nahezu konstanten tiefengemittelten Geschwindigkeit ausgehen. Der Einfluss der Uferränder kann dabei vernachlässigt werden. Wird das Gerinne schmaler, dann entstehen Effekte, die wir anschließend erklären.

Es soll nun untersucht werden, welchen Einfluss die Gerinnebreite b und die Form der Sohle auf die Größe der tiefengemittelten Geschwindigkeit $\overline{\overline{u}}$ besitzt. Dazu betrachten wir eine Strömung in x-Richtung. Mit y bezeichnen wir die Tiefenkoordinate und z entspricht der Breitenkoordinate von einem Ufer aus gemessen. Für eine Impulsbilanz beachten wir, dass die Form der Sohle entlang der Gerinnebreite eine Änderung der Wassertiefe $h(z)$ mit sich bringt. Deswegen muss die Bilanz an einem differenziellen quaderförmigen Volumen der Länge l, der Tiefe $h(z)$ und der Breite Δz durchgeführt werden (Abb. 7.9).

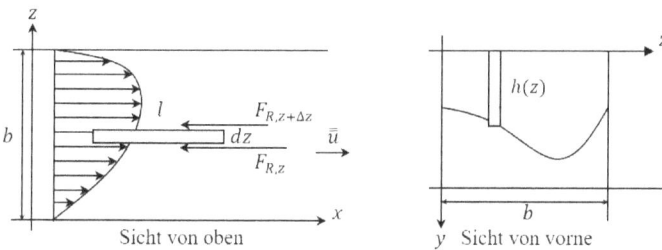

Abb. 7.9: Skizzen zum Querprofil

Die zeitliche Änderung des Impulses setzt sich aus dem ein- und austretenden Impulsstrom, der antreibenden Gewichts- bzw. Windkraft, der bremsenden Reibungskraft an der Sohle sowie der viskosen Schubspannungskraft F_R zusammen. Man erhält eine ähnliche Bilanz wie in Kapitel 7.4:

$$\frac{dI}{dt} = \dot{I}_{\text{ein}} - \dot{I}_{\text{aus}} + F_G \cdot J_E - \tau_B \cdot A_{\text{Boden}} + F_R + \tau_L \cdot A_{\text{Boden}} . \tag{7.44}$$

Im Weiteren sei keine Windströmung vorhanden. Ein parallel zur Strömung verlaufender Wind hätte zwar einen Einfluss auf die Höhe des Querprofils, nicht aber die Form des Querprofils selber. Ein eventuell quer zur Gerinneströmung wehender Wind würde nur bei sehr niedrigem Wasserstand einen Windstau verursachen. Nach dem Newton'schen Spannungsansatz gilt

$$F_R = \tau_R \cdot A_{\text{Seitenfläche}} = \rho_W \overline{\nu}_t \frac{d\overline{\overline{u}}}{dz} \cdot l \cdot h(z) .$$

Am ausgewählten Volumenelement greifen zwei Kräfte an, so dass folgt:

$$F_R = l \cdot (h(z) \cdot F_{R,z+\Delta z} - h(z) \cdot F_{R,z}) = l \cdot \left(h(z) \cdot \rho_W \overline{\nu}_t \left. \frac{d\overline{\overline{u}}}{dz} \right|_{z+\Delta z} - h(z) \cdot \rho_W \overline{\nu}_t \left. \frac{d\overline{\overline{u}}}{dz} \right|_{z+\Delta z} \right) .$$

Dies entspricht dem Diffusionsterm in der Navier-Stokes-Gleichung aus Kapitel 2. Die Wirbelviskosität muss dabei als Folge der tiefengemittelten Geschwindigkeit ebenfalls über die Tiefe gemittelt werden. Weiter ist die totale Ableitung gerechtfertigt, weil die Geschwindigkeit tiefengemittelt ist, und wenn man annimmt, dass die Sohle entlang der Strömungsrichtung konstant bleibt. Interessiert nur eine stationäre Strömung bei Normalabfluss, dann geht (7.44) nacheinander über in

$$\rho_W \cdot \Delta z \cdot l \cdot h(z) \cdot g \cdot J_S - \tau_B \cdot \Delta z \cdot l$$

$$+ l \cdot \left(h(z) \cdot \rho_W \overline{v}_t \left. \frac{d\overline{\overline{u}}}{dz} \right|_{z+\Delta z} - h(z) \cdot \rho_W \overline{v}_t \left. \frac{d\overline{\overline{u}}}{dz} \right|_{z+\Delta z} \right) = 0 \,,$$

$$g \cdot J_S - \frac{\tau_B}{\rho_W \cdot h(z)} + \frac{1}{h(z)} \left(\frac{h(z) \cdot \overline{v}_t \left. \frac{d\overline{\overline{u}}}{dz} \right|_{z+\Delta z} - h(z) \cdot \overline{v}_t \left. \frac{d\overline{\overline{u}}}{dz} \right|_{z+\Delta z}}{\Delta z} \right) = 0 \quad \text{und}$$

$$g \cdot J_S - \frac{\tau_B}{\rho_W \cdot h(z)} + \frac{1}{h(z)} \cdot \frac{d}{dz} \left[h(z) \cdot \overline{v}_t \frac{d\overline{\overline{u}}}{dz} \right] = 0 \,.$$

Ersetzt man die Wirbelviskosität gemäss (7.9), dann erhält man

$$g \cdot J_S - \frac{\tau_B}{\rho_W \cdot h(z)} + \frac{\kappa u_*}{6 \cdot h(z)} \cdot \frac{d}{dz} \left[h^2(z) \cdot \frac{d\overline{\overline{u}}}{dz} \right] = 0 \,.$$

Nach der Produktregel folgt

$$g \cdot J_S - \frac{\tau_B}{\rho_W \cdot h(z)} + \frac{\kappa u_*}{6 \cdot h(z)} \cdot \left(2h(z) \cdot \frac{dh}{dz} \cdot \frac{d\overline{\overline{u}}}{dz} + h^2(z) \cdot \frac{d^2\overline{\overline{u}}}{dz^2} \right) = 0 \,.$$

Daraus ergibt sich

$$\frac{6}{\kappa u_*} \left\{ \frac{g \cdot J_S}{h(z)} - \frac{\tau_B}{\rho_W \cdot h^2(z)} \right\} + \frac{2}{h(z)} \cdot \frac{dh}{dz} \cdot \frac{d\overline{\overline{u}}}{dz} + \frac{d^2\overline{\overline{u}}}{dz^2} = 0 \,.$$

In einem letzten Schritt ersetzen wir sowohl u_* als auch τ_B mit Hilfe von (7.10). Es folgt

$$\frac{d^2\overline{\overline{u}}}{dz^2} = \frac{6 \cdot \ln\left(\frac{12 \cdot h(z)}{k}\right)}{\kappa^2 \cdot \overline{\overline{u}}} \left\{ -\frac{g \cdot J_S}{h(z)} + \frac{\kappa^2}{\left[\ln\left(\frac{12 \cdot h(z)}{k}\right)\right]^2} \cdot \frac{\overline{\overline{u}}^2}{h^2(z)} \right\} - \frac{2}{h(z)} \cdot \frac{dh}{dz} \cdot \frac{d\overline{\overline{u}}}{dz}$$

und schließlich

$$\frac{d^2\overline{\overline{u}}}{dz^2} = -\frac{6 \cdot g \cdot J_S \cdot \ln\left(\frac{12 \cdot h(z)}{k}\right)}{\kappa^2 \cdot h(z) \cdot \overline{\overline{u}}} + \frac{6}{\ln\left(\frac{12 \cdot h(z)}{k}\right)} \cdot \frac{\overline{\overline{u}}}{h^2(z)} - \frac{2}{h(z)} \cdot \frac{dh}{dz} \cdot \frac{d\overline{\overline{u}}}{dz} \,. \tag{7.45}$$

Die Wassertiefe $h(z)$ wird dabei positiv von der Wasseroberfläche aus abgetragen. Gleichung (7.45) gilt für genügend breite Gerinne, das heißt etwa für

$$b \geq 5h \,. \tag{7.46}$$

Wird dieser Wert unterschritten, dann kann der Einfluss der Schubspannung an den Uferwänden auf das Strömungsprofil nicht mehr vernachlässigt werden. Die von den Wänden ausgehenden Sekundärströmungen überlagern sich mit der Hauptströmung. Dies hat zur Folge, dass Fluidteilchen mit niedriger Geschwindigkeit sowohl von der Wand als auch von der Sohle herrührend der Strömung über die gesamte Gerinnehöhe beigemischt werden. Für breite Gerinne ragen die Sekundärströmungen nicht weit genug in die Gerinneströmung hinein, aber für $b < 5h$ bewirkt diese Durchmischung, dass die maximale Geschwindigkeit nicht mehr auf der Wasseroberfläche, sondern etwa bei $\frac{4}{5}h$ erreicht wird. Wichtiger für die Grenzen der Anwendbarkeit von (7.45) ist, dass das logarithmische Profil lediglich noch in Sohlnähe gültig bleibt. Das Gleichung (7.45) zugrundeliegende Modell wäre für schmale Gerinne somit in mehrerer Hinsicht falsch. Erstens fußt die Tiefenmittelung auf einem über die gesamte Wassertiefe gültigen logarithmischen Profil. Zweitens enthält die gemittelte Wirbelviskosität lediglich die Änderung der mittleren Geschwindigkeit mit der Höhe $\partial \overline{\overline{u}}/\partial y$.

Im neuen Modell müssten zumindest die Gradienten $\partial \overline{\overline{u}}/\partial z$, $\partial \overline{\overline{w}}/\partial z$ und $\partial \overline{\overline{w}}/\partial y$ miteinbezogen werden, wenn w die Querströmung bezeichnet. Wir beschränken uns im Weiteren auf Gerinne mit der Bedingung (7.46).

Für die folgendenden Simulationen wählen wir $k = 2\,\text{cm}$ und $J_S = 0{,}0001$. Für eine kompaktere Schreibweise verwenden wir

$$f := \overline{\overline{u}}\,, \quad f' := \frac{d\overline{\overline{u}}}{dz} \quad \text{und} \quad f'' := \frac{d^2\overline{\overline{u}}}{dz^2}$$

An den Ufern ist die Geschwindigkeit Null: $f(0) = 0$, $f(b) = 0$. Die DGL (7.45) enthält aber auch die Zunahme der Geschwindigkeit im Startpunkt. Da diese aber unbekannt ist, muss man in der Simulation so lange Werte für $f'(0)$ einsetzen, bis die zweite Randbedingung $f(b) = 0$ erreicht wird. Damit ist auch geklärt, wie die Breite des Gerinnes in der Simulation Eingang findet.

Beispiel 1. Als Erstes nehmen wir ein rechteckiges Gerinne mit konstanter Wassertiefe $h = 1\,\text{m}$ und einer Breite von $b = 5\,\text{m}, 6{,}25\,\text{m}, 7{,}5\,\text{m}, 8{,}75\,\text{m}, 10\,\text{m}$. Damit ist die Bedingung (7.46) erfüllt.

Die Sohle ist horizontal ohne irgendwelche Erhebungen und es gilt $\frac{dh}{dz} = 0$. Gleichung (7.45) reduziert sich dann für unser Beispiel zu

$$f'' = -\frac{6 \cdot 9{,}81 \cdot 0{,}0001 \cdot \ln(600)}{0{,}16 \cdot f} + \frac{6}{\ln(600)} \cdot f \quad \text{oder}$$

$$f'' = -\frac{0{,}235}{f} + 0{,}938 \cdot f\,. \tag{7.47}$$

Zur numerischen Lösung setzen wir $y_1 := f$, $y_2 := f'$ und erhalten das folgende DGL-System:

$$y_1' = y_2 \quad \text{und} \quad y_2' = -\frac{0{,}235}{y_1} + 0{,}938 \cdot y_1\,.$$

Als Schrittlänge wählen wir $dx = 0{,}01$. Die Anfangsbedingung ist $f(0) = y_1(0) = 0$.

Gleichung (7.47) besitzt aber eine Singularität für $f(0) = 0$, so dass wir mit $f(0) = 0{,}001$ starten (Dann liefert $f(0) = 0{,}01$ zwar etwas andere Startwerte für $f'(0)$, aber die Profile sind nicht zu unterscheiden. Ein Start mit $f(0) = 0$ wäre nicht weiter schlimm: die Punkte der Folge oszillieren, aber die Simulation zeigt denselben Verlauf.) Das zugehörige Programm kann im Wesentlichen demjenigen der Blasius-DGL (3.19) entnommen werden. Es erhält die Gestalt:

```
Define DGL(n)
Prgm
xa:= {x1i}
ya:= {y1i}
x1i:= 0
y1i:= 0.0001
y2i:= f'(0)
For i,1,n
x1i:= x1i + 0.01
y1i:= y1i + 0.01 · y2i
y2i:= y2i + (-0.235/y1 + 0.938 · y1i) · 0.01
xa:= augment(xa,{x1i})
ya:= augment(ya,{y1i})
End For
Disp xa, ya
End Prgm
```

Wie schon gesagt, wird der Wert von $f'(0)$ so lange angepasst, bis die Geschwindigkeit für die entsprechende Breite wieder auf den Wert Null absinkt. Nach einigen Versuchen erhält man $f_5'(0) = 1{,}29925$, $f_{6{,}25}'(0) = 1{,}29961$, $f_{7{,}5}'(0) = 1{,}29967$, $f_{8{,}75}'(0) = 1{,}2996815$ und $f_{10}'(0) = 1{,}29968354$. Die entsprechenden fünf Geschwindigkeitsprofile sind in Abb. 7.10 festgehalten.

Bei einer großen Gerinnebreite besitzt das Profil etwa die Form einer rechteckigen Wanne. Es erinnert an das 1/7-Profil. In diesem Fall sind Gerinnequerschnitt und die Form des Geschwindigkeitsprofils in etwa ähnlich. Bei abnehmender Breite wird das Profil allmählich zu einer Parabel zusammengestaucht. Die nahe gelegene gegenüber-

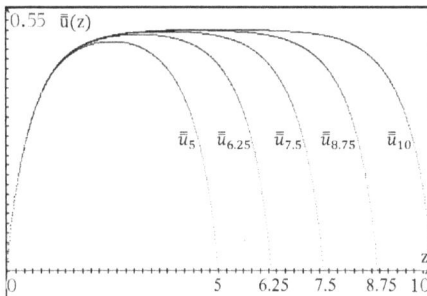

Abb. 7.10: Simulation von (7.47)

liegende Wand hemmt die Ausbildung der maximalen Geschwindigkeit. Man kann festhalten, dass für große Breiten und kleine Wassertiefen die Form des Querprofils praktisch nur von der Sohlform beeinflusst wird.

Beispiel 2. Nun nehmen wir eine Sohlenform, die von der Horizontalen abweicht. Der Verlauf ist durch

$$h_{10}(z) = 1,5 - \frac{3[10 - 3z]^3 \cdot [80 - 9z]}{160.000}$$

gegeben. Wieder tragen wir die Höhe positiv ab. Wir betrachten drei Wasserstände, wie in Abb. 7.11 dargestellt. Beim Höchstwasserstand erhält man eine Gerinnebreite an der Wasseroberfläche von $b = 10$ m und mit fallender Wassertiefe $b = 9,349$ m bzw. $b = 8,449$ m. Die Bedingung (7.46) ist auch in diesem Fall erfüllt.

Damit die Simulation immer im Ursprung des Koordinatensystems startet, werden die Funktionen, welche die Sohlform beschreiben, um die entsprechenden Vektoren verschoben. Das erzeugt die Funktionen

$$h_{9,349}(z) = 1 - \frac{3\,[10 - 3(z + 0,379)]^3 \cdot [80 - 9(z + 0,379)]}{160.000} \quad \text{und}$$

$$h_{8,449}(z) = 0,5 - \frac{3\,[10 - 3(z + 0,934)]^3 \cdot [80 - 9(z + 0,934)]}{160.000}\,.$$

Die Indizes bezeichnen die Gerinnebreite an der Wasseroberfläche.

Die zur Simulation verwendete DGL ist diejenige von (7.45) mit dem entsprechenden $h(z)$. Wir benötigen noch

$$\frac{dh}{dz} = \frac{81 \cdot (10 - 3z)^2 \cdot (15 - 2z)}{80.000}$$

und im Programm entspricht $z = 0,01 * i$.

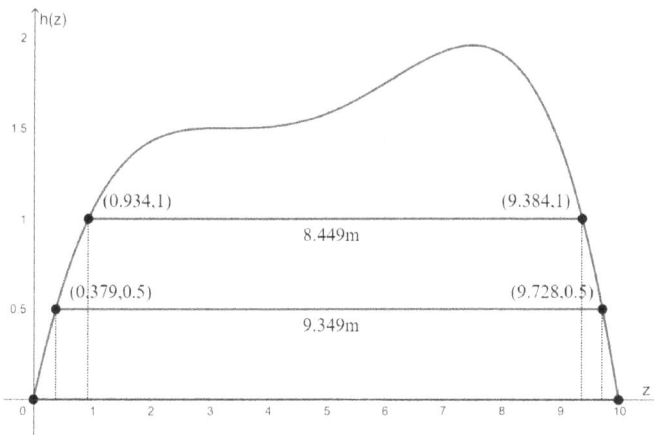

Abb. 7.11: Skizze zu Beispiel 2

Das gesamte Programm bleibt bis auf den Befehl

$$y2i := y2i + (-\frac{6\cdot9.81\cdot0.0001\cdot\ln[600\cdot h(z)]}{0.16\cdot h(z)\cdot y1i} + \frac{6}{\ln[600\cdot h(z)]}\cdot\frac{y1i}{h^2(z)} - \frac{2}{h(z)}\cdot\frac{dh}{dz}\cdot y2i)\cdot 0.01$$

identisch mit Obigem. In diesem Fall erzeugen sowohl $h(0)$ auch $f(0)$ eine Singularität. Man könnte $h(z)$ etwas höher ansetzen, was nicht zwingend notwendig ist. Es sei lediglich wie anhin $f(0) = 0{,}001$.

Nach vielen Versuchen ergeben sich die Startsteigungen

$$f'_{8,449}(0) = 0{,}7209719436556\,, \quad f'_{9,349}(0) = 1{,}044575124\,, \quad f'_{10}(0) = 11{,}0976$$

und die in Abb. 7.12 festgehaltenen drei Geschwindigkeitsprofile.

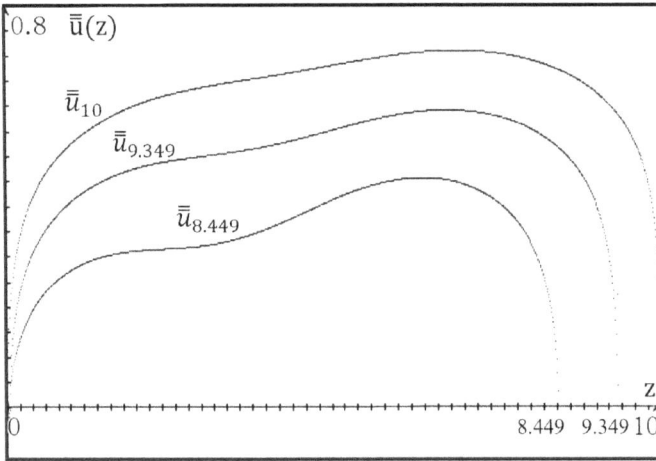

Abb. 7.12: Simulation von (7.45)

Man erkennt, dass bei niedrigem Wasserstand das Geschwindigkeitsprofil das Sohlprofil näherungsweise abbildet. Die Geschwindigkeitsverteilung ist damit noch stark von der Sohlform geprägt. Mit ansteigendem Wasser sinkt dieser Einfluss.

Anhang: Umwandlung der Navier-Stokes-Gleichung in Zylinderkoordinaten

In vielen Anwendungen der Strömungsmechanik hat man es mit drehsymmetrischen Strömungen zu tun. Deshalb soll es unser Ziel sein, die Gleichung (2.2) herzuleiten.

Beweis. Wir zerlegen die gesamte Rechnung in vier Schritte. Zuerst bestimmen wir den Druckgradienten von (2.2), dann die Kontinuitätsgleichung, weiter die substantielle Beschleunigung und schließlich die Viskosität.

I. Der Druckgradient in Zylinderkoordinaten

Die Umrechnug des Koordinatensystems von kartesischen Koordinaten (x, y) mit $x = r \cdot \cos \theta$, $y = r \cdot \sin \theta$, $r = \sqrt{x^2 + y^2}$ und $\theta = \arctan(\frac{y}{x})$ in polare Koordinaten (r, θ) hatten wir schon im 5. Band angegeben. Das kartesische Koordinatensystem wird einfach um den Winkel θ im Uhrzeigersinn gedreht. Es gilt

$$\vec{e}_r = \cos \theta \cdot \vec{e}_x + \sin \theta \cdot \vec{e}_y \,, \quad \vec{e}_\theta = -\sin \theta \cdot \vec{e}_x + \cos \theta \cdot \vec{e}_y$$

oder umgekehrt

$$\vec{e}_x = \cos \theta \cdot \vec{e}_r - \sin \theta \cdot \vec{e}_\theta \,, \quad \vec{e}_y = \sin \theta \cdot \vec{e}_r + \cos \theta \cdot \vec{e}_\theta \,. \tag{A1}$$

Nehmen wir irgendeinen Vektor $\vec{v} = (v_x, v_y)$ in kartesischen Koordinaten, dann ist

$$\vec{v} = v_x \vec{e}_x + v_y \vec{e}_y = v_x(\cos \theta \vec{e}_r - \sin \theta \vec{e}_\theta) + v_y(\sin \theta \vec{e}_r + \cos \theta \vec{e}_\theta)$$

$$= (v_x \cos \theta + v_y \sin \theta)\vec{e}_r + (v_x \sin \theta + v_y \cos \theta)\vec{e}_\theta = v_r \vec{e}_r + v_\theta \vec{e}_\theta \,.$$

Daraus folgt umgekehrt

$$v_x = v_r \cos \theta - v_\theta \sin \theta \quad \text{und} \quad v_y = v_r \sin \theta + v_\theta \cos \theta \,. \tag{A2}$$

Man kann die Komponenten des Druckgradienten einzeln oder direkt als Vektor bestimmen. Dazu rechnet man den Nablaoperator $\vec{\nabla} = (\frac{\partial}{\partial x}, \frac{\partial}{\partial y})$ um. Man erhält

$$\vec{\nabla} = \vec{e}_x \frac{\partial}{\partial x} + \vec{e}_y \frac{\partial}{\partial y} = \vec{e}_x \left[\frac{\partial}{\partial r} \cdot \frac{\partial r}{\partial x} + \frac{\partial}{\partial \theta} \cdot \frac{\partial \theta}{\partial x} \right] + \vec{e}_y \left[\frac{\partial}{\partial r} \cdot \frac{\partial r}{\partial y} + \frac{\partial}{\partial \theta} \cdot \frac{\partial \theta}{\partial y} \right]$$

$$= \vec{e}_x \left[\frac{\partial}{\partial r} \cdot \cos \theta + \frac{\partial}{\partial \theta} \cdot \left(-\frac{\sin \theta}{r} \right) \right] + \vec{e}_y \left[\frac{\partial}{\partial r} \cdot \sin \theta + \frac{\partial}{\partial \theta} \cdot \frac{\cos \theta}{r} \right]$$

https://doi.org/10.1515/9783110684544-008

Mit Hilfe von (A1) wird daraus

$$= (\cos\theta \cdot \vec{e}_r - \sin\theta \cdot \vec{e}_\theta) \left[\frac{\partial}{\partial r} \cdot \cos\theta + \frac{\partial}{\partial \theta} \cdot \left(-\frac{\sin\theta}{r} \right) \right]$$

$$+ (\sin\theta \cdot \vec{e}_r + \cos\theta \cdot \vec{e}_\theta) \left[\frac{\partial}{\partial r} \cdot \sin\theta + \frac{\partial}{\partial \theta} \cdot \frac{\cos\theta}{r} \right]$$

$$= \vec{e}_r \frac{\partial}{\partial r} \cos^2\theta - \vec{e}_r \frac{\partial}{\partial \theta} \cdot \frac{\sin\theta\cos\theta}{r} - \vec{e}_\theta \frac{\partial}{\partial r} \sin\theta\cos\theta + \vec{e}_\theta \frac{\partial}{\partial \theta} \cdot \frac{\sin^2\theta}{r}$$

$$+ \vec{e}_r \frac{\partial}{\partial r} \sin^2\theta + \vec{e}_r \frac{\partial}{\partial \theta} \cdot \frac{\sin\theta\cos\theta}{r} + \vec{e}_\theta \frac{\partial}{\partial r} \sin\theta\cos\theta + \vec{e}_\theta \frac{\partial}{\partial \theta} \cdot \frac{\cos^2\theta}{r}$$

$$= \vec{e}_r \frac{\partial}{\partial r} + \vec{e}_\theta \frac{\partial}{\partial \theta} \cdot \frac{1}{r} . \tag{A3}$$

Angewandt auf den Druck p ergibt sich der Gradient:

$$\vec{\nabla} p = \operatorname{grad} p(r, \theta) = \left(\frac{\partial p}{\partial r}, \frac{1}{r} \cdot \frac{\partial p}{\partial \theta} \right) .$$

In Zylinderkoordinaten wird der Gradient einfach um eine z-Richtung zu

$$\operatorname{grad} p(r, \theta, z) = \left(\frac{\partial p}{\partial r}, \frac{1}{r} \cdot \frac{\partial p}{\partial \theta}, \frac{\partial p}{\partial z} \right)$$

erweitert.

II. Die Kontinuitätsgleichung in Zylinderkoordinaten

Nun wenden wir uns der Divergenz zu. Diese entsteht durch Anwendung des Nabla-operators auf ein Vektorfeld, in unserem Fall das Geschwindigkeitsfeld.

$$\nabla \vec{u} = \div \vec{u} = \div (u_x, u_y) = \frac{du_x}{dx} + \frac{du_y}{dy} .$$

Wir bestimmen einzeln

$$\frac{\partial u_x}{\partial x} = \frac{\partial u_x}{\partial r} \cdot \frac{\partial r}{\partial x} + \frac{\partial u_x}{\partial \theta} \cdot \frac{\partial \theta}{\partial x} = \frac{\partial u_x}{\partial r} \cdot \cos\theta + \frac{\partial u_x}{\partial \theta} \cdot \left(-\frac{\sin\theta}{r} \right) \quad \text{und}$$

$$\frac{\partial u_y}{\partial y} = \frac{\partial u_y}{\partial r} \cdot \frac{\partial r}{\partial y} + \frac{\partial u_y}{\partial \theta} \cdot \frac{\partial \theta}{\partial y} = \frac{\partial u_y}{\partial r} \cdot \sin\theta + \frac{\partial u_y}{\partial \theta} \cdot \frac{\cos\theta}{r} .$$

Zusammen erhalten wir

$$\frac{\partial u_x}{\partial x} + \frac{\partial u_y}{\partial y} = \left[\frac{\partial}{\partial r} \cdot \cos\theta + \frac{\partial}{\partial \theta} \cdot \left(-\frac{\sin\theta}{r} \right) \right] u_x + \left[\frac{\partial}{\partial r} \cdot \sin\theta + \frac{\partial}{\partial \theta} \cdot \frac{\cos\theta}{r} \right] u_y$$

und nach (A2)

$$= \left[\cos\theta \cdot \frac{\partial}{\partial r} - \frac{\sin\theta}{r} \cdot \frac{\partial}{\partial\theta} \right] (u_r \cos\theta - u_\theta \sin\theta)$$

$$+ \left[\sin\theta \cdot \frac{\partial}{\partial r} + \frac{\cos\theta}{r} \cdot \frac{\partial}{\partial\theta} \right] (u_r \sin\theta + u_\theta \cos\theta)$$

$$= \frac{\partial u_r}{\partial r} \cos^2\theta - \frac{\partial u_\theta}{\partial r} \sin\theta \cos\theta - \frac{\sin\theta\cos\theta}{r} \frac{\partial u_r}{\partial\theta} + \frac{\sin^2\theta}{r} u_r + \frac{\sin^2\theta}{r} \cdot \frac{\partial u_\theta}{\partial\theta}$$

$$+ \frac{\sin\theta\cos\theta}{r} u_\theta + \frac{\partial u_r}{\partial r} \sin^2\theta + \frac{\partial u_\theta}{\partial r} \sin\theta\cos\theta + \frac{\sin\theta\cos\theta}{r} \frac{\partial u_r}{\partial\theta} + \frac{\cos^2\theta}{r} u_r$$

$$+ \frac{\cos^2\theta}{r} \cdot \frac{\partial u_\theta}{\partial\theta} - \frac{\sin\theta\cos\theta}{r} u_\theta$$

$$= \frac{\partial u_r}{\partial r} + \frac{u_r}{r} + \frac{1}{r} \cdot \frac{\partial u_\theta}{\partial\theta} \, .$$

Damit schreibt sich die Kontinuitätsgleichung in Zylinderkoordinaten als

$$\frac{1}{r} \cdot \frac{\partial(r u_r)}{\partial r} + \frac{1}{r} \cdot \frac{\partial u_\theta}{\partial\theta} + \frac{\partial u_z}{\partial z} = 0 \, .$$

III. Die substantielle Beschleunigung in Zylinderkoordinaten

Das Polarsystem unterscheidet sich vom kartesischen System dahingehend, dass bei einer Drehung das ganze Koordinatensystem mitdreht, denn die Richtungsvektoren

$$\vec{e}_r = \cos\theta \cdot \vec{e}_x + \sin\theta \cdot \vec{e}_y \quad \text{und} \quad \vec{e}_\theta = -\sin\theta \cdot \vec{e}_x + \cos\theta \cdot \vec{e}_y$$

sind winkelabhängig. Folglich kann man sie ableiten. Dabei ist offensichlich $\frac{d\vec{e}_r}{dr} = \frac{d\vec{e}_\theta}{dr} = 0$, aber

$$\frac{d\vec{e}_r}{d\theta} = -\sin\theta \cdot \vec{e}_x + \cos\theta \cdot \vec{e}_y = \vec{e}_\theta \quad \text{und}$$

$$\frac{d\vec{e}_\theta}{d\theta} = -\cos\theta \cdot \vec{e}_x - \sin\theta \cdot \vec{e}_y = -\vec{e}_r \, . \tag{A4}$$

Dies ist zwar formal klar, aber nicht sehr einleuchtend. Deswegen betrachten wir dazu Abb. 1. Da man die Vektoren $\vec{e}_r$ und $\vec{e}_\theta$ im Raum verschieben kann, setzen wir ihre Anfangspunkte in einen beliebigen Bahnpunkt P.

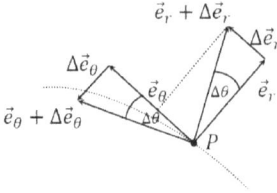

Abb. 1: Skizze zur Herleitung der Navier-Stokes-Gleichung

Aus der Skizze erkennt man, dass $\Delta\vec{e}_r$ parallel zu $\vec{e}_\theta$ und $\vec{e}_r$ parallel zu $\Delta\vec{e}_\theta$ ist. Da $\Delta\theta$ sehr klein ist, kann man $\Delta\theta \approx \tan\theta$ setzen und erhält sowohl

$$\Delta\theta = \frac{|\Delta\vec{e}_r|}{|\vec{e}_r|} \quad \text{als auch} \quad \Delta\theta = \frac{|\Delta\vec{e}_\theta|}{|\vec{e}_\theta|} \;.$$

Da $|\vec{e}_r| = |\vec{e}_\theta| = 1$, folgt

$$|\Delta\vec{e}_r| = \Delta\theta \cdot |\vec{e}_r| = \Delta\theta \cdot |\vec{e}_\theta|$$

und entsprechend

$$|\Delta\vec{e}_\theta| = \Delta\theta \cdot |\vec{e}_\theta| = \Delta\theta \cdot |\vec{e}_r| \;.$$

Die eben genannte Parallelität führt zu

$$\Delta\vec{e}_r = \Delta\theta \cdot \vec{e}_\theta \quad \text{und} \quad \Delta\vec{e}_\theta = -\Delta\theta \cdot \vec{e}_r \;.$$

Als Nächstes soll die örtliche und konvektive Änderung des Geschwindigkeitsfeldes, kurz die substantielle Beschleunigung

$$\frac{D\vec{u}}{Dt} = \frac{\partial\vec{u}}{\partial t} + \frac{\partial\vec{u}}{\partial r}\cdot\frac{\partial r}{\partial t} + \frac{\partial\vec{u}}{\partial\theta}\cdot\frac{\partial\theta}{\partial t} + \frac{\partial\vec{u}}{\partial z}\cdot\frac{\partial z}{\partial t} \;,$$

berechnet werden.

In Zylinderkoordinaten schreibt sich die örtliche Beschleunigung als

$$\frac{\partial\vec{u}}{\partial t} = \frac{\partial}{\partial x}(u_r\vec{e}_r + u_\theta\vec{e}_\theta + u_z\vec{e}_z) \;.$$

Sie wird zu einem bestimmten Zeitpunkt gebildet, was bedeutet, dass die Einheitsvektoren zeitunabhängig sind, und man erhält schlicht

$$\frac{\partial\vec{u}}{\partial t} = \frac{\partial u_r}{\partial t}\vec{e}_r + \frac{\partial u_\theta}{\partial t}\vec{e}_\theta + \frac{\partial u_z}{\partial t}\vec{e}_z \;.$$

Als Vorbereitung für die konvektiven Änderungen benötigen wir noch die Geschwindigkeiten $u_r = \frac{dr}{dt}$, $u_z = \frac{dz}{dt}$ und $u_\theta = r\frac{d\theta}{dt}$. Die letzte Gleichung folgt aus der Tatsache, dass die Bahngeschwindigkeit u_θ das r-fache der Winkelgeschwindigkeit $\frac{d\theta}{dt} = \omega$ ist.

Wir bestimmen die drei Produkte einzeln unter Beachtung von (A4).

$$\frac{dr}{dt} \cdot \frac{\partial \vec{u}}{\partial r} = u_r \frac{\partial}{\partial r}[u_r \vec{e}_r + u_\theta \vec{e}_\theta + u_z \vec{e}_z]$$

$$= u_r \left[\frac{\partial u_r}{\partial r} \vec{e}_r + u_r \frac{\partial \vec{e}_r}{\partial r} + \frac{\partial u_\theta}{\partial r} \vec{e}_\theta + u_\theta \frac{\partial \vec{e}_\theta}{\partial r} + \frac{\partial u_z}{\partial r} \vec{e}_z + u_z \frac{\partial \vec{e}_z}{\partial r} \right]$$

$$= u_r \left[\frac{\partial u_r}{\partial r} \vec{e}_r + \frac{\partial u_\theta}{\partial r} \vec{e}_\theta + \frac{\partial u_z}{\partial r} \vec{e}_z \right]$$

$$\frac{d\theta}{dt} \cdot \frac{\partial \vec{u}}{\partial \theta} = \frac{u_\theta}{r} \cdot \frac{\partial}{\partial \theta}[u_r \vec{e}_r + u_\theta \vec{e}_\theta + u_z \vec{e}_z]$$

$$= \frac{u_\theta}{r} \left[\frac{\partial u_r}{\partial \theta} \vec{e}_r + u_r \frac{\partial \vec{e}_r}{\partial \theta} + \frac{\partial u_\theta}{\partial \theta} \vec{e}_\theta + u_\theta \frac{\partial \vec{e}_\theta}{\partial \theta} + \frac{\partial u_z}{\partial \theta} \vec{e}_z + u_z \frac{\partial \vec{e}_z}{\partial \theta} \right]$$

$$= \frac{u_\theta}{r} \left[\frac{\partial u_r}{\partial \theta} \vec{e}_r + u_r \vec{e}_\theta + \frac{\partial u_\theta}{\partial \theta} \vec{e}_\theta + u_\theta(-\vec{e}_r) + \frac{\partial u_z}{\partial \theta} \vec{e}_z \right]$$

$$= \frac{u_\theta}{r} \left[\left(\frac{\partial u_r}{\partial \theta} - u_\theta \right) \vec{e}_r + \left(u_r + \frac{\partial u_\theta}{\partial \theta} \right) \vec{e}_\theta + \frac{\partial u_z}{\partial \theta} \vec{e}_z \right]$$

$$\frac{dz}{dt} \cdot \frac{\partial \vec{u}}{\partial z} = u_z \frac{\partial}{\partial z}[u_r \vec{e}_r + u_\theta \vec{e}_\theta + u_z \vec{e}_z]$$

$$= u_z \left[\frac{\partial u_r}{\partial z} \vec{e}_r + u_z \frac{\partial \vec{e}_r}{\partial z} + \frac{\partial u_\theta}{\partial z} \vec{e}_\theta + u_\theta \frac{\partial \vec{e}_\theta}{\partial z} + \frac{\partial u_z}{\partial z} \vec{e}_z + u_z \frac{\partial \vec{e}_z}{\partial z} \right]$$

$$= u_z \left[\frac{\partial u_r}{\partial z} \vec{e}_r + \frac{\partial u_\theta}{\partial z} \vec{e}_\theta + \frac{\partial u_z}{\partial z} \vec{e}_z \right]$$

Nach Einheitsvektoren geordnet ergibt sich insgesamt die substantielle Beschleunigung zu

$$\frac{D\vec{u}}{Dt} = \left[\frac{\partial u_r}{\partial t} + u_r \frac{\partial u_r}{\partial r} + \frac{u_\theta}{r} \cdot \frac{\partial u_r}{\partial \theta} - \frac{u_\theta^2}{r} + u_z \frac{\partial u_r}{\partial z} \right] \vec{e}_r$$

$$+ \left[\frac{\partial u_\theta}{\partial t} + u_r \frac{\partial u_\theta}{\partial r} + \frac{u_\theta}{r} \cdot \frac{\partial u_\theta}{\partial \theta} + \frac{u_r u_\theta}{r} + u_z \frac{\partial u_\theta}{\partial z} \right] \vec{e}_\theta$$

$$+ \left[\frac{\partial u_z}{\partial t} + u_r \frac{\partial u_z}{\partial r} + \frac{u_\theta}{r} \cdot \frac{\partial u_z}{\partial \theta} + u_z \frac{\partial u_z}{\partial z} \right] \vec{e}_z .$$

IV. Der Dissipationsterm in Zylinderkoordinaten

Zur Berechnung von $\Delta\vec{u}$ muss zuerst der Laplace-Operator Δ in Zylinderkoordinaten vorliegen. Da $\Delta = \vec{\nabla} \cdot \vec{\nabla}$ gilt, müssen wir den Nablaoperator von (A3) einfach um die z-Komponente erweitern und danach skalar mit sich selber multiplizieren. Damit können wir die ganzen trigonometrischen Ausdrücke umgehen.

$$\Delta = \left(\vec{e}_r\frac{\partial}{\partial r} + \vec{e}_\theta\frac{1}{r}\cdot\frac{\partial}{\partial\theta} + \vec{e}_z\frac{\partial}{\partial z}\right)\left(\vec{e}_r\frac{\partial}{\partial r} + \vec{e}_\theta\frac{1}{r}\cdot\frac{\partial}{\partial\theta} + \vec{e}_z\frac{\partial}{\partial z}\right)$$

$$= \vec{e}_r\frac{\partial\vec{e}_r}{\partial r}\cdot\frac{\partial}{\partial r} + \vec{e}_r\vec{e}_r\frac{\partial^2}{\partial r^2} + \vec{e}_r\frac{\partial\vec{e}_\theta}{\partial r}\cdot\frac{1}{r}\cdot\frac{\partial}{\partial\theta} + \vec{e}_r\vec{e}_\theta\left(-\frac{1}{r^2}\right)\cdot\frac{\partial}{\partial\theta} + \vec{e}_r\vec{e}_\theta\frac{1}{r}\cdot\frac{\partial^2}{\partial r\partial\theta}$$

$$+ \vec{e}_r\frac{\partial\vec{e}_z}{\partial r}\cdot\frac{\partial}{\partial z} + \vec{e}_r\vec{e}_z\frac{\partial^2}{\partial r\partial z} + \vec{e}_\theta\frac{1}{r}\cdot\frac{\partial\vec{e}_r}{\partial\theta}\cdot\frac{\partial}{\partial r} + \vec{e}_r\vec{e}_\theta\frac{1}{r}\cdot\frac{\partial^2}{\partial r\partial\theta} + \vec{e}_\theta\frac{1}{r^2}\cdot\frac{\partial\vec{e}_\theta}{\partial\theta}\cdot\frac{\partial}{\partial\theta}$$

$$+ \vec{e}_\theta\vec{e}_\theta\frac{1}{r}\cdot\frac{\partial}{\partial\theta}\left(\frac{1}{r}\right)\cdot\frac{\partial}{\partial\theta} + \vec{e}_\theta\vec{e}_\theta\frac{1}{r^2}\cdot\frac{\partial^2}{\partial\theta^2} + \vec{e}_\theta\frac{1}{r}\cdot\frac{\partial\vec{e}_z}{\partial\theta}\cdot\frac{\partial}{\partial z} + \vec{e}_\theta\vec{e}_z\frac{1}{r}\cdot\frac{\partial^2}{\partial\theta\partial z}$$

$$+ \vec{e}_z\frac{\partial\vec{e}_r}{\partial z}\cdot\frac{\partial}{\partial r} + \vec{e}_r\vec{e}_z\frac{\partial^2}{\partial r\partial z} + \vec{e}_z\frac{\partial\vec{e}_\theta}{\partial z}\cdot\frac{1}{r}\cdot\frac{\partial}{\partial\theta} + \vec{e}_z\vec{e}_\theta\frac{\partial}{\partial z}\left(\frac{1}{r}\right)\cdot\frac{\partial}{\partial\theta} + \vec{e}_z\vec{e}_\theta\frac{1}{r}\cdot\frac{\partial^2}{\partial\theta\partial z}$$

$$+ \vec{e}_z\frac{\partial\vec{e}_z}{\partial z}\cdot\frac{\partial}{\partial z} + \vec{e}_z\vec{e}_z\frac{\partial^2}{\partial z^2}$$

Mit (A4),

$$\vec{e}_r\vec{e}_r = \vec{e}_\theta\vec{e}_\theta = \vec{e}_z\vec{e}_z = 1\,, \quad \vec{e}_r\vec{e}_\theta = \vec{e}_r\vec{e}_z = \vec{e}_\theta\vec{e}_z = 0 \quad \text{und}$$

$$\frac{\partial\vec{e}_r}{\partial r} = \frac{\partial\vec{e}_\theta}{\partial r} = \frac{\partial\vec{e}_z}{\partial r} = \frac{\partial\vec{e}_z}{\partial r} = \frac{\partial\vec{e}_z}{\partial\theta} = \frac{\partial\vec{e}_z}{\partial z} = 0$$

reduziert sich der Laplace-Operator zu

$$\Delta = \frac{\partial^2}{\partial r^2} + \vec{e}_\theta\vec{e}_\theta\frac{1}{r}\cdot\frac{\partial}{\partial r} - \vec{e}_\theta\vec{e}_r\frac{1}{r^2}\cdot\frac{\partial}{\partial\theta} + \frac{1}{r^2}\cdot\frac{\partial^2}{\partial\theta^2} + \frac{\partial^2}{\partial z^2}$$

und man erhält

$$\Delta = \frac{\partial^2}{\partial r^2} + \frac{1}{r}\cdot\frac{\partial}{\partial r} + \frac{1}{r^2}\cdot\frac{\partial^2}{\partial\theta^2} + \frac{\partial^2}{\partial z^2}\,.$$

Nun wird der Operator auf einen Vektor in Zylinderkoordinaten angewendet. Es gilt demnach

$$\Delta\vec{u} = \left(\frac{\partial^2}{\partial r^2} + \frac{1}{r}\cdot\frac{\partial}{\partial r} + \frac{1}{r^2}\cdot\frac{\partial^2}{\partial\theta^2} + \frac{\partial^2}{\partial z^2}\right)(u_r\vec{e}_r + u_\theta\vec{e}_\theta + u_z\vec{e}_z)$$

zu ermitteln.

Dazu berechnen wir zuerst einzeln die ersten Ableitungen:

$$\frac{\partial}{\partial r}(u_r \vec{e}_r + u_\theta \vec{e}_\theta + u_z \vec{e}_z) = \frac{\partial u_r}{\partial r}\vec{e}_r + u_r \frac{\partial \vec{e}_r}{\partial r} + \frac{\partial u_\theta}{\partial r}\vec{e}_\theta + u_\theta \frac{\partial \vec{e}_\theta}{\partial r} + \frac{\partial u_z}{\partial r}\vec{e}_z + u_z \frac{\partial \vec{e}_z}{\partial r}$$

$$= \frac{\partial u_r}{\partial r}\vec{e}_r + \frac{\partial u_\theta}{\partial r}\vec{e}_\theta + \frac{\partial u_z}{\partial r}\vec{e}_z$$

$$\frac{\partial}{\partial \theta}(u_r \vec{e}_r + u_\theta \vec{e}_\theta + u_z \vec{e}_z) = \frac{\partial u_r}{\partial \theta}\vec{e}_r + u_r \frac{\partial \vec{e}_r}{\partial \theta} + \frac{\partial u_\theta}{\partial \theta}\vec{e}_\theta + u_\theta \frac{\partial \vec{e}_\theta}{\partial \theta} + \frac{\partial u_z}{\partial \theta}\vec{e}_z + u_z \frac{\partial \vec{e}_z}{\partial \theta}$$

$$= \frac{\partial u_r}{\partial \theta}\vec{e}_r + u_r \vec{e}_\theta + \frac{\partial u_\theta}{\partial \theta}\vec{e}_\theta + u_\theta(-\vec{e}_r) + \frac{\partial u_z}{\partial \theta}\vec{e}_z$$

$$= \left(\frac{\partial u_r}{\partial \theta} - u_\theta\right)\vec{e}_r + \left(u_r + \frac{\partial u_\theta}{\partial \theta}\right)\vec{e}_\theta + \frac{\partial u_z}{\partial \theta}\vec{e}_z$$

$$\frac{\partial}{\partial z}(u_r \vec{e}_r + u_\theta \vec{e}_\theta + u_z \vec{e}_z) = \frac{\partial u_r}{\partial z}\vec{e}_r + u_r \frac{\partial \vec{e}_r}{\partial z} + \frac{\partial u_\theta}{\partial z}\vec{e}_\theta + u_\theta \frac{\partial \vec{e}_\theta}{\partial z} + \frac{\partial u_z}{\partial z}\vec{e}_z + u_z \frac{\partial \vec{e}_z}{\partial z}$$

$$= \frac{\partial u_r}{\partial z}\vec{e}_r + \frac{\partial u_\theta}{\partial z}\vec{e}_\theta + \frac{\partial u_z}{\partial z}\vec{e}_z$$

Es folgen die zweiten Ableitungen:

$$\frac{\partial^2}{\partial r^2}(u_r \vec{e}_r + u_\theta \vec{e}_\theta + u_z \vec{e}_z) = \frac{\partial^2 u_r}{\partial r^2}\vec{e}_r + \frac{\partial^2 u_\theta}{\partial r^2}\vec{e}_\theta + \frac{\partial^2 u_z}{\partial r^2}\vec{e}_z$$

$$\frac{\partial^2}{\partial \theta^2}(u_r \vec{e}_r + u_\theta \vec{e}_\theta + u_z \vec{e}_z) = \left(\frac{\partial^2 u_r}{\partial \theta^2} - \frac{\partial u_\theta}{\partial \theta}\right)\vec{e}_r + \left(\frac{\partial u_r}{\partial \theta} - u_\theta\right)\frac{\partial \vec{e}_r}{\partial \theta} + \left(\frac{\partial u_r}{\partial \theta} + \frac{\partial^2 u_\theta}{\partial \theta^2}\right)\vec{e}_\theta$$

$$+ \left(u_r + \frac{\partial u_\theta}{\partial \theta}\right)\frac{\partial \vec{e}_\theta}{\partial \theta} + \frac{\partial^2 u_z}{\partial \theta^2}\vec{e}_z$$

$$= \left(\frac{\partial^2 u_r}{\partial \theta^2} - \frac{\partial u_\theta}{\partial \theta}\right)\vec{e}_r + \left(\frac{\partial u_r}{\partial \theta} - u_\theta\right)\vec{e}_\theta + \left(\frac{\partial u_r}{\partial \theta} + \frac{\partial^2 u_\theta}{\partial \theta^2}\right)\vec{e}_\theta$$

$$+ \left(u_r + \frac{\partial u_\theta}{\partial \theta}\right)(-\vec{e}_r) + \frac{\partial^2 u_z}{\partial \theta^2}\vec{e}_z$$

$$= \left(\frac{\partial^2 u_r}{\partial \theta^2} - u_r - 2\frac{\partial u_\theta}{\partial \theta}\right)\vec{e}_r + \left(2\frac{\partial u_r}{\partial \theta} - u_\theta + \frac{\partial^2 u_\theta}{\partial \theta^2}\right)\vec{e}_\theta + \frac{\partial^2 u_z}{\partial \theta^2}\vec{e}_z$$

$$\frac{\partial^2}{\partial z^2}(u_r \vec{e}_r + u_\theta \vec{e}_\theta + u_z \vec{e}_z) = \frac{\partial^2 u_r}{\partial z^2}\vec{e}_r + \frac{\partial^2 u_\theta}{\partial z^2}\vec{e}_\theta + \frac{\partial^2 u_z}{\partial z^2}\vec{e}_z$$

Insgesamt erhalten wir $\Delta \vec{u} =$

$$\frac{\partial^2 u_r}{\partial r^2}\vec{e}_r + \frac{\partial^2 u_\theta}{\partial r^2}\vec{e}_\theta + \frac{\partial^2 u_z}{\partial r^2}\vec{e}_z + \frac{1}{r}\cdot\left(\frac{\partial u_r}{\partial r}\vec{e}_r + \frac{\partial u_\theta}{\partial r}\vec{e}_\theta + \frac{\partial u_z}{\partial r}\vec{e}_z\right)$$

$$+ \frac{1}{r^2}\cdot\left[\left(\frac{\partial^2 u_r}{\partial\theta^2} - u_r - 2\frac{\partial u_\theta}{\partial\theta}\right)\vec{e}_r + \left(2\frac{\partial u_r}{\partial\theta} - u_\theta + \frac{\partial^2 u_\theta}{\partial\theta^2}\right)\vec{e}_\theta + \frac{\partial^2 u_z}{\partial\theta^2}\vec{e}_z\right]$$

$$+ \frac{\partial^2 u_r}{\partial z^2}\vec{e}_r + \frac{\partial^2 u_\theta}{\partial z^2}\vec{e}_\theta + \frac{\partial^2 u_z}{\partial z^2}\vec{e}_z$$

$$= \left[\frac{\partial^2 u_r}{\partial r^2} + \frac{1}{r}\cdot\frac{\partial u_r}{\partial r} + \frac{1}{r^2}\cdot\frac{\partial^2 u_r}{\partial\theta^2} - \frac{u_r}{r^2} - \frac{2}{r^2}\cdot\frac{\partial u_\theta}{\partial\theta} + \frac{\partial^2 u_r}{\partial z^2}\right]\vec{e}_r$$

$$+ \left[\frac{\partial^2 u_\theta}{\partial r^2} + \frac{1}{r}\cdot\frac{\partial u_\theta}{\partial r} + \frac{1}{r^2}\cdot\frac{\partial^2 u_\theta}{\partial\theta^2} - \frac{u_\theta}{r^2} + \frac{2}{r^2}\cdot\frac{\partial u_r}{\partial\theta} + \frac{\partial^2 u_\theta}{\partial z^2}\right]\vec{e}_\theta$$

$$+ \left[\frac{\partial^2 u_z}{\partial r^2} + \frac{1}{r}\cdot\frac{\partial u_z}{\partial r} + \frac{1}{r^2}\cdot\frac{\partial^2 u_z}{\partial\theta^2} + \frac{\partial^2 u_z}{\partial z^2}\right]\vec{e}_z$$

Damit ist alles bewiesen und es ergibt sich endlich

$$\rho\begin{pmatrix}\frac{\partial u_r}{\partial t} + u_r\cdot\frac{\partial u_r}{\partial r} + \frac{u_\theta}{r}\cdot\frac{\partial u_r}{\partial\theta} - \frac{u_\theta^2}{r} + u_z\cdot\frac{\partial u_r}{\partial z} \\ \frac{\partial u_\theta}{\partial t} + u_r\cdot\frac{\partial u_\theta}{\partial r} + \frac{u_\theta}{r}\cdot\frac{\partial u_\theta}{\partial\theta} + \frac{u_r u_\theta}{r} + u_z\cdot\frac{\partial u_\theta}{\partial z} \\ \frac{\partial z}{\partial t} + u_r\cdot\frac{\partial u_z}{\partial r} + \frac{u_\theta}{r}\cdot\frac{\partial u_z}{\partial\theta} + u_z\cdot\frac{\partial u_z}{\partial z}\end{pmatrix} + \begin{pmatrix}\frac{\partial p}{\partial r} \\ \frac{1}{r}\cdot\frac{dp}{d\theta} \\ \frac{\partial p}{\partial z}\end{pmatrix}$$

$$- \rho\begin{pmatrix}g_r \\ g_\theta \\ g_z\end{pmatrix} - \eta\begin{pmatrix}\frac{1}{r}\cdot\frac{\partial}{\partial r}\left(r\cdot\frac{\partial u_r}{\partial r}\right) + \frac{1}{r^2}\cdot\frac{\partial^2 u_r}{\partial\theta^2} - \frac{u_r}{r^2} - \frac{2}{r^2}\cdot\frac{\partial u_\theta}{\partial\theta} + \frac{\partial^2 u_r}{\partial z^2} \\ \frac{1}{r}\cdot\frac{\partial}{\partial r}\left(r\cdot\frac{\partial u_\theta}{\partial r}\right) + \frac{1}{r^2}\cdot\frac{\partial^2 u_\theta}{\partial\theta^2} - \frac{u_\theta}{r^2} + \frac{2}{r^2}\cdot\frac{\partial u_r}{\partial\theta} + \frac{\partial^2 u_\theta}{\partial z^2} \\ \frac{1}{r}\cdot\frac{\partial}{\partial r}\left(r\cdot\frac{\partial u_z}{\partial r}\right) + \frac{1}{r^2}\cdot\frac{\partial^2 u_z}{\partial\theta^2} + \frac{\partial^2 u_z}{\partial z^2}\end{pmatrix} = 0 \,.$$

□

Übungen

1. Eine viskose Flüssigkeit der Dicke $2h$ befindet sich zwischen zwei ruhenden parallelen Platten, die um den Winkel α gegenüber der Vertikalen geneigt sind. Die Flüssigkeit fließt aufgrund der Gravitation allein, stationär bei gleichbleibender Dicke innerhalb der Platten hinab. Das Kooordinatensystem wird ebenfalls um denselben Winkel gedreht und die x-Achse auf halber Höhe gelegt.

    a) Bestimmen Sie das stationäre Geschwindigkeitsprofil.
    b) Wie groß ist der Durchfluss für $\alpha = \frac{\pi}{2}$ auf einer Breite b?
    c) Wie lautet die Druckfunktion $p(y)$?

2. Dies ist eine Variante der Poiseuille-Strömung durch ein kreisrundes Rohr. Das Fluid strömt aufgrund eines Druckgradienten $\frac{\partial p}{\partial z}$ in z-Richtung durch einen Kreisring mit innerem Radius r_1 und äußerem Radius r_2 (Abb. 1).

    a) Bestimmen Sie das stationäre Geschwindigkeitsprofil. Die Gravitation in y-Richtung ist wirkungslos.
    b) Für welchen Radius r_* ist die Geschwindigkeit des Profils am größten?

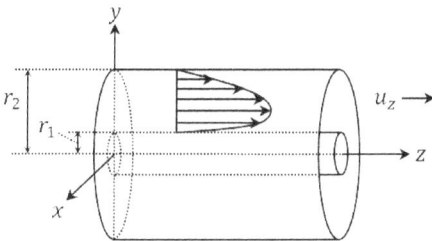

Abb. 2: Skizze zu Beispiel 2

3. Eine Variante zu Aufgabe 2 besteht darin, dass der Druckgradient $\frac{\partial p}{\partial z}$ entfällt, man aber die äußere Rohrumrandung gleichmäßig mit der Geschwindigkeit u_0 bewegt, wobei der innere Zylinder in Ruhe verharrt.

    a) Bestimmen Sie das stationäre Geschwindigkeitsprofil im Inneren der beiden Rohre.
    b) Welche Strömung erhält man im Fall $r_1 \to 0$?
    c) Für $r_1 \to r_2$ wird die Strömung immer weiter eingeengt. Zeigen Sie, dass für kleine Strömungshöhen $\Delta r = r_2 - r_1$ das Profil einer ebenen Couette-Strömung gleichkommt.
        Verwenden Sie $\ln(1 + x) \approx x$ für $x \ll 1$.

https://doi.org/10.1515/9783110684544-009

4. Die ebene Couette-Strömung soll mit einem konstanten Druckgradienten $\frac{\partial p}{\partial x}$ kombiniert werden. Die beiden Platten befinden sich in einem Abstand h und die obere Platte wird mit der konstanten Geschwindigkeit u_0 gegenüber der ruhenden Platte bewegt.

    a) Bestimmen Sie das Geschwindigkeitsprofil $u_x(z)$ aus der x-Komponente der Navier-Stokes-Gleichung, falls die Strömungsrichtung in Richtung der x-Achse gelegt wird.

    b) Schreiben Sie den Ausdruck für $u_x(z)$ mit den dimensionslosen Größen $\frac{z}{h}$, $\frac{u_x(z)}{u_0}$ und dem Faktor $P = -\frac{h^2}{2\eta u_0} \cdot \frac{\partial p}{\partial x}$. P heißt dimensionsloser Druckgradient.

    c) Lösen Sie das entstehende quadratische Profil von b) nach $\frac{z}{h}$ auf. Wählen Sie nacheinander $P = -3, -2, -1, 0, 1, 2, 3$, stellen Sie $\frac{z}{h}$ gegenüber $\frac{u_x(z)}{u_0}$ dar und interpretieren Sie die Graphen.

    d) Für welches Verhältnis $\frac{z}{h}$ in Abhängigkeit von P wird die Strömungsgeschwindigkeit am größten?

5. Wir betrachten die Couette-Strömung zweier konzentrischer Zylinder der Länge l für den Fall, dass beide Zylinder mit derselben Winkelgeschwindigkeit Ω die Flüssigkeit in Bewegung setzen, aber in entgegengesetzten Drehrichtungen. Zudem sei $R_2 = \lambda R_1$ mit $\lambda > 1$.

    a) Bestimmen Sie das zugehörige stationäre Geschwindigkeitsprofil.

    b) An welchen Stellen würden die Fluidteilchen regungslos bleiben?

    c) Wie verhalten sich die Spannungen an den Zylinderwänden, falls die gesamte Rotation plötzlich eingestellt wird?

    d) Welche Kraft pro Zylinderlänge müsste man mindestens aufwenden, um danach die Zylinder in jeweils entgegengesetzter Richtung mit der Winkelgeschwindigkeit Ω wieder in Gang zu setzen?

6. Kofferfische besitzen einen Druckbeiwert von etwa $c_D = 0,06$. Wir modellieren den Fisch durch einen zylinderförmigen Bauch mit 15 cm Höhe wie auch Durchmesser. Den beiden Kreisflächen wird ein senkrechter Kegel der Höhe 5 cm aufgesetzt. Die beiden Kegelspitzen seien S_1 und S_2. Der Fisch schwimmt in Richtung $\vec{S_1 S_2}$ und erreicht dabei eine Geschwindigkeit von $u = 1,5\,\frac{m}{s}$. Die Stoffwerte des Wassers sind $\rho = 1025\,\frac{kg}{m^3}$ und $\nu = 1,3 \cdot 10^{-6}\,\frac{m^2}{s}$ und die kritische Reynoldszahl liegt mit $Re_{krit} = 4 \cdot 10^5$ vor.

    a) Stellen Sie sicher, dass die Strömung um den Fischkörper laminar bleibt.

    b) Bestimmen Sie seinen Reibungswiderstand.

    c) Wie groß wird sein Formwiderstand?

7. Schätzen Sie die Verdrängungsdicke δ_1 und die Impulsverlustdicke δ_2 für ein lineares Geschwindigkeitsprofils $u(x, y) = \frac{y}{\delta(x)} \cdot u_\infty$ ab. Integrieren Sie dabei von 0 bis δ.

8. Ein 1 m breiter Keil mit Innenwinkel 45° und Kantenlänge $l = 0,5$ m wird parallel zur Symmetrieachse laminar angeströmt. Die Stoffwerte des Wassers sind $\rho = 1000\,\frac{kg}{m^3}$ und $\nu = 10^{-6}\,\frac{m^2}{s}$.
   a) Wie lautet das Geschwindigkeitsprofil $u_\delta(x) = a \cdot x^m$ der Außenströmung?
   b) Am Ort $(-d, 0)$ beträgt die Geschwindigkeit u_0. In welcher Entfernung auf dem Grenzschichtrand von der Keilspitze aus gemessen ist die Geschwindigkeit ebenfalls u_0?
   c) Bestimmen Sie den Grenzschichtverlauf als Funktion von a und x.
   d) Wie groß ist der Reibungswiderstand auf der Oberseite des Keils als Funktion von a?

9. Eine Strömung weist bei einer Lauflänge von $l = 1$ m einen konstanten Pohlhausen-Parameter von $\lambda = -4$ auf.
   a) Um welche Strömungsart handelt es sich?
   b) Wie groß ist der zugehörige Exponent m des Außenströmungsprofils $u_\delta(x) = a \cdot x^m$?
   c) Bestimmen Sie den Abknickwinkel β gegenüber der Horizontalen.
   d) Wie sieht der Grenzschichtverlauf aus?
   e) Geben Sie das dimensionslose Geschwindigkeitsprofil $\frac{u}{u_\delta}(x, y)$ an.

10. Gegeben ist die Außenströmung $u_\delta(x) = ax$ einer Staupunktströmung.
    a) Setzen Sie $u_\delta(x)$ in Gleichung (3.47) ein und zeigen Sie das bekannte Ergebnis, dass die Grenzschicht konstant ist.
    b) Bestätigen Sie den Pohlhausen-Parameter $\lambda = 7,052$ für die Staupunktströmung, indem Sie $u_\delta(x)$ in (3.48) einsetzen und die entstandene Gleichung nach λ auflösen.

11. Eine quadratische metallische Platte der Länge $l = 1,5$ m wird quer zu einer Seitenkante mit Wasserdampf der Temperatur $T_\infty = 140\,°C$ bei einer Geschwindigkeit von $u_\infty = 1\,\frac{m}{s}$ parallel zu dessen Oberfläche angeströmt. Die Plattentemperatur soll auf $T_W = 100\,°C$ gehalten werden und die Stoffwerte betragen $\nu = 2,34 \cdot 10^{-5}\,\frac{m^2}{s}$ und $\lambda = 0,027\,\frac{W}{mK}$ (beide bei der Bezugstemperatur $T_B = \frac{T_\infty + T_W}{2} = 120\,°C$). In diesem Fall ist $Pr = 1,04$.
    Rechnen Sie für die Aufgaben a) und b) mit $Pr = 1$.
    a) Das dimensionslose Geschwindigkeitsprofil $\frac{u}{u_\infty}$ liege entweder über die Blasius-Lösung oder das Pohlhausen-Polynom vor. Dies vorausgesetzt, soll das dimensionslose Temperaturprofil als Funktion von $\frac{u}{u_\infty}$ bestimmt werden.
    b) Geben Sie die Temperaturgrenzschicht $\delta_T(x)$ als Funktion der Lauflänge x an.
    c) Wie groß ist die Nusselt-Zahl Nu_m dieser Wärmeübertragung?
    d) Bestimmen Sie den fließenden Wärmestrom $\dot{Q}$ vom Dampf auf die Platte.

12. Quer zu einem rechteckigen Teich der Länge $l = 1,5$ m und Breite $b = 2$ m weht ein Wind mit der Geschwindigkeit $u_\infty = 2 \frac{m}{s}$ parallel zu dessen Oberfläche. Die Temperatur des Windes beträgt $T_{Wind} = 25\,°C$ und diejenige des Teiches, die konstant bleiben soll, $T_{Teich} = 15\,°C$. Die Prandtl-Zahl ist $Pr = 0,71$ und die Stoffwerte der Luft lauten $\nu = 1,54 \cdot 10^{-5} \frac{m^2}{s}$ und $\lambda = 0,026 \frac{W}{mK}$ (beide bei 20 °C).
    a) Bestimmen Sie die Nusselt-Zahl Nu_m für diesen Wärmeübergang. Die Strömung soll als laminar betrachtet werden.
    b) Welcher Wärmestrom $\dot{Q}$ fließt von der Umgebungsluft ins Wasser?

13. a) Zeigen Sie, dass die Grashof-Zahl $Gr = \frac{\gamma g l^3 (T_W - T_\delta)}{\nu^2}$ aus $Gr = \frac{F_{Auftrieb}}{F_{Reibung}} \cdot \frac{F_{Trägheit}}{F_{Reibung}}$ entsteht. Verwenden Sie dazu die Skalengrößen l, u (irgendeine Geschwindigkeit) und T. Beachten Sie, dass für ein ideales Gas $\gamma = \frac{1}{T}$ gilt.
    b) Zeigen Sie, dass die Archimedes-Zahl $Ar = \frac{Gr}{Re^2}$ aus $Ar = \frac{F_{Auftrieb}}{F_{Trägheit}}$ gewonnen werden kann. Die zu verwendenden Skalengrößen sind l, u_0 und T. Beachten Sie, dass für die Reynolds-Zahl $Re = \frac{F_{Trägheit}}{F_{Reibung}}$ gilt.

14. In einem geschlossenen Raum ist ein rechteckiger Heizkörper der Höhe $l = 2$ m und der Breite $b = 1$ m an einer Wand befestigt. Die Temperaturen des Heizkörpers, der umgebenden Luft und der Wand betragen $T_H = 60°$, $T_L = 20°$ bzw. $T_W = 15°$. Die Heizleistung setzt sich aus einem Konvektions- und einem Strahlungsteil zusammen. (Die abgegebene Leistung auf der Rückseite des Heizkörpers soll immer unbeachtet bleiben.) Mit Hilfe des Modells des umschlossenen Körpers kann man zur Berechnung der Strahlungsleistung das umgebende Medium sozusagen „überspringen" und die Nettostrahlung $\dot{Q}_S$ zwischen Heizkörper und Wand betrachten (vgl. 4. Band). Ist zudem die Wandfläche viel größer als diejenige des Körpers A_H, dann gilt in sehr guter Näherung $\dot{Q}_S = \varepsilon_H \cdot A_H \cdot \sigma \cdot (T_H^4 - T_W^4)$ mit dem Emissionsgrad ε_H des Körpers.
    a) Berechnen Sie die gesamte Heizleistung.
    b) Die gesamte Heizleistung beträgt $\dot{Q} = 580$ W. Bestimmen Sie die zugehörige Temperatur T_H des Heizkörpers. Beginnen Sie mit einem Schätzwert und interpolieren Sie die zwei Stoffwerte ν, λ und die Prandtl-Zahl für die Bezugstemperatur mit Hilfe der Tabelle aus Kapitel 5.3.

15. Auf einem mit der Geschwindigkeit $c = 1 \frac{m}{s}$ (relativ zu einem Beobachter am Ufer) fließenden Fluss fährt ein Motorboot zuerst stromaufwärts und danach stromabwärts. In beiden Fällen soll die Bootsgeschwindigkeit $u = 5 \frac{m}{s}$ (relativ zu einem Beobachter am Ufer) betragen. Um die Aufgabe wie eine Plattenströmung zu behandeln, wählen wir einen flachen, rechteckigen Bootsrumpf mit 10 m Länge und 2 m Breite. Die Stoffwerte des Wassers sind $\rho = 1000 \frac{kg}{m^3}$ und $\nu = 1,4 \cdot 10^{-6} \frac{m^2}{s}$. Die kritische Reynolds-Zahl liegt mit $Re_{krit} = 4 \cdot 10^5$ ebenfalls vor.

a) Bestimmen Sie die laminaren und turbulenten Lauflängen stromaufwärts und stromabwärts.

b) Berechnen Sie den Gesamtwiderstand des Bootes stromaufwärts und stromabwärts.

c) Welcher Unterschied der Motorenleistung ergibt sich daraus?

16. Für einen Hochgeschwindigkeitsrekord am Boden wird ein $b = 1$ m breites Fahrzeug entworfen, dessen Querschnittsprofil durch die Funktion $f(x) = 2,5 \cdot x \cdot e^{-2x}$ gegeben ist. Die Stoffwerte der umgebenden Luft sind $\rho = 1,21\,\frac{kg}{m^3}$ und $\nu = 15 \cdot 10^{-6}\,\frac{m^2}{s}$. Außerdem beträgt die kritische Reynolds-Zahl $Re_{krit} = 4 \cdot 10^5$. Es soll eine Geschwindigkeit von $u = 350\,\frac{m}{s}$ erreicht werden.

a) Welche Bereiche des Profils kommen für eine Grenzschichtablösung in Frage?

b) Da die Strömung im kritischen Bereich von a) turbulent ist, wird sie sich auch länger an der Profiloberfläche halten. Nehmen wir an, dass es, falls notwendig, durch Absaugen gelingt, die Ablösung entlang der gesamten Kontur zu verhindern. Unter diesen Annahmen sollen die laminare und turbulente Lauflänge bestimmt werden.

c) Damit die turbulente Grenzschicht auch am Heck nicht ablöst, stellen wir uns das Profil ab dem Heck linear in eine Spitze zulaufend vor. Um wieviel steigt dadurch die turbulente Lauflänge?

d) Berechnen Sie den gesamten Reibungswiderstand des Profils. Rechnen Sie mit einem Druckbeiwert von $c_D = 0,05$. Der Widerstand an den Seitenflächen soll nicht beachtet werden.

17. Ein zylinderförmiger Pfeiler mit konstantem Durchmesser $d = 0,8$ m wird mit Wasser und einer Reynolds-Zahl von $Re_d = 4,5 \cdot 10^5$ angeströmt (Abb. 3 links). Wir nehmen an, die Geschwindigkeit sei auf einer Höhe von $h = 2$ m konstant. Als Näherung behandeln wir diese Aufgabe als Umströmung einer leicht gekrümmten Platte. Die Stoffwerte des Wassers lauten $\rho = 1000\,\frac{kg}{m^3}$ und $\nu = 1,4 \cdot 10^{-6}\,\frac{m^2}{s}$. Wir nehmen an, dass nach einer laminaren Lauflänge l_{lam} die Strömung auf einer Strecke von l_{tur} turbulent verläuft und sich im Punkt A ablöst. Der zugehörige Mittelpunktswinkel sei $\alpha = 125°$.

a) Welcher Anströmgeschwindigkeit entspricht dies?

b) Bestimmen Sie die Lauflänge l_{lam}.

c) Wie groß wird l_{tur}?

d) Bestimmen Sie den gesamten Widerstand des Körpers. Nehmen Sie zur Berechnung des Formwiderstands einen Druckbeiwert von $c_D = 0,35$ an (vgl. Abb. 3.1).

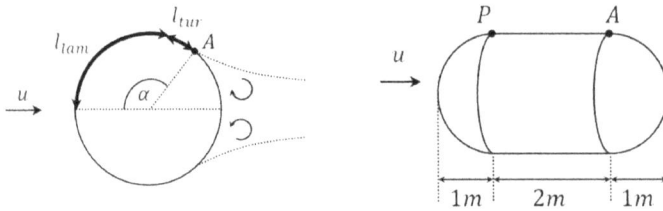

Abb. 3: Skizzen zu Beispielen 17 und 18

18. Ein Tiefsee-U-Boot besitzt die Form eines Zylinders mit je einer aufgesetzten Halbkugel am Bug und Heck. Die Maße entnimmt man (Abb. 3 rechts).
    Das U-Boot bewegt sich in einer gewissen Tiefe mit der Geschwindigkeit $u =$ 3,5 $\frac{m}{s}$. Als Näherung behandeln wir diese Aufgabe als Umströmung einer leicht gekrümmten Platte.
    Die kritische Reynolds-Zahl liegt mit $Re_{krit} = 4 \cdot 10^5$ vor. Weiter sind die Stoffwerte der Salzwassers $\rho = 1025 \frac{kg}{m^3}$ und $v = 1,4 \cdot 10^{-6} \frac{m^2}{s}$ gegeben.
    a) Wie groß wird die laminare Lauflänge am Bug?
    b) Wir nehmen an, dass sich die turbulente Strömung erst im Punkt A ablöst. Bestimmen Sie die Dicke der turbulenten Grenzschicht im Punkt P.
    c) Wie groß wird der gesamte Widerstand entlang der U-Boot-Oberfläche? Vernachlässigen Sie dazu den laminaren Widerstand und nehmen Sie eine vom Staupunkt startende turbulente Lauflänge an. Rechnen Sie mit einem Formwiderstand von $c_D = 0,09$.

20. Durch ein Rohr der Länge $l = 1$ km mit einem Durchmesser $d = 0,2$ m strömt Wasserdampf der Temperatur $T = 300\,°C$ mit einer Anfangsgeschwindigkeit $u_1 =$ 25 $\frac{m}{s}$ und einem Anfangsdruck p_1 bei einem isothermen Betrieb. Am Ende des Rohrs stellt sich ein Druck von $p_2 = 48$ bar ein. Die Stoffwerte des Wasserdampfs sind bei einem Druck von 50 bar ermittelt und betragen $\rho_1 = 22,052 \frac{kg}{m^3}$ und $v_1 =$ $0,897 \cdot 10^{-5} \frac{m^2}{s}$. Das Rohr sei glatt. Bestimmen Sie den Anfangsdruck p_1 und den Druckverlust Δp_V mittels Iteration. Vernachlässigen Sie dabei die Änderung der kinetischen Energie.

21. Gegeben ist ein Rechteckgerinne der Breite $b = 10$ m mit einer gleichbleibenden Wassertiefe $h = 1$ m. Sohlneigung und Rauheit betragen $J = 0,001$ bzw. $k = 0,05$ m. Die kinematische Viskosität (des Wassers) ist $v = 1,3 \cdot 10^{-6} \frac{m^2}{s}$. Gesucht ist die mittlere Fließgeschwindigkeit bei Normalabfluss mit Hilfe von
    a) Gleichung (7.19).
    b) Gleichung (7.16).

22. Durch eine Trapezrinne mit einer Sohlbreite $b = 6$ m, einer gleichbleibenden Wassertiefe $h = 2$ m, einer Wasserspiegelbreite $a = 10$ m und einer Rauheit $k =$

0,08 m fließt durchschittlich $Q = 24 \frac{m^3}{s}$ Wasser mit einer kinematischen Visko-sität von $\nu = 1,3 \cdot 10^{-6} \frac{m^2}{s}$. Bestimmen Sie die zugehörige Sohlneigung J unter der Annahme eines Normalabflusses mit Hilfe von

a) Gleichung (7.19)
b) Gleichung (7.16).

23. Ein Wind bläst über einen ruhenden See. In 5 m bzw. 20 m über der Wasserober-fläche betragen die Windgeschwindigkeiten $15,5 \frac{m}{s}$ bzw. $18 \frac{m}{s}$. Die Dichte der Luft ist $\rho = 1,21 \frac{kg}{m^3}$.
   a) Bestimmen Sie das Geschwindigkeitsprofil der Windströmung und die Wind-schubspannung.
   b) Vergleichen Sie das Ergebnis für die Windschubspannung aus a) mit Hilfe der Gleichungen (7.22) und (7.23).

24. Durch eine $b = 3$ m breite Rechteckrinne mit einer Sohlneigung von $J = 0,0002$ und einer Rohrreibungszahl $\lambda = 0,02$ fließt durchschittlich $Q = 1 \frac{m^3}{s}$ Wasser der Dichte $\rho_W = 10^3 \frac{kg}{m^3}$.
   a) Bestimmen Sie die sich bei Normalabfluss einstellende Wassertiefe.
   b) Beantworten Sie die Frage aus a) für den Fall, dass gleichzeitig ein Wind mit der Geschwindigkeit $u_{10} = 30 \frac{m}{s}$ über die Gerinneoberfläche bläst. Die Dichte der Luft beträgt $\rho_L = 1,21 \frac{kg}{m^3}$.
   c) Welche mittlere Fließgeschwindigkeit des Gerinnes stellt sich im Fall b) ein?
   d) Wie groß ist im Fall b) die Windschubspannung?

25. Ein Wind der Geschwindigkeit $u_{10} = 15 \frac{m}{s}$ greift an der Oberfläche eines in glei-cher Richtung wie der Wind fließenden rechteckigen Gerinnes an. Wir nehmen an, dass die Windschubspannung dreimal so groß wie die Sohlschubspannung ist. Zusätzlich sind folgende Größen gegeben: $J = 0,0002$, $b = 3$ m, $\lambda = 0,02$, $Q = 0,5 \frac{m^3}{s}$, $k = 1,5$ cm, $\rho_L = 1,21 \frac{kg}{m^3}$ und $\rho_W = 10^3 \frac{kg}{m^3}$.
   a) Bestimmen Sie die sich einstellende Wassertiefe h.
   b) Wie lautet das dimensionslose Geschwindigkeitsprofil $\frac{\overline{u}(y)}{u_*}$ der Gerinneströ-mung?
   c) Wie groß wird die Fließgeschwindigkeit auf halber Gerinnehöhe als Vielfa-ches von u_*?
   d) Auf welcher Höhe beträgt die dimensionslose Fließgeschwindigkeit 3,05?

26. Bei einem Seehafen ragt die Ufermauer senkrecht über der horizontalen Sohle auf. Entlang einer Strecke von $l = 1$ km von einem Punkt auf dem See bis hin zur Böschung weht ein Wind mit der Geschwindigkeit $u_{10} = 50 \frac{m}{s}$ über die Was-seroberfläche senkrecht zur Böschung. Man misst dadurch einen Windstau von $\Delta h = 7$ cm. Es gilt $k = 5$ cm und die Stoffwerte sind $\rho_L = 1,21 \frac{kg}{m^3}$, $\rho_W = 10^3 \frac{kg}{m^3}$.
   a) Bestimmen Sie die Oberflächenneigung J_E.
   b) Wie tief ist das Wasser im Angriffspunkt des Windes und an der Böschung?

Weiterführende Literatur

F. Buchner. Berechnung von turbulenten Plattengrenzschichten mittels algebraischem Turbulenzmo-
    dell. Diplomarbeit, Universität Wien, März 2001.

B. Eck. *Technische Strömungslehre*. Springer, 2. Auflage, 1944. ISBN 978-3-662-05457-4.

E. R. G. Eckert. *Einführung in den Wärme- und Stoffaustausch*. Springer, 3. Auflage, 1966. ISBN
    978-3-642-86494-0.

R. Fitzpatrick. Fluid Mechanics. Vorlesungsskript, University of Texas at Austin, 2016.

K. Gersten. *Einführung in die Strömungsmechanik*. Springer, 2. Auflage, 1981. ISBN
    978-3-528-03344-6.

H. Herwig. *Wärmeübertragung A–Z*. Springer, 2000. ISBN 978-3-642-63106-1.

H. Herwig. *Strömungsmechanik*. Vieweg und Teubner, 2008. ISBN 978-3-8348-0334-4.

M. Hölling. *Asymptotische Analyse von turbulenten Strömungen bei hohen Rayleigh-Zahlen*. Disser-
    tation, Cuvillier Verlag Göttingen, 2006. ISBN 3-86727-015-5.

M. Kargl. Turbulenzen. Vorlesungsskript, Universität Regensburg, 5. Februar 2010.

W. Kaufmann. *Hydro- und Aeromechanik*. Springer, 1954. ISBN 978-3-642-52918-4.

M. Köhler. Development and Implementation of a Method for Solving the Laminar Boundary Layer
    Equations in Airfoil Flows. Master Thesis, Universität Darmstadt, August 2011.

S. Krüger. *Instationäre Grenzschichteffekte an Tragflügelprofilen*. TUHH, 1992. ISBN 3-89220-529-9.

A. Malcherek. Hydrodynamik für Bauingenieure, Version 6.3. Universität der Bundeswehr München,
    2004.

A. Malcherek. Vorlesungsvideos auf youtube: Fliessgewässer 10, Seegang 1–4, Turbulenz 2–11.
    Universität der Bundeswehr München, 2015–2019.

G. P. Merker. *Konvektive Wärmeübertragung*. Springer, 1987. ISBN 13:978-3-642-82890-4.

G. P. Merker und C. Baumgarten. *Fluid- und Wärmetransport Strömungslehre*. Teubner, 2000. ISBN
    3-519-06385-9.

F. K. Moore. Theory of Laminar Flows, Princeton Legacy Library. Oxford University, L. C. Card 62-9129,
    1964.

J. N. Newman. *Marine Hydrodynamics*. MIT Press, 2017. Institute of Technology Massachusetts, ISBN
    9780262534826.

H. Oertel, Jr. *Prandtl-Füher durch die Strömungslehre*. Vieweg, 10. Auflage, 2001. ISBN
    978-3-322-94255-5.

H. Oertel, Jr, M. Böhle und U. Dohrmann. *Strömungsmechanik*. Vieweg&Teubner, 5. Auflage, 2009.
    ISBN 978-3-8348-0483-9.

T. Papanastasiou, G. Georgiou und A. Alexandrou. *Viscous Fluid Flow*. CRC Press, Boca Raton, 1999.

R. Pischinger, M. Kell und T. Sams. *Thermodynamik der Verbrennungskraftmaschine*. Springer,
    3. Auflage, 2009. ISBN 978-3211-99276-0.

S. Rill. Aerodynamik des Flugzeugs. Vorlesungsskript, Hochschule Bremen, 1996.

H. Schlichting und K. Gersten. *Grenzschicht-Theorie*. Springer, 9. Auflage, 1997. ISBN
    978-3-662-07555-5.

H. Schlichting und E. Truckenbrodt. *Aerodynamik des Flugzeuges*. Springer, 3. Auflage, 2001. ISBN
    978-3-642-63148-1.

W. Schröder. *Fluidmechanik*, Band 16. Verlagshaus Aachen, Mainz, 2000. ISBN 978-3-95886-221-0.

W. Schroeder. Strömungs- und Temperaturgrenzschichten. Vorlesungsskript, Universität Aachen,
    Sommersemester 2019.

H. E. Siekmann. *Strömungslehre für den Maschinenbau*. Springer, 2001. ISBN 978-3-540-42041-5.

H. Sigloch. *Technische Fluidmechanik*. Springer, 5. Auflage, 2005. ISBN 3-540-22008-9.

J. H. Spurk. *Strömungslehre*. Springer, 4. Auflage, 1996. ISBN 978-3-540-61308-4.

https://doi.org/10.1515/9783110684544-010

J. H. Spurk und N. Aksel. *Strömungslehre*. Springer, 7. Auflage, 2007. ISBN 10-3-540-38439-1.

E. Truckenbrodt. *Fluidmechanik*, Band 2. Springer, 4. Auflage, 2009. ISBN 978-3-540-79023-5.

K. Wieghardt. *Theoretische Strömungslehre*. Universitätsverlag Göttingen, 2. Auflage, 2005. ISBN 3-938616-33-4.

K. Wilde. *Wärme- und Stoffübergang in Strömungen*. Dr.Dietrich Steinkopff Verlag, Darmstadt, 2. Auflage, 1978. ISBN 13:978-3-642-72335-3.

Stichwortverzeichnis

https://doi.org/10.1515/9783110684544-011